鹿島茂 著
周若珍、詹慕如 譯

神保町書肆街考

世界第一古書聖地誕生至今的歷史風華

推薦序

詩人、作家暨翻譯家　邱振瑞

從地理和文化親緣性來看，日本成熟發達的出版文化，一直是台灣出版界引為學習的範式，進口或者翻譯日文圖書更成為重要的貿易。出於這個視角，出版業者必須深刻洞悉台灣讀者的普遍需求，如早期神田神保町專營外文原版書的舊書商那樣，經由勤奮精進和經驗累積才能練就出獨特的眼光來。進一步地說，出版社的文化底蘊（軟實力）正反映在日積月累的選書功夫中。就此而言，鹿島茂《神田神保町書肆街考》中譯本問世，具有啟發性的意義。在日本，這是一部全方位考察神保町書肆街的興衰史，對前行者的精神軌跡做了精要概括，同時，它亦可視為再現神保町年輕舊書商們敬愛和行銷書的奮鬥史。現今讀來，依然洋溢著勵志的力量。

正如作者的寫作動機那樣：「我想寫寫關於神田，尤其是關於神田神保町的故事。不過，本書稿並非散文式的敘事，而是站在社會與歷史的角度展開敘事。言下之意，我會將這條全世界絕無僅有且獨樹一幟的『舊書街』重置於經濟、教育、飲食、居住等寬泛的人文坐標之中，從社會發展史的高度鳥瞰神保町。若行文順利，我既希望能提煉出神保町的獨特性，也期許著透過其自身的獨特性映照和反觀日本近代本身。」在我看來，鹿島茂這部費時六年寫出五十萬字的巨作，已體現其雄偉的目標。這部專著分為六部分十八個章節，每個章節都進行細緻的考究，連趣味橫生的細節都沒漏掉，他不愧是叫好又叫座的學界明星。這種不八股教條、深具可讀性的歷史書寫技藝，的確值得作家與出版同業學習。

例如，在書中，他提及一個關於翻譯與出版的歷史細節：以洋書翻譯和洋學教育為主要業務的蕃書調所（直屬江戶幕府的教育機構），頂住了來自漢學教育界的壓力，於一八五六年終於開堂興學，此舉頗有打破舊有教育制度的意思。更迫切的問題是，由於日本國門被叩開後洋書翻譯的事務激增，蕃書調所面臨著在短期內培養大量洋書翻譯人才的壓力。當時，幕府精通蘭學（西方學問）的譯員為數不多，全部出動也無法應付大量外交文書和軍事相關書籍的翻譯。有趣的是，這個急需譯員的危機卻給弱勢者帶來了新的希望。當時，蕃書調所人才嚴重不足，只好取消身分制度，陪臣和浪人（沒有主家、失去奉祿的日本武士）的學生們紛紛湧至，因為掌握了洋學等同於找到了出人頭地之路。在那之後，隨著自橫濱開港，越來越多的日本青年意識到荷蘭語並不能通用於全世界，因為在租界通用的語言中首先是英語，其次是法語和德語。

但極具歷史諷喻的是，在一八五八年的《日美修好通商條約》通商條約中約定了簽署後五年內的外交文書可附上日語或荷蘭語的譯文，五年期滿便不再添附譯文，直接採用美國、荷蘭、俄國、英國、法國等各方國的語言。也就是說，德川幕府面臨著倒數計時的壓力，必須在五年內培養出通曉英語、法語、俄語、德語的語言專家。正因為有此強大的外部壓力，後來催生出日本英語史上享有盛譽的《英日對譯袖珍辭典》。

另外，鹿島茂引述了木村毅的《丸善外史》一書，丸善外文書店的誕生與福澤諭吉多少有些關係。據說，福澤諭吉還在緒方洪庵的蘭學私塾時就苦於難以買到西洋書籍，那時，他只能依靠親手謄抄，自己做書。後來，福澤諭吉在一八六七年二度赴美時，將所有錢都用來購買書籍。然而，當大量書籍運抵橫濱港口時，幕府官員卻認為購書數量超額扣留了這批洋書。經過這次事件，福澤諭吉索性自己來，嘗試開設商社直接進口西洋書籍，這樣也能給慶應義塾的學生們提供方便。那時，在慶應義塾的學生中，有一名三十歲左右，閱歷豐富的男子，於是，福澤諭吉便將進口洋書的業務交由他來辦理。這名男子正是丸善書店的創始人早矢仕有的（一八三七－一九〇一）。事實上，在這部視野寬廣的通史中，隨處可見作者孜孜不倦的付出，他為讀者展開這樣的畫卷，諸如明治時期大量翻譯和洋書進口與翻印應急供需的簡史，乃至於大正昭和時期神保町舊書商打造書籍文化傳奇的光與影。

最後，還必須指出，我們作為中譯本的讀者是值得慶幸的，因為當我們通讀鹿島茂這部數十萬字的日本舊書街通史，正意味著我們已經完成一項閱讀的壯舉，並真正符合資格成為神田神保町書肆街的資深文化導覽員。而這樣的底氣與實力，絕不是輕易可獲得的。

（寫於二〇二〇年十一月六日　台北）

目次

V

VI

I

1.神保町地名由來

神保町的地理概要

我想撰寫關於神田，尤其是神保町（官方名稱為「神田神保町」，以下除非有特別註明的必要，否則皆稱「神保町」。「小川町」、「淡路町」等亦同）的文章，但並不是散文，而是從社會與歷史的角度來書寫。我的構想，是將神保町這個世界罕見的獨特「舊書街」置於涵蓋產業、經濟、教育、飲食、居住等多種面向的巨大脈絡下，以社會發展史的觀點進行鳥瞰，期盼除了能點出神保町的獨特性，更能透過其獨特性釐清日本近代的樣貌。

之所以湧現撰稿的念頭，主要還是因為我在平成十五（二〇〇三）年到二十一（二〇〇九）年這六年住在神田神保町一丁目，幾乎走遍每個角落，因此掌握了空間感。講白一點，就是對地理概念瞭若指掌。

具體而言，從神田神保町在太田道灌的時代被稱為「大池」，便可知這裡是山丘環繞的谷地，當地居民的行動範圍自然會被「谷地」的特徵所限制。換句話說，在居民的認知裡，只有這片「被山丘包圍的谷地」屬於他們的居住空間，越過山的「另一頭」便是其他地區。

明治三十七（一九〇四）年出生於東京市神田區猿樂町一丁目二番地的永井龍男，在回憶錄中精準地描述這個地理概念。

舊東京市十五區可大分為山手和下町，而我的出生地——神田區猿樂町一丁目二番地，恰好大致位於兩者的正中間。從這裡往下可達駿河台下、神保町、錦町、小川町，往上則是駿河台。越過橫跨神田川深谷的御茶水橋，便可通往本鄉台、湯島台。山手和下町是根據東京市地形所取的名稱，與當地居民的經濟狀況沒有絲毫關聯。（《東京横丁》，講談社）

換言之，屬於「下町」的駿河台下、神保町、錦町、小川町，都是原本位於「大池」底部的低地；而屬於「山手」的駿河台、御茶水則位於山丘。儘管兩者之間有上述差異，當地居民仍將這片由低地與山丘構成的區塊視為自己「誕生的家鄉」；過了神田川之後的本鄉（台）與湯島（台），則毫無疑問屬於外地。

事實上，低地東側的界線並不明確，小川町另一側的淡路町、須田町、多町、司町、美土代町一帶是否包含在內，每個居民的感覺都不同。不過在一般人的共識裡，這個區域絕不會超出神田川和中央線的鐵路，永井龍男的回憶錄原則上也是以此為界線。即使同為神田，現在的東神田和外神田似乎並不屬於永井所認知的家鄉。

上述這種地理概念，只要住在神保町、徒步走過當地的大街小巷，就會很清楚。小川町、淡路町、駿河台或是御茶水，再遠也頂多十五分鐘就能走到，平常採買生活用品也會來這些地方；但若是本鄉和湯島，除非是打定主意特地去散步，否則不會隨便步行前往。因為那並不是當地居民日常生活的範圍。

至於西側的界線，則是九段坂。

爬到九段坂的盡頭，便是靖國神社的大鳥居，往左側深入則有近衛師團的遺跡。（中略）在我還是青少年時，九段坂的坡度比現在更陡，市內電車在陡坡旁緩緩行駛。（同前書）

我提到神田神保町時，廣義範圍是東至駿河台，西至九段坂。若順帶確認一下南北，則為北至水道橋，南至皇居的壕溝。這個範圍界線從永井龍男還是少年的明治末年至今，幾乎沒有改變。因此，本文也尊重上述的生活空間感，將探討的對象限制在此範圍之內。

如此一來，橫軸（空間軸）便確定了。

接著確定縱軸（時間軸）。

在時間方面，我不打算追溯到太久遠，具體而言只到幕府末期。理由是蕃書調所（剛創立時稱為洋學所，後來依序改為洋書調所、開成所）正是誕生於這個時代。蕃書調所起初設立於九段坂下，之後遷至小川町，最後來到一橋門外，促使以青年學子為對象，教授蘭學或英學[1]的私塾集中設立於這一帶，替原為武士住宅區的神田神保町與一橋帶來發展為書店街的契機。

話雖如此，町名的由來也不能不提，因此接下來我將依照時間順序，簡略說明神田神保町在幕府末期之前的變遷。

首先從「神田」這個地名說起。

> 說到神田，大家最先聯想到的無非是學校、包餐的學生租屋處和書店，沒有人會聯想到稻米吧。古時每一國都會指定某一片田地來種植供奉大神宮的稻米，這片田地就叫做神田；而武藏國的獻米田就位於今天的神田。（矢田插雲，《從江戶到東京（一）麴町・神田・日本橋・京橋・本鄉・下谷》，中公文庫）

順帶一提，古代將「神田」讀作「MITOSHIRO」，因此若使用古代的讀音，「神田美土代町」

會讀作「MITOSHIRO・MITOSHIROCHO」。不過「神田美土代町」其實是在明治五（一八七二）年更名時，將「神田」的訓讀（MITOSHIRO）以借字表示而新建的城市，因此並非自古相傳的名稱。

接下來介紹神田「神保町」這個地名的由來。

現在的一橋、神保町、猿樂町、駿河台、小川町、錦町、淡路町一帶，在江戶時代是旗本、御家人[2]居住的武士住宅區；即使同為神田，此區屋宅的占地比美土代町、多町、須田町、司町以東的庶民住宅區要大上許多。這是因為當時幕府允許旗本、御家人建造整個家族的住宅和馬廄。

町名源自表神保町北側的「神保小路」。元祿二（一六八九）年，旗本神保長治拜領位於小川町的住宅土地後，才有此稱呼。（北原進監修，《大江戶透繪圖：從千代田看見江戶》，〈第二部　千代田區町名由來事典〉）

幾乎所有提到神田神保町的書籍皆採用上述說法，而有趣的是，儘管同為「神保小路」，在慶應元（一八六五）年的地圖裡，它卻分別被標上「表」和「裏」，被視為兩條不同的路。現在鈴蘭通所在的位置是「表神保小路」，而現在的靖國通在地圖上則是「裏神保小路」。據說這是因為神保氏的宅院廣大，正門和後門相隔一個區塊，因此將正門外的路稱為「表神保小路」，後門外的路稱為「裏神保小路」。

1. 譯注：「蘭學」和「英學」分別為透過荷蘭語和英語研究西洋學術文化的學問。
2. 譯注：直屬於將軍的家臣。

慶應四年，在戊辰戰爭中落敗的德川家於七月撤退回駿府，旗本、御家人也隨之遷移，江戶城四周頓時出現大量空屋，「表神保小路」和「裏神保小路」附近當然也不例外。這些空屋儘管不如大名邸舍一般廣闊，卻也有不少上級旗本居住的大房子；屋主離開後，這裡儼然成了荒涼的鬼城。

北村一夫在《江戶東京地名辭典　藝能・落語篇》（講談社學術文庫）中引用「王子的幫間」[3]這部落語，劇中有個橋段是一名謎樣女子約一名男子「來小川町神保町的新開」。根據作者的說法，「新開」並不是餐廳的名稱，而是指「新開地」。明治初期，「表神保小路」和「裏神保小路」都是有化身女人的狐狸精出沒的荒涼地帶。

不過，明治二年為配合天皇巡幸東京，太政官（維新政府）遷至江戶城（明治二年改稱皇城）後，便將鄰近的「表神保小路」和「裏神保小路」周邊武士房舍徵收為官有地，出租或出售給新科太政官，這一帶的人口也逐漸增加。

澀澤榮一正是當時移居此地的新政府官員之一。

慶應三年，德川昭武代替將軍出席巴黎世界博覽會，澀澤榮一也隨行，在當時先進的法國增廣見聞。明治元年底歸國後，幕府已經瓦解，澀澤成了「無依的喪國之臣」。其後，他並未至新政府或靜岡藩求官，而在靜岡設置常平倉，成為股份有限公司的先驅。之後，因為維新政府缺乏人才而苦惱的大隈重信找上了他，任命為大藏省租稅司正。

當時澀澤先暫住在湯島天神中坂下，但大藏省官員日以繼夜的繁重公務，令他深感湯島的住所實在太遠，因此考慮搬家。最後他選擇的住處，就是位在「裏神保小路」的一棟原為官員高津氏所有的房子。

《澀澤榮一傳記資料 第三卷》中，記載著有關澀澤遷居的過程。

青淵先生（澀澤榮一）在前述的湯島天神中坂下住了整整兩年，明治四年十二月，將這棟房子賣給尾高惇忠氏，同時搬到神田小川町裏神保小路。

澀澤榮一向高津氏買下的新居（土地為官有地，故僅能租借）總坪數五百四十三坪，建坪一百一十八坪，相當於一百二十張榻榻米；正門兩側各有建坪二十三坪的長屋，除此之外還設有倉庫。以現代的眼光來看，顯然是一戶氣派的豪邸。不過，當時皇居周圍仍是一片荒煙蔓草，使房子感覺上似乎沒那麼大。

具體而言，澀澤的房子究竟位於「神田小川町裏神保小路」的什麼地方呢？這篇報導的作者參考東京市役所編輯的《東京市史稿．市街篇》中復刻的明治四年東京大繪圖，撰寫了以下段落：

我在地圖上找到青淵先生房子的賣方，也就是前一位居住者高津氏的姓氏。地圖下方中央為土屋相模守的宅第，從轉角直通九段坂的那條路，便是裏神保小路；位在轉角處的是岡部日向守的宅第，而隔壁寫著「TAKATSU」的，就是青淵先生向高津氏購買的邸舍。這條路最初屬於小川町，稱為裏神保小路；後來脫離小川町，成為裏神保町；在道路拓寬，開始有電車經過之後，裏神保町反而成為主要道路，使得町名變得不自然，因此改稱通神保町。震災後重新區劃土地，道路再次拓寬，再加上表神保町與南神保町合併，故改稱神保町至今。

在探討澀澤榮一第二個住處位於何處的過程中，町名變更的經過也意外獲得釐清。為求正確，

3. 譯注：「幫間」意指在宴席中助興的藝人。

在此補充說明：澀澤搬來時（明治四年十二月）仍屬於「小川町」的「裏神保小路」，是在隔年，也就是明治五（一八七二）年實施市區改正[4]之後，才變成「裏神保町」的。

政府除了拓寬表神保小路（現在的鈴蘭通和櫻通），也再度拓寬裏神保小路，將其改為九段通（現在的靖國通），「表神保町」與「裏神保町」因而誕生；同時政府也一併設置了「南神保町」與「北神保町」（現在神保町二丁目的一部分），打造出四個神保町。

在一年七個月後的明治六年六月，澀澤榮一從大藏省退休，為了設立第一國立銀行而搬到銀行附近的日本橋；此時澀澤榮一的住址已不是「小川町裏神保小路」，而是「裏神保町一丁目」。

之所以能掌握上述資訊，是因為明治六年，澀澤將土地與建物以一千一百兩賣給當初購屋時替他居中斡旋的鈴木善助，當時的「地所家屋讓渡書」保存至今，上面記載的地址為「第四大區小一區裏神保町一丁目三番地」。

順帶一提，澀澤在明治四年購買裏神保町的住處時，土地為官有地（僅能租借）；但在明治六年出售時，土地已歸澀澤所有。當時澀澤已經官拜大藏大丞，也就是相當於現在局長級的職位，應有足夠的財力直接買下土地。另一個可能是：澀澤的父親澀澤市郎右衛門於同年十一月辭世，澀澤購買土地的資金或許來自他繼承的遺產。

話說回來，從神保町不動產價格變遷的觀點來看，「總坪數五百四十三坪，建坪一百八十坪」，位於神保町一丁目的土地及房屋買賣，在明治六年以一千一百兩成交的這個事實，也非常耐人尋味。順帶一提，「兩」就是「圓」；當時在土地買賣中仍以「兩」為單位。明治六年的一圓，換算成現在的物價大約是兩萬圓，因此一千一百兩，就相當於兩千兩百萬圓。現在神保町一丁目靖國通的房價，每坪最便宜也要價約五百萬圓，因此就算用一百倍，也就是二十二億圓可能也買不起。

回到正題，明治六年的「第四大區小一區裏神保町一丁目三番地」日後又歷經數次町名變更，門牌號碼當然也早已不同。

以現在的門牌號碼而言，這個住址又相當於哪裡呢？綜合各種資料，可以推測應該是現在的「神保町一丁目七番地」，也就是從小宮山書店到一誠堂書店一帶，全是大藏大丞澀澤榮一的宅第；而這塊土地當初賣出的價格，換算成現在的幣值只有兩千兩百萬圓左右！

身為正在撰寫澀澤榮一傳記的作者，這真是令我感慨萬千。

4. 譯注：日本於明治時代至大正時代實施的都市計畫。

2. 蕃書調所的設立

昌平黌與兩所官立學校

前面的文章裡，我從町名的由來談到澀澤榮一的住處，似乎跳太快了些，因此我決定現在稍微把時間拉回，從蕃書調所成立時的歷史背景開始介紹。

首先讓我們聽聽先達的說法。

江戶時代——當然，明治時代也一樣，一直到現在，神田仍有許多學校和升學補習班。我想這應該是世界僅有的現象吧。

前面已經提過，江戶時代的最高學府，是位於湯島的昌平黌（昌平坂學問所）。黑船事件後，幕府在神田三崎町與神田小川町設置講武所，讓旗本、御家人的子弟學習劍術與槍術。

（中略）

幕府末期，又設立了兩所官立學校。

一所是到了明治時代便發展為東京大學的西洋學術研究機構——開成所。

開成所自安政四（一八五七）年開課以來，歷經多次更名。最初於神田小川町設立時，稱為蕃書調所，五年後遷移到神田一橋門外，便改名為洋書調所，最後又改為開成所。在明治初期，還有一段時間被稱為開成學校。

另一所官立學校，是安政五年在神田於玉池設立的種痘所。這所學校在文久元（一八六一）年發展為西洋醫學所，兩年後改稱醫學所；明治維新後，與開成所一同轉由新政府管理，最後成為東京大學。

這兩所學校都在小小的神田地區萌芽。（司馬遼太郎，《街道漫步36 本所深川散步、神田一帶》，朝日文庫）

這段文章簡明扼要，按照時間順序清楚說明了神田神保町在發展為「書街」之前，其前身「學校街」是如何形成的。也就是說，起初是在湯島設立了昌平黌，接著在幕府末期，又成立了兩所教導西學的官立學校。

這個敘述絲毫無誤，神田的確就是這樣發展的。

然而另一方面，光看年表可能會疏忽某些因果關係。換言之，「湯島有昌平黌（昌平坂學問所）」的事實，與「幕府末期，又成立了兩所官立學校」的事實，並不是用「因為……所以……」來連接的，說不定其實應該用「儘管……仍……」連結才正確。

換句話說，如果只以「學問所」籠統地概括，幕府官方許可的朱子學研究所，以及幕府因為受到外國壓力而設立的西學研究所，確實都聚集在神田，但中間的過程卻十分迂迴曲折。

從「蕃書調所」這個迂腐的名稱，便可看出端倪。

根據《國史大辭典》記載，蕃書調所的設立，最初只是一個暫定計畫，名為「洋學所」；到了安政三（一八五六）年二月，才改為正式名稱「蕃書調所」（也有一說認為是在安政四年）。而為什麼「洋學所」會變成「蕃書調所」呢？《國史大辭典》裡沒有說明名稱變更的原因，但透過大久保利謙等教育史研究專家的著作，可以整理出以下的前因後果。

簡言之，一切似乎是由於昌平黌的林大學頭[5]與幕府裡的攘夷派對西學日益興盛感到不悅，而從中作梗的緣故。對林大學頭等研究朱子學的漢學家及攘夷派而言，西洋的學術書籍全是「野蠻」的「蠻書」；事實上，文化八（一八一一）年設置於江戶幕府天文方[6]的外交文書調查暨翻譯機構，就稱為「蠻書和解御用」。

話雖如此，到了幕府末期，或許是認為「蠻」這個字眼太過露骨，因此改採幾乎同義，但語氣稍微收斂一些的「蕃」字，從此洋書成了「蕃書」，而調查、研究洋書的機關，便定名為「蕃書調所」。

了解這些背景後，再回頭檢視其設置場所的變遷，便能明白一件事情。

安政三年，以九段坂下前竹本圖書頭[7]之宅第為校舍，在首任頭取[8]古賀增的率領下，包括箕作阮甫在內，共計十五名之教授、副教授、句讀教授在此任職。（中略）此外，校舍在萬延元年搬遷至小川町的狹小建築，文久二年五月獲得一橋門外的護持院原作為建校用地，故於次年五月轉移至新建之寬廣建築。（《國史大辭典》「蕃書調所」詞條，吉川弘文館）

也就是說，「蕃書調所」最初設置於九段坂下，接著「萬延元年搬遷至小川町的狹小建築」，最後隨著「蕃書調所→洋書調所」的名稱變更，又搬遷至「一橋門外的護持院原」。以當時的地理狀況來看，這絕稱不上厚待，甚至應該說是嚴重的苛待。

首先，相較於昌平黌所在的湯島高台，九段坂下簡直形同邊境。從地點的選擇看來，林大學頭的態度可謂不言而喻——研究「蕃書」這種低賤書籍的地方，當然要離自己所在的湯島愈遠愈好。

根據《東京外國語大學史　獨立一百週年（建校一百二十六週年）紀念》（東京外國語大學史編纂

委員會編，東京外國語大學發行）的記載，由於洋學所會接觸火藥等危險物質，因此被任命為洋學所頭取的古賀謹一郎（謚號增）原本建議以石川嶋寄州作為校地，但未受採納；接著他又表示希望能使用昌平橋外的火除地，上級卻以此處為講武所預定地為由駁回。不過上述的交涉，背後似乎都是昌平黌在主導。九段坂下的竹本圖書頭宅第雖是老中阿部正弘突然指定的地點，但據說該建築早已老舊不堪，若不整修便無法使用。

之後的神田小川町也是「狹小的建築」，因此仍是遭到「流放」、「隔離」的概念。

而最後的落腳處「一橋門外的護持院原」呢？

以現在的地理概念看來，這裡可說是高級地段，但當時竟然完全相反！

關於這一點，在福澤諭吉著、富田正文校訂的《新訂 福翁自傳》（岩波文庫）裡，記載著值得參考的寶貴資料。

安政五年，福澤諭吉在緒方洪庵開設於大坂的蘭學私塾學習後，二十五歲來到江戶，住在築地鐵砲洲的中津藩中屋敷[9]，開始教導同藩子弟。隔年，福澤某次前往橫濱的居留地，發現學問的趨勢早已從蘭學轉為英學，大為震驚。

他立刻立定新志向，決心從頭開始學習英語，於是請長崎通司森山多吉郎擔任他的英語家教。森山住在小石川的水道町，福澤必須徒步往返鐵砲洲與水道町；且森山非常忙碌，他必須等森山下

5. 譯注：「大學頭」為昌平坂學問所最高長官之職稱，由林家世襲。
6. 譯注：研究天體運行與曆法的機關。
7. 譯注：相當於現代的國家圖書館館長。
8. 譯注：校長。
9. 譯注：大名的備用住所。

班後，在傍晚來到小石川。

那條路就在現在神田一橋外的高等商業學校附近，叫做護持院原，有一片茂密的松樹，極為荒涼，彷彿隨時會出現強盜。晚上十一、二點從小石川回家經過這裡時有多恐怖，我到現在都還記得一清二楚。

換言之，「一橋外的護持院原」雖然就在江戶城附近，卻是一個「有一片茂密的松樹，極為荒涼，彷彿隨時會出現強盜」的地方，「蕃書調所→洋書調所→開成所」得到幕府授予這塊土地作為建校用地，實在不是能拿來說嘴的事情。

但話說回來，為什麼這種地方還留有宛如原始林一般的荒地呢？

關於這個問題，司馬遼太郎在前述的《街道漫步36 本所深川散步、神田一帶》中有詳細的說明。以下引用書中的內容，並加上一些補充。

在家康入主關東的時代，現在的神田神保町到一橋、神田橋一帶，是一片被稱為「大池」的滯洪池。木村源太郎以領受附近四、五町的土地為交換條件，在此嘗試填湖造地，獲得成功，土地被公家徵收作為武士宅第。五代將軍綱吉繼任後，一名新義真言宗的和尚隆光深得綱吉喜愛，他請求綱吉建造一座鎮守江戶城鬼門（丑寅方位）的寺院，讓他在此居住。

綱吉允許隆光在一片廣大的土地上建造一座名為護持院的寺院，更賜予他一千五百石的寺領。那片土地涵蓋從神田橋、神田錦町（一至二丁目）到一橋，範圍極為廣大。以一座位在市中心的寺院來說，這樣的大小顯然超乎常理，隆光受寵的程度可見一斑。

在享保大火後，為了預防火災時火勢蔓延，必須在江戶城周圍設置防火用的空地，因此護持院便遷至大塚，這裡成為廣大的「火除地」，也就是所謂的「護持院原」。由於這片土地實在太大，因此每一區都編有門牌號碼，一橋御門附近是「一番御火除地」，其東側是「二番御火除地」，西側是「三番御火除地」。

在嘉永三（一八五〇）年出刊的尾張屋版江戶切繪圖「增補改正 飯田町・駿河台・小川町繪圖」中，確實記載著上述「一番」至「三番」的「御火除地」，並以綠色呈現。

司馬遼太郎在說明完護持院原的變遷之後，又留下這樣的感想：

> 總之，在江戶時代已經繁榮發展，今日也人潮洶湧的神田一帶，曾經有一片名為護持院原的原野，感覺如夢似幻。

接著，司馬遼太郎便將話題轉到森鷗外的短篇作品《護持院原討敵》，但這跟本文沒有直接的關係，因此略過。總括上述內容，可以總結如下。

江戶時代接近尾聲時，出現透過荷蘭語引進西洋學術的需求，因此勢必要設置洋學所；然而幕府的官學昌平黌卻對此多番刁難，不但被迫使用「蕃書調所」這種陳腐的名稱，更被趕到九段坂下這種「邊陲地帶」設立。

之後，經過「蕃書調所→洋書調所→開成所」的演變，最後得到「護持院原」的「一番御火除地」作為校地。以當時的標準而言，這絕非厚遇。

但以結果而言，得到「護持院原」這片廣大空地，日後竟成為「蕃書調所→洋書調所→開成所」進入明治時代後發展為東京大學的基礎，更進一步創造了讓神田神保町成為「書街」的契機。

簡而言之，幕府的官學晶平黌對西學的百般刁難，反而成為了讓神田一橋發展為「學校街」、讓神田神保町發展為「書街」的原因。

現在從錦橋通往明治大學的路（以前的千代田通，現在的明大通）上，在東京電機大學五號館（二〇一二年搬遷至北千住）後方交叉路口有個小公園，有時可以看見一群上班族聚集在這裡抽菸，但其實這裡有個寫著「護持院原遺跡」的不起眼石碑，碑上刻有說明其歷史的文字。有興趣的朋友歡迎前往一探究竟。

在護持院原上的確切地點

前面提到，文久二（一八六二）年，蕃書調所（洋書調所）得到舊稱護持院原的江戶城周圍廣大火除地一隅，作為校舍建設用地，成為日後神田神保町發展為舊書街的契機。更精確地說，護持院原到底有多廣大呢？

讓我們透過實地走訪來確認。

首先，站在首都高速公路下的一橋橋頭，遠眺延伸至神保町交叉口的白山通。左方可看見白色的如水會館，深褐色的大樓——建造於舊一橋講堂遺址的學術綜合中心，則聳立於其後。大樓後方十五層樓高的白色建築物，便是我任教至平成二十（二〇〇八）年的共立女子大學本館（二〇〇三年完工）。

皆著將視線轉向右方，儘管被興和一橋大樓等住宅大樓遮住了一些，但仍可看見學士會館威風凜凜的紅磚建築；後方的二十九層摩天大樓——東京公園塔睥睨四周。

十幾年前，學術綜合中心、共立女子大學本館及東京公園塔還不存在，視野想必截然不同。也就是說，這一帶最高的建築物是學士會館，而隔著白山通，位於學士會館對面的共立講堂，那半圓形的屋頂在二次大戰後也曾是亮眼的地標。我從一九七八年起在共立女子大學任教共三十年，其中二十五年，眼前都是這樣的景色。

話雖如此，這個巨大的改變，相較於從幕府末期到明治時代連續發生的變化，仍然不足為奇。畢竟從太田道灌之前就存在的原始林消失，而在這片空地上，突然聳立起當時可謂驚天動地的西洋建築。

為了依循時序掌握當時急遽的變化，讓我們先搭乘時光機穿越時空，回到蕃書調所更名為洋書調所的文久二年五月，降落在相同的地點（一橋），從這裡出發。

一九九三年出版的《江戶東京大地圖》（平凡社），結合了前述的尾張屋版江戶切繪圖、明治二十（一八八七）年出刊的參謀本部陸軍部測量局地圖，以及國際航業股份有限公司製作的數位地圖（一九九三年），非常適合用於觀察江戶東京在地理上的改變（此書遠比其他類似書籍淺顯易懂。我不知道後來是否有改訂版，若無，我很推薦各位在舊書店購買此書）。

我在這本書的「大手町」區中找出一橋，與江戶切繪圖比對。首先，我從一橋往左側遠眺的區塊（如水會館、學術綜合中心與共立女子大學所在的區塊）是「三番御火除地」，右側的區塊（與和一橋大樓與其他大樓所在的區塊，不含東京公園塔）則是「二番御火除地」。

至於「一番御火除地」，則位在「二番御火除地」的東側，也就是過了明大通（千代田通）之後，正則學園高校與錦城學員高校所在的區塊（現在的神田錦町三丁目），及其以東的區塊（現在的神田錦町二丁目）。不過正確來說，最後的區塊並不是火除地，而被記載為「馬場」。

換言之，西起共立女子大學校地，東至神田錦町二丁目的這片土地，就是過去名為護持院原的火除地與馬場。到了明治時代，這片遼闊的空地幾乎全數用於後述由政府主導設立的教育相關設施，為其腹地——神田神保町帶來極大的轉變。從這層意義來看，要探討神保町，就必須先談護持院原。

讓我們回到眼前的問題——蕃書調所（洋書調所）在文久二年設立於護持院原的什麼地方？過去一般的認知都是「一番御火除地」（興和一橋大樓與其他大樓所在的區塊），我在前面也採用這個說法；不過也有人提出不同見解。例如大學史的第一把交椅——大久保利謙的《日本的大學》（玉川大學出版部），就有如下的記載：

文久二年五月十八日改稱洋書調所，同月，新校舍於一橋門外（四番原）落成，遷校至此。公告「次月二十三日起諸科諸術一同開課」，允許幕臣與陪臣入學。調所起初位於九段坂下牛淵，安政六年七月遷至小川町戡定奉行松平近直之宅第遺址，並同時於一橋新建校舍，至明治元年。大學南校時代亦位於該處。地點幾乎等於現今學士會館對面，亦即如水會館附近。（渡邊修次郎，《幕府末期洋學所創立至發展為帝國大學之事蹟》學燈四十三之二〔強調標記為鹿島標示〕）

這真是令人意外。首先，過去從未聽聞除了「一番」、「二番」、「三番」的「御火除地」之外，還有「四番御火除地」。這個地名在前述的尾張屋版江戶切繪圖中並未出現。然而根據大久保利謙的敘述，可推測那應該是「三番御火除地」南側、鄰近一橋的位置。因為其實在尾張屋版中，此區塊並非以綠色呈現，而是標示為與道路相同的褐色；但以道路而言，這片土地似乎又略大了些。

所謂的「四番御火除地」，是在尾張屋版出版的嘉永三年以後新闢的道路嗎？還是「御火除地」一開始真的編號到「四番」，後來才縮減成「三番」，並將「四番」刪除，改為道路（空地？）了？

雖然無法斷言，但我認為答案應該是後者。請試想這樣的情境——隨著時代變化，各種需求陸續產生，政府必須打造新的設施來因應，於是開始尋找建設用地。這時若正好有閒置的空地，一般而言當然會視為首選。日本自古至今都相信砍伐森林以取得建築用地，可能會觸怒地靈，因此不敢造次；更遑論對森林的信仰比現在更虔敬的江戶時代，不可能出現挖除護持院原一隅的想法。

綜上所述，可知結論就是：洋書調所設置的地點，正是過去的「四番御火除地」，而這片空地（道路）當時早已閒置多年。

如此一來，洋書調所的確切位置總算水落石出。

接下來我想探討，前身為蕃書調所的洋書調所，具體規劃了哪些課程？教師陣容又是如何？不過，或許有些讀者會懷疑：這對了解神田神保町的地理變遷有什麼幫助？請容我在此說明。

一般而言，學校這種機構一旦設立，日後即使因為併校或廢校而導致校名、校舍有所更動，原則上教職人員仍會維持原狀。畢竟校方不可能對教師說：「好，因為廢併校的關係，你現在已經沒有課可以教，所以你被開除了。」事實上，一般反而傾向以「原班人馬」作為「基礎」來打造新的組織。上述現象，在目前各大學正積極展開的系所整合中都能觀察得到，因此可以推測在幕府末期到明治這段面臨巨變的時期，想必也出現了類似的狀況。

回到前面的問題。洋書調所的具體課程內容為何？

在解答這個問題之前，我們必須先了解它的前身——蕃書調所。

主要業務為原文書翻譯與西學教育的蕃書調所，儘管承受來自傳統漢學派的壓力，卻仍在安政三（一八五六）（或安政四）年強行開課，主因正是隨著鎖國結束，政府面臨充實原文書翻譯人才的迫切需求。也就是說，就算集結幕府中為數甚少的蘭學家，要求他們全力投入，也來不及翻譯外交文書或軍事相關書籍，因此連忙著手培養有能力從事翻譯工作的人才。

當時慌忙的程度，在教授人選的身分上表露無遺。初期有箕作阮甫、杉田成卿等兩名蘭學家擔任「教授」（正教授），松木弘安（寺島宗則）等七名擔任「教授手傳」（副教授）；之後又增加三名副教授與三名句讀教授。至於這些教師的身分：

教授兩名皆為陪臣，副教授有九名陪臣、一名浪人，僅有三名句讀教授為直參。（《東京大學百年史通史一》，東京大學出版會）

換言之，當時在幕臣中完全找不到人才，不得已只好從陪臣和浪人中挑選。

在蕃書調所，光是教師的身分便已打破階級藩籬，而這種傾向在學生身上更為明顯。由於不限身分皆可入學，使得陪臣和浪人蜂擁而至。

其實蕃書調所在剛開課時，設有入學資格限制，僅限幕臣入學。然而或許是判斷此規定會導致招收不到優秀的學生，隔年便立刻修改規則，允許陪臣及浪人入學，於是報名人數暴增。招生範圍擴大，連帶優秀的學生也變多了。

特別是陪臣身分的學生，學力普遍相當高。這是由於蕃書調所為了與幕臣做出區別，只允許學過荷蘭語句讀的陪臣入學。此外，蕃書調所不收學費，不會造成家計負擔，因此對陪臣、浪人學生格外具吸引力。

漸漸地，這個現象開始反映在教師陣容上。由於表現優異的學生會得到拔擢為教職，因此陪臣身分的教授、副教授必然會愈來愈多。

從當時的新進人員名單可知，九名中有八名為陪臣。幕府直參只有一名，且地位是教師中最低等的教授手傳並。（同前書）

最後提到的「教授手傳並」，是隨著學校發展，與教授助理一同新設的職位，以現在的說法，相當於「副教授助理」。換言之，教職共分為教授、教授助理、副教授、副教授助理等四種職位。教師補充了新血之後，課程是否也隨之改變了呢？答案似乎是否定的。因為教師的翻譯業務繁重，幾乎無力顧及教學。他們每天都忙著翻譯不斷增加的外交文書與原文書籍，完全沒有時間備課。

這時他們想到的解決方法，就是採用類似法國教育中的「班長制」（monitorial system），也就是由表現較為優異的學生擔任老師（當時稱為句讀教授）來教導初學者。關於這一點，在萬延元（一八六〇）年進入蕃書調所就讀，日後成為首任東大綜理[10]的加藤弘之曾如此回憶：

> 學生一開始什麼都不懂，所以先由前面提到的句讀師（句讀教授）來教導句讀；但主要著重發音朗讀，不解釋意義。稍微有些程度之後，才開始解釋內容，或是由學生組成讀書會，輪流發表；又或是每個月固定幾天，由等級最高的教師，也就是正教授來講課。（「有關蕃書調所」，同前書）

這種上課方式聽起來似乎很隨便，但「班長制」的學習效果其實非常好。之所以能夠如此斷言，是因為我大學時曾在通識課程親身實踐這種方法。

當時大學紛爭[11]剛結束，氣氛緊繃。儘管已經完全罷課，全共鬥[12]的餘黨（包括我在內）仍想繼續升學，於是舉辦一場集訓，一起準備法語初級考試。當時我們「不得已」嘗試了上述的「班長制」，沒想到效果極佳，參加集訓的人幾乎全數通過了考試。非但如此，當時精熟的法語，日後更

10. 譯注：校長。

成為我們餬口的工具——當時參加集訓的人，大部分都當上了法語教師。

回到主題。

從這個角度來看，先不論教師，蕃書調所的學生本身都極為認真好學。在當時，對下級武士來說，蕃書調所可謂飛黃騰達的唯一路徑。

當時幕臣對西學可說興致勃勃。原因之一，就是對身分地位較低或沒有職位的人來說，精通西學，就等於抓住出人頭地的機會。（同前書）

創校七年後，隨著學生的學習熱忱逐漸高漲，對於授課內容當然也愈來愈不滿。另外，就像福澤諭吉的例子一般，也有許多人因為橫濱開港，才赫然發現原來荷蘭語無法在全世界通用。當時在居留地通用的語言，第一是英語，第二是法語和德語。

這一點，主管蕃書調所的學問所奉行也有深切的體認。

於是正如本篇開頭所述，文久二（一八六二）年五月，蕃書調所更名為洋書調所，同時也更新了課程內容，試圖蛻變成一所全新的學校。促成這項改變的，是蕃書調所頭取古賀謹一郎在萬延元（一八六〇）年五月提出的申請書。

申請書的主旨為：過去蕃書調所僅教授西洋書籍，尤其是荷蘭文書籍的解讀，然而為了促進西洋學術發展、為富國做出貢獻，盼未來能開設其他諸學科，尤其是英語、精錬學、畫學等課程。此申請獲得幕府當局的同意，如後所述，在外語教育方面，特別著力於英語、法語、德語的研究與教育；在科學技術方面，則開設精錬方（在慶應元年改稱化學）、器械方、物產方、畫學、數學等諸

學科。（同前書）

一年三個月後，洋書調所改稱開成所，迎向明治時代。當時是文久三（一八六三）年八月。

從蕃書調所到洋書調所，再演變為開成所

文久二（一八六二）年，由蕃書調所改名的洋書調所搬遷至護持院原，也重新規劃了課程內容；到了文久三年，又改名為開成所，成為走在時代尖端的設施。而從神田神保町形成舊書店街的觀點來看，其課程內容的概要竟意外重要。因為當時的改革，在課程中增加了荷蘭語以外的外語和其他學科，而這不但促使開成所日後發展為與神田息息相關的東京外國語大學及東京大學，同時也造就了教育機構集中在神田的現象。

這一點我在前面已經提過，不過前面只介紹了其前身蕃書調所的組織結構，並沒有詳細談到課程內容，因此接下來我想針對這一點進行說明。

在討論課程內容時，能幫上大忙的，就是前面出現過的《東京外國語大學史　獨立一百週年（建校一百二十六週年）紀念》以及《同前書　資料篇一、二、三》。

首先，文久二年之前設立的學科依序整理如下。（　）中為設立年分。

①繪圖調方（一八五七）、②活字方（一八五八）、③翻譯方（一八五九）、④精錬方（一八六

11. 譯注：指一九六八至一九六九年由東京大學學生發起的學生運動。
12. 譯注：學運團體「全學共鬥會議」的簡稱。

〇）、⑤英學（一八六〇）、⑥書籍調（一八六〇）、⑦筆記方（一八六〇）、⑧佛蘭西學（一八六一）、⑨西洋書畫（一八六一）、⑩物產學（一八六一）、⑪數學（一八六二）、⑫獨乙學（一八六二）、　器械方（一八六二）

其中名稱中有「方」的，也就是①繪圖調方、②活字方、③翻譯方、④精錬方、⑦筆記方、⑬器械方等六項，以及⑥書籍調，是以研究為主體，沒有授課的部門，也就是「研究所」系統；而其餘的⑤英學、⑧佛蘭西學、⑨西洋書畫、⑩物產學、⑪數學、⑫獨乙學等，則是招募學習者（學生），由教師授課的「學科」系統。依照年代順序來看，可知以萬延元（一八六〇）年為分水嶺，「蕃書調所→洋書調所→開成所」因應時代潮流，大幅改變了方針。

簡而言之，之所以將重心從原本的蘭學轉換為佛學[13]、獨學[14]以及最重要的英學，最具決定性的契機，就是安政五（一八五八）年簽訂的「日美修好通商條約」。其原因如下：

> 一八五八（安政五）年的修好通商條約中記載，簽約後五年內，外交文書可附上日語或荷蘭語的翻譯，之後又改為不用翻譯，而直接使用美國、荷蘭、俄羅斯、英國、法國等各國語言撰寫（前述《開成所事務》）。因此，培養精通英語的通譯便成為當務之急。（〈I通史 前史 從《蠻書和解御用》到東京外國語學校〉，《東京外國語大學史 獨立一百週年（建校一百二十六週年）紀念》）

換言之，幕府在締結修好通商條約之後的五年這個「期限」內，必須培養英語、法語、俄語、德語等語言的專家。如此一來，便能理解「蕃書調所→洋書調所→開成所」竭盡全力充實英語、法語、德語、俄語等外語教育的原因了。

然而幕府中真有能夠達成這種速成教育的教師嗎？想當然爾是否定的。

其中又以精通美國與英國這兩個條約締結國的語言，也就是英語的專家，更是匱乏。

於是他們敲鑼打鼓尋找會英語的人，最後總算找到一個完美符合條件的人才，那就是同時精通英語的荷蘭語通譯——堀達之助。

然而一查之下，才發現這個人竟然被關在獄中。安政二（一八五五）年，堀達之助擔任下田奉行通譯時，由於獨斷處理與德國人魯道夫的外交文書，而被定罪入獄。不曉得蕃書調所頭取古賀謹一郎當時是否大感驚訝：「這麼寶貴的人才竟然被關在牢裡，對國家來說是多麼大的損失！」總之，在國家危急存亡之秋，即使無視法規也是迫不得已，因此古賀在安政五年十月二十九日強行釋放堀達之助，一個月後任命他為蕃書調所的「翻譯方」，負責英語翻譯工作。三年後，他交出了一個劃時代的成果——在日本英語教育史上富有盛名的《英和對譯袖珍辭書》。

另外，古賀在萬延元（一八六〇）年將蕃書調所的正科從荷蘭語改為英語，同時致力補充教師；學生也立刻有所回饋，一百人當中，有六十至七十人選修英學。

在法語方面，他們奇蹟似地找到了一位完全靠自學而精通法文的人——前松代藩醫村上英俊。村上英俊出生於下野國佐久山的醫生世家。他聽從父親的安排，在江戶學習蘭學與醫學；他的妹妹是信州松代藩主的側室，因為這層關係，他成為了松代藩的藩醫。當時知名學者佐久間象山也在松代藩，他得知英俊熟悉蘭學，便請他推薦適合作為火藥製造教材的書籍，英俊立刻舉出貝吉里斯（Jöns Jacob Berzelius）的著作《化學提要》。然而，當《化學提要》寄到英俊手上，他才發現那本書並不是荷蘭文，而是以法文撰寫的，英俊當然一個字都看不懂。一般人這時可能已經放棄，然

13. 譯注：「佛」意指「佛蘭西」，即法國。透過法語研究西洋學術文化的學問。

14. 譯注：「獨」意指「獨逸」，即德國。透過德語研究西洋學術文化的學問。

而英俊卻做出一個令人意想不到的決定。在象山的強烈建議下，他以讀懂《化學提要》為目標，開始從頭自學法語。

富田仁《佛蘭西學之濫觴　佛學初始及其背景》（Culture 出版社）裡，有根據英俊的回憶錄（《佛語明要》凡例）撰寫的段落如下：

> 嘉永元年（一八四八年）五月到十月，英俊利用法語文法書籍學習法語文法，卻依然無法理解《化學提要》。苦惱不已的英俊重新振作起來，決定徹底從頭開始學習法語。松代藩的藏書中有一本荷法字典，根據推測應為法蘭索瓦．荷馬（François Halma）所著；而英俊就從抄寫字典開始學起。他完完全全自學，遇到問題時也無人可問，可以想見他不知有多少次想放棄。然而他依舊咬緊牙關，繼續努力，即使雙眼茫茫，牙關疼痛，他都忍了下來。英俊苦讀了十六個月，最後終於通曉法語。那是嘉永二年底至三年的時候。

當時是黑船事件發生之前，對通曉西洋事務的人才需求正逐漸增加。英俊不知是否早一步嗅到了這個「風潮」，在嘉永四（一八五一）年辭去松代藩醫，來到江戶，向世人展現他的法語能力——透過編纂一本法、英、荷三語對照辭典。

歷經上述過程，最後在嘉永七年付梓的，就是《三語便覽》這本字典。之後，他又將荷蘭語替換成德語，出版英法德語版的《三語便覽》，不只法語學習者，對德語學習者來說，這本字典也非常值得參考。只不過從現代的標準來看，字典裡每一種語言的發音（以片假名標示）都明顯受到荷蘭語發音的影響，假如按照字典來發音，不知法國人和德國人是否聽得懂。

無論如何，《三語便覽》的出版，確實讓全日本知道英俊是首屈一指的法語專家。這本書的成功似乎令英俊志得意滿，在安政二（一八五五）年，又推出了法語文法書《洋學捷徑 佛英訓辨全》。

這本書似乎引起了當時正在尋找法語專家的古賀謹一郎注意。安政六（一八五九）年三月，村上英俊順利被任命為蕃書調所副教授，主要負責公文書的翻譯。

另一方面，法文課程又是怎麼解決的呢？英俊本人並沒有授課，是在他的弟子林正十郎與小林鼎輔受聘為副教授之後，才總算開始有語言課程。

如上所述，英語和法語都找到了自學有成的專家，但是德語卻沒有任何專家，情急之下，只好指派蕃書調所的副教授市川齋宮與加藤弘藏（之後的東京大學首任綜理加藤弘之）學習德語及編纂辭典的任務。德語和荷蘭語十分類似，蕃書調所的幹部或許認為精通荷蘭語的秀才，應該就能迅速轉換吧。

最後，俄語的狀況又是如何呢？俄羅斯早在十八世紀就率先叩關日本，因此原本就有多名俄語通譯，也已經有俄語入門書籍出版。然而每位專家都已離開蕃書調所，始終苦尋不著人才。直到幕府末期，「蕃書調所→洋書調所→開成所」才正式開設俄語的課程。

「蕃書調所→洋書調所→開成所」卯足全力地備妥了作為教育、研究設施的陣容，而「研究」又是什麼狀況呢？讓我們依照時序來看。

①繪圖調方及⑨西洋書畫（之後合併為畫學）

以現代的角度來看，「蕃書調所→洋書調所→開成所」設置這些繪畫相關的研究所與學科，似乎有點令人摸不著頭腦。不過只要記得當時相片尚未普及這個事實，應該就能領悟。若想以速成方式學習西洋學問，「圖解」可說是幫助理解的最佳方式。簡言之，設立①繪圖調方與⑨西洋書畫的目的，是透過研究、學習西式的繪圖法，促進測量學、物產學、造船學、器械學等學科及研究所的發展。順帶一提，日本首位西洋畫家高橋由一，就是相當於插畫家培育課程的⑨西洋書畫出身的人才。

② 活字方

過去日本的印刷品主要以木板印刷，因此必須盡快學會西式的活字印刷技術；而「活字方」正是為了擔任「蕃書調所→洋書調所→開成所」的出版、印刷部門而設立。活字方在一八五八年三月就任的榊令輔率領之下進行研究，主要印製法語、德語等語言教材。

③ 翻譯方

無須贅述，這是負責翻譯條約等公文書、海外報章雜誌以及緊急重要文書的部門。

④ 精錬方

所謂「精錬方」，就是製造火藥、藥品以及大砲的「化學」專家的部門。起初因為沒有具備專門知識的人才而呈現有名無實的狀態，到了在慶應元（一八六五）年，「精錬學」改為「化學」並成為學科後，便逐漸變得充實。「蕃書調所→洋書調所→開成所」中唯一的御雇外國人——荷蘭人葛拉塔瑪（Koenroaf Wolter Gratama），就是「化學」學科的職員。

⑥ 書籍調、⑦ 筆記方

詳細內容不明，研判⑥書籍調應是由教授瀏覽外國的書籍、新聞，認定其是否具有參考價值的階段；而⑦筆記方則是筆記教授口頭翻譯的內容。⑦筆記方的工作除了記錄之外，還包括編輯，再轉給活字方印製成報紙發行。新聞史上著名的《巴達維亞報》，就是將位於巴達維亞的荷蘭總督府所發行之官報 *Javasche Courant* 中，名為「外國報導」的各國新聞專欄加以翻譯而成的刊物。

⑩ 物產學

承襲本草學的研究單位，以發現、繁殖、採掘有助於今後貿易之動植物和金屬為目標。這個單位也曾試種鬱金香、蘋果等西洋植物。

⑪ **數學**

理科研究所、學科中，唯一研究與課程內容皆充實的學科。數學是理科的基礎學科，因此大受歡迎，學生人數多達一百五十至一百六十人，大多為陸海軍校的學生。

⑫ **器械方**

目的為培養精通電信機器、攝影器材及火車等機械之專家，但實際上似乎沒有太大成效。

由此可知，「蕃書調所→洋書調所→開成所」的各學科與研究所，都是為了加速日本近代化而設立的劃時代教育及研究機構，而其中一大特徵，就是只由日本人擔任教職，而非聘僱外國人。即使考慮到在當時強調尊王攘夷的氛圍下，幾乎不可能聘請外國人擔任教授，這個方針仍然十分值得玩味。

因為日本在研究學問時，並非透過「人」（外籍教師），而是透過「書籍」（原文書）來吸收外國知識的特徵，可說在當時便已經確立。這種做法當然有許多弊端，但相對地，這也造就出日本人「只要有文獻，便能學習任何知識」的獨特知性素養。

這種素養從明治時代開始，一直傳承到二次大戰後的嬰兒潮世代；而神田神保町的舊書店街，正是在這種奇特的愛書傳統下誕生。

3. 東京大學的誕生

高等教育的開端

幕府瓦解後，前身為蕃書調所的開成所在慶應四（一八六六）年六月十三日由明治政府接收，半年內歷經數次主管機關變更，最後確定由行政官主管。

辦公室的所在地點，也從駿河台袋町搬遷至築地舊幕府海軍所遺跡，再搬到一橋門外舊騎兵所，最後在明治元（一八六八）年十二月回到最初的一橋門外護持院原，校名也從開成所改為開成學校，從年底開始招募學生，隔年，也就是明治二年正月才總算正式開課。

這便是明治時代高等教育的濫觴，同時也相當於神田神保町歷史的第一頁。因為假如當時開成學校設置在築地，那麼作為學校腹地的神田神保町也就不會誕生。

回到正題，開成學校的課程一律以英語或法語進行，由外籍教師以外語授課的課程，稱為「正規」，由日籍教師以日語授課的課程，則稱為「非正規」。這樣的變化，對神田神保町而言也可謂十分重要。因為當時的主流是「正規」，大量預備校為了幫助學生應付考試和課業，而設立於學校附近，打下未來發展為「學生街」的基礎。

當然，那也是之後的事。總而言之，我們先回到明治二年，看看開成學校接下來的發展。開成學校發展成東京大學的過程，其實並不順遂。

第一次學校定位變更的公告，是在開課半年後，也就是明治二年六月所發布。前身為舊昌平坂學問所的昌平學校更名為「大學校」（校本部），神道、國學色彩變得更為強烈；而開成學校和醫學校（舊醫學所）則定位為其分校，居於次要地位。

這是由於明治二年，政府內部的復辟勢力抬頭，神道．國學派特別針對西學派施加壓力的緣故。

孰料，漢學家與西學家勢力對上述國學大學的構想展開猛烈的反彈。明治三年二月（東大官網記載為明治二年十二月），政府再次發布公告，根據「大學規則及中小學規則」，將大學校（校本部）改稱為「大學本校」，開成學校改稱為「大學南校」，醫學校改稱為「大學東校」，同時排除神道、國學色彩，漢學要素也被削弱，可說是西學派的勝利。

公告內容表示學科編制乃借鏡西洋綜合大學，在學年數為三年，入學資格為三十歲以下，於春秋兩季實施入學測驗。然而明治三年七月，國學派與漢學派勢力捲土重來，紛爭又持續了一段時間。最終仍是西學派獲勝：

> 大學本校實質上廢校，從江戶時代的昌平黌以來的漢學傳統在此告終。（《東京大學百年史 通史一》〔以下引用內容皆出自此書〕）

在此同時，大學南校修訂校則，將在學年限改為五年，入學資格也下修為「十六歲至二十歲」。授課內容繼承開成學校的路線，屬於西學派，「正規」、「非正規」的區別不變（不過，可選擇的語言除了英、法之外，又增加了德語）。來自全國的學生都必須先進入語言中心的普通科（通識課程），再升上法科、理科、文科等專業科。

在南校就讀（或以此為目標）的年輕學子，又是什麼樣的背景呢？這三百一十名學生稱為「貢進生」，是從各藩挑選出來的藩公費生，個個天資聰穎、品行端正、身強體壯。不過，當時（明治三年七月）尚未廢藩置縣，地方政治權力由藩主掌握，每個藩主其實都想把真正優秀的學生留在身邊，因此雖名為「菁英」，實際狀況則不得而知。

來到東京的貢進生一律強制住宿，且全員隸屬由外籍教師授課的正規學科。但三百一十名貢進生中，有些已經開始學外語，有些則完全沒學過，學力相差懸殊。因此，語言和數學兩科各依照學力程度分為十餘班，通過考試便能升級。

貢進生的程度參差不齊，從菁英分子到一竅不通的學生都有。或許有些藩不想失去優秀的人才，因此隨便挑一些人「貢進」吧。

即使如此，這些貢進生中依然人才輩出，包括小村壽太郎、齋藤修一郎、杉浦重剛、穗積陳重、鳩山和夫、古市公威、園田孝吉等，皆為明治時代日本的中堅分子。

因此，假如貢進生制度繼續執行，很可能會催生出耐人尋味的學生文化，但不知是幸抑或不幸，貢進生制度僅執行了一期便告終，並未持續到下一學年。

這是因為明治四年七月實施廢藩置縣，政府官制也隨之大幅更動，教育制度同樣無法避免根本上的改革。

七月十八日，也就是廢藩置縣的四天後，太政官下達「廢大學而設置文部省」（《公文錄》）的命令，暫時以舊大學本校作為文部省廳舍，由舊官員處理文部省事務；另外大學南校、大學東校則分別改稱南校、東校（二十一日）。這是日本首次設立與教育機構做出明確區隔的中央教育行政機關。

至於貢進生制度，則隨著大學南校、大學東校在同年九月暫時關閉而廢止，之後便沒有再實施。事實上，一般認為此措施是為了廢除只會日語的學生所屬的「非正規」，將全校課程統一為以外語教授的「正規」，藉此淘汰學習成效不佳的學生。

同時，學費也從由藩提供的公費改為自費。

在文部省主導（實際上是文部大輔江藤新平的獨斷獨行）之下，大學南校、大學東校關閉，以南校、東校之名於九月重新出發；至於改革的方向，則是將歐美大學的型態完全複製到日本。這個傾向可以在七月的大學南校規則改定中清楚看見。

由設置正規一事可知，學制改革的重點在於強調外語能力。這可謂將歐美的學校整個移植過來，與過去以講授為主的型態相比，變化極大。

九月的改制，更加劇了歐美化的傾向。當時文部省向太政官提出的文書中，記載著下列內容：

速嚴查學制學則，且自德法諸國聘僱各科教師數名，學校制度乃至於衣食起居皆仿擬外國，使東南兩校之學生無論科別皆入住宿舍，以外國之方法淬鍊，使入校學生恍若置身外國，學生自身亦習得各科適才之學習法，則藝術可成立於內地，未必如即今爭相萬里航。

換言之，文部省試圖打造一所除了採用外籍教師之外，就連授課方法、內容，乃至於宿舍生活的食衣住各方面，皆完美仿效歐美的西式現代化學校，再加上假如招募菁英學生，使其互相切磋琢磨，下一屆入學的學生，應該就能體驗像在外國一樣的感受吧。如此一來，即使身在日本也能完成學問，當然也就沒有出國留學的必要了——也就是「站前留學」[15]的概念。當時，政府正為使用大量外幣的國外留學生不斷增加而傷透腦筋，設置這種可以「站前留學」的大學，可說是一石二鳥的妙計。

然而這項措施也並非沒有問題。由於太過匆忙地切換成「正規」，導致外籍教師不足。最大的問題在於優秀的外籍教師太少，不得已只好聘僱住在橫濱居留地的外國人，然而這些外國人的素質低劣，造成學生頻繁地抱怨。

因此，在歐美國家出差的政府高官奉命充當臨時人才仲介，只要在當地發現優秀的人才，就立刻與對方簽臨時約，以高額薪資聘用對方再回國。事實上，大部分的「御雇外國人」都是透過這種「論功行賞」的方式，直接在當地受聘。

另一個問題，則是學生的程度參差不齊。前面已經提過，廢止貢進生制度以及將全校統一為「正規」，都是為了淘汰程度較低的學生而採取的措施，但是這些措施卻沒有辦法解決學生程度落差過大的問題。最後，他們採用了「能力分班制」。

英語分為一部至九部，法語分為一部至六部，德語分為一部至四部，各自依照能力分班，根據一年四次的測驗成績決定能否升級。

在教師陣容方面，外籍教師的職稱為「教師」，負責主要課程，而日籍教師則稱為「教官」，負責輔佐外籍教師。編班方面，英語科和法語科的一部到三部為進階班，由三、四名母語教師分別任教數個科目，日籍教官擔任輔佐的角色，不過初級班則僅由日籍教師授課。雖然原則上名稱為「正規」，但是在初級階段似乎也會視情況採用「非正規」。

順帶一提，直到今天，在日法學院（現為Institut français）及雅典娜法語學校（Athénée Français）等「正規」語言學校，仍採用上述授課方式。這並不全然是受到影響，而是只要採取「能力分班制」，就避免不了這種型態。

課程內容如下所述：

一般而言，各語種皆先學習語言、算術等基礎科目，再慢慢修讀專門科目，包括歷史、地理等人文科學，代數、幾何等數學，化學、生理學等自然科學。然而這些科目在內容上有一些差異，例如英語科以語言課程較多，法語科則以數學、自然科學類課程較多。至於德語科則是專業科目較少，完全排除修身、歷史、化學、生物等課程，相對地列入了博物學，成為有別於其他語種的一大特徵。不過，這與其說是各語種在方針上的差異，不如說深受外籍教師專業領域的影響。

而學生人數，英語有兩百二十三名，法語有一百二十二名，德語有九十五名，總計四百四十名。年齡最小為十三歲，最大為二十五歲，差距相當大；不過十六歲至二十一歲的學生共有三百九十八名，占絕大多數。

光從年齡分布和課程架構就不難想像：南校（至少普通科）與其說是「大學」，不如說更像是語言學校，抑或是國、高中階段的普通科，還比較正確。也就是說，南校在明治四年九月改革後，便作為實施中等教育或高等教育通識課程的學校，重新出發。

或許正因如此，明治五年八月，文部省發布「學制」，重新編制原隸屬於文部省的學校，南

15. 譯注：日本某外語補習班的廣告詞，因其教室多鄰近車站。

校的名稱再次變更，成為「第一大學區第一番中學」，也就是被降級為「中學」。所謂「第一大學區」，就是將全國劃分為八大學區（後來改為七大學區）之後，當中的第一大學區（以東京府為中心）。順帶一提，東校則更名為「第一大學區醫學校」，並沒有被降格為「中學」。

至此，高等教育是否就從日本消失了呢？一般認為應該是被「專門學校」制度所取代，也就是明治六年四月發布的「學制二編追加」。

根據上述條項，專門學校是修畢小學的教科後，又在外國語學校的初等科修讀二年，年齡十六歲以上者入學的學校。包括法學校、醫學校、理學校、諸藝學校、礦山學校、工業學校、農業學校、商業學校、獸醫學校等多種類型。不同種類的學校，修業年限略有不同，原則上為預科三年、本科二至三年。

若對法國的學制有所了解，想必一眼就能看出這裡所謂的「專門學校」，是仿效巴黎綜合理工學院（École polytechnique）或礦業學校等高等專業學院（Grandes Écoles）而設計的。也就是說，明治六年的文部省當局，想必是在參考、比較各國的高等教育制度過程中，發現法國的高等專業學院制度，於是決定仿照這個方式。

當時的文部省當局，就是首任文部卿大木喬任。

大木留下一份名為「訓示控」的文件（中略）根據這份文件，大木認為當前我國需要的是「專門學」，不必特地將其設為「大學教則」。換言之，日本目前缺乏且有必要從外國吸取經驗的，是「百般工藝技術及天文究理醫療法律經濟」等「實事」，沒有必要連「智識」以上的「道理」，都到大學才開始學習。然而想要學習這些「實事」，目前除了透過外語直接向外國人學習，別無他法。

簡而言之，他認為專門學校的創設比大學還要急迫。從某個角度來看，這種想法或許有些粗暴草率，但考慮到當時的狀況，這也不啻為一種合理的提議。因為法國的高等專業學院，也是在法國大革命的混亂時代中，為了栽培實務上的專家所創設。

因此，假如大木的專門學校構想付諸實行，高等專業學院類型的專門學校在日本成為菁英學校，先不論好壞，相信日本社會的樣貌絕對會與現在截然不同。

而與今天差距最大的，正是我們所探討的神田神保町。因為在大木的構想上，全住宿制、原則上採取「正規」的專門學校，全都預計設立在上野山，連土地都已經準備好了。

原本列入考慮的神田駿河台被剔除之後，明治五年八月至隔年的六年四月，也就是從發布「學制」（本編）到上述的學制二編追加布達為止的期間，文部省成功向太政官爭取到上野山內用地以本坊遺跡為中心、總計四萬八千五百一十餘坪的土地，作為建設專門學校的土地。這個請求，最後更擴大為涵蓋上野山方圓三百一十萬坪的計畫。

換言之，倘若當初真依照大木的構想，在上野山上建設將近十間的高等專業學院，使這裡成為日本的拉丁區[16]，那麼舊書街應該會在上野山腳的某處形成，神田神保町也不會成為書街了。

不過，大木的專門學校構想最後不知為何並未實現，神田神保町也走向發展成為文教區腹地的

16. 譯注：Quartier latin，法國著名的文教區。

未來。

逐一對照歷史洪流的「if」，各位是否也不禁覺得，今天神田神保町能以書街的型態存在，簡直是一種奇蹟呢？

最初的外國語學校

掛著「神保町書肆街考」的標題，卻遲遲未提「書肆街」，或許有些讀者已經想斥責我了，但我想請各位再忍耐一下。只差一點點，就要談到東京大學及東京外國語大學在神田．一橋地區誕生的故事了。

明治五（一八七二）年八月，文部省發布「學制」後，南校與東校便突然遭到廢校，分別改制為第一大學區第一番中學與第一大學區醫學校。尤其是第一番中學，至少在名稱上已被「降格」，因此可以想見對學生與教師在心理方面造成的影響有多大。此外，明治六年四月實施「學制二編追加」後，首任文部卿大木喬任提出專門學校的構想，使得第一番中學的定位變得更加模糊。

然而，同年四月十日，簡直是名符其實的朝令夕改，文部省再次發布公告，將第一大學區第一番中學更名為第一大學區開成學校。至於醫學校則沒有變動，維持第一大學區醫學校的名稱。

更名為開成學校的目的，是為了替因「學制」發布而遭降格的第一大學區第一番中學重新定位，使其成為專門學校的準備學校。

「學制」的構想，是將全國分為八個大學區，並分別在各學區設立實施「正規」教育的第一番中學，而最終目標是設立「正規」的高等教育機關。實際上，大阪（第四大學區）的大阪開成所，以及長崎（第六大學區）的長崎廣運館，都被指定為第一番中學。

然而，對於想在短時間內推動專門學校構想的文部卿大木喬任來說，這個計畫似乎太過遠大。

因為即使想設立「正規」的專門學校，招募來的學生想必也沒有足夠的外語能力。大木也許認為這種一視同仁的平等主義是行不通的，若想培育專業人才，就必須將菁英集中在一處，實施特訓才行。於是他將原本與其他學校平起平坐的第一大學區第一番中學指定為所謂的「特訓校」，打算一口氣提升教育水準。

除了改變校名之外，當局的躁進還可以透過一些變更來窺知。首先是從第一番中學時代就展開的宿舍建設計畫。文部省判斷，假如要從全國招募優秀學生，密集式地教授外語，宿舍乃是不可或缺的設備。在與正院和大藏省交涉，並成功獲得預算後，便在今日學士會館所在的錦町三丁目開始建設。

這棟作為宿舍的建築物雖然在第一番中學更名為開成學校後的明治六年八月落成，最後卻沒有依照當初的計畫使用，後面將會提到，這棟建築成為學科重組後的開成學校校舍。

另一變更，則是專門學科中使用的外語。在第一番中學以開成學校之姿重新出發後的明治六年四月十八日，文部省發布一道命令，規定專門學科使用的外語僅能是英語。這是「正規」制度下，長期採用英、法、德三語並行體制的大學南校創校以來，或進一步說，是自蕃書調所創校以來，對教育內容最重大的變革。這個轉變，決定了日後日本的外語教育朝「英語獨大」的方向發展。

為什麼會在這個時間點突然冒出「僅限英語」的想法呢？明治六年四月，正好是由岩倉具視率領的歐美使節團開始陸續歸國的時期，可能有人會推測是受此影響，其實不然。真正的原因似乎更沒有意義。

獨尊英語，基本上應該是出自財務上的憂慮。換言之，若專業教育使用上述三國語言授課，並由學生自由選擇語言，則所需的教師人數與學科目數將比單一語言多出兩、三倍。（《東京大學百年

史 通史一》)

假如貿然將行之有年的英法德三語並行體制統一為英語，難道不會造成課程編排上的混亂嗎？當然，混亂是必然的，而文部省決定用調整專門學科制度的方式來解決這個問題。

在上述方針下，開成學校設置了以英語授課的三個專門學科，以及兩個附屬學科。前三者為法學、理學、工業學，後兩者為諸藝學及礦山學。（中略）將語言統一為英語以及設置專門學科，與學生的重新編班有著密切的關係。換言之，諸藝學科是為了難以轉至英語科的原法語科學生而設，礦山學科則是為了原德語科的學生而設。英語科的學生則可根據其志願與學力，在兩學科中擇一進入。（同前書）

這個過渡時期的處理方法儘管粗暴，但想必也和校內法籍、德籍教師的專業有關。也就是說，法籍教師的專業十分多元，橫跨化學、幾何學、數學、博物學、文學、地理歷史等，因此統整為同時囊括文理的「諸藝」學科；而德籍教師的專業則屬於理科，包括地質學、化學、測量學、冶金、數學·幾何等，因此以「礦山學」來加以統整。

當然，無論是諸藝學科或礦山學科，當這些以法語和德語學習的學生從本科畢業時，應該已經有辦法切換成英語了吧。實際上，往後學校在新聘教師時，也都排除法國人與德國人。

明治時代的教育，難道真的完全放棄法語和德語了嗎？其實不然。《東京大學百年史 通史一》中提到，促使開成學校將語言統一為英語及整併專門學科的原因之一，是由於文部省提出了新設外國語學校的方針。

與第一番中學相關的，就是六年五月五日，原隸屬於外務省的獨魯清[17]語學所改由文部省主管，八月，開成學校新校舍落成後，上述的獨逸學教場、獨魯清語學所及開成學校語言課程等三者的學生合併，創設外國語學校。由於使用的是舊開成學校的校舍，因此起初似乎還有開成學校語學教場或開成學校外國語學校等稱呼；十一月四日，改稱東京外國語學校。

第一番中學在明治六年四月改稱開成學校的同時，也將授課語言統一為英語，而文部省也在同一時間開始籌備創設外國語學校。這個措施的目的之一，是為了幫助即將失去歸屬的開成學校法、德語科教師與學生。從留下的資料，可以看出這個構想是在明治六年四月時提出的。

當時文部省決定要整併為外國語學校的組織有三個。一是原由外務省主管，後轉為文部省主管的獨魯清語學所（亦稱外國語學所）。二是前身為獨逸學臨時教場的組織。獨逸學臨時教場是明治四年一月，為提升德語科學生的語言能力而在大學南校倉促設立的，後來先後更名為洋學第一校、第一大學區第二番中學，在明治六年三月又改名為獨逸學教場。三是因為英語獨大而脫離開成學校，由預科的「語言學生」組成的開成學校語學校（亦稱開成學校語學教場）。

上述三個組織在開成學校新校舍落成後整併，十一月四日命名為外國語學校，成為一個全新的組織。

〔明治六年〕十一月四日　開成學校語學校與外國語學所合併，命名為外國語學校之通知

外國語學所併入原開成學校外國語學校，自今起稱外國語學校，特此公告

17. 譯注：指德國、俄羅斯、中國。

明治六年十一月四日　文部省少輔田中不二麿　轉達各校（《東京外國語大學史 資料篇一》）

《東京外國語大學史》將此日期記載為創校日。

明治六年創設的這所外國語學校，無須贅言，正是對神保町形成舊書街具有莫大影響的主要原因之一。

因為周邊不只「一所」，而是「兩所」官立學校並存的事實，成為當時已形成教科書專賣店街的神保町擴大規模的助力。

具體而言，這二所官立學校位在哪裡呢？

《東京大學百年史 通史一》說明了原先準備作為第一番中學宿舍的建築物，後來成為了開成學校校舍的經過，接著敘述如下：

開成學校最初只有法、理兩學科以此為教室，諸藝學、工業等之教室起先在小川町練兵場，之後又打算在本鄉的前加賀藩邸遺跡建造校舍。但是文部省下令其必須在新校舍實施專業教育，於是八月十四日，法學、理學、諸藝學、礦山學等四學科決定使用此新校舍作為教室。而第一番中學的舊校舍，則為東京外國語學校使用。

於是自六年八月起，開成學校的所在地，便從以往的第一大學區東京第四大區小二區一橋通町一番地，遷移至第一大學區東京四大區小二區神田錦町三丁目一番地。

換言之，第一番中學↓開成學校的舊校舍所在的一橋通町一番地，正是東京外國語學校的發祥地；而建設於神田錦町三丁目一番地，原為第一番中學宿舍的新校舍，則是開成學校，也就是日後的東京大學之發祥地。

順帶一提，醫學校自從慶應四（一八六八）年七月，其前身醫學所設置於神田和泉町的舊津藩藤堂和泉守上宅第以來，儘管經過數度校名變更，仍留在原址。

如上所述，由於開成學校統一採用英語進行「正規」課程，促使東京外國語大學的前身——外國語學校在一橋誕生。而開成學校之後又是在什麼樣的背景之下，蛻變為東京大學的呢？

特別值得一提的是，明治六年八月新校舍完成，兩個月後的十月九日，開成學校的始業式在天皇蒞臨下盛大舉行。這場始業式熱鬧非凡，有包括太政大臣三條實美在內的閣員等眾多士紳顯貴出席，並開放部分一般民眾參觀。典禮上，學生代表發表演說、進行物理化學實驗，還讓「紅白大小氣球數十飛揚於體操場」，展現各種過去的儀式典禮無可比擬的華麗表演；而這一切都是因為當局意圖向民眾展現「教育」這個「文明開化」的尖兵。

簡而言之，始業式成為一場舉國歡騰的盛大活動，甚至成為錦繪[18]和報紙插畫的題材，可以想見開成學校的名字已傳遍全國。

然而，儘管跨出了如此風光的第一步，開成學校仍躲不過文部省當局動輒更名的壞習慣。開課不到一年，也就是明治七年五月，開成學校又收到以新任文部卿木戶孝允名義發出的校名變更通知，將新校名定為「東京開成學校」。

雖然校長畠山義成以「開成學校是專有名詞」為由，試圖反抗這個更名命令，但當局不接受維持舊名的請求，於是開成學校便以「東京開成學校」之名再次重新出發。

順帶一提，在此同時，第一大學區醫學校也更名為「東京醫學校」，外國語學校則更名為「東

18. 譯注：浮世繪。

京外國語學校」。也就是說，這些走在時代尖端的菁英學校，全都冠上了「東京」這個地名。

校名變更後，東京開成學校又有什麼改變呢？

所幸組織架構並沒有被迫改變，校長畠山義成、副校長濱尾新等新成員得以致力於將學校打造為一所專門教育機關。明治七年九月，法學、工學的本科課程開課，由新聘的外籍專業科目教授任教；隔年，也就是八年的一月，舉辦了首次入學測驗，錄取三十八名預科生。

然而我們很難判斷，明治八年七月為了統一使用英語而強制執行的措施——廢止諸藝學科及礦山學科及新設物理學科及化學科，是否對其迅速發展為專門教育機關有所幫助。

因為從當時的措施名稱訂為「選修法語及德語學生之處分」便可得知，這個措施其實相當殘酷：先在過渡時期設立諸藝學科與礦山學科，又在本科生畢業之前將其廢止，要求原想進入上述學科之選修法語、德語的預科生，必須從下列三個選項中擇一。

這三個選項就是①進入物理學科或化學科、②從法語、德語轉為英語，從頭學習、③轉入東京醫學校或東京外國語學校。

校方口頭上說這是「透過有彈性的暫時性措施幫助學生」，事實上卻是極不尊重學生的做法。例如，在專攻法語的諸藝學科學生裡，一定也有選修文學、歷史、地理、作文等文科科目，未來想朝這方面發展的人。然而諸藝學科卻突然被廢除，在心慌意亂的狀況下，還要被迫從三個選項中做出抉擇，任誰都會不知所措吧。

其實文部省和校方對選修法語、德語學生的打壓和惡意，早在明治初年就已經顯現。基本上，日本正是從這個時代開始成為英語強勢國家，並貫徹至今。

回到正題，選修法語和德語的預科生，最後的出路如下。

選修法語的諸藝學預科生七十七名中，①四十四名希望進入新設的物理學科、②十二名希望轉換為選修英語、③四名希望轉入外國語學校，④十三名希望在退學後，轉入司法省法學校或橫須賀造船所等校、⑤四名決定退學。

而選修德語的預科生四十六名中，①六名希望進入新設的化學科、②十四名希望轉換為選修英語、③十九名希望轉入東京醫學校，④七名決定退學。

儘管採取了如此強硬的措施，最後卻算是能夠溫和收場，校方想必鬆了一口氣；不過相信也有學生因此而走上不同的人生。

這種因為廢併校而造成的悲劇，一直到政府機構趨於穩定的明治二十年左右，才不再上演。雖然過程中也曾出現因為政府、文部省的朝令夕改而「吃虧」的學生，但國家機器決定視而不見，朝創設東京大學的方向加速前進。

讀《高橋是清自傳》

前些日子，為了準備下學年大學的課程，我重讀了一遍《高橋是清自傳》（中公文庫），無意間發現幾段有關在明治十（一八七七）年東京大學誕生之前，所謂「萌芽期」的寶貴資料。

書中記錄了從大學南校到東京開成學校這段混亂期，高橋是清作為一名學生或教師在教學「現場」留下的「真實聲音」。除了《東京大學百年史》和《東京外國語大學史》以外，鮮少看到有關這段期間的資料，因此我決定好好利用。

高橋是清在嘉永七（一八五四）年出生於江戶的芝露月町，雙親是幕府御用繪師川村庄右衛門守房與侍女北原金；由於他不是嫡子，因此出生後立刻被送養，成為仙台藩的足輕高橋覺治是忠的養子。

十二歲時從仙台藩赴橫濱鑽研西學，向赫本博士（James Curtis Hepburn）學習英語，之後又透過商人范利德（Eugene Miller Van Reed）牽線，打算前往美國留學；沒想到這完全是一場騙局，他被「賣」到奧克蘭的一名銀行員家中當「奴隸」，經歷了一段苦日子。

不幸中的大幸是，這段「奴隸」生活讓他精熟英語，歸國後，他和同為仙台藩出身的兩名留學生一起成為森有禮的書生[19]；明治二年，年僅十五歲的他進入大學南校任教。

隔年明治二年的正月，大學南校成立，森先生說我們已經不需要他教了，要我們去學校上課，所以我們立刻辦了入學手續。由於我們三人都會讀、說英語，於是被轉到正規，在橫濱的居留地，向一位名叫伯雷的道路技師學習。到了三月初，我們接到通知，表示由於我們的語言能力相當高，因此三人都受聘為大學南校的教官三等助理。

以學生身分入學的十五歲少年，竟突然受聘為教官，各位或許會認為這簡直是胡來，但還請各位稍安勿躁。起源於法國大革命時期，又在美國領土擴張時期發展的「班長制」在當時十分盛行，因此在美籍教師占多數的大學南校，這種聘任模式可謂司空見慣。

「班長制」是一種什麼樣的概念呢？簡單講，就是森有禮對當時的書生——高橋是清等人施行的教育。

老師把我們叫去，對我們說：

「還是得決定課程才行。英學由我來教，漢學你們就向後藤學習。我很忙，所以沒辦法一個一個教你們。我會從你們當中挑一個學習能力最好的來教，這個人必須仔細記下我講的，再去教其他人。」

而老師所說的那個人，沒想到就是我。

也就是說，森有禮在私塾實踐了他從美國帶回來的「班長制」，而大學南校也採用相同的方法。

總而言之，一夕之間從大學南校的學生變成教官，至少對高橋是清等前仙台藩士帶來了莫大的影響。這是因為當時仙台藩還留有尊王攘夷的風氣，藩內甚至出現揚言殺死西學家的激烈言論，因此「大學教官」這個明治政府「官員」的身分，便成了他們的護身符。

事實上，他們的同伴之一後藤常被仙台藩的岡引逮捕時，森有禮也曾以「後藤今日已官拜大學南校之教官，不得擅自捕縛監禁」為由，要求引渡，最後順利幫助後藤獲釋。

回到正題，大學南校剛開課時的氛圍，與其說「宛如居留地」，不如說「宛如殖民地」。

當時大學南校的前方有一片名為護持院原的原野，外籍教師的官舍分別獨立建造於原野中。在南校任教的深澤要橘幾乎等同住在達拉斯（Charles Henly Dallas）家，而名叫小泉敦的教師則是經常出入林格（Augustus R. Ring）家。（中略）

然而，這二名外國人不知不覺中竟然有了小妾。小妾當然不能帶回官舍，所以他們有時會外宿在小妾家。這兩名日本人教師就負責安排打點，或陪他們一起外宿。

假如高橋是清所言不虛，就連外籍教師中「擁有相當教育程度」的達拉斯和林格都是這副德

19. 譯注：此指借住在老師家中，在學習之餘也幫忙家事雜務的學生。

性，其他人的操守可想而知。

這時，突然傳來他們兩人遭到浪人攻擊的消息。

當時幾名年輕教師聚集在我在沃貝克（Guido Herman Fridolin Verbeck）老師家的房裡，輪讀歷史。忽然間，小泉慌張地闖進來，表示他剛剛接到學校的通知，達拉斯和林格兩位老師在須田町附近被砍傷，現在在路旁的紙店接受緊急處置。

後來高橋是清才知道，原來達拉斯和林格，分別在神田和日本橋買了讓小妾居住的房子。當晚，他們讓小泉提著燈籠走在前頭，一同前往小妾的住處，結果在攤販聚集的須田町附近遭到暴徒襲擊。這起事件發生後，高橋是清等人便漸漸疏遠小泉，最後小泉被免職，而達拉斯和林格似乎繼續執教。

總之，高橋是清在大學南校執教鞭，留下不錯的成績，因此如果一切順利，他很可能成為日本首位學術派學者，然而命運之神卻沒有讓高橋走上這條平順的路。

高橋在學生的邀約之下，日漸沉迷於茶屋，過著放蕩不羈的生活，最後不得不向大學南校提出辭呈。

這麼一來，高橋是清與「大學南校↓開成學校」之間的關係就結束了嗎？答案是否定的，而這也是高橋是清令人感到不可思議的地方。

只不過他在回到「大學南校↓開成學校」的過程，也絕不輕鬆。當初因為生活糜爛而辭去大學南校教職的高橋是清，先是跟著熟識藝妓的箱屋（行李搬運工）幫忙一陣子之後，前往肥前唐津藩開設的英語學校任教，但由於唐津縣與伊萬里縣合併時發生齟齬，導致學校關閉，於是回到東京，在大藏省驛遞寮擔任十等出仕，卻因為人事問題與前島密起爭執，於是辭官，再度以學生身分進入校名變更後的開成學校，一路迂迴曲折。

大學南校在那之後漸漸上軌道，成為教授法學、理學、工業學、諸藝學、礦山學等專業學問的開成學校；我以前教過的小村和其他學生都繼續升學，成為新學年的一年級新生。這時我也自我反省，覺得再這樣下去實在行不通，必須繼續進修，所以我也參加考試，進入了開成學校。也就是說，以前的老師，現在成了學生。

這一段是《高橋是清自傳》相當有趣的段落，雖說當時學校制度朝令夕改，但能若無其事地說出「以前的老師，現在成了學生」這種話的，除了高橋是清大概也沒有第二人了。但仔細想想，他當上大學南校教官時才十五歲，辭去大藏省職務，進入開成學校時是十九歲，以年齡而言，這樣的身分轉換其實並不會不自然。

只不過，即使「年齡上」符合學生身分，但高橋是清始終自力更生，沒有來自老家的經濟支援，因此他在「經濟上」如何從教師「回到」學生，可能是各位比較好奇的。關於這一點，他在自傳裡的敘述如下：

當時我是靠什麼過活的呢？主要是靠一位開成學校的教師麥嘉締（Divie Bethune McCartee）。他是一位傳教士，過去長期在支那傳教，任教經濟科。他委託我用羅馬拼音替他標注《玉篇》的讀音，每個月給我十圓作為報酬。

除此之外，他也曾替開成學校的理學教官格里菲斯（William Elliot Griffis）以口說方式翻譯《東海道中膝栗毛》，報酬同樣是十圓，因此兩邊合計二十圓；另外由於他在沃貝克老師家當食客，獲得免費供餐，因此生活費勉強還算足夠。

不過，高橋是清並非嚴謹樸實的清心寡慾之人，偶爾難免感到手頭不方便。這時他想到的點子，就是和開成學校的同學末松謙澄一起翻譯英文報紙，再四處兜售。

我馬上到沃貝克老師家借來英文報紙，將翻譯好的範例拿去朝野、讀賣、報知等報社，結果都被拒絕了。最後我去了日日，在那裡湊巧遇到了岸田吟香女士。

高橋是清在橫濱向赫本學英語時，岸田吟香正是教赫本漢字的老師，因此兩人是舊識。岸田吟香看了他們翻譯的報導之後，覺得很有意思，便約定以每張四百字稿紙五十錢的價格買下。從此，高橋是清與末松謙澄便擔任《日日新聞》的外包翻譯，兩人每個月可領到五十圓的稿酬，學費與生活費的問題總算得以解決。

在這段期間，森有禮從美國回來，設立了明六社，大為活躍。高橋是清前往拜訪問候，同時告訴森有禮自己又回到開成學校讀書的事。森有禮對他說：「這是好事，但以你的程度已經不用再當學生了。正好不久前文部省聘請了莫瑞博士（David Murray），缺一個口譯，你就去文部省做這份工作吧。」於是明治六年十月，他便來到文部省任職。

高橋是清在文部省的表現與我們探討的主題有密切的關係，因此接下來我將詳細敘述。

來到文部省任職後，高橋是清首先做的事情，就是撤換開成學校的校長。

話雖如此，十等出仕的他當然沒有下令撤換的權力。不過根據觀察，開成學校之所以程度低落、學則混亂，都是因為校長伴正順缺乏識人之明所導致：只要是外國人就聘為教師，根本不論有沒有實力。於是，高橋是清便以「喬木太郎」為筆名，在《日日新聞》撰寫糾彈開成學校學則混亂的報導。

報導見報的那一天，他正好與文部大輔田中不二麻呂同乘馬車，兩人聊起了「喬木太郎」對開成學校的攻擊性發言。

他問：「到底是怎麼回事？」我只好回答：「其實那就是我。」又接著說：「今天的開成學校必須大刀闊斧地進行整頓，伴先生是個好人，但以經營學校而言，他並不是個適任的校長。」田中先生說：「原來那是你寫的啊。你說的一點也沒錯，可是假如真有那種事，你應該直接告訴我就好，而不是去投稿啊。」我說：「那我之後就不再寫了，其實我就是因為覺得跟你講也沒用，才投書報紙的。」田中先生又問：「那你認為由誰當校長比較好？」我回答：「假如現在和我一起跟著莫瑞先生做事的學長畠山義成能擔任校長，相信學校會變得更好。我沒有其他想推薦的人選了。」田中先生說：「好吧，我會仔細考慮看看。」所以報紙上的報導我也只寫到隔天而已，之後就再也沒寫了。

透過這段回憶，可以知道開成學校撤換校長，是由高橋是清的匿名報導促成的人事案；就算說開成學校的重組事實上是按照他的計畫，也不為過。

而高橋是清成功推薦的畠山義成（一八四二—七六）又是何許人也？日本歷史學會編《明治維新人名辭典》（吉川弘文館）中如此記載：

在鹿兒島的開成所學習英學，在此契機下，慶應元年春天成為薩摩藩派遣之英國留學生，赴英留學。當時頭銜為當番頭[20]。在倫敦就讀倫敦大學學院（University College of London），接受威廉森（Alexander William Williamson）教授的指導，學習語言與陸軍學術。隔年，也就是二年的暑假，前往法國遊歷。三年，留學生各自分散，八月與森有禮等人赴美，加入哈利斯（Thomas Lake Harris）的教會，同時進入羅格斯大學（Rutgers University）就讀，在此結識大衛・馬雷教授。明治四年四月被召回，同年十一月以三等書記官的身分隨行岩倉使節，與久米邦武一同負責記錄，久米編《米歐回覽實記》可謂此行之成果。六年與使節一同歸國，十月轉為文部省五等出仕，擔任東京開成學校首任校長。同時，馬雷也獲文部省延攬。八年三月兼任東京書籍館・博物館兩館長，九年四月為費城世界博覽會之參展事務赴美，同年十月於歸國途中病逝船中。

從上述經歷可知，畠山義成若沒有英年早逝，勢必能在學術、教育行政領域留下偉大的功績。上文中的「馬雷」，其實就是高橋是清以十等出仕身分擔任口譯的「莫瑞博士」。畠山有多年留學海外的經驗，語言能力極佳，就任校長後，與「開成學校→東京開成學校」的外籍教師溝通無礙，學校也日益發展卓。關於這一點，高橋是清的敘述如下：

> 之後，伴先生離職，由畠山先生接任校長。自從他擔任校長後，不但與文部省保持聯繫，與外籍教師的溝通也更加順暢，開成學校自此才真正落實專門學校體制，逐漸獲得世人的認同。

「開成學校→東京開成學校」的組織改革與內部充實之所以能如此成功，擔任十等出仕的口譯，同時暗中安排人事的高橋是清可謂貢獻良多。

高橋是清在莫瑞（馬雷）為了費城世界博覽會而赴美時，接獲轉任大阪英語學校校長的命令，但他拒絕此命令，選擇轉任東京英語學校，同時又涉足牧畜業、研究投資，最後更前往南美，想在秘魯開墾銀礦，一如往常地過著變化莫測、迂迴曲折的燦爛人生。

無論如何，《高橋是清自傳》是幫助我們了解「大學南校→東京開成學校」具體歷史的寶貴資料，這一點毋庸置疑。

東京大學誕生的背景

明治十（一八七七）年四月十二日，文部大輔田中不二麻呂發出命令東京開成學校與東京醫學校合併，並改稱東京大學的公告。

明治九年時，東京開成學校在預科之上設有法學科、化學科、工學科、物理科等四學科；合併為東京大學後，便改由法學院、理學院、文學院等三學院組成，另外東京醫學校則直接以醫學院之名加入，形成以法、理、文、醫等四學院構成的組織。

如此一來，搖籃期的反覆更名與組織重組終於劃下休止符，日本的高等教育以東京大學為首，朝著日漸充實的方向發展。不過，文部當局為什麼會在這個時期做出廢除東京開成學校、設立東京大學的決定呢？

針對這個疑問，《東京大學百年史》根據東京開成學校綜理加藤弘之寫給田中不二麻呂的書信，提出了一個大膽的假設。加藤書簡的內容大致如下。

明治七年開成學校更名為東京開成學校時，當時的校長曾提出開成學校為專有名詞，無須冠上

20. 譯注：此指鹿兒島城的警衛。

「東京」地名的意見，但這個意見未獲回應。然而，該校這幾年的發展令人刮目相看，故想趁這個機會再次建議拿掉「東京」二字，並提議改名為「開成大學校」。

以結論來說，面對加藤的請求，田中不但沒拿掉「東京」，反而拿掉了「開成」二字；同時也沒採用「大學校」，而決定稱為「大學」。既然如此，田中及太政官（主要是岩倉具視）是不是擁有明確的意志，打算把「東京大學」定位為近代的綜合大學（University）呢？這個說法也並非全然正確。

因為田中不二麻呂自明治八年以來，始終企圖在千葉縣的國府台建設一所大規模的大學校；直到明治十年四月（甚至到明治十三年），都還在向太政官（政府）申請設立國府台大學校的預算。儘管田中與太政官選擇讓東京開成學校發展為東京大學並重新出發，但對於仍在構想階段的國府台「真正的大學校」，兩人的認知似乎有些落差。《東京大學百年史》對此事的推測如下：

> 從這些在東京大學草創時便開始施行，之後仍持續實施的措施看來，至少在文部省（田中不二麻呂）與太政官（岩倉具視）的共識中，國府台的「大學校」建設計畫一直是持續進行的。換句話說，開成學校等其他學校，都是「教育以外語修讀專業科目者」的學校，與上述『真正的大學校』不同。田中他們這樣的想法並沒有改變。（中略）
>
> 因此儘管在法律形式上，東京大學被定位為「學制」中理想大學的實踐型態之一，卻又不能說是在穩固大學理念支持下所設立的「大學」。

這個觀點對我們來說也很重要。因為東京大學與東京外國語大學彼此就在附近的事實，對神田神保町古書肆街的形成具有決定性的影響，而這個大前提，就連在明治十年東京大學創設的當下，都有被推翻的可能。假如田中不二麻呂帶著堅忍不拔的意志，貫徹「將國府台打造為日本的牛津、劍橋」這個方針，那麼今天的神田神保町就不是古書街了。

歷史的蓋然線（probability line）幾度偏往將神田古書肆街從東京地圖上刪去的方向，卻又沒有真的倒向那裡，最終仍留下了今天的神田神保町。若這不是神的旨意，那什麼才是呢？

談到這裡，本文也總算脫離大學史，準備切換到舊書店街史了。不過在那之前，還有一個必須解決的問題——那就是東京英語學校、東京大學預備門以及東京外國語學校之間的關係。

明治十年代初期，東京大學預備門與東京外國語學校兩者相加，便是神田．一橋地區擁有最多學生的教育機關，對於書店街的形成當然有不小的影響。

而這兩所學校和東京英語學校之間，究竟有什麼樣的關係呢？

正如前面提到的，東京外國語學校是開成學校在明治六年四月決定割捨選修法語及德語的學生時，為了收容那些無處可去的學生，於同年十一月創設的設施之一。換言之，同年，主管單位從外務省轉為文部省的獨魯清語學所、獨逸學教場和開成學校語學教場等三者合併後設立的，就是兩年制的東京外國語學校；東京外國語學校裡除了法語科、德語科、俄語科、清國語學科之外，也設置了英語學科。

而東京外國語學校的英語科在隔年（明治七年）獨立出來後，便成為東京英語學校。其獨立的原因不明，但某種程度上是可以推測的。

也就是，「開成學校↓東京開成學校」將外語統一為英語，採取以英語授課的「正規」，因此想進入東京外國語學校英語科的學生急速增加，與其他語種落差懸殊的現象，很可能就是原因。當時很可能有一種聲浪，認為既然只有英語科能發展為「開成學校↓東京開成學校」的預備校，那就乾脆讓它獨立出去好了。

然而，獨立為二年制的外語學校雖是好事，但東京英語學校仍然擺脫不了作為「開成學校↓東京開成學校」預備校的宿命，而且形式十分扭曲。換言之，在以密集訓練英語為特徵的東京英語學校裡，理所當然能在短時間內精熟英語，但這也同時帶來一個意想不到的後果。大部分的學生在修畢初階語學科（一年級）後，就去報考「開成學校↓東京開成學校」的預科，若考上了就立刻轉校。這個現象導致進階語學科（二年級）陷入沒有學生的窘境。

東京英語學校校長服部一三為此煩惱不已，於是向文部大輔田中不二麻呂建議讓東京英語學校與東京開成學校預科合併，使其正式成為東京開成學校的預科。當時是明治十年二月。

面對這個建議，早就計畫將東京開成學校改組為東京大學的田中不二麻呂可能覺得正中下懷，於是立刻採納服部的意見，在三月二十四日向太政官提出請求，希望將東京英語學校附屬於東京大學之下，同時與東京開成學校預科合併為東京大學預備門。太政官允准這項提議，在四月十二日發布主旨與上述內容相同的通知，東京英語學校從此改稱「東京大學預備門」。

以上就是東京大學及其預備門誕生的經過，或許介紹得有些太過鉅細靡遺，不過這其實是我為了將話題引導至某部文學作品的伏筆；這部作品十分有助於探討神田神保町古書肆街的起源。

所謂「某部文學作品」是什麼呢？

那就是坪內逍遙的名作《當世書生氣質》。

這部作品的文學性絕對不高，連作者本人都這麼承認，但對於我們這些試圖從社會、歷史面向來考究神田神保町的人而言，這本書正是能提供寶貴資訊的第一手資料。

在討論這部作品之前，我們必須從坪內逍遙這個人的經歷談起。因為坪內逍遙除了是東京開成學校最後一屆的學生，同時也是東京大學預備門第一屆的學生，更是東京大學第二屆的學生，對我們來說，這樣的經歷實在難得。總之，讓我們先看看他的年譜。

明治九年（一八七六）　十八歲

八月，成為縣遴選的公費生，前往東京，借居在兄長信益位於上六番町的住處。九月應試，進入開成學校普通科。（中略）

明治十年（一八七七）　十九歲

三月，霍頓（William Addison Houghton）就任開成學校的英語教師。四月，開成學校改稱東京大學，東京英語學校改稱東京大學預備門。暑假期間返鄉。從這時開始，將本名勇藏寫作雄藏。九月，被轉入大學預備門的最高等級。與宿舍的室友一起編輯回覽雜誌，替赤井雄的小說繪製插畫。與高田早苗熟稔，一同組織晚成會，提倡文學。

明治十一年（一八七八）　二十歲

七月，自預備門畢業。九月進入本科（文學院政治學科）。費諾羅薩（Ernest Francisco Fenollosa）來東京任教（《明治文學全集16 坪內逍遙集》，筑摩書房）

這份概略的履歷，是參考坪內逍遙為了自選集而製作的《逍遙年譜》所編輯的。由上可知，逍遙在十八歲赴東京應試時，已經具備相當程度的英語能力。因為假設英語能力不足，他在考完東京英語學校的入學測驗後，應該會轉到東京開成學校（在年譜中記載為開成學校）。

其實這個應考策略，是坪內逍遙在故鄉名古屋受的中等教育帶給他的影響。

在上述引用的年譜之前，大致記載著下列內容：逍遙於安政六（一八五九）年出生於美濃國尾張藩代官所的官舍，是代官所手代坪內平右衛門的五男。明治五（一八七二）年，逍遙十四歲時，遵循漢學教育的傳統，進入私立白水學校學習漢籍，同年，與兄長義衛一同轉入名古屋縣英語學校（俗稱西洋學校），開始學習英語。

這毫無疑問證明了：名古屋的人們也因為時代潮流快速改變而開始產生危機感，擔心不學習英語便無法出人頭地。

然而明治五年至七年這段期間，東京在學制上正是朝令夕改的混亂期，因此名古屋也接連出現學校改名或組織更替的情況，坪內兄弟也不免受到影響。

明治六年（一八七三）　十五歲
八月，西洋學校廢校，十一月，進入縣立成美學校（俗稱西洋學校）。（中略）
明治七年（一八七四）　十六歲
八月，縣立成美學校廢校，九月進入新設的官立愛知外國語學校。秋天住進該校宿舍，看戲的頻率減少。十二月，校名改為愛知英語學校。
明治八年（一八七五）　十七歲
選修愛知縣立英語學校美籍教師萊瑟姆（Latham H.）的莎士比亞，同時學習朗讀。

看完坪內逍遙的經歷，各位可能會懷疑這與神田神保町之間有何關聯。其實關係非常密切。這是因為東京大學及其預備門設立後，在神田．一橋一帶讀書的學生，大半都像上述的坪內逍遙一樣，好不容易修畢朝令夕改的地方中等教育，便帶著（或相信自己帶著）某種程度的英語能力，前往東京。換句話說，明治十年代，住在神田．一橋一帶的「書生」所散發出的「氣質」，其實有著這樣的背景。

在逍遙的中等教育經歷中最值得留意的，就是明治七年新設的官立愛知外國語學校→愛知縣立英語學校。因為這所學校的校名變更與組織重整，絕不是出自愛知縣的獨斷獨行；正如明治七年東京外國語學校將英語科獨立出來，創立東京英語學校一樣，它也是從愛知外國語學校獨立出來後誕生的學校。

我們可以推測，正因為逍遙在名古屋接受了與東京英語學校程度相差無幾的英語教育，所以才能不用就讀東京英語學校，而直接進入東京開成學校。

上述推測的根據之一，就是逍遙在愛知縣立英語學校小一屆的學弟——三宅雪嶺的回憶錄《柿蒂》。雪嶺在書中提到他在愛知英語學校的回憶：副校長萊瑟姆雖然上課不太認真，卻很擅長朗誦發聲技巧，經常像演員一樣高唱莎士比亞，不論上課或下課都熱衷於此；而坪內逍遙的名字也在這個段落出現。

> 儘管孩子看不懂，但萊瑟姆的朗讀著實精彩，宛如一場表演，在教室也熱心指導，不像平常那樣不認真，有時回家後也會搭配著手勢朗讀。高年級生（八代六郎，坪內雄藏先生等人的年級）已經開始練習，可以從宿舍的窗外看見他們比手畫腳、開心朗讀的模樣。

年譜中的「選修愛知縣立英語學校美籍教師萊瑟姆的莎士比亞，同時學習朗讀」，指的就是此事。而這段經歷，也促使逍遙成為日本首位莎士比亞專家。

最後補充一點，年譜中的「進入開成學校普通科」絕非誤植。因為在坪內逍遙入學的明治九年，如上所述，開成學校在三學年制的預科之上，還設有法學科、工學科、化學科、物理科等四個學科，而其中的預科，當時確實稱為「普通科」。

冗長的前言就此結束，下次便會進入正題，也就是針對神田神保町書肆街進行考究。不過有個前提想請各位先記住：無論是開成學校↓東京開成學校↓東京大學，或是比鄰的東京外國語學校，都是由英語母語者以英語授課的「正規」學校。而位於「正規」官立學校腹地的神田神保町，也以正規的現代書街之姿誕生。

4.《當世書生氣質》裡描寫的神保町

花街與丸善

坪內逍遙的《當世書生氣質》，是在明治十八（一八八五）年六月至隔年的一月，由晚青堂分成十七次逐冊販售，又在十九年四月分為前篇、後篇兩冊發行，而其原型是標題為《遊學八少年》的隨筆。

這是逍遙於明治十六年七月從東京大學文學院政治學及理財科畢業後，在好友高田早苗的建議下，在東京專門學校（早稻田大學的前身）擔任講師，又同時兼職多份翻譯工作時構思的作品。

在此不久之前，逍遙還是大學生，因此若以歷史偵探的觀點來看，可以推測書中必定反映他出在一橋．神田神保町讀書時的生活與風俗習慣；實際一讀，發現果真如此。

逍遙以「世事更迭，在幕府繁榮的武士時代稱為大江戶的首都，曾幾何時轉而喚作東京。新時代的展開，乃前人留下之恩澤。」破題，後面又寫道：「其中以人力車夫及學生居多。放眼皆是包餐租屋處之招牌，此處有人力車行燈籠，巷中有英學私塾，十字路口有人力車候客。」

也就是說，在明治時代，數量明顯增加的是大學生和人力車；而這兩者特別顯目的地點，正是神田．一橋附近。

故事開頭敘述主角——書生小町田在飛鳥山賞花時，巧遇他的青梅竹馬（其實兩人成長過程中以為彼此是兄妹關係）——現在成為藝妓的田次；兩人短暫交談後便告別。下一幕是快趕不上大學宿舍門限的二名學生分別從反方向走來，兩人碰頭後討論了一番，決定既然趕不上，乾脆一起去吃牛肉鍋。從書中人物的樣貌和言談中，可以看見許多對我們而言相當珍貴的資訊。

從講武所的巷子急奔出來的，是年約十九、二十，貌似品格端正的書生。（中略）書生挾著包袱，正準備過眼鏡橋。就在這時，另一名書生突然從聖堂的方向急忙衝出。兩人碰頭，互看了一眼後，先前的書生開口。〔書〕啊，須河。你也現在才要回去啊。〔須〕喔，原來是宮賀。你剛去哪？〔宮〕我啊，我之前跟你提過，我跑到丸屋那裡去買 book〔書〕。後來又繞去下谷的叔父那邊，現在要回去了。應該還來得及趕上門限吧？〔須〕我的 watch（手錶）還有 ten minutes（十分鐘）左右，動作快點應該還來得及。

先從「講武所的巷子」開始討論吧。根據歷史辭典上的解釋，「講武所」是為了重新鍛鍊幕府末期變得軟弱的旗本．御家人子弟而設立的武藝訓練所，一開始設置於築地，後來搬遷到神田小川町，因此我起初以為書中場景應該是小川町，但卻不然。在《大江戶透繪圖 從千代田看見江戶》的「千代田區町名由來事典」中，可以找到下列敘述。

「神田旅籠町三丁目」：現在外神田一丁目的一部分。江戶時代是名為「加賀原」的火除地，安政四年（一八五七），加賀原上一九八〇坪的土地建設為講武所附設一般住宅。明治二年（一八六九），町名改為神田旅籠町三丁目，但一般仍習慣稱「講武所」。名為「薩摩座」的劇場在明治三年（一八七〇）從日本橋葺屋町搬遷至旅籠町三丁目後，此地便發展為熱鬧的花街。

在花街工作的藝妓，就是經常出現於落語或講談中的「講武所藝妓」，只是與我們討論的主題無關（其實是有關的），因此暫不討論。透過地圖確認外神田一丁目具體的位置，可以發現它就在從有神田明神的高台走南側樓梯下來後，在碰到JR總武線之前左轉的那一帶。

其實我有段時間相當熱衷「叫藝妓」（為了保險起見請容我先說明，我不是對情色方面有興趣，而是對歷史有興趣），想了解東京都內還剩下幾處花街，因此曾到「講武所藝妓」舊址所在的外神田一丁目附近閒晃，發現現在竟然還有兩、三間料亭可以叫藝妓。雖然不曉得有沒有置屋[21]和檢番[22]，但知道花街的傳統仍留存至今，已是一大收穫。

因此，所謂「講武所的巷子」，在這個時代所代表的涵義是「有講武所藝妓的花街」，暗示著像宮賀這樣的書生（學生）為什麼會從這種地方回來。當時的時刻是接近傍晚六點，從書生的身分看來，他應該也不是去玩藝妓；從後面的故事情節看來，宮賀彷彿對花街抱著某種關心。

而另一名書生須河是從「聖堂的方向」跑出來，具體來說這又是哪裡呢？這毋庸置疑是指湯島聖堂，須河應該是從相生坂下來，而湯島聖堂在他的左手邊吧。

兩人巧遇的地點，是快要上「眼鏡橋」的地方。所謂的眼鏡橋，既不是御茶水橋，也不是聖橋，而是指第一代萬世橋。御茶水橋建於明治二十四（一八九一）年，聖橋建於昭和二（一九二七）年，因此在這個時代還不存在。順帶一提，今天的萬世橋所在位置，過去是昌平橋，而這座第一代萬世橋，則位在比昌平橋更上游處。明治六年筋違橋門撤除時，人們建議應該使用那些石材打造一座西式風格的橋，而當時建造的拱橋就是眼鏡橋。由於那是可以永續存在的石橋，因此被命名為「萬代世橋」，後來又演變為「萬世橋」。

---

21. 譯注：管理、派遣藝妓的地方。
22. 譯注：由餐廳、置屋及場地出租業者組成的異業聯合公會之俗稱。

至此，我們確認了兩名書生出現的方向以及交會的地點，接著我們再來看看對話中提到的專有名詞。

〔宮〕我啊，我之前跟你提過，我跑到丸屋那裡去買book（書）。……

所謂的「丸屋」，無須贅言，就是指日本橋的丸善。從這個時代（明治十年前後），丸善就已經存在於現址，進口、販售外國書籍。

丸善與神田神保町的歷史有著密切的關係，在此我想花一些篇幅來介紹它的沿革。

根據木村毅的《丸善外史》（丸善），丸善的誕生，與從緒方洪庵的適塾時代就費盡苦心購買原文書的福澤諭吉有關。在適塾時代只能以手寫方式撰書的福澤，在慶應三（一八六七）年第二次赴美時，把身上所有的錢都拿去買書，但因為送達橫濱港的原文書實在太多，令幕府官員起疑，於是便將這些書扣留。

學到教訓的福澤自己創設一間貿易公司，開始嘗試進口原文書；這同時也是為了以低廉的價格造福慶應的學生。當時慶應義塾的學生中，正好有一名懂得醫學、年約三十出頭、貌似歷經風霜的男子，於是福澤便委託這名人物經營這間進口商社。

這個人，就是丸善的創辦人——早矢仕有的。

早矢仕有的在天保八（一八三七）年出生於美濃國武儀郡笹賀村，父親是醫師山田柳長。由於父親早逝，他被送到村長早矢仕家當養子，長大後前往大垣學習醫術和蘭學。十八歲時成為村醫，受到附近村子的村長高折善六賞識，獲得前往江戶學習的機會。早矢仕有的從未忘記這份恩情，之後他創立商社，都使用「丸屋善七」、「丸屋善八」、「丸屋善藏」等包含「善」字的名字作為公司代表人自稱，據說就是為了提醒自己不要忘記恩人高折善六。

來到江戶之後，早矢仕有的經營的醫院生意興隆；慶應三年，他心血來潮，進入慶應義塾就讀。或許是因為他深切感受到時代趨勢正慢慢從蘭學轉向英學，同時認為慶應義塾是學習英學的不二選擇吧。進入慶應就讀一事，後來直接促成了丸善的誕生。木村毅巧妙地描繪出有的在設立丸善之前的心路歷程。

在慶應義塾就讀期間，有的的內心漸漸產生了變化。儘管他天資聰敏，卻既不是醫術精湛的醫師，也不是科學家，更沒辦法深入鑽研英學，致力於作育英才。他擁有某種商業頭腦，想做一番大事業的熱情在他的胸中翻騰。

這時他想到的，就是原文書、藥品和醫療器械等的進口．販售事業。而這個點子，與前述福澤諭吉的想法正好吻合。

到了明治元年十一月，實現這個想法的機會總算成熟。他在早就鎖定的橫濱新濱町找到店面，開了一間書店試水溫。起初，店裡擺的大多是他之前收集的醫學書籍，因此看起來可能只是稍微高級一點的舊書店。這便是丸屋的起源。之後，他承接慶應義塾出版的書籍經銷工作，同時販售柳河春三經營的書店中外堂所發行的新聞雜誌，漸漸也開始經銷其他新聞雜誌類書籍，最後經營觸角更延伸至翻刻書以及所謂「原書」的西洋原文書籍。（中略）有的也慢慢開始與橫濱的外國商館做生意，不只是書籍，也開始販售醫療器械和藥品，他的店面在橫濱市內變得備受矚目。

創業不到兩年，店面空間已不敷使用，因此明治二年他將書店獨立出來，遷移到相生町，取名為丸屋，而原本的店面則專賣醫材藥品，取名為玉屋。

在此替木村毅的描述補充一點：早矢仕有的之所以不只販售西洋原文書，連醫療器械和藥品都想經銷，是因為他初到橫濱時，曾在赫本醫師經營的醫院（梅毒專門醫院）擔任醫師一段時間，想必因此看出醫材藥品的需求之大。

根據一份在明治二年正月議定的文件「丸屋商社之記」，丸善是日本第一間股份有限公司，這是目前關於丸屋創業最有力的說法。而木村毅認為，福澤諭吉參與了那份文書的起草。

福澤諭吉有一個知名的逸事：上野彰義隊展開砲擊時，他正好在鐵砲洲[23]講課，當時他不畏砲聲，繼續講授韋蘭（Francis Wayland）的經濟學。而比較韋蘭的經濟學書籍與「丸屋商社之記」，可以發現在「股份有限公司的成立」項目中有十分雷同的敘述；從這一點可以判斷，儘管並非全文相同，但文件裡應該確實融入了福澤諭吉的思想。

總之，丸屋善七商店（後來的丸善）結合了福澤諭吉的思想與早矢仕有的的實踐，在明治二年誕生於橫濱；或許是因為原文書的需求龐大，很快地，隔年，也就是明治三年三月，便在日本橋品川町裏河岸設立分店。不過，丸善進軍東京的橋頭堡，為何不是選在神田神保町，而是蓋在日本橋呢？這時我們總算能看出神田神保町作為舊書店街的特殊性。

關於這一點，我們可以從田山花袋的《東京的三十年》（岩波文庫）中找到答案。「當時的東京，是滿地泥濘的都會、是土牆屋連綿的都會、是滿街參議員馬車的都會、是橋墩聚集許多攤販的都會。」——以這段令人印象深刻的文章破題的回憶錄中，維妙維肖地描繪出因西南戰爭喪父的田山花袋十四歲時來到東京，在日本橋的有鄰堂（與橫濱發祥的同名書店無關）工作，擔任外出接單員的時代。書中正巧提到有關丸善的敘述。

有時會帶著寫有書名的紙張或本子，到街上的書店一間一間問。我工作的地方，是至今仍在京橋大馬路上的I書店。當時還有須原屋茂兵衛、山城屋佐兵衛等傳統大型書店，擺出宛如四角行燈的招牌，掛著一排寫著書目的厚木板。當時我奉老闆之命，帶著筆記逐一詢問的書店中，到今天都還在的——就只有比以前更加繁榮的丸善一間而已。

從這段關於日本橋的敘述，可以得知從明治初年至十年左右，大多數的書店，尤其是大型書店（須原屋茂兵衛、山城屋佐兵衛等），都不在神田神保町，而是聚集在日本橋。在江戶時代，日本橋可謂各種意義上的商業中心，因此創立丸善的早矢仕有的在思考進軍東京時決定將店面開在日本橋，可謂理所當然。而書店集中在日本橋的現象，同時也佐證了在明治初年，神田神保町一帶即使有許多學生，卻仍未形成書店街的這個事實。

明治初年，一橋與神田神保町周邊主要客層為學生的店家，究竟有哪些呢？

第一個是理髮店。

《當世書生氣質》描寫到宮賀和須河在眼鏡橋（第一代萬世橋）前巧遇後，一邊討論著宮賀買來的維頓著《普通學識字典》，一邊過橋到對岸的場景，而理髮店就在這個段落出現。

23. 譯注：根據慶應義塾官網介紹，當時教室應該已經從「築地鉄砲洲」搬到「芝新銭座」了，請參考https://www.keio.ac.jp/ja/about/history/encyclopedia/10.html。

〔須〕這本書真是 useful（有用）。你以後也可以來向我借。在讀 history（歷史）或寫 historical essay（史評）時，這一定很有用。〔宮〕還可以用來吹噓呢。兩人邊聊邊走到雉子町附近時，一旁的理髮店傳出時鐘報時的聲響。兩人驚訝地面面相覷。〔須〕宮賀，糟了，已經六點了。原來我的 watch 慢了。

所謂「雉子町」，據說位於現在的神田小川町一丁目及快到須田町一丁目的區域，也就是大約在淡路町交叉口附近。總而言之，這一帶到了明治時期似乎變得熱鬧繁華，而在這種鬧區裡一定會看見的，其實就是理髮店。

明治四年發布斷髮令之後，開始流行短髮，但當時會理西式髮型的理髮店還很少，假如想好好剪髮，就只能去找橫濱或築地居留地的理髮師（大多為中國人），否則就只能交給在上述店裡短暫學過西式理髮的傳統理髮師。

神田神保町一帶在不久前理髮店多得異常，絕對是因為需要剪頭髮的書生都住在這附近的關係。換言之，神田神保町一開始形成學生街時，首先隨之誕生的並不是書店，而是理髮店。《當世書生氣質》連這個令人感到意外的事實也記錄了下來。

淡路町的牛肉鍋店

接下來我同樣會藉由探討《當世書生氣質》的細節，來重現明治初年神田附近的樣貌。

須河與宮賀一邊聊著在丸屋（丸善）買的 book（洋書），一邊走過眼鏡橋（第一代萬世橋），來到雉子町（現在淡路町交叉口附近），湊巧聽見理髮店裡的時鐘（這正是文明開化的象徵）所發出的報時音，發現學生宿舍六點的門限早就過了，於是開始思考該怎麼辦。這時，須河想起他三月外出時申請的遲到證明書還沒使用，而且正好帶在身上，只要把證明書上「三月」的「三」改成「五」就好了。而且今天的晚餐（學生宿舍餐廳）的主菜是感覺有很多刺的烤魚，因此決定乾脆今天兩個人一起去吃牛肉鍋好了。於是他們走進前方半町（五十公尺）的牛肉店（牛肉鍋店）。

所謂的牛肉鍋，是一種什麼樣的料理呢？

不久，店家送上了牛肉鍋和酒瓶。兩人暫時沒交談，狼吞虎嚥地吃肉喝酒。宮賀用筷子敲敲鍋緣。〔宮〕喂，我要加肉，再拿點蔥花來。〔須〕酒也再來一壺。

有牛肉和蔥，推測應該也有豆腐，所以大概就類似現在的壽喜燒吧。

順帶一提，根據石井研堂的《明治事物起源 八》（筑摩學藝文庫），東京牛肉鍋店的始祖，是明治二年（一八六九）左右，由賣牛肉起家的堀越藤吉所經營的中川屋。一開始店面開在芝露月町，卻因為生意清淡而差點倒閉，到了明治三、四年左右，生意才漸有起色。許多業者見狀，也紛紛投入經營這種新型態的餐廳。

此後牛肉的需求大幅增加，神樂坂的鳥金決定改為經營牛肉鍋店，更有許多新店家陸續開張，例如蠣殼町的中初、土橋的黃川田、淺草茅町的米久、黑船町的富士山等，於是中川便將總店搬到現在的淡路町。

請注意最後一句。換言之，距離須河和宮賀所在的雉子町只有半町左右的牛肉鍋店，大概就是這間「將總店搬到現在的淡路町」的牛肉鍋始祖中川屋吧。事實上，這本書有一章的標題是〈看板上的紅字〉，裡面這麼寫道：

明治二年，堀越藤吉在芝區露月町開了第一間牛肉鍋店時，在門口豎了一支用紅字寫著「御養生牛肉」的旗子，並在屋簷下掛著寫有中川屋字樣的橘色門簾。這道門簾，其實隱藏著堀越細膩的巧思。當時會使用橘色門簾的店家只有菸草店，因為顏色反射的關係，可以讓菸草葉的顏色看起來更漂亮；而堀越得知後，也選用橘色的門簾，讓肉的顏色看起來更美。因此繼承其正統的神田淡路町中川屋，直到現在仍掛著橘色的門簾。這就是牛肉鍋店的招牌、燈籠等多以紅字書寫的由來。

透過這段說明，我們可以想像須河和宮賀不經意地轉頭往淡路町望去時，映入眼簾的就是中川屋的那片橘色門簾，於是才開始討論「要不要去吃牛肉鍋」。中川屋將總店搬到淡路町之後生意興隆的原因，想必也是因為東京大學及其預備門的學生經常光顧的緣故。

以下的段落正好可以作為佐證：須河與宮賀在吃牛肉鍋的時候，一名皮膚黝黑、身材肥胖，名叫任那的學生也走進了店裡，於是三人便一起吃火鍋，同時熱烈地討論朋友的八卦。也就是說，賣牛肉鍋的中川屋，是一間學生只要手頭稍微充裕，即使獨自一人也能輕鬆光顧的店。

而這三人接下來又去了哪裡呢？

三名書生一邊肆無忌憚地閒聊，一邊往回走，進入一間名叫白梅的寄席[24]。

這裡提到的白梅，根據《明治的文學 第4卷 坪內逍遙》（筑摩書房）的注解，應該是「位於神田區連雀町（現在的千代田區神田須田町、淡路町的一部分），以講談聞名的寄席。逍遙在學生時代經常光顧」。不過這個部分與我們的主題並沒有直接關係，因此暫且略過。三人離開寄席後，須河和宮賀便與在外租屋的任那道別，接著往駿河台的方向返回宿舍。這一段敘述反映出當時神田周邊的熱鬧景象。

> 兩人放慢腳步，隨意地聊著天，走進淡路町的巷子裡，而非走小川町通。這條巷子是俗稱的矢場横町，也就是人相三分、妖相七分的白首巢穴。

當時的淡路町比現在小一些，只包括從現在的昌平橋沿著外堀通前進時的右側（西側）一帶；左側（東側）則是連雀町。而「現在的外堀通」，正是神田川這一側（右岸）的主要道路。

如前所述，因為在這個時代，被神田川隔開的兩岸之間並沒有御茶水橋、聖橋，以及現在的昌平橋，水道橋之後的下一條橋，就是第一代萬世橋（眼鏡橋），因此想從左岸到右岸，前往駿河台、神田神保町．一橋方向的人，必定只能走「現在的外堀通」。說得更仔細一點，從左岸過來的人，過了第一代萬世橋後，再沿著三叉路最右邊那條走，就會來到相當於「現在的外堀通」的那條主要幹道。這也是一般人最常走的路徑。

容我重述，右（西）側為淡路町，左（東）側為連雀町的「現在的外堀通」，在江戶時代的昌平橋被拆除，替換為第一代萬世橋之後，必然會成為熙來攘往的鬧區；中川屋將總店搬到淡路町，在某種意義上也是理所當然的策略。

讓我們再次重現須河、宮賀兩人走的路徑。「兩人放慢腳步，隨意地聊著天，走進淡路町的巷

24. 譯注：劇場，觀賞講談、落語、漫才等日本傳統娛樂的場地。

子裡，而非走小川町通。」這是前往神田神保町・一橋最近的一條路，因此選擇走這裡也是天經地義。問題是，這條路是「俗稱的矢場橫町」，而且是「人相三分、妖相七分的白首巢穴」。

首先，「俗稱的矢場橫町」是什麼？《明治的文學 第4卷 坪內逍遙》的注釋裡這麼寫道。

在明治二十年左右之前，神田淡路町一丁目（現在的千代田區神田淡路町）一帶的巷弄裡有許多楊弓場。

但光憑這樣的敘述，仍無法掌握「俗稱的矢場橫町」的真正意義。因此我翻開《廣辭苑》字典，查詢「楊弓場」的解釋。所謂「楊弓」是遊戲用的小弓，而「楊弓場」則有下述與風化相關的歷史背景。

（楊弓場）收費提供人玩楊弓的場所。通常開在神社或鬧區，有些業者會安排美女攬客，甚至暗中賣身，因此政府於一八八六年（明治一九）左右開始嚴加取締，之後便逐漸消失。亦稱矢場、楊弓屋。

由上可知，所謂「俗稱的矢場橫町」，就是掛著楊弓場的招牌，私下進行非法賣春行為的風化區。儘管難以確定位置，但應該是從淡路町到小川町之間，從現在的靖國通通往北側道路的小巷。

最後，所謂「人相三分、妖相七分的白首巢穴」，則正如字面所述，指的是三〇%是人類，七〇%是妖怪，用白粉將脖子塗白的一群私娼在拉客的景象。事實上，之後須河和宮賀兩人也被這些「白首」給纏上了。

今晚每間店看起來都特別冷清，女孩們閒得發慌。兩三名身材豐腴的女孩，一看見兩人經過，就像發現獵物一般。〔女孩〕哎呀，中村先生、渡邊先生。進來坐坐嘛。坐一下就好。她們這麼說，同時從兩側一擁而上。〔女孩〕可不能讓你們就這樣路過喔。女孩不由分說，拉住宮賀的袖子。宮賀大吃一驚，驚慌地甩開她，拔腿就跑。

同樣地，須河也被一個「二十出頭的女性」纏上，就這樣被拉進店裡。宮賀拋下須河，打算自己脫身，卻被二名娼婦包圍，就在快要被拖走的時候，他舉起手中的原文書揮向女孩的臉，趁女孩退開，往小川町的大馬路方向逃走。

同一時間，須河則被一名「身材豐腴的高大女孩」從後方環抱，懷錶還被從店裡跑出來的一個叫做阿豐的女孩給搶走；須河無計可施，只好走進店裡。他身上沒有零錢，於是拿出一圓來換錢，沒想到對方竟換成五張二十錢鈔票，使得本來只要四錢的茶資，他卻付了一張二十錢的鈔票，才贖回懷錶，得以離開店裡。剛才的女孩毫不怠慢地跟在他身後，攀在他背上，向他撒嬌說：「歡迎再來唷。」須河一臉心滿意足地丟下一句：「我會再來的。」便離開了。

他一邊往小川町的方向跑，一邊四處張望。時間已經超過晚上十一點了，往來行人稀少。〔須〕宮賀跑到哪裡去了。真傷腦筋。他這麼自言自語，並加快腳步，來到了校門口。四方沒有人力車的聲音，只聽見狗叫聲。門房可能已經熟睡，他敲了五、六下門，都沒有回應。他不知該如何是好，只得佇立在原地。

從神田川左岸出發的須河，總算抵達了旅途的終點，也就是位於神田神保町．一橋的東京大學大學預備門的學生宿舍。不過，在《當世書生氣質》裡，卻沒有關於東京大學大學預備門學生宿舍的詳述。

我翻遍與坪內逍遙相關的書籍，想找找看是否有其他文獻，於是找到了逍遙在大學預備門以及東京大學文學院的同學高田早苗（半峰）所著的《半峰故事》（早稻田大學出版部，昭和二年刊行）這本書。高田早苗是首任東京專門學校（後來的早稻田大學）總長，同時據說他也是《當世書生氣質》中小町田這個人物的原型。以下內容皆以此書為根據。

高田早苗是第九代當家，家中代代皆為江戶市民。安政七（一八六〇）年出生於江戶深川的伊予橋通。高田一家原住在外神田的通船屋敷，因為遭遇祝融之災而搬到深川，早苗也在此出生。在早苗祖父的那一代之前，高田家多少有些家產，然而到了他父親那一代，由於正值動盪的維新時期，一家陷入困窮潦倒。即使如此，他仍在寺子屋上學，而等到他學會讀書寫字時，維新運動所造成的歐化浪潮也對早苗帶來了影響。

> 富田冬三是家母的弟弟，也就是我的舅舅，後來當上農商務省的商工局長。他從舊幕府時代便曾奉幕府之命西行，維新後亦赴西洋兩、三次，更到過小笠原島等地，在岩倉大使巡遊歐美時也曾隨行，對時勢瞭若指掌。他告訴我，無論如何一定要學習英學。（中略）我也深感興趣，舅舅歸國後，我便寄住在舅舅家當食客，在神田一所名為共立學校的英語學校讀書。

這裡所謂的「神田的共立學校」，與我之前任職的共立女子大學並沒有直接的關係。「共立」這個名稱，意指「由多人出資，共同設立某事物」，也就是類似股份有限公司的概念。根據高田早苗的說法，這所共立學校的概況如下：

此共立學校由加賀藩的佐野鼎所創，分為男女兩部，教師大多為西洋人，以當時而言，是相當進步的西式學校。

不過這些教師當中，有的是船員出身、品性不良的暴力分子，有的成天酗酒，教育水準並不高。順帶一提，共立學校在佐野鼎死後，一度瀕臨廢校，所幸新任校長高橋是清成功將其轉型為大學預備門的預備校，因而重獲新生。明治三十二（一八九九）年（開成中學・高校的官網上記載為明治二十八〔一八九五〕年）校名變更為東京開成中學，埋下發展成為今日開成中學・高校的伏線。高田在這所共立學校待了一陣子，學會一些英語後，便轉到東京英語學校。

後來外國語學校又改制，東京英語學校設立於一橋外的前榊原宅第，於是我轉入此校。

高田剛進入東京英語學校時，程度為五級，但一年半之後就升上一級。由此可知，這所學校採用的是表現優異就能迅速升級的制度。

仔細想想，當時的英語學校就像現在的中學，是為了考大學預備門做準備的學校。因此，我以一級生的身分學習最高級的課程，一年或半年後，便可開啟通往大學預備門的道路。

然而，高田在明治九年入學時，大學預備門的名稱並非「大學預備門」，而是「開成學校」（正式名稱為東京開成學校）。

> 我記得我是明治九年進入開成學校的。入學後只過了半年，開成學校就改名為東京大學三學院及預備門。學制為預備門兩年、大學本科四年。

關於兩者的地理位置，高田也有詳細的紀錄：

> 三學院位在神田一橋外，亦即現在商科大學的對面。當時在一橋外，如果背對著橋，則右側是三學院，左側，也就是現在商大的位置，則是外國語學校，而正前方的舊榊原邸，便是東京英語學校。

將高田的敘述與當時的地圖兩相對照，可以發現，現在共立女子大學的所在位置就是外國語學校（東京外國語學校），從學士會館到明大通的神田錦町三丁目全區，則是東京大學三學院，而東京公園塔一帶則是東京英語學校。但如前所述，由於東京英語學校與開成學校預科合併為大學預備門，因此可以推測大學宿舍應該位於大學預備門的校地內（舊榊原邸）。

> 我進入預備門時，學校的宿舍本來是為了提供外籍教師住宿而建造的，構造完全採西式建築，但不知為何不再使用。我住的宿舍是第九號館，C組的新生都住在這裡。坪內等人也是C組，所以當然也住在九號館，只是和我不同房間。

到這裡，我們可以具體得知住宿生的名字是高田早苗，而他與《當世書生氣質》裡的住宿生重疊的部分也變多了。

住宿生具體而言過著什麼樣的生活，與神田神保町的誕生又有什麼樣的關係呢？接下來就讓我們來探討這一點。

書生的經濟狀況

讀坪內逍遙的《當世書生氣質》，可以看見學生去吃牛肉鍋、在矢場横町調戲娼婦，或在丸善買新出版的原文書等場景，各位讀者想必對他們手頭的寬裕感到驚訝吧。

由於當時的大學生都是菁英，多出身上流階層，儘管比不上我們念大學的那個時代，但多少可以感受到他們的浪費。

正當我感到納悶時，我看見前面提到的《半峰故事》裡這麼寫道：

> 在進入預備門的同時，我們也成為政府的貸費生，我記得每個月可以領到大約七八圓。當時七八圓是相當可觀的金額，每個月支付學費和伙食費之後，還會剩下二三圓。扣掉零用，一週至少可以吃一兩次牛肉或蕎麥麵。我能進入預備門並順利從大學畢業，都要感謝這個貸費制度。如前所述，以我的狀況來說，要雙親幫我出學費，是絕對不可能的事情。

原來是這麼一回事。這麼一來一切就說得通了。

這一切，想必與高等教育轉向以英語為主的「正規」教育時，仿效英美教育制度大有關係。因為在英美體系，尤其是美國，儘管學費很貴，但同時也會提供充足的獎學金。相對地，法國雖然不收學費，但一般也沒有獎學金。

回到正題，在上文中有一點令人感到好奇的，就是所謂的「七八圓」和「二三圓」，到底是指

「七十八圓」和「二十三圓」，抑或是「七、八圓」和「二、三圓」？我想，應該判斷為後者，也就是「七、八圓」和「二、三圓」比較恰當。

這筆「七、八圓」的獎學金以及可自由運用的「二、三圓」，代表著手頭有多寬裕呢？想釐清這一點，最方便的工具，就是週刊朝日編《從價格探討明治大正昭和風俗史　上下》（朝日文庫）。

根據這本書，在明治十九（一八八六）年時，屬於公務員中最基層的小學教師，基本薪資為五圓，因此在明治十年前後，大概相當於四圓左右。比小學教師高一等的巡查，基本薪資在明治七年是四圓，在明治十四年是六圓，因此取中間值，在明治十年前後大約為五圓。

也就是說，就讀大學預備門的高田早苗和坪內逍遙所領取的獎學金，不但比小學教師和巡查的薪水還多，甚至還可剩下「二、三圓」零用，由此可知，單身的他們生活可謂相當富裕，絕非過著有一餐沒一餐的苦日子。

高田早苗與坪內逍遙他們大學畢業，進入官廳或銀行就職時，基本薪資又是多少呢？

透過上述資料，只知道大學畢業的銀行行員在明治三十一年的薪資為三十五圓，高等文官考試合格的公務員在明治二十七年的薪資為五十圓，因此無從比較起。不過，若比較明治十年前後與明治三十年前後的物價，可知有二·五倍左右的差距，因此銀行行員在明治十年前後的薪資應約為十五圓，公務員應約為二十圓。

根據上述資料所得的結論就是：大學預備門學生領的獎學金「七、八圓」，比巡查與小學教師的薪資高，但比公務員與銀行行員的薪資低，而「每個月支付學費和伙食費之後，還會剩下二、三圓」。

接下來，他們「花出去的錢」，也就是支出，又有哪些呢？

資料中明確地記載，在明治十二年，東京大學的學費為十二圓（每年）。換算下來，相當於每個月一圓。

有關伙食費和住宿費，由於沒有可以比對的項目，因此只能從其他項目來聯想，但這出乎意料地難。例如在明治十二年，獨棟或長屋形式的房子，房租最便宜可以到八錢，但那是因為在維新以後的二十年，東京的人口減半，產生大量空屋，因此不太能當作基準。事實上，房租漲價的速度遠比物價還快，明治二十五年租金為三十八錢的房子，到了明治四十年就漲到二圓八十錢，大正八（一九一九）年甚至漲到九圓五十錢。換言之，四十年內漲了一百倍以上。

至於學生租屋的租金，目前看到最早的紀錄是大正七年的十五圓（附三餐，房間大小為四張半至六張榻榻米），無法依此推算出明治十年前後的宿舍費加伙食費。

然而作為一名歷史偵探，豈可只因這點小挫折，就放棄還原當時的物價？

那該怎麼辦才好呢。

明治十年前後有留下明確數字的，就是東京大學的學費為一年十二圓（每月一圓）這項紀錄。另外，大正九年時東大的學費則是一年五十圓（每個月四圓多）。光看學費，四十年來相當於上漲了四倍。

接著，只要將上升四倍的物價係數套用至包餐房租（宿舍費加伙食費）即可。換言之，在大正七年，附三餐、大小為四張半至六張榻榻米的包餐房租為十五圓，假如物價水準相同，則明治十年前後的包餐房租或宿舍費加伙食費，則約莫為四圓左右。

恰恰相符。

也就是說，坪內逍遙與高田早苗等明治十年前後就讀大學預備門的學生，從七、八圓的獎學金中，付出學費（一圓）與宿舍費加伙食費（四圓）之後，還剩下「二、三圓」。

而這二、三圓的閒錢，又可以拿來做些什麼呢？

高田早苗的敘述是「扣掉零用，一週至少可以吃一兩次牛肉或蕎麥麵」，因此我查了一下當時這個價位的外食價格。雖然很遺憾沒找到牛肉鍋（壽喜燒）的價格，但蕎麥（湯麵／乾麵）在明治十年要價八厘（順帶一提，在大正九年的價格為八到十錢，因此物價上升係數為十倍）。假如是這個價位，一週的確可以和朋友一起享受幾次外食。

其實蕎麥麵在外食餐點中格外便宜，因此這個價格不太能當作基準，於是我試著找出可掌握明治十年價格的食物。我發現，鰻魚飯在明治十年為二十錢，在明治三十年為三十錢，在大正四年為四十錢，在大正十四年為五十錢，價格逐漸提高。我們現在的比較基準是明治十年前後與大正十年前後，因此取大正四年（四十錢）與大正十四年（五十錢）的中間值，假設大正十年為四十五錢，再用明治十年的二十錢來除，便能得到二．二五倍的外食物價上升係數。

將二．二五倍的係數套用在其他食物上，例如江戶前壽司在明治三十五年為十錢，在大正十年為十五錢，因此換算下來在明治十年約為六、七錢。

至於天丼，在明治二十六年為三錢，在大正十年為三十錢，物價上升係數與蕎麥同樣為十倍，導致不知道該用哪一個係數來作為基準才對。然而在明治二十六年要價三錢的物品，在明治十年絕對不可能更貴，因此勢必比三錢更少，也許約二錢左右吧。

總而言之，在每個月有二、三圓的閒錢可自由運用的情形下，這些外食都在可負擔的範圍內。

透過數字，也證明了我們的推測是正確的：在明治十年前後，就讀東京大學與大學預備門並領取獎學金的學生，的確會因為不滿伙食（宿舍餐廳的定食）太難吃，而每週去吃一、兩次外食。

面對這些經濟能力頗佳的學生，在神田神保町、小川町、淡路町等地區，又開了哪些外食餐飲店呢？

我們依然可以從高田早苗的文字裡找到答案。

我就讀文學院時，是個相當不用功的學生。（中略）加之我在接近畢業時學會喝酒，特別是我向來喜歡天婦羅，因此我總是帶頭，約坪內、市島、山田一郎、石渡敏一等俊傑，到神保町一間叫做松月的天婦羅店吃飯喝酒，一邊討論文學、政治，或市島最擅長的經濟，愉快至極。

由此可知，天婦羅店「松月」，正是明治十年前後神田神保町眾所周知的餐廳。提到天婦羅名店「松月」，住在名古屋的人可能會聯想到位於榮町的一間同名餐廳，然而目前並無法確認兩間店是否有關。

回到正題，根據高田早苗的說法，坪內逍遙就是在這間「松月」獲得靈感，決定以高田為原型，描寫《當世書生氣質》中小町田的羅曼史。

這間松月裡有個女服務生，據說是老闆小妾的妹妹；她的外貌姣好，在店裡的女服務生中可謂鶴立雞群，而她的名字正好也叫做阿鶴。每當她來替我們斟酒，我們一行人的興致就會更高昂，我也多少對她有些感覺。

根據高田的說法，阿鶴因為家庭因素成了藝妓，四處賣藝，於是高田早苗、坪內逍遙等五、六人一起出錢，來到下谷一處名為伊予紋的茶屋，引發一陣騷動。不過在那之後，他們也想不出別的辦法，最後不了了之。然而這段淡淡的戀情成為坪內逍遙撰寫《當世書生氣質》的靈感，甚至有人謠傳高田早苗與藝妓談了一場轟轟烈烈的戀愛。

從上述可知，天婦羅店「松月」並不像現在神保町知名的「IMOYA」那種天婦羅定食店，反而比較偏向當時流行的「包廂天婦羅」店，也就是以天婦羅為下酒菜，讓客人大口飲酒、高談闊論的料亭。事實上，高田也證實了他們在這種店裡的消費，並不是三錢、五錢這種數字，而是更高的金額。

由於我們太常光顧天婦羅店，當時大學的副校長，也是實際負責指導監督學生的濱尾新先生，還曾把我叫去臭罵一頓。當時濱尾先生問：「你們到底是去哪裡？每次一個人都花多少錢？」我還記得我惶恐至極，回答：「大家平均分攤，一個人大約二十錢左右。」但事實上每個人大概會花到三十錢左右，我是故意說得少一點。即使如此，以我們點餐的分量來說，當時的物價有多麼便宜，現在的人可能難以想像。

然而，不管物價多麼便宜、不管每個人只需花三十錢就能飲酒作樂，倘若每週不斷循環，手頭一下子就變緊，也是理所當然。

為了補足不夠的錢，學生都怎麼辦呢？

畢竟收入有限，因此我們會把自己的書拿去神保町的書店典當或賣掉，用來作為所謂的資金。有時候還會在一橋通到神保町馬路兩旁的麵包店、牛肉店賒帳，很難過這一關，因此路過時還會用洋傘遮住臉。

連載至今第十一篇，舊書店終於出場了。而且促成書店林立的原因之一，也一舉明朗。換言之，神保町之所以會形成舊書街，是因為就讀東京大學、大學預備門以及東京外國語學校的學生，為了擠出用於外食或零花的「資金」，習慣把手中的書「典當或賣掉」。

在探討某種文化現象的誕生時，若能鎖定「金錢」的流向，往往可以順利找到答案。讓我們再確認一次。

首先，有一筆從政府的國庫提撥給東京大學、大學預備門等學校的學生作為獎學金的金流。根據高田的說法，在明治十年前後，這筆錢是七、八圓。

其中，作為學費、宿舍費、伙食費的金額，大約是五圓。

剩下的二、三圓，就是學生可自由運用的金錢；起初，學生都會乖乖把錢拿來買教科書、參考書等學校指定的原文書或學術書籍。漸漸地，他們開始需要一筆用來和朋友一起去吃牛肉鍋或天婦羅的資金，於是紛紛把原文書或學術書籍拿到在神保町剛誕生不久的舊書店賣掉。

當然，除了這種「為了娛樂的出售」之外，想必也有因為「學年制」而產生的「為了制度的出售」。而且若按照先後順序，說不定後者還比較早。也就是說，前一學年度使用的教科書或參考書，在下一學年度就不需要了；與其把書免費送給朋友或學弟妹，還不如賣給舊書店，如此多少還能回收一點資金。學生會有這種想法，也是理所當然。此外，剛入學或升上新年級的學生當中，一定也會有人認為：與其花大錢買全新的教科書、參考書，不如選擇二手書較為經濟實惠。這麼一來，試圖將這種需求與供給串連起來的二手業者，也就順應而生了。

換句話說，只在一年或數年的期間內需要原文書或學術書籍的大學、專門學校、預備校等特殊「期間限定消費」，正是促使位於大學附近的神保町出現大量舊書店的原因。

神保町舊書店採用的銷售方法，與以往散落在江戶各地的傳統舊書店截然不同。因為在神保町的舊書店，進貨與販售的高峰期，也就是旺季，基本上是固定的，而且每年都會定期伴隨著大量的供需而來，因此書店的資金週轉快速，使得累積資本也變得容易。

一旦上述模式形成，像高田早苗和坪內逍遙這些並非因為「制度」，而是因為「緊急需求」而必須透過賣書來換得遊樂資金的學生漸漸出現，舊書這種商品的流動也變得更加頻繁，資本的累積便再度加速。

促使神田神保町成為舊書街的，果然是近代的教育制度。

II

5. 明治十年前後的舊書店

促成舊書店街形成的條例

神保町的舊書店出現在高田早苗的《半峰故事》裡，本文的內容也終於開始符合標題，而在這部回憶錄與坪內逍遙的《當世書生氣質》的背景時代，也就是明治十（一八七七）年前後，具體而言，神保町究竟有哪些舊書店林立呢？

關於這一點，雖然沒有確切的資料，但有些線索可供推測。那就是接下來本文將善加運用的基本資料《東京古書業公會五十年史》（東京都古書籍商業同業公會）中引用的朝野文三郎著作《明治初年起二十年之圖書與雜誌》的「明治十年前後書店配置圖」。這份資料將東京分為「（一）日本橋至芝」、「（二）室町至本町通兩國本所」、「（三）今川橋至須田町、本鄉、下谷、淺草」、「（四）昌平橋至淡路町、小川町通、九段坂下、山手一帶」等四個區域，再將位於各區的書店依照出版、零售、舊書、經銷、雜誌、原文書等項目進行分類，因此只要鎖定舊書店，就能描繪出舊書店地圖。我們目前需要的是「（四）昌平橋至淡路町、小川町通、九段坂下、山手一帶」中的九段坂下之前的資料，記載如下：

〔神田淡路町〕後凋閣　酒井藤兵衛　赤澤常助　〔表神保町〕中西屋　山田九郎　〔裏神保町〕高岡書店　高岡安太郎　富山房　坂本嘉治馬　三省堂　龜井忠一　〔一橋通〕有斐閣　江草斧太郎　〔神田鍛冶町〕魁真樓　井口松太郎　〔神田美土代町〕青山堂　青山清吉　〔九段坂下〕樫木

看完上述列表，熟悉神保町舊書街的人，想必會有某種感慨。因為我們可以知道，至今仍位於神保町與一橋附近的有斐閣、三省堂、富山房等大型書店與出版社，早在這個時代就已經以「舊書店」之姿，在幾乎相同的地點開始營業了。

不過，有關「這個時代」的時間設定，現在必須稍微嚴謹一點。因為上述列表雖為「明治十年前後書店配置圖」，但根據《東京古書業公會五十年史》作者的說法，這份地圖似乎應該取名為「明治二十年代前後配置圖」或「明治十年代後期配置圖」較為恰當。

這一點，只要觀察列表中書店的創業年分便可明白。

讓我們先從「(一橋通)有斐閣　江草斧太郎」開始看起。因為神田舊書店街周邊目前仍門庭若市的書店與出版社中，若依創業的順序來看，明治十年創立的有斐閣是最早的一間。

在網路上搜尋有斐閣的官方網站，可以在「公司介紹」中看見其沿革記載如下：

> 明治10年創業　本公司創業於1877（明治10）年。在變動激烈的出版界中，本公司被譽為極其珍貴的存在。草創時公司名稱為有史閣，在東京神田一橋通町四番地經營舊書買賣，2年後改名為有斐閣，轉而從事出版業。

明治十年，正是東京大學與大學預備門創立，日本的學校制度也好不容易脫離一團混亂的時期。有斐閣正是在這段期間，以學生為對象，主要買賣法律相關舊書的書店。

創辦人是舊忍藩士之子江草斧太郎。忍藩指的是武藏國埼玉郡，藩廳位於現在埼玉縣行田市本丸忍城，是一個十萬石的藩。

歷史第二悠久的，就是神保町之雄——三省堂書店。創業於明治十四年，地點與現在相同（神田神保町一丁目一番地），也是從買賣舊書起家。創辦人是龜井忠一與萬喜子夫妻。

在《三省堂書店百年史》等書中，之所以特地寫出「龜井忠一．萬喜子夫妻」，不只是因為忠一生為幕臣中川市助的五男，後來入贅同為幕臣，但地位稍高的龜井家，更是因為他的妻子萬喜子對這間店的貢獻也很大。

媲美三省堂書店，目前同樣經營出版社且蓬勃發展的富山房，創立於明治十九年，最初也是以舊書店起家（參照一一八頁）。創辦人是土佐．宿毛出身的坂本嘉治馬。他來到東京投靠同鄉前輩小野梓，在小野經營的出版社東洋館任職，但小野過世後，東洋館也隨之停業，因此他自己創立了出版社。既然名列上述舊書店列表中，當然也有經營舊書買賣。

「〔表神保町〕中西屋　山田九郎」現在雖然已不復存在，卻是談論神保町時不可忽視的舊書店。因為這是一間為了收購日本橋的丸善賣剩的原文書，而在明治十四年開設於神保町的店，有許多與法國文學相關的小故事。

而在列表之中最為大放異彩的，就是「〔裏神保町〕高岡書店」。畢竟鮮少人知道，今天吸引全世界漫畫迷前來朝聖的這間漫畫專賣店，竟有如此悠久的歷史。事實上，我在為了撰寫本文而查閱《東京古書業公會五十年史》之前，也都不曉得。

不過，高岡書店雖然早在明治十八年創立，但在神保町現址開店，則是後來的事。《東京古書業公會五十年史》提到：「十年代的尾聲，在麴町開店的高岡安太郎於二十四年搬遷至神田神保町。」（《東京古書業公會五十年史》）

由上述內容可知，明治到了十年代的尾聲，神保町的表神保町（現在的鈴蘭通）和裏神保町(現在的靖國通)皆已成為舊書店櫛比鱗次的舊書街;但究竟為什麼會形成這種現象,卻始終找不到一個明確的理由。前面花了許多篇幅探討的東京大學、大學預備門、東京外國語學校等學校集中在附近的這一點固然重要,但總覺得原因似乎不只如此。

事實上,明治政府針對書籍的出版・販賣接連發布的各種條例,也帶來很大的影響。包括明治八年修訂的「出版條例」、明治九年制定的「八品商取締規則」,以及明治十六年公告的「古物商取締條例」。

根據《東京古書業公會五十年史》,到了明治時代,書籍的出版、經銷、零售、舊書販售等與書籍流通相關的業務,都由元祿年間(一六八八—一七〇四年)組成的類公會組織「書林公會」所壟斷。他們採用類似相撲業界的形式,新加入的人,必須透過花錢或請公會成員出讓等方式,取得「夥伴股份」。因此該公會身分多為世襲,或是讓店裡的總管或親戚等利用開分店的方式取得。

已經讓許多公會解散的明治政府,為什麼唯獨允許出版與書籍流通相關業界保留這種傳統的型態呢?那是因為政府判斷在取締出版時,利用具有排他性的組織比較方便。

於是,懷抱著理想,為了在新時代做新出版而投入出版業的福澤諭吉,也被迫購買了稱為「福澤屋諭吉」的書林公會股份,同時被迫加入公會。

然而,書林公會並非全然負面,當然也有好的一面。

好處在於,出版、經銷、零售、舊書販售等四個形態並未獨立,只要是與書籍相關的事業,想做什麼都可以。換句話說,一間書店同時經營出版、經銷、販售新書與舊書,在當時都是常態。

然而明治八年修訂的「出版條例」與明治九年制定的「八品商取締規則」,卻讓這種單純的書籍流通形態一舉瓦解。

首先是「出版條例」。對於書林公會而言,第一條「欲著作圖書或將外國圖書翻譯出版者,在出版前須向內務省提出申請」正是個大問題。因為過去採取的是「出版認可制」，只要獲得政府許可便能出版，而申請手續皆由書林公會的行事代辦。但條例施行後，取而代之的是「出版申請制」，從此即使不加入書林公會，也可以出版。此外，過去幾乎由書林公會握有永久版權，但「出版條例」第二條將版權期限定為三十年，因此加入書林公會的出版業者等於喪失了極大的特權。

上述影響出版形態的法律變更，為書店生態帶來的影響也絕對不小。例如最初以舊書店起家的有斐閣、三省堂書店等書店，也立刻投身出版事業，大獲成功。假如壟斷性的公會繼續存在，轉換事業跑道的情況便絕對不可能出現，也不會有新書店投入市場了。

而影響神保町形成舊書街最大的因素，應該是由警視廳制定、公告的「八品商取締規則」。這個規則是現在「古物商鑑札制度」的濫觴，然而問題在於，多少具有文化意義的舊書店，居然被歸為和二手服飾店、二手工具店、當鋪、廢鐵店等同類的「古物商」，必須接受警方的監督。換句話說，舊書店從此也被視為可能買賣贓物的業者，因此想開舊書店，就必須加入古物商公會，向轄區的警察局提出申請，領取鑑札[25]才行。

「八品商取締規則」對哪個部分造成的影響最大呢？答案是一般書店若想販售舊書，就必須重新取得鑑札這一點。

明治十六年，太政官公告了「古物商取締條例」，強化對違反條項者的罰則，更加速了新書與舊書的分離。

此條例最顯著的影響，就是以往同時販售新書與舊書的書店，在此條例施行之後，清楚地區分為一般書店與舊書店。不能忘記的是，這正是形成今日圖書業界明確分業為出版社、經銷商、一般書店及舊書店的原點，同時，始於江戶時代的中盤型書店，也正是從這個時期開始明顯衰亡。（《東

京古書業公會五十年史》）

上述分析相當犀利。的確，將舊書店歸為與古物商同類後，新書與舊書雖然並非絕對不可能在同一間店裡販售，但確實變得相當麻煩，因此加速了一般書店與舊書店的區隔。這個影響一直持續至今。

所謂的「八品商取締規則」與「古物商取締條例」，具體而言對神保町形成舊書街帶來了什麼樣的影響呢？

現在當然也一樣，想開一間書店，首先必須準備一大筆資金。再加上明治十年時，新書並非「委託販賣制」，而是「買斷制」，所需的資金更為龐大。因此若為一般書店，加入原本就擁有許多新書的舊書林公會系統，絕對比較有利。

西南戰爭結束後，大隈重信推動的積極財政措施帶來了空前的通貨膨脹，也加速了這個傾向。新書業界由於流行西式裝幀書，景氣極佳；在這個時期，位於日本橋、銀座等地區的山城屋、叢書閣、有鄰堂等大型書店，都提高了新書的比重，最後成為只販售新書的一般書店。相對於舊書必須逐本進貨，新書則可大量販售。尤其是在景氣好的狀況下，新書大為暢銷，一般書店當然遠比舊書店賺錢。

一言以蔽之，「八品商取締規則」與「古物商取締條例」使新書與舊書的銷售通路分離，因此一般書店中，擁有雄厚資本的既有大型書店便不斷擴大市場。

那麼神保町呢？

25. 譯注：營業許可證。

不知是幸抑或不幸，明治十年代，屬於舊書林公會系統的大型書店都在日本橋和銀座，並未在神保町展店。

然而，正如前面一路討論下來的，神保町・一橋地區有東京大學等多所學校聚集，對書籍有需求的人密度非常高。也就是說，儘管有潛在的書籍需求，卻幾乎沒有供給，對於缺乏資本卻仍想做些文化事業的人而言，這裡簡直就像「應許之地」。而既然客源是學生，經營舊書店當然比較好。說不定明治十年代在神保町・一橋地區先以舊書店起家的三省堂書店創辦人龜井忠一、有斐閣創辦人江草斧太郎，就是做過了市場調查之後，才選擇把店開在神保町的。

他們過去都不是以所謂丁稚奉公[26]的形式投入這個業界，而是秉持著「武士的商業手法」，想要透過自己多年來熟悉的書籍維持生計，才選擇走上這條路的。以現代的方式來比喻，他們就像是知識分子被裁員後，轉而投入異業。也許正因如此，他們才會在經營舊書店成功之後，又跨足出版業吧。

如上所述，翻開日本的舊書店業歷史，可以看見完全沒經驗的門外漢轉行開舊書店，不但成果豐碩，更為整個產業型態帶來了變化。從這個角度來看，他們可說是掀起了舊書界的「新浪潮」。

雖不知誰是高達，誰是楚浮，不過接下來，我打算介紹有斐閣的江草斧太郎與三省堂書店的龜井忠一，藉以勾勒出明治十年代神田神保町的樣貌。

有斐閣

現在總公司設於神田神保町二丁目十七番地的有斐閣，創立於明治十年，為神保町同業中歷史最悠久的書店。既然本文旨在討論神保町・一橋形成書肆街的黎明期，那麼有斐閣絕對是非介紹不可的對象。不過，之所以最先介紹有斐閣，其實並不是因為它是最早設立的舊書店，而是因為它作為書店的「走向」實在太「神保町」了。有斐閣一開始是扮演「學生銀行」的舊書店，等這些學生出了社會，開始寫作後，有斐閣又以出版社的身分陪伴這些學生，日後的岩波書店等也群起效法這種模式。因此，在神保町書店的「某種走向」上，有斐閣可謂領頭羊一般的存在。

這間與學生並肩而行的有斐閣，是由什麼樣的人物創辦的呢？接下來我將根據《有斐閣百年史》（矢作勝美編，江草四郎、江草忠允發行，有斐閣，昭和五十五年），來談談對神田書肆街的形成帶來極大影響的有斐閣創辦人——江草斧太郎。

江草斧太郎是忍藩士江草孝太郎的長男，安政四（一八五七）年十一月十二日生於武藏國埼玉郡忍下忍（現在的埼玉縣行田市）。忍藩在廢藩置縣之前，是由桑名的松平家從第九代開始繼承藩主的譜代藩；而松平家的始祖，是家康之孫，但後來成為松平家養子的松平忠明。藩內設有藩校進脩館，積極獎勵學術與教育；藩士子弟一律十歲進入藩校，士分（十石以上）子弟必須學習儒學、軍學，御切米取以下的子弟則必須學習算術與習字。

其父孝太郎是四石三斗二人扶持的御徒，因此斧太郎本應只能在藩校學習算術、習字等實務性的學問，但黑船事件之後，時代宛如風雲變幻，他的命運也出現重大改變。明治元（一八六八）年，曾向大鳥圭介學習英學的芳川俊雄擔任校長，設置西洋學校。儘管沒有證據顯示斧太郎曾在這所西洋學校就讀，但這間學校設立的時間點正好與他的就學年齡相符，因此可能性相當高。假如一切順遂，斧太郎可能也會像坪內逍遙和高田早苗一樣，走上菁英之路，進入大學預備門，再進入東京大學，最後成為博士或大臣。然而明治四年實施的廢藩置縣，使得江草家頓失收入，身為長男的斧太郎也不得不放棄求學，尋找糊口的辦法。

26. 譯注：童工。

斧太郎在明治七年（一八七四）離鄉遠赴東京，在東京京橋的書店慶雲堂工作。當時十七歲。（《有斐閣百年史》，以下引用內容皆出自此書）

雖屬於下級武士，但原為武士身分的斧太郎不當官吏，而選擇實業，而且還是當書籍商的店員，他的動機究竟為何？

《有斐閣百年史》裡寫到，斧太郎在忍藩這個重視學問的環境中成長，經常接觸書籍固然也是事實，但根據推測，真正直接影響他的，應該是東京日本橋慶雲堂的經營者──伊藤德太郎同是出身忍藩的士族之故。

慶雲堂是一間什麼樣的書店呢？

既然創立於明治初年，當時主要販售的應該是日文書籍，然而慶雲堂不久後便因為翻刻英語教科書而聲名大噪。而根據木村毅的著作《丸善外史》（丸善，昭和四十四年），慶雲堂堪稱該領域的先驅。

即使位於書籍商蝟集的日本橋一帶，慶雲堂也和丸善一樣是走在時代尖端、積極進取的書店，在明治十一年這個時期，便已著手嘗試英語教科書的翻刻。對於很早就熟悉原文書與翻刻書的斧太郎而言，這個環境想必十分親切。

當時書籍商的店員全都住在店裡，早上六點起床，準備開店，從早上八點工作到晚上十點，中間沒有休息；吃飯、洗澡後，就寢時通常已經十二點，體力上的負擔極大。十七歲進店裡工作的斧太郎，以店員來說已經算晚了；比起工作的辛勞，他應該更想盡快學會怎麼做生意，早早自立。書店可說是有薪水可領的學校，可以推測他應該不以為苦。

以年季奉公[27]身分工作了三年的斧太郎，明治十年先回到故鄉。父親賣掉金祿公債後，給斧太郎五十圓，他便以此作為資金，在神田一橋通町四番地開了一間書店，名為「有史閣」。而將店名改為「有斐閣」，則是二年後，也就是明治十二年的事。

正如前面提過好幾次的，儘管神保町．一橋一帶在明治十年前後，已蛻變為日本屈指可數的文教地區，卻還沒形成書店街。非但如此，在斧太郎開業之前，此地根本沒有書店開業的紀錄，可說是「書店的處女地」。

因此，刻意選在這個地方開業的斧太郎，想必擁有先見之明與進取的精神；不過也可以想像，那想必是他透過另一種方式，試圖一圓自己無緣的「求學之夢」吧。這個夢想，在他成為慶雲堂的店員，接觸到許多新時代的學生後，便逐漸膨脹。開在一橋的小小舊書店，正是他實現那個夢想的橋頭堡。

> 店面是向旗本田村家承租其五棟長屋的一隅，是門面寬二間（約三．六四公尺）的平房。店面為床店形式[28]，把書像生魚片一樣擺在正門門板上販售。

雖是這麼小的店，但從剛開幕就門庭若市，開業隔年商品就銷售一空，甚至在《讀賣新聞》刊登三行廣告，表示願意高價收購書籍。

---

27. 譯注：類似約聘人員。
28. 譯注：僅供做生意，不能住人的店面，類似攤位。

本店經營書籍賣買因商品售罄願收購舊書意者請來函下址
一橋通町四番地
和漢洋書籍法帖類賣買處　有　史　閣

當時在報上刊登廣告表示「高價收購」的書店可說相當稀有，以現代的用詞來說，斧太郎的經商方法就是「積極經營」，假如有外地的客戶來信表示有舊書出售，他便會直接到府收購。

斧太郎將書店開在一橋的目標客層，也就是東京大學、大學預備門的學生，則是完全不出所料，幾乎每天光顧，在店裡買賣書籍。

在這些常客中，有一個人後來從官員轉為律師，並在跨足出版事業的有斐閣出版了許多法學書籍。他就是法學家江木衷（一八五八—一九二五）。江木衷和坪內逍遙、高田早苗等人是大學預備門的同學，自東京大學法學院畢業後，參與英吉利法律學校（中央大學的前身）的創辦行列，也是日本最早的律師之一。在刊載於《圖書月報》的「故江草斧太郎君小傳」當中，他留下了以下的回憶：

> 我們的學生時代距今已三十年前，逸事大多忘光了，不過江草這個人總而言之就是與眾不同，仁慈善良，當商人簡直可惜，正所謂俠義心腸。
>
> 當時我們住在一橋（大學）的宿舍，江草開了一間小舊書店，我因為去賣書而與他結識；他是個具有讀書人氣質的商人，所以我們很快就變成朋友。正如當時報紙的報導，他就像「大學生的金庫」，我們有很多同學受到他非常多照顧，也有不少人給他添了許多麻煩，但他天生古道熱腸，待人親切，對我們的付出無人能及。不少學生利用這一點，經常因為想喝酒、吃肉而去向江草這個好

好先生討錢；假如他不答應，就隨便編個理由來借錢。他甚至曾只憑一張名片，就借錢給素未謀面的學生。若是手頭寬裕也就罷了，然而沒錢時，他就算典當自己的衣服也要幫助學生。

簡而言之，這間書店對學生而言就像一間可靠的「銀行」，學生需要錢的時候，就會找藉口拼命從斧太郎身上挖錢。而斧太郎之所以照顧學生到這種地步，是因為他不把學生當作客人，而是當作「朋友」。倘若面對生意往來的對象，付出善意是有償的；但若是朋友，則是無須代價的。

他的善良，在某個因為貪玩而遲繳學費，家裡給的生活費也花個精光，最後被勒令退學的學生身上表露無遺。儘管這個學生給斧太郎添了各種麻煩，最後斧太郎還是願意再救他一次，不但主動向學生宿舍的舍監表示自己可以當保證人，還幫這個學生清償各方債務。

此外，他甚至從附近的書店「收集」參考書，借給考試前仍沒錢買參考書的學生。這一切都不是出自「利益」，而是發自「友情」的行為。

或許正因如此，他似乎也期望學生對自己付出「友情」。例如，每當他來到學生的宿舍或租屋處，都會氣燄高張地說：「你們是未來的博士，我是未來的富商。」或是和學生一起放聲高歌，甚至還曾與教授爭論到拳腳相向，從樓梯上跌落。

江木從大學預備門升上法學院，不過進入文學院的坪內逍遙、市島春城、高田早苗等《當世書生氣質》的原型，也經常光顧有斐閣，仰賴斧太郎的友情。

上述《圖書月報》的「故江草斧太郎君小傳」中有一篇附錄，文中高田早苗如此回憶：

不過此書店主人是個不可小覷的聰明才子，他對大學生提供特別待遇，而且他出身武士世家，品格清高，為人正直，非常照顧學生，就算有學生遭到高利貸的包圍攻擊，他也會熱心地幫學生解決困難。正因如此，每個人儘管心知肚明自己將來會成為他追求發展時利用的工具，仍與他結為朋友。果不其然，我們大學一畢業，他便毫不客氣地利用我們。他要求我們寫書，由他出版，再靠我們的面子把書賣到各學校去。這種手法少見又保險，因此從來沒見他失敗過。

這段說詞相當值得留意，因為根據高田的說法，有斐閣的江草斧太郎對學生的照顧，其實並非出自無償的「友情」，而是為將來鋪路，可謂深慮遠謀的行為。也就是說，當這些學生成為各領域的權威，斧太郎就會藉著過去的「友情」來接近他們，拜託他們撰稿，再由自己的公司出版；而這時他們已經在各學校任教，因此斧太郎又利用他們的「面子」，掌握將書籍販售至學校的管道，確實是個「不可小覷的聰明才子」。

斧太郎是打從一開始就抱著這種「意圖」接近學生，取得他們的信賴，替自己未來的生意發展埋下種子嗎？

當然，斧太郎做的也不是慈善事業，他的所作所為不可能全是出自「友情」的「無償」行為。然而無論他再怎麼慧眼獨具，必定也沒有料想到他曾經照顧的大學生，日後大多出人頭地，成為「博士」或「大臣」。也就是說，他扮演東京大學學生「銀行」的角色，並不是一開始就預期未來能獲得回報；這些學生的飛黃騰達，其實是他「意料之外」的事。

話雖如此，斧太郎確實打從舊書店剛起步時，就懷抱著出版各種學術書籍的夢想。

開業兩年後，也就是明治十二年，他便將店名從「有史閣」改為「書肆　有斐閣」，就是最好的證明。

根據《有斐閣百年史》編著者矢作勝美的說法，斧太郎之所以更改店名，是因為他回到故鄉忍藩時，恩師嵩古香以四書中《大學》的一節勉勵他：衛武公好比河畔翠綠的竹林，是一個文質彬彬的君子，同時也是勤勉鑽研學問之人，因此你也應該仿效他，與學者齊心協力，努力精進，以成為一個「有斐君子」。

因此，斧太郎就在把店名改為「有斐閣」的同時，為了「與學者齊心協力」，而致力於學術類書籍的出版。起初，他是請忍藩藩校的諸位恩師撰寫實用書或翻刻教科書；明治二十年，江木衷等在學生時代受其照顧的學者開始活躍於第一線之後，他便與這些學者合作，開始出版學術類書籍。江木衷撰寫的《現行刑法汎論》（明治二十年）與《現行刑法各論》（明治二十一年），決定了有斐閣成為法律書籍專門出版社的方向。之後，江木衷更成為撐起有斐閣招牌的作者。

另一方面，關於隸屬於文學院，給斧太郎添了許多麻煩，還貌似把過程寫進《當世書生氣質》等書的坪內逍遙，他的同學市島春城則留下以下的回憶。

確切的時間我已經不記得了（我想大概是明治三十年左右），我曾在東台的櫻雲台（後來的梅川樓）主辦一場一橋時代的帝大同學會。我邀請了學生時代很照顧我們的有斐閣書店主人以及某舶來品店主人作為嘉賓出席，當時紅葉[29]幫我很多忙，他提議請伊井蓉峰來演出書生氣質作為餘興節目，幸好櫻雲台有舞台，他和蓉峰也頗有交情，可以請他免費演出，無須報酬，我便樂得把這件事交給山人了。

他們舉辦同學會的明治三十年，正是斧太郎經營舊書店時照顧過的學生們各自成為不同領域的名家，大為活躍的時代。坪內逍遙過去也曾在斧太郎的出版社出版文藝評論集《小羊漫言》；而受

29. 譯注：指尾崎紅葉（一八六八—一九〇三），本名德太郎，為日本明治時代的小說家、俳句詩人。

過去的「朋友」之邀，作為座上賓的斧太郎，如今看見伊井蓉峰演出坪內逍遙的名作《當世書生氣質》，心情又是如何呢？

總而言之，櫻雲台的這場餘興節目，可說是獻給透過經營舊書店與出版事業，來完成做學問這個夢想的有斐閣主人——江草斧太郎最高的敬意。這段插曲，可說完全呈現出了舊書店街．神田的特質。

三省堂書店

與有斐閣旗鼓相當的神保町老店三省堂書店，創立於明治十四（一八八一）年四月八日，同樣以舊書店起家。店址位在裏神保町一番地，町名雖然改變了，但所在位置沒有變動。

創辦人如前所述，是龜井忠一與萬喜子夫妻。兩者皆出生於舊幕臣之家，在幕府末期到明治時期，隨著德川慶喜遷居駿府而飽受命運的捉弄。

不過，舊幕府的下一代，為什麼會在神保町開舊書店呢？《三省堂的百年》（三省堂百年記念事業委員會編，三省堂發行，昭和五十七年）中有如下的記載。

龜井忠一幼名鑑五郎，出生於江戶的小石川，是家祿兩百五十石之幕臣中川市助的五男。明治三年，也就是他十四歲時，與幕臣龜井與十郎的次女萬喜子結婚，成為龜井家的贅婿。

龜井家的家祿五百石，位階高於中川家，然而萬喜子兩歲喪父、六歲喪母，養父——姊姊的贅婿龜井捨八郎也在移居靜岡後不久便過世，因此形式上雖是中川家的五男忠一入贅，與長他一歲的萬喜子結婚，但婚後仍與忠一的雙親同住。

然而，明治初年景氣劇烈變動，致使兩人走上坎坷的命運。父親中川市助經營的蠶紙生意失敗，忠一夫妻不得不前往東京謀生。

忠一夫妻在東京首先嘗試的是開鞋店。之所以如此，是因為忠一的二哥石川貴知原本經營鞋店，後來改行經營舊書業（桃林堂），於是忠一便接手二哥的鞋店。正當他們慶幸在四谷營業的這間鞋店生意興隆，一切順利的時候，明治十四年的四谷大火卻讓一切付之一炬，兩人的人生再度回到原點。

龜井夫妻決定也投入二哥經營的舊書業。雖然當時二哥表示反對，但畢竟夫妻倆已經沒有其他選項，因此在明治十四年四月八日，以押金五十圓，房租五圓，在裏神田神保町一番地租了一個門面寬二間[30]、深九間，共十八坪的床店，開始經營舊書店。當時忠一二十五歲，萬喜子二十六歲。店名出自《論語》學而篇「曾子日，吾日三省吾身，為人謀而不忠乎，與朋友交而不信乎，傳不習乎」；有一說是由漢學家增田善成命名，但尚無定論。

從今天三省堂書店的店址看來，簡直是絕佳的地點，不過在明治十四年卻不盡然。

三省堂創立的地點，大概相當於今日三省堂書店大樓東南方的角落。根據元治再版的小川町繪圖，這片土地是幕府末期的儒學家，也是洋學所（後來的蕃書調所）頭取古賀茶溪（暱稱謹一郎，號謹堂）的舊邸，而現在的書店，則包括隔壁的岡部日向守舊邸。這兩間府邸及附近的土地，在明治二年被官方徵收後，雖然漸漸發展為商店街，但在明治九年發行的明治東京全圖中，卻標示為園池公靜之宅第。三省堂就是在那一角創立的。當時那一帶既沒有電燈，也沒有瓦斯，小川町附近比神保町還要熱鬧，三崎町一帶則被視為東京的偏僻地帶。

30. 譯注：一間約一・三二公尺。

今天神田神保町的鈴蘭通上，零星有幾間天婦羅店、牛肉鍋店、蕎麥麵店、麵包店等以學生為客源的餐飲店，不過綜合各種史料，可知鈴蘭通是在進入明治二十年代以後，才開始變得繁榮；在三省堂書店剛創業的明治十四年那個時代，就連毫無經驗的龜井夫妻，也只用五圓的低廉租金，在裏神保町一番地這個精華地段租到了店面。而這樣的「低廉租金」，也說明了當時鈴蘭通並非那種只要開著店，就會自動有客人上門的鬧區。

當時並不像現在一樣有網際網路，儘管也可以效法有斐閣在報紙上刊登廣告，但剛開店的三省堂書店並沒有那麼多預算。於是龜井忠一決定採取「誘導」的方式。

忠一既沒有進貨資金，也沒有書可賣，至於做生意，也只有從哥哥接手桃林堂後經營二個月的經驗，並不足夠，因此他把店面交給萬喜子顧，自己則到其他店家走動。忠一只要在別人的店裡看見想賣書卻談不攏價格的客人，就會告訴對方有間新開的店願意高價收購，藉機引導客人來自己的店裡，再用高出一成的價格收購。因為他相信「今日賣書的客人，就是明天買書的客人」。他的做法大獲好評，三省堂的名字立刻在學者、學生之間傳開。

他甚至曾經從九段下的今川小路開始，跟著一位抱著韋氏大字典（Merriam Webster Collegiate Dictionary）在各舊書店估價的客人，直到萬世橋附近才把他叫住，用高於其他店家開出的價錢收購。

如上所述，龜井忠一儘管出身武家，卻相當有生意頭腦。不，或許應該改為「正因為」他出身武家才對。因為他所擅長的「誘導」，是當時傳統商人絕對想不到的方法；正因為他不受江戶商人的傳統束縛，才能想出這樣的點子。也就是說，正因為是從其他領域轉進這行，才能輕鬆打破舊書店業界的框架。

話雖如此，忠一的生意頭腦，與有斐閣的江草斧太郎那種武家出身的知識分子的做法，又有所不同。

根據上述引用，我們可以推測他應該是採取薄利多銷的方式經營，也就是用高出其他店家一成的價格收購，同時又以便宜一成的價格出售。以當時的舊書店經營方式來說（現在亦同），一般而言當然是希望盡量便宜收購，再盡量高價賣出，因此收購價格比較高、出售價格比較便宜的三省堂，理所當然會門庭若市，而這也是墨守傳統的商人絕對想不到的近代資本主義概念。

這種經營方式，乃由於忠一是個從其他領域轉行進來的門外漢，不太了解舊書市場，才得以實現。然而凡事有利必有弊。

然而，當時的舊書店以西洋原文書的賣買為主，對於沒有經驗又不懂外語的這對夫婦而言，別說內容，他們就連書名都看不懂。另一方面，有些窮學生喜歡占當鋪或舊書店的便宜，他們之間流行把裝幀精美但毫無內容的書籍高價賣出。據說忠一只要看過一次書的封面、問過一次書名，就會立刻牢記，因此即使不諳外語，第二次之後便能順利買賣；不過第一次接觸的書籍或客人，卻總令他不知所措。

假如忠一認為既然經營了買賣原文書的舊書店，便至少得看懂英語或德語的書名，因而開始努力學習外語的話，想必會成為一樁美談；然而現實卻並非如此。雖然忠一在經商方面是個不論什麼新方法都願意挑戰的「開化的商人」，卻不是個會想從頭學習外語的好學之人。真正好學的，其實是負責顧店的妻子萬喜子。

忠一雖然開朗、機敏、意志堅定又熱衷事業，卻很懶得做學問。相反地，萬喜子則相當好學。她首先學習的是德語。

對於萬喜子不是選擇英語，而是先從德語開始學起，各位可能會覺得有些不可思議，不過這是因為他們販售的圖書多為醫學書籍的關係。她的老師是一位名叫樫田的大學生，是書店的常客之一；也許是被萬喜子的熱情所感動，才答應教她的吧。

萬喜子學會德語後，大約在明治十七年，又開始學習英語。這次則是向當時在駿河台設立靜修女學校的英語教授城山瀧（城山歸一的夫人）學習。

城山瀧在《故龜井萬喜子刀自追想錄》中如此回憶萬喜子勤勉向學的熱忱。

每晚關店後，十一點多，她就會抱著當時還在哺乳的孩子來我家上課。她憑著執著與耐心，沒過多久就學到足以順利處理原文書的程度。

萬喜子這種熱心向學的態度，想必正是促使三省堂發展為原文書買賣第一把交椅的原因之一。

萬喜子的風評非常好。（中略）由博文館發行，田村江東著的《活躍於實業界之婦女》中，描述她是一位才德兼備的賢妻；東京實用女學校編《男女修養夫妻成功美談・第一篇》中，也提到了龜井夫妻的奮鬥成功故事，描述她不但貫徹傳統女性美德，更熱心向學。即使將這些讚美打些折扣，萬喜子在三省堂創業初期的功勞，應該也遠遠大於這些紀錄。

如上所述，龜井夫妻在夫唱婦隨，或是婦唱夫隨的狀態下，生意漸上軌道，然而終究還是遇到了一個瓶頸——也就是商品數量不足的現實問題。無論是英語書籍或德語書籍，客人賣給店裡的書籍，數量總是有限。換言之，想要繼續採取薄利多銷的方式，就必須確保足夠的商品數量；但是當時政府對進口、流通的原文書數量加以控管，即使想增加數量，也無法突破這個絕對的天花板。

然而另一方面，市場對教科書及字典的需求很高；畢竟有多少學生或教師，就需要多少教科書和字典。有強烈需求，供給卻不足；既然如此，只要想辦法增加供給量即可。最好的方法，就是大量提供學生買得起的便宜書籍；而想達成這個目標，就只能靠翻印教科書和字典了。當時尚未簽訂伯恩公約，因此任意翻印、翻譯原文書並不違法。

話雖如此，他們的手邊並沒有資金。在無計可施之下，忠一只好採取從江戶時代就存在的傳統方法——與其他書店共同出版。在這個時代，新書、舊書、出版、經銷、販售的界線模糊，較為貪心的書店可能跨足各種領域，因此專門經營舊書賣買的三省堂書店跨足出版，也不足為奇。

於是三省堂書店與兄長石川貴知經營的桃林堂（美土代町四之五）、開新堂（表神保町三）及十字屋（錦町一之十一）組成「同盟四書房」，明治十六年二月發行由西山義行翻譯、竹內成章校訂的參考書《威爾森第一讀本》。五月又接著出版教科書《米爾代議政體》，隔年，也就是十七年三月，又出版了由西山義行編、露木精一校訂的《英和袖珍字彙》。其中尤以在小川町開設英學私塾的西山義行編《英和袖珍字彙》最為暢銷。

皮革精裝、厚九分、收錄詞彙數約三萬，以今日的標準來看，外觀與內容皆頗為貧乏而不夠成熟；此外，雖是四社同盟版，但這本字典正是三省堂出版的第一本英語字典，也是第一本小型字典。倘若這本小巧又實用的字典銷量不如預期，或許日後三省堂也就不會出版英語字典了。

在此之後，他們又接連共同出版了幾本書籍，到了明治二十一年，三省堂決定嘗試單獨出版。理由是同盟出版以壓低成本為第一考量，導致校訂不夠嚴謹，誤植也多。第二，為了符合舊書店主要客層，也就是學生的需求，必須製作小巧、便於攜帶，且內容充實的字典才行；但目前並沒有這種可攜帶的袖珍字典存在。以現代用語來說，忠一可謂將命運賭在供需的利基市場上。

三省堂自明治二十一年開始單獨出版。該年度三省堂出版了十餘本新書，其中《安遜氏契約法》（上．下，四六版，精裝，上九五錢，下八五錢，八月刊行）及《韋氏新刊大辭書　和譯字彙》（菊版對開，精裝，一三八八頁，三圓，特別預約價二圓，九月刊行）為單獨出版。（中略）《韋氏新刊大辭書　和譯字彙》是繼同年四月同盟出版的高橋五郎《和英袖珍字彙》之後出版的英語字典。然而《韋氏新刊大辭書　和譯字彙》不但是由三省堂單獨出版，更是三省堂自行企劃編輯的字典，極富紀念價值。這是齋藤精輔首度參與製作的字典，換言之，本字典正是三省堂編修所之起源。

三省堂編修所是在什麼背景下成立的呢？一切始於一位經常出入忠一哥哥經營之桃林堂的外國語學校學生——田中達三郎（後來成為醫學博士）。某次他帶著一份英日字典的原稿來到三省堂，忠一將原稿拿給熟悉的學者看過後，認為可行，便正式委託田中擔任編輯，並用書店二樓一角充當編輯室。田中也努力符合期待，花了一年多的時間進行編輯。然而就在字典即將完成的時候，三省堂遭遇了出版界常見的意外——他們得知規模頗大的大倉書店正在計畫出版一本由英學專家島田豐編輯的英語字典。

忠一判斷，倘若在這個時間點出版一本由一介學生編纂的英語字典，絕對沒有勝算，於是向田中坦承他的決定，將大部分原稿作廢，同時委託一名叫做齋藤精輔的人物重新編纂，目標是出版一本超越大倉書店版的字典。

這位在日後成為三省堂編修所的支柱，成績斐然，並編纂了極具代表性的《日本百科大辭典》的齋藤精輔，跟三省堂有什麼樣的關係呢？

根據齋藤精輔的自傳《辭書生活五十年史》，齋藤是在慶應四（一八六八）年出生於山口的岩國，父親曾參與西南戰爭，後因精神異常而過世。寒窗苦讀的他，十九歲從中學畢業後，前往東京投靠同鄉的前輩，也就是當時在英吉利法律學校（後來的中央大學）擔任幹事的渡邊安積。當時渡邊在從事教職之餘，也在小川町經營書店錦水堂，翻刻在英吉利法律學校使用的教科書，因此將翻刻書的校對工作交給齋藤。明治二十年渡邊驟逝，渡邊的遺族委託齋藤賣掉渡邊的藏書，而這時買下那些藏書的正是三省堂書店，齋藤與三省堂書店的緣分也就此展開。

為了與大倉書店競爭，忠一需要一名精通英語的人士；而當時齋藤就讀於駒場的農學校，同時擔任舊主毛利家的家庭教師，於是忠一便委託他編纂一本全新的字典。

齋藤接受忠一的懇求，於是從農學校退學。當時他在毛利家的家教為下午三點開始，因此他將每天下午三點之前的時間，都拿來編纂三省堂的字典。

齋藤請三省堂聘請他的學弟飯田央為助理，再加上田中，總共三人一同進行編纂；但後來飯田因病辭退，因此最後僅由兩人完成原稿。儘管過程曲折，但《韋氏新刊大辭書 和譯字彙》終於在明治二十一年九月由三省堂書店單獨出版問世。

由於競爭對手大倉書店已早一步提出類似企畫，忠一為求差異化，想到了在當時堪稱劃時代的新概念。第一是主打負責監修的「博言學士　伊斯特雷克（Frederick Warrington Eastlake）」與「文學博士　棚橋一郎」之名，把實際編纂者的名字擺在後面，以強調權威性；第二則是不透過經銷商，改採大幅刊登報紙廣告宣傳，更委託報社代收訂單。然而此舉觸怒了經銷商與過去共同出版的同業，以忠一親哥哥經營的桃林堂為首，形成了抵制《韋氏新刊大辭書　和譯字彙》的同盟。

但是報紙廣告的宣傳效果極佳，廣大讀者爭相訂書，在當時打破常規的五千本，竟在一年內就售罄，因此最後反而是抵制三省堂的同盟瓦解，桃林堂也向三省堂書店投降。

就這樣，三省堂書店確立了「專賣字典」的品牌，之後也持續擴大出版與販售兩項事業，雖然中間也曾遭遇出版事業（大正四年分家，成立新公司）瀕臨倒閉的危機，但直到今日仍在神保町一番地繁榮發展。

武家後裔跨領域投入舊書業界，對神田神保町書肆街的形成帶來莫大的影響，而相同的傾向仍將持續一段時間。

富山房

持續在神田神保町營業且生意興隆的老店，前面已經介紹了有斐閣與三省堂書店，相信許多讀者會猜測接下來要介紹的是東京堂。不過假如製作一份神田神保町的綜合年譜，可以發現，若單看開業年分，公司位在東京堂正前方的富山房，其實歷史更為悠久。相較於明治二十三（一八九〇）年開業的東京堂，富山房創立於明治十九（一八八六）年。此外，後面也將說明（參照一二八頁），東京堂是在明治出版界之雄——博文館支持下誕生的一般書籍、雜誌零售店，而富山房則與有斐閣、三省堂書店同樣是從舊書店起家，因此我認為在討論神田神保町的黎明期時，應該以富山房為優先。

若在網路上搜尋相關資料，可以發現許多網頁記載富山房是以出版社起家的，因此本文決定以創辦人坂本嘉治馬口述之《富山房五十年》中收錄的「追懷七十年」為準。

在正式進入討論之前，我們必須先聊聊大隈重信的左右手小野梓在神保町創立的出版社——東洋館，以作為富山房的前史。因為富山房是從東洋館衍生出來的書店，可謂名符其實的後繼者。

小野梓（一八五二－一八八六）出身於土佐國宿毛，其父為下級武士，是土佐勤王黨武市半平太在宿毛的同志，在梓十五歲時過世。梓繼承父親的遺志，參加了鳥羽伏見之戰，明治二年退伍後，為了結識與自己不同出身的朋友，而進入舊幕府的昌平黌就讀。然而這個選擇觸怒了藩邸，對他處處刁難，於是他趁返鄉回宿毛時，成為伯父小野善平的養子，從此捨棄士族身分，成為平民。因為他判斷只要保有士族身分一天，就無法無視藩邸的意志。

明治三年，梓前往大阪投靠養兄小野義真，在義真的鼓勵下開始學習英語，更受其資助，於隔年經美國到英國留學，徹底學習英國的議會政治與法律，在三年後學成歸國。

順帶一提，他的養兄小野義真在明治維新後任職於大藏省，擔任大阪港興建工程的監工，是「大阪的恩人」之一。明治七年下野，擔任三菱的顧問，作為岩崎彌太郎的智囊，帶領各項事業成功發展。日本鐵道股份有限公司成立後，小野義真就任社長，被譽為「鐵道王」。

小野義真這號人物在富山房創立時將再次出現，現在我們先把焦點拉回小野梓身上，繼續看他的經歷。

明治七年回到日本後，梓開始研究羅馬法，並出版了《羅馬律要》一書。他的實力受到青睞，在明治九年到司法省任職；由於對私下勾結嚴重的藩閥政治感到義憤填膺，梓提出設立會計監查院的建言，受到大隈重信的採納，之後與大隈重信關係良好。

因北海道開拓使賤賣公物事件而引起的「明治十四年政變」發生後，梓便與大隈聯袂下野，成為其左右手在各方活躍。

在設立東京專門學校時曾與他共事的高田早苗，在《富山房五十年》引用的一段追憶文中，針對小野有以下敘述。

富山房的前身是開在神田小川町的東洋館，而東洋館的創辦人——已故的小野梓老師，從我和五、六名同志剛出社會時，就對我們照顧有加。（中略）小野老師下野後的理想，是經營一個能廣泛傳播政治、教育以及當時新知的出版機構。他任職於政治機關時，創立了立憲改進黨；任職於教育機關時，設立了後來的早稻田大學以及當時的東京專門學校；最後他又創辦了東洋館，作為傳播知識的機構。

東洋館於明治十六年八月一日開業，同年十二月二十九日，以位在神田區小川町十番地的一棟融合東西方特色的建築作為總公司，開始營業。

在東洋館甫開店時，一名以店員身分進入公司任職，當時十八歲的年輕人，就是富山房的創辦人坂本嘉治馬。

坂本嘉治馬於慶應二（一八六六）年，與小野梓一樣出生於土佐宿毛。父親是足輕，參加過戊辰戰爭，這點也和小野梓相同。兩人的父親是否為朋友關係，雖不可考，但兩人曾透過當時以藩醫身分參加戊辰戰爭，後來成為政府高官的酒井融而有所接觸，則是可以確定的。關於這點容後詳述。

嘉治馬的父親在戊辰戰爭結束後不久就病倒，所幸在酒井融盡心的治療下撿回一命，令他感念在心，也反覆對兒子嘉治馬提起此事，因此嘉治馬赴東京時，原想投靠酒井融，但當時卻未能實現。因為廢藩置縣後，以少許奉還金作為資本投入染織業的家中經濟狀態並不理想，他沒有勇氣拋下雙親，遠離家鄉。

到了明治十六年十二月，嘉治馬總算下定決心。由於宿毛沒有船可搭，於是他先假裝前往宇和島辦事，再從宇和島搭船到神戶，輾轉經過橫濱，再前去拜訪人在東京的酒井融，希望能透過酒井的介紹進入陸軍教導團，成為軍人。他的計畫雖然順利實行，但酒井建議嘉治馬走的，卻是截然不同的另一條路。

一天，先生把我叫去，說我們有一位名叫小野的同鄉，正準備開書店，要我帶著一封信去找他。我按照信上的地址前往，那個地方在神田的小川町，相當於現在從神田橋往駿河台方向十字路口的西側角落，我記得門上的招牌應該寫著東洋館事務所。對方立刻帶我去小野老師位在二樓的辦公室，這就是我與老師第一次碰面的經過。

從上述段落可知，嘉治馬與小野是同鄉的前輩與後進，但彼此沒有見過面，是透過共同熟人酒井融認識的。而在這次會面之後，嘉治馬便果斷地放棄了從軍的志願，決定在東洋館擔任店員。

當時的東洋館是什麼情況呢？

小野梓任職東洋館後，一下得關在辦公室撰寫《國憲汎論》、一下又得接待客人，一刻不得閒。在此同時，他不但在東京專門學校教書，更兼任實質上的校長，又負責立憲改進黨的黨務，工作量極為繁重，但仍親自坐鎮東洋館的出版事業。

東洋館除了出版，也跨足原文書的進口與販售，因此公司裡的書架上擺著許多外文書。以地位最低的店員身分進入公司的嘉治馬，雖然對外語一竅不通，但他本來就是個不吝付出努力的人，因此每晚下班後自己認真學習，一點一滴累積知識。半年後，他已經可以大致看懂店內架上原文書的書名；一年半後，因為資深店員辭職的關係，由他擔任總管，能力已經足以獨自撐起一間店。

這時，有個巨大的轉機降臨。極度勞累的小野因為肺結核而病倒了。

老師的病情愈來愈嚴重，最後幾乎不來東洋館，而由我每天傍晚向他報告當天的狀況，東洋館每天的工作也都由我負責。

明治十九年一月十一日，小野梓撒手人寰。治喪由養兄小野義真負責，喪禮莊嚴哀戚。痛失雇主的嘉治馬一時不知道如何是好，但他知道自己不能一直這樣悵然若失。在處理完東洋館留下的雜務後，他決定開一間書店作為東洋館的後繼，以繼承小野梓的遺志，於是找了小野義真商量。

大概在梓老師的二七法事前後，我前往義真先生位於橋場的住處拜訪，告訴他東洋館的狀況，並表示我想開書店，懇求他借我一小筆資金（當時是我二十一歲那年的春天），卻被他一口回絕：「我已經為梓的書店拿出不少資金，可是全都失敗了。開書店根本不是一門可以賺錢的生意，你放棄吧。」於是我鉅細靡遺地向他說明，我想開的書店並不是東洋館那種大型書店，而是極小型的零售店，從原文書的舊書零售開始，漸漸增加新書的量，一天營業額只要六七圓便可經營下去，每天的經費只要五六十錢便足夠等等。

小野義真不愧是曾擔任三菱的智囊，替財閥奠定基礎的理財專家，對盈虧損益的標準非常嚴格。聽完嘉治馬誠懇地說明收支明細，他突然問道：「那你需要多少資本？」嘉治馬回答只需要二、三百圓便足夠，義真便要求他製作一份收支預算書再來。嘉治馬深知自己必須抓住這個難能可貴的機會，於是製作了一份詳細的收支預測表，帶來給義真看。最後，他得到一個令人欣喜的答覆：「那我就先幫你出兩百圓吧。」

這個剎那，是我終生難忘的命運分歧點，五十年來，我沒有一刻忘記當時的心情。在那之後，我立刻開始在神保町找房子；我選擇的是同業較多的地區。很幸運地，我在裏神保町九番地（現在富山房西側販賣處入口）找到了原是一間岡倉玻璃行的空屋，只用三圓六十錢就能租下，於是我立刻著手改裝，儘速收購舊書，總算在三月一日正式開店營業。

在明治、大正年間與博文館齊名，叱吒出版界的富山房，就此誕生。時值明治十九年三月。開業第一天，他在一間左右的空間做了一個五層書架，擺上舊書，卻無法將書架擺滿，他只好把大型地圖書橫放，才總算打理好門面，也好不容易達到四圓左右的營業額。過了四、五天，營業額已從七、八圓增加到十圓。由於他在任職東洋館時便處理過新原文書，熟知書名與價格，因此為舊書定價對他來說並不難。因為小野梓的關係，客人多為東京專門學校的師生，他們常在店裡悠哉地聊天，不過這對學習做生意大有助益。

在嘉治馬的回憶錄中，對於當時神保町附近的景色、暢銷的原文書，專賣原文舊書的舊書店名、經營舊書店的祕訣等，都有詳盡的描述，著實令人興味盎然。只是畢竟無法全部引用，在此僅引述其描述神保町周邊的「街道記憶」段落。

當時神田路上大部分是長屋建築，店家都是鐵皮屋，就像大地震後蓋的臨時住宅。現在九段的電車通只有零星幾間房子，夜裡若沒有燈籠，便根本看不到路。三崎町一帶簡直是一片原野，沒有半間房子。現在到處是咖啡廳，但當時只有蕎麥或烤蕃薯、麻糬等食物；乾或湯蕎麥麵一碗八厘，烤蕃薯則如前所述，只要買五厘就吃不完了。另外現在的早稻田大學附近，也就是鶴卷町一帶，種滿了茗荷或麥子。

隨著生意愈來愈好，資金週轉更靈活之後，富山房的業務也從原文舊書買賣轉為販售新書或翻刻的讀本，更跨足出版。他成功繼承了小野梓在東洋館沒有實現的夢想。

我很早就想透過出版事業來繼承小野梓老師的遺志，因此在得到義真先生的許可後，我一創業就發行了天野為之老師的《經濟原論》。這是富山房的處女出版品，非常暢銷，洛陽紙貴，在同業間的風評也很好，很快就再版了好幾次，帶來意外的收益。

富山房的處女出版品——天野為之《經濟原論》之所以大獲成功，當然有許多原因，但最主要的，就是它一改過去的直譯，採用平易近人，任何人都能輕鬆理解的文體撰寫。

在當時，不要說大學或大學預備門，就連中學（舊制）的正規課程，都使用外語（幾乎都是英語）的原文書或翻刻版當作教科書。然而學生畢竟是日本人，許多地方仍無法透徹理解，因此坊間出現許多直譯（更準確地說，應該是用解讀漢文的方式來解讀英語那類的大膽翻譯）的參考書，然而這種參考書非但無法幫助理解，反而更讓人看得一頭霧水。相對於此，天野的《經濟原論》則是消化了原文之後，用淺顯易懂的日語寫成的入門書，因此除了學生，就連社會上的知識分子都趨之若鷲。天野為之在富山房新址落成的紀念文章中，曾針對撰文的背景做出說明如下：

過去在解說政治學、經濟學等所謂泰西學問時，依據的都是英、美、法、德的原文書或翻譯書。（中略）然而原文書僅有少數精通外語之人可閱讀，翻譯書則過於晦澀，難以充分表達其涵義。（中略）為了消除此障礙，除了由日本人科學地透過國語撰寫經濟論，別無他法。此目標是否能達成，眾說紛紜，然我們相信這是可能的。因此我們在早稻田的學校實踐這個理論，不用所謂原文書當作教科書，而以日語說明泰西的學理。我也在我的專業科目，也就是經濟學的課堂上進行測試，沒想到成果出乎意料，就連沒有外語基礎的學生也能完全吸收。此成功讓我倍感信心，因此我把在早稻田進行的課程內容加以整理後，公諸於世，盼能讓經濟相關學問普及於不具外語能力的一般人之間。這就是我出版的第一本著作《經濟原論》。

進入明治二十年代後，人們的關心漸漸從政治、法律移向經濟，亦是《經濟原論》成為暢銷書的原因之一。在當時，不懂外語的一般人也需要學習歐美的經濟學知識。

《經濟原論》的意外暢銷讓嘉治馬喜出望外，於是懇求天野為之，發行了可作為中學讀本的原文書重寫版《萬國歷史》，又趁勢出版前橋孝義著《日本地理》、《萬國地理》、《支那歷史》等書，奠定富山房成為中學教科書專門書店的地位。接下來，富山房也投入屬於近似領域的字典類出版事業，最後更出版了吉田東伍《大日本地名辭書》、大槻文彥《大言海》、《國民百科大事典》等傳頌後世的經典之作。

到了昭和十（一九三五）年，嘉治馬趁著迎向古稀之年，決定打造小野梓的銅像，隔年在小野梓的五十週年忌日，將銅像捐贈給早稻田大學，並在大隈會館的庭園舉行揭幕典禮，同時出版兩本

《小野梓全集》，以報答先人的厚恩。

今天，富山房在愛書人之間評價極高的「富山房百科文庫」、在美國文學翻譯史上留名的《福克納全集》完結篇，以及桑達克的《野獸國》等，儘管各有不少讀者支持，但從明治創業到大正時期的閃耀光輝，卻似乎已不復存在。我非常期待富山房這間神田神保町歷史第三悠久的老店，能在二十一世紀脫胎換骨。因為小野梓可說在某種意義上象徵著明治時代的精神，而富山房正是繼承其衣鉢的出版社。

東京堂書店

終於要開始談東京堂書店（以下稱東京堂）了。東京堂是在我昭和四十三（一九六八）年上大學後，在神田神保町最常去的書店，因此我對它有著深厚的感情。

特別令我懷念的是昭和四（一九二九）年創立以來，一直到昭和五十六（一九八一）年都位在同一地點的那棟木造二樓建築。

聽到木造二樓建築，或許有些讀者會以為店面很寒酸，但這棟建築其實非常氣派，乍看之下簡直看不出來是木造。儘管剛落成時的裝飾風藝術門面已不復存在，二樓也增建了向外推的玻璃窗，但整體而言仍保留了昭和時代木造建築充滿氣勢的樣貌。《東京堂一百二十年史》中關於東京堂總店（當時為東京堂零售部）的敘述如下：

同年十二月，在占地一四三坪餘的土地打造一棟兩層樓建築，一間二五六坪餘的零售部店面就此落成。過去為批發部使用的廣大空間，現在全都變成零售部，其均衡美麗的外觀，以及在當時書店中罕見的設置於門口左右兩側的櫥窗，連員工都瞠目結舌。

一樓規劃為一百餘坪的賣場，二樓除了辦公室、倉庫、員工餐廳、值班室等之外，全部設置為展示廳。這個新嘗試，令在地的神田居民也不禁發出驚嘆，表示對東京堂的佩服，同時也讓文化人感到欣喜。展示廳的規劃，正是充滿理想的平澤董事的夢想。

在我的記憶裡，早在昭和四十年代，這個展示廳就已經改為書籍賣場，每一面牆都擺滿文庫、新書或理工相關書籍，而中央的平台則擺放著神保町周邊的大學使用的教科書和參考書。我第一次造訪東京堂的二樓，就是為了購買大學的教科書。

昭和四十四年深秋，東大持續一年多的罷課事件也即將落幕，駒場的教養學院已經復課。在學運尾聲才加入全共鬥的我，一開始是反對復課的，但眼看著同學一個接著一個脫隊，回到正軌，我也只好下定決心回去上課。然而那時課堂上使用的教科書，尤其是法語中級教科書，不論是合作社的書籍部或一般書店，都已經沒有販售（我當時跳過初級，直接上中級）。當時影印機才剛問世，影印整本書遠比直接用買的還貴。

我心想，看來只能直接到出版社去找了。這時，朋友告訴我一個小道消息：聽說東京堂書店的二樓有齊全的法語教科書。

我二話不說就動身前往；那是昭和四十四年的年底。由於地下鐵尚未開通，於是我便從御茶水車站走過去，那刺骨的寒風至今仍難以忘懷。

走進店內，可能是因為燈光昏暗的關係，高高的天花板感覺特別漆黑。總之那是一個宛如倉庫般的寬闊空間，與其說是書店，更像是體育館。我按照朋友告訴我的資訊，從最裡面的樓梯爬上二樓；一上樓，只見牆邊的書架上擺滿了外語教科書。我想找的是克勞德．艾弗林（Claude Aveline）的 *LeTempsmort* 以及尚．卡尼爾（Jean Grenier）的 *LesIles*，但書架上除了這兩本之外，各種中級法語讀本可謂一應俱全，我不知為何深受感動，忍不住買了好幾本。尤其是那套全四冊、紅色封面，由第三書房出版的各世紀名作選集《法國文學讀本》，更是替我打下了法國文學知識的基礎。以學生的素質而言，現在應該不可能出版這種水準的教科書了。

回到正題，在東京堂二樓的賣場中大放異彩的，就是原文書賣場。因為即使是在神保町，當時有販售法語原文書的，除了田村書店，就只有這裡了。卡尼爾（Classique Garnier）出版社的黃色封面叢書，與苔綠色封面的七星文庫（La Bibliothèque de la Pléiade）占據整面牆的景象，壯觀得令人不禁湧上某種畏懼的心情。進入本鄉的法文科就讀後，在這個法文書賣場和朋友一邊聊天、一邊挑書，便成為我的日常。若想買加利瑪出版社（Libraire Gallimard）或子夜出版社（Les éditions de Minuit）的書，就到紀伊國屋或丸善；若想買七星文庫或卡尼爾，就到東京堂——當時法文科的學生大概都是這樣區分的。

不過，假如我沒記錯，東京堂的法文書賣場大概在我進入研究所時，規模就大幅縮減，六層樓的新館在昭和五十六年落成時，外文書賣場已不見法文書的影子。從此在神田神保町再也買不到法文新書，直至今日。

如上所述，我對東京堂充滿各種回憶，不過在此先打住，接著讓我們來看看「歷史」。

根據《東京堂一百二十年史》，東京堂創立於明治二十三（一八九〇）年三月十日。地點在東京市神田區表神保町三番地，町名雖然改變了，但位置相同。創辦人是出身越後湯澤的高橋新一郎，以雜誌、新書與雜貨等的零售起家。

然而創辦人在隔年五月底返鄉後，便再也沒有回到東京，因此真正的創辦人，應該是代替養父從越後湯澤前往東京，繼承東京堂的事業，帶領東京堂轉型，促使事業發展更上一層樓的養子——高橋省吾。《東京堂一百二十年史》中亦是如此敘述其公司歷史。

省吾一接管經營權，便立刻開始發展圖書雜誌的批發事業，數年後便與東京最有力的經銷商並駕齊驅。之後，經過日清、日俄戰爭，事業蒸蒸日上，省吾辭世後，公司又進行組織改造，發展為合資公司、股份有限公司，最後終於成為全國經銷業界的龍頭。能有這番成績，固然要歸功於博文館從公司創立到發展期之間的後援，歷代傑出的經營者亦是相當關鍵的因素。

換言之，東京堂在明治二十年代初期之所以能大幅成長，是因為創立時有博文館的後援，之後又在第二代經營者高橋省吾接手後轉換跑道，經過了明治、大正、昭和時代，終於成為日本最具代表性的經銷商。既然如此，在討論其創業故事之前，就必須從博文館的歷史開始談起。因為，其實東京堂實質上的創辦人高橋省吾在成為養子之前，叫做大橋省吾，也就是博文館創辦人大橋佐平的三男。

大橋佐平是一個什麼樣的人物呢？

一手打造明治時代最大的出版社——博文館的大橋佐平，在天保六（一八三五）年出生於越後長岡，是木材商渡邊又七的次男，幼名熊吉。渡邊家代代為油商，在熊吉父親那一代轉為木材商。一家人正直樸實，但不知為何，熊吉卻不像純樸的父母，是個直情徑行的調皮孩子。他代替早逝的哥哥繼承了家業，卻認為釀酒業的社會地位比木材商高，感覺也比較有趣，因此便買了股票，轉而開設釀酒廠。在此同時，他也繼承了家中無後的大橋某人的姓，從渡邊改姓為大橋。據說此事與其家庭背景有關，牽涉真言宗與真宗大谷派之間的爭執，但由於太過複雜，在此省略。總而言之，佐平在文久三（一八六三）年，也就是他二十九歲時，捨棄了渡邊這個姓氏，改姓大橋。

隨著時代變遷，社會變得文明開化。對於天生堅忍不拔、具備挑戰精神的佐平而言，允許人們自由發展事業的新時代風潮，可謂求之不得。與上村新左衛門的長女松子結婚後，他積極進取的個性也絲毫不減，陸續投入了教育、郵務、河運、報社、出版、書籍經銷商等事業，但沒有一項事業稱得上完全成功。或許是佐平的個性不適合越後地方的風土民情吧。

大概是認為到外地可以轉換運氣吧，佐平將原本經營的「越佐每日新聞」與「長岡出版會社」交給長男大橋新太郎，越過三國峠，從高崎搭上火車，一路奔向東京。這是明治十九年十一月的事，當時佐平已經五十二歲。

到了東京，在同鄉的帝大醫學院教授小金井良精（森鷗外的義弟）的協助下，他在本鄉弓町找到住處後，便掛上博文館的招牌，從隔年六月開始投入出版事業。

> 博文館最初發行的雜誌《日本大家論集》，是佐平指示內山正如與山本留次（當時名為修策）編輯而成的。他們從當時各種具公信力的雜誌擷取名家的論述或報導，並非針對某個主題，而是將所有問題集結成冊，且價格極為低廉。

在這個時代還沒有著作權的概念，因此任意從知名報紙、雜誌上節錄文章，也不會被控告侵權。簡單來說，就是利用剪刀和漿糊，也就是複製貼上，輕輕鬆鬆就能免費製作出一本豪華版文摘雜誌。

不出佐平所料，《日本大家論集》果然大賣，創刊號三千本全數售罄，這在當時是相當罕見的；到了七月中，更創下四刷的紀錄。

其實這個做法，與法國一名白手起家的新聞大亨——埃米爾・德・吉拉丹（Émile de Girardin）在一八二八年發行著名的 *Le voleur*（小偷）這部名符其實的文摘報時所用的點子一模一樣，不過佐平不可能知道這部法國的報紙。只能說，在類似環境下成長並充滿野心的聰明人，果然都會浮現同樣的想法吧。

總而言之，《日本大家論集》的成功，讓佐平覺得宛如挖到金礦，於是緊接著又陸續推出異曲同工的一系列雜誌，包括《日本之教學》、《日本之女學》、《日本之商人》、《日本之殖產》、《日本之法律》等，同時也跨足書籍出版。

然而這麼一來，必定會面臨人手不足的問題。越後人普遍喜歡聘僱同鄉，佐平也不例外，他開始招募同鄉的人才；而他第一個找來的，就是當初接手長岡事業的長男新太郎。

> 博文館的事業急速發展，因此佐平要求長男新太郎前來東京。新太郎下定決心遠赴東京，是二十一年三月的事；同月，負責會計的大野金太郎製作了創業以來的損益表與財產目錄，裡面記載著從前一年六月開始，約九個月來累積的純財產為五二五圓。
>
> 於是，博文館就在父子兩人攜手合作下，創業短短兩、三年，便名震東京出版界。

東京堂的創辦人高橋新一郎，也是被博文館大獲成功的光芒所吸引，而遠赴東京的同鄉之一。新一郎是佐平之妻——上村松子的二弟，出生於嘉永二（一八四九）年。他依照當時的習慣，入贅到在越後湯澤經營旅館「大和屋」的高橋家，然而在信越線開通後，會經過三國峠的旅客人數銳減，因此有腳傷的他決定將命運交給上天安排，與日後創立勉強堂書店的岸野英一一同離開了家鄉。當時是明治二十三（一八九〇）年三月。當時繼承老家事業的長兄新三郎已經在東京開設日本堂，因此他暫時在長兄家落腳，再與長兄一同前往位在日本銀行旁的佐平家。

當時新一郎心中盤算的，是做一些他在湯澤時多少有點經驗的雜貨、和服生意，但佐平告訴他未來是出版業的時代，強烈建議他經營書店。於是，與新一郎同行的岸野英一，便在明治中期以前曾是書店街的日本橋一帶尋找適合開書店的店面，卻沒有找到適合的物件；接著他將搜尋範圍延伸到神保町周邊，最後在表神保町三番地找到一間門面寬三間的土牆建築。這裡原本是和服店，之前在當地經營多年，但主人因故回到川口，因此成為空屋。新一郎決定用租金十八圓、頂讓金一百八十圓承租這個店面。於是在明治二十三年三月十日，東京堂盛大開幕；至於店名，則是由當時博文館的實質經營者大橋新太郎所命名。

東京堂剛開店時，販售的是哪些書籍呢？

由於新一郎個性嚴謹，從開業當天開始就詳細紀錄營業額與金錢的出納等資料。根據這份紀錄，店面擺設的除了書籍、報紙雜誌類，還有錦繪、繪雙紙[31]、筆墨紙以及肥皂等。書籍與雜誌大多為博文館出版，當時評價很高的《國民之友》、《首都之花》、《穎才新誌》、《少年園》等書的名字，也記載於帳簿上。

東京堂從剛開業時，就和今天一樣，是以販售一般書籍、報紙、雜誌為主的零售店，並非一開始就是經銷商。但現在網路上仍能找到類似的敘述，實在應該好好訂正才是。

回到正題，因為有博文館這個後盾而順利開業的東京堂，在開業一年又二個月後，遇到了一個巨大的轉捩點。

高橋新一郎掌握經營權直到二十四年五月底，替東京堂打穩了基礎，接下來即將進入發展的階段。然而，如上所述，新一郎在赴東京之前就罹患輕微的腳部骨髓炎，無法應付東京堂日漸繁忙的業務，另外他也掛心著家鄉目前由女性掌管的事業。於是新一郎決定將一切經營權交給養子省吾，並找博文館的大橋佐平商量此事。佐平也贊成他的決定，答應他未來會提供更多援助，於是他便放心地回到故鄉湯澤。這是明治二十四年五月三十日的事。

於是，東京堂作為書籍零售業的第一幕就此結束，作為經銷商的第二幕，將由大橋（高橋）省吾揭開。

轉為經銷商的東京堂

明治二十四（一八九一）年六月一日，高橋省吾（後改姓大橋）接替回到故鄉湯澤的養父高橋新一郎，成為東京堂第二代主人。

而在那之前，省吾又在做什麼呢？

省吾明治元年十月出生於越後長岡，是大橋佐平的三男。少年時代曾在母親的弟弟高橋新一郎所經營的旅館大和屋工作，之後回到長岡，在父親經營的「越佐每日新聞」幫忙編輯，同時也協助大橋書房的經營。

明治二十年二月，前往東京發展的父親事業成功，要求省吾也來東京幫忙。省吾本來就是個充滿野心的年輕人，因此二話不說，便與表弟山本留次一同離開長岡，前往東京，途中在湯澤的大和

31. 譯注：附插圖的故事小冊子。

屋投宿。假如事情就這樣順利發展，省吾的人生或許會有所不同。

然而隔天，大和屋主人高橋新一郎把省吾找來，表示有事要與他商量；而省吾的命運也就此改變。原來新一郎相當欣賞省吾，希望他成為女兒孝子的贅婿。其實孝子是一位大美女，省吾過去在此工作時早已對她動心，因此毫不猶豫地接受了這個提議。

於是省吾留在湯澤，與孝子舉行婚禮，山本留次則獨自前往東京。省吾夫婦在隔年，也就是二十一年八月生下長男英太郎。不過這麼一來，省吾的野心反而被壓抑在內心，難以一展長才。最後甚至連他的養父新一郎都前往東京，開設了東京堂。

既然如此，我也應該到東京去闖一闖——明治二十二年，他如此打定主意。他先隻身前往東京，進入父親經營的博文館工作後，再把妻小接過來。

明治二十二年，開業進入第三年的博文館事業如日中天，每個月的營業額都翻倍成長；而促成這種飛躍式成長的功臣，就是報紙廣告。省吾負責的正是廣告宣傳部門，由他經手的博文館廣告可謂犀利無比。

當時大放異彩的博文館廣告，全都出自省吾之手，在書籍、雜誌廣告界可謂劃時代的創舉。博文館僅開業短短數年，其圖書雜誌便能在全國家喻戶曉，除了該公司靈活的銷售系統外，更要歸功於新鮮且富魅力的廣告。（《東京堂一百二十年史》）

假如省吾繼續留在博文館，或許博文館和東京堂都會有不同的結局。然而如前所述，他的養父高橋新一郎在明治二十四年五月底，把自己一手創立的事業託付給他，自己返鄉，從此省吾便不得不接手經營東京堂。

省吾接手經營後，東京堂出現了什麼樣的改變呢？

進入省吾時代後，首先必須注意的就是在六月五日新設了「經銷部」與「地方零售部」。

《東京堂一百二十年史》提到，留存至今的帳簿裡清楚記載上述文字。而從零商售轉換跑道為經銷商，又是出自誰的主意、以什麼方式進行的呢？想知道答案，就必須先釐清書籍通路在明治二十年代前期以前的形態。

當時新書的出版、經銷與零售並無明確的分業，許多出版社也跨足經銷零售。而東京近郊或外地的書店又是如何進書的呢？其實方法非常原始，那就是由書店的採購揹著包袱或竹籃，逐一造訪出版社，挑選有潛力暢銷的書，用批發價買下來。

此外，當時已經出現早期的專門經銷商，因此採購也會向經銷商進貨；只不過，雖說是經銷商，提供的書籍也不夠齊全，因此採購原則上還是會個別造訪出版社。

這種進貨的方式和負責的人，當時稱為「競取」（sedori）。但現在提到「競取」一詞，指的則是舊書業界的半專業採購工作，亦即在其他舊書店以低廉的價格收購客人想要的書，轉賣給客人，以賺取差額的職業；在明治初期，這個詞反而比較常用在新書。順帶一提，這個詞在《廣辭苑》裡的解釋，是「在同業者之間尋找客人訂購的物品，進行買賣仲介以賺取手續費的工作，或從事此工作的人」，借字為「糶取・競取」，不過原本的漢字可能寫作「背取」。

《東京堂一百二十年史》裡提到上田屋比東京堂早一步在神田展開經銷業，此說法應較為可信。

〔上田屋〕在二十年於神田開設零售書店兼經銷商，由於認真經營且具地利之便，逐漸發展為書籍經銷商。然而初期僅為地區型經銷商，根據當時在上田屋任職的研究社創辦人小酒井五一郎的說法，當時只批貨給每天揹著包袱或竹籃從市內各地來買書的競取，以及零售書店。

讀者若想了解具體狀況，可參考田山花袋的《東京的三十年》。書中描寫到一名在東京京橋的書店丁稚奉公的少年──田山，在執行「競取」時的狀況。

有時會帶著寫有書名的紙張或本子，到街上的書店一間一間問。我工作的地方，是至今仍在京橋大馬路上的I書店。（中略）身為小僧[32]的我，當時跑遍了東京各個角落。起初是跟著比我年長一些的中小僧，有時拉車，有時揹著一大堆書，逐一造訪客戶或熟客家。某個冬日，途中忽然下起了雪。走在雪中，背上揹著沉甸甸的書，連木屐上都積了許多細雪，只能搖搖晃晃地前進，最後在同行總管的攙扶下搭車返回。當時我只是個剛滿九歲十個月的孩子。（岩波文庫）

如上所述，當時最普遍的進書型態，就是由稱為「競取」的零售店採購員逐一拜訪出版社和經銷商；相對地，當時似乎也存在由出版社或經銷商主動拜訪採購員的做法。

當時的習慣是外地書店人員一年來到東京幾次，固定投宿在日本橋附近的幾間旅社；而市內的出版社、經銷商，則會帶著樣書到這些旅社來，當場接受訂購。

無論如何，書籍經銷商這個產業當時仍在發展當中，對於想要投入這個市場的人而言，還有許多空間。

而帶領這個產業發展的先鋒，又是哪個業者呢？答案正是博文館。《東京堂一百二十年史》裡有以下敘述：

如前所述，東京堂在明治二十四年轉型為經銷商開業之前，日本可說完全沒有全國性的圖書雜誌專門經銷商；事實上，連雜誌也是在博文館發行雜誌之後，才開始在全國各地販售。

二十年六月開業的博文館以《日本大家論集》為起點，短短一年半就創刊十種雜誌，緊接著又陸續出版全集套書與單行本。隨著這些書籍的暢銷，博文館打通了與全國主要書店直接進行買賣的管道，並將其組織化，打造博文館專屬的銷售網。博文館將全國縣廳所在地等繁華都市的大型書店設為特約店，批發博文館出版的雜誌和書籍；在大阪、京都設置獨家特約店，透過它們將書籍批發至市內各零售店。其他中小型都市的特約店，也會把博文館送來的書籍批發給附近的小店。

這就是出版銷售業者組織化的第一步。

日本新書的銷售通路，尤其是作為中盤的經銷中心，正是隨著博文館進軍全國市場而形成。不過若真如此，我們會面臨一個很大的疑問。

那就是：博文館已經擁有全國性的經銷組織，相對地，其他出版社則仍舊仰賴原始的通路，並沒有足以在全國銷售的經銷網路。根據一般的想法，對博文館而言最有利的劇本，就是這個狀態一直持續下去，如此一來博文館就能永遠獨占市場。既然如此，當然是按兵不動為佳。然而博文館的大橋佐平卻安排三男省吾經營東京堂，同時讓東京堂轉換跑道，開始經銷「博文館以外的書籍與雜

32. 譯注：童工。

誌」。這又是為什麼呢？

有關這一點，《東京堂一百二十年史》如此回答：

如上所述，東京堂開始經銷業務時，博文館已經擁有全國性的通路，在銷售上十分方便。然而其他出版社卻人手不足，通路也有限，無法將雜誌、書籍銷售到外地。

大橋佐平鎖定的就是這一點：假如幫忙經銷博文館以外的雜誌與書籍，不但出版社開心，書店也高興，讀者一定也很樂見，因此他打算讓省吾做這件事；而省吾其實本來就抱著相同的想法。

的確，大橋佐平是讀論語長大的明治人，擁有這種「推己及人」的精神也不足為奇。不過佐平同時也打從骨子裡就是個幹練的實業家，或許很難斷言他僅僅因為「推己及人」的精神，就讓東京堂轉換跑道。我想，大橋佐平的想法很有可能是這樣的。

博文館儼然已是出版界的龍頭，但現在的同業當中，有朝一日很可能出現勢均力敵的競爭對手。屆時勢必也會有經銷階段的業務競爭，最後演變成零售書店的你爭我奪。這種競爭或許會帶來進步，但壞處還是比較大。目前博文館的經銷業務已經上軌道，但其他出版社卻還沒做好準備；假如這時也幫忙經銷其他出版社的書籍，施以恩情，這些競爭對手便不會投入經銷業務來與之對抗了。如此一來，博文館的血脈便能確實地在經銷商這個產業上傳承下去。

果然不出他所料，即使博文館在進入昭和年代，業績開始顯著下滑之後，東京堂仍繼續發展，成為大型經銷商。

轉型為經銷商的東京堂，之所以能夠在短期內確立其獨占的地位，原因當然是在背後積極運作的博文館。

東京堂剛開始展開經銷業務時，當然也經銷博文館的出版品，甚至比其他公司的圖書雜誌更賣力推銷。幸好有博文館早期建立的通路，東京堂立刻拜訪這些書店，宣傳東京堂也展開了經銷事業一事。

據說每當外地的書店店員來東京採購書籍時，博文館的業務人員山本留次都會將對方帶來東京堂，推薦對方在此採購博文館以外的書籍、雜誌。透過東京堂與博文館的攜手合作，東京堂順利成為其他出版社的經銷商，一口氣拓展銷售通路。東京堂的經銷業務之所以能夠上軌道，經營者省吾的業務能力可說是關鍵因素。

展開經銷業務後，省吾最先著力的就是東京堂的業務宣傳。作為經銷商，理應闡明自己經銷什麼商品、交易條件是什麼，不過當時的經銷業界並沒有商品目錄的存在。省吾立刻製作了經銷業務用的宣傳雜誌《東京堂發行書籍月報附新聞雜誌目錄》，免費發送至全國的書店及其他店家。

從發行商品目錄這件事，可以看出省吾作為廣告人的創意與巧思，而這同時也象徵著他對出版雜誌、書籍的夢想。果不其然，省吾在經銷業務上了軌道後，便立刻跨足出版。

省吾很像他的父親佐平，天生喜歡出版工作。在博文館的工作經驗，想必也讓他對圖書雜誌的出版充滿興趣與自信。展開經銷業務後不久，在明治二十四年秋天，東京堂便跨足出版事業。

東京堂的出版部門在明治二十六年更名為文武堂。改名的原因，似乎是為了避免世人誤以為博文館與東京堂互相對立，不過多數書籍仍以博文館的名義發行。《東京堂一百二十年史》帶著冷酷的觀點看待此事：「除了顧慮與博文館之間的義理關係外，利用博文館的名字，對任何事情想必都比較有利吧。」

無論如何，東京堂在轉換跑道後，利用史無前例的方法，開發出許多忠實客戶，順利發展；然而開業尚未滿一年，便遭遇了一起意想不到的災難。明治二十五年四月十日，東京堂在猿樂町一番地發生的「神田大火」中付之一炬，再加上地主要收回土地，因此東京堂只好租下隔壁門牌號碼相同的土地，將出版社搬遷至此。省吾利用這個機會，興建了一棟與江戶傳統繪雙紙屋式的書店截然不同的建築，讓神田當地人眼睛為之一亮。

新建的東京堂將經銷部設於中央，零售部則採用土間式結構。即使如此，這在當時也是相當獨特的建築物。（中略）隨著取代傳統日式裝幀或繪雙紙的西式裝幀書籍雜誌日益受歡迎，書店的構造也自然隨之改變。東京堂的店面之後又經過多次增建與改建，總是走在業界的尖端，成為其他出版社的模範。新店面落成後，無論經銷部或零售部都比過去更加朝氣蓬勃。

東京堂歷經明治、大正、昭和時代，發展出經銷、零售、出版三大部門，在昭和十五（一九四〇）年迎接創立五十週年；然而就在同年，東京堂被迫做出了一個令人遺憾的決定。日中戰爭[33]陷入泥沼，日本進入戰時體制，從自由經濟轉為統制經濟，決定將出版部門也納入統制，隔年成立名為「日本出版配給股份有限公司」的翼贊組織，統一管制書籍、雜誌的經銷業務。《東京堂一百二十年史》中語帶遺憾地如此寫道。

東京、大阪、名古屋、九州等地所有的經銷商，在九月二十一日之前完全被整合。於是，包括四大經銷商在內，全國大大小小三百六十家的經銷業者完全消失。

就這樣，五十年來努力用心經營的東京堂經銷部，經營權變成了「以往之經營無權獲得補償」，不但沒有得到一毛錢的補償金，甚至還必須分攤現金出資，成為日配的股東之一。

或許是因為歷經了這些，即使在二次大戰結束，「日本出版配給股份有限公司」在GHQ[34]的指示下瓦解、分裂後，東京堂也未再發展經銷業務，只以零售與出版兩個部門重新出發，直至今日。包括這些波折在內，實可謂「東京堂的歷史就是神田的歷史」。

中西屋書店的記憶

前面我利用一些篇幅，依序介紹了有斐閣、三省堂書店、富山房以及東京堂等位在鈴蘭通與櫻通的老店，不過在提到明治初期開業的書店時，還有另外一間，是在探討神田古書肆街形成史時絕對不能遺漏的。

那就是中西屋書店。中西屋書店以舊書店起家，開業於明治十四（一八八一）年九月，與三省堂同年，歷史比富山房、東京堂更悠久。儘管中西屋如今已不復存在，令人惋惜，不過對於出生明治年間，且一九七〇年代時仍健在的舊書愛好者而言，中西屋書店始終鮮明地「存在」於他們的記憶中。中西屋正是一間如此具有代表性的舊書店。

33. 譯注：中國抗日戰爭、第二次中日戰爭。
34. 編注：GHQ為General Headquarters（駐日盟軍總司令）之縮寫。

例如出生於明治三十（一八九七）年的大佛次郎。以下段落雖然稍長，卻是十分重要的佐證資料，因此請容我全數引用。

> 位在神田錦町的中西屋書店是我最早知道的原文書店，當時我還不知道日本橋有丸善的存在。我在日比谷的中學念到大正四年；當時為了準備升學考試，放學後又去神田的研數學館，以及齋藤秀三郎、佐川春水任教的正規英語學校夜校讀書。我開始常在神田逛舊書店，發現原來有像中西屋這種原文書專賣店。一開始我連推開店門都戰戰兢兢，後來這裡便成了水深火熱的考生最舒適的休憩所。書店裡擺的不是國內的英語教科書，而是外語的讀本，漂亮的三色版插畫令人賞心悅目。若有零用錢，我就會買下同樣有插畫的童話書或外國地理書，慢慢享受。之後我也在這間店的書架上看過羅素（Bertrand Arthur William Russell）的《自由之路》和克魯泡特金（Peter Kropotkin）的書，不過我在中學時買的，是梅特林克的《青鳥》英譯本；它的封面是天藍色，十分輕巧。我總是走進即使在大白天也有些陰暗的書架之間，感受著西洋的氣息，並從書架上拿起一本書來讀。我還記得當時客人很少，年輕店員就像傳統商店店員一樣，穿著和服。（〈丸善的我〉，《旅行的邀約》，講談社文藝文庫）

大佛次郎出生於明治三十年，他為了準備舊制高校入學測驗而進入預備校的時間點，大概是大正二年或三年，也就是一九一三年或一四年。在這個時代，現在的靖國通已經拓寬，也已經有市電[35]，不過神田神保町一帶的商店大多還是以海鼠壁和瓦片屋頂打造的幕府末期維新建築，保留濃濃的江戶色彩。

在這樣的環境中，中西屋櫥窗內原文書上的燙金字體，確實散發出強烈的「西洋氣息」。

有一名青年深深陶醉於中西屋的這種異國氛圍，每次看著櫥窗，心中都會湧上某種感慨。這名青年過去愛書成痴，只要看見原文書上的燙金文字，就會不由自主地踏進店裡，然而在某個契機下，他的這種症狀忽然痊癒，現在已經可以冷靜地注視這家店。說到這裡，相信眼尖的讀者應該已經知道是誰了吧。那就是夏目漱石《門》的主角——宗助。

宗助在駿河台下下了電車。一下車，他的目光就被右手邊玻璃櫥窗裡排列整齊的原文書所吸引。宗助站在櫥窗前，凝視著那些印在紅色、藍色、格紋或花紋書皮上的亮眼燙金文字。宗助當然看得懂書名，但卻沒有一絲絲好奇心想拿起書來翻閱。對宗助來說，每當經過書店就想進去看看、每次進去就想買些什麼的這種生活，已經是過去式了。只不過有本名叫 *History of Gambling*（博奕史）的書，裝幀格外漂亮，又被擺在櫥窗的正中央，因此令他感到幾分驚奇。（《現代日本文學全集65 夏目漱石集（三）》，筑摩書房）

《門》的背景是明治四十三（一九一〇）年，相當於當時還是中學生的大佛次郎開始經常光顧中西屋的三、四年前。也就是說，大佛次郎光顧的中西屋，幾乎與宗助看見的中西屋是同一個時代。

行文至此，想必有些讀者會感到疑惑：你怎麼知道《門》裡描寫的原文書店就是中西屋呢？這是因為，從牛込一帶搭市電往丸之內方向前進，又在駿河台下換車的宗助，是在「右手邊」看到書店的。以現在的地址來看，這裡是小川町三丁目三番地，更精確地說，也就是彩券行（二〇一七年

35. 譯注：路面電車。

已停業）、Victoria Golf神田店（二〇一六年七月搬遷至神田小川町2－5〔改稱御茶水店〕）、崇文莊書店、LAWSON（現為丸龜製麵）以及東京都民銀行所在的區塊。這與大佛次郎所描述的「位在神田錦町的中西屋書店」有所出入，因此各位可能會懷疑宗助所看見的原文書店也許是另一家。

這個疑問非常合理，因為連我也為了確定中西屋的所在位置而傷透腦筋。中西屋究竟是位在小川町、錦町，還是神保町呢？

此外，那些令愛書成痴的宗助眼睛為之一亮的皮革精裝書，又是從哪裡收購的呢？

儘管有關中西屋的疑問逐一湧現，不過若以大佛次郎文章中接下來的「中西屋最後成為丸善的神田分店」這句話作為線索，這些疑問便會在翻開《丸善百年史》這部巨作時冰解凍釋。因為這本書裡不但清楚指出中西屋的門牌號碼，更詳述其演變過程。

明治十三年左右，丸善的原文書庫存明顯增加，處理庫存成為會計工作上重要的問題，因此規定原文書部門必須將目前銷路較差的書籍轉交收銀處，以減少庫存。為此，明治十四年九月，有的決定以個人名義在神田表神保町二番地開設一間名為中西屋的書店，負責販售送至收銀處的書籍。這一方面也是因為丸善的顧客中，有許多人想要出售二手書，但收購書籍屬於古物商的業務，因此為了便宜行事，他便打算以個人名義經營的商店來處理這項業務。根據金澤末吉的說法，中西屋的店面原為舊書店和泉屋（太田）勘右衛門的店面，有的很可能是直接買下該店。將店名取為中西屋，代表的是「廣泛買賣中土（日本）的西洋原文書籍」。又稱掃葉軒；此為關根錄三郎所命名，意指清掃落葉，也就是將賣剩的商品一掃而空。這名字取得真是毫無忌憚。

如此一來，有關中西屋的大部分謎團就解開了。

幕府末期，早矢仕有的採納了福澤諭吉的建議，以股份有限公司的形式，在明治元年創立丸善的前身——丸屋商社，之後業績蒸蒸日上。到了明治十三年，原文書的庫存暴增，為了出清存貨，他便在明治十四年以個人名義新開了中西屋。即使是在大學與專門學校皆主要以原文書授課的明治時代，一間純粹買賣原文書的舊書店，應該也很難保有豐富的庫存；然而若是以丸善的庫存作為基礎，這個疑問就解開了。

此外，另一個有關店面所在位置的疑問，也因為文中清楚記載「神田表神保町二番地」而獲得解決。

然而，現在的小川町三丁目三番地這個地址，與神田表神保町二番地以及大佛提到的錦町之間的關係，則仍舊不得而知。

因此我試著從明治時代的舊地圖中尋找答案。我發現，在明治四十年的《東京市十五區番地界入地圖》中，現在的小川町三丁目三番地，正是神田表神保町一番地、二番地以及十番地。而神田表神保町的三個番地當中，二番地與十番地是過了現在的千代田通（明大通的延伸）後的對面，也就是一直延伸到鈴蘭通的南側，鄰接東京堂所在位置的區塊。

為什麼會出現這種一條馬路的兩邊同屬一個番地的現象呢？這是因為從現在的御茶水橋往下到明大前，經過駿河台下交叉路口，再南下到內濠的大馬路（明大通與千代田通），在明治三十年代（應是明治三十七年左右）隨著東京電氣鐵道外濠線的開通，表神保町被大馬路切成兩個門牌號碼，使得其一番地、二番地、十番地與其他部分不相連。

證據就是，在明治十八年的大本營測量圖裡，明大通、駿河台下交叉路口、千代田通都不存在，表神保町理所當然是一個完整的街區。

而表神保町一番地、二番地、十番地又是在什麼時候更名為小川町三丁目三番地的呢？答案是在昭和八（一九三三）年行政區重劃時；之後，這個區域便固定稱為小川町。

既然如此，那大佛次郎提到的「錦町」又該如何解釋呢？這則是因為千代田通在明治三十七（一九〇四）年左右開通，在表神保町的一、二番地・十番地處於孤立狀態的當時，除了當地居民外，沒有人意識到這個區域也屬於表神保町，甚至可說人們普遍認為它屬於該區南側的錦町三丁目。換言之，這一帶在被劃入小川町之前，人們都以為它是錦町。

中西屋所在地的町名之謎雖然解決了，但還有一個問題：具體的位置，究竟相當於面對靖國通的舊彩券行、舊 Victoria Golf 神田店、崇文莊書店、丸龜製麵，以及東京都民銀行之中的何者呢？

關於這一點，其實有個決定性的物證——《丸善百年史》中「中西屋開業」這一章裡刊載的版畫。畫裡可看見中西屋那以瓦片屋頂及土牆構成的日式建築立面，而只要定睛細看，便能發現畫裡還有一棟名為東明館的西式紅磚建築。

東明館位在裏神保町一番地的轉角處，以現代的地圖來說，就是 WILLCOM SHOP 所在的倉田大樓，是一間有名的「勸工場」（類似現代的購物中心），在明治二十五年的神田的大火之後才建成。它與南明館同為神田的地標，在煤氣燈炫目的光芒中發出燦然光輝，睥睨四周。

與東明館隔著一條馬路（後來的千代田通）的區域，就是表神保町二番地，而畫中的中西屋，正是一排建築物中的第二棟。換句話說，中西屋並非位在靖國通與之後的千代田通的轉角，它的左邊其實有另一間看似店面的小建築物。

若與現在的地圖對照，會有什麼結果呢？舊彩券行緊貼著過了轉角後的那面牆，若跳過它，則舊 Victoria Golf 神田店就位在中西屋的左側，然而千代田通開通時，極可能實施了建築退縮（setback），因此左側的店面便消失在道路中了。

如此一來，根據中西屋的門面大小，可以推測它位在包含舊 Victoria Golf 神田店、崇文莊書店以及丸龜製麵的這塊區域。另有一說認為也包含東京都民銀行，但事實上範圍應該沒有這麼大。

中西屋的具體所在位置已順利確認，然而看到這裡，想必有些讀者會感到不解：「為什麼要如此執著於中西屋的所在位置呢？」

各位會有這樣的疑問也是合情合理。

在我的心裡，中西屋不但對神田神保町而言十分重要，更是對日本的文化、文學帶來深遠影響的「朝向西洋敞開的一扇窗」，它的確切地址豈能隨便帶過。甚至可以極端地說，正因為神田有中西屋這間原文書舊書店，日本的近代文學才能開花結果。

請別說我誇大其詞。希望抱有上述疑惑的讀者，能夠一讀小林秀雄的《韓波（Arthur Rimbaud）Ⅲ》中開頭著名的一節。

> 第一次與韓波相遇，是在我廿三歲那年的春天。當時我漫無目的地走在神田，突然被一名陌生男子迎頭痛擊，我毫無防備。我作夢也想不到，偶然在某間書店門口看見的那本——由法蘭西信使出版社（Mercure de France）出版、看起來寒酸的袖珍版《地獄一季》裡，竟埋著威力如此強大的炸彈。而且這個炸彈的引信敏感至極，即使以我這種粗淺的外語能力，也能幾乎毫無障礙地點燃。這本袖珍書徹底地大爆炸，使我接下來好幾年都深陷在韓波事件的漩渦裡。這的確宛如一起重大事件。不管文學對別人而言是什麼，但至少對我而言，讓我明白無論思想、觀念，甚至是一個詞彙，都是現實事件的，就是韓波。（《現代日本文學全集42 小林秀雄集》，筑摩書房）

小林秀雄在他二十三歲，亦即大正十三（一九二四）年的春天，第一次看見法蘭西信使出版的《韓波詩集》的地點——「神田」的「某間書店」，是否就是中西屋，不得而知。當時在神田，除了中西屋以外，有販售法語書籍的書店還包括三才社與法蘭西書院，或許是這兩間之一也說不定。然而這兩間書店，實在不太可能把法蘭西信使出版的《韓波詩集》放在店門口的特價書箱子裡。這無論如何都「必須」是中西屋才行。

因為從明治到大正年間，能讓遇見原文書中的「思想、觀念，甚至是一個詞彙」成為「現實事件」的，就只有中西屋了。

是的，中西屋正可謂日本近代文學之母。

中西屋的威廉・布萊克

早矢仕有的為了處理丸善賣剩的原文書而以個人名義開的中西屋，成為了神田舊書店街「朝向西洋敞開的一扇窗」；透過這扇「窗」窺知西洋世界，因而從此改變人生方向的人，更是不在少數。小林秀雄就是典型的例子。不過，有一個人，儘管沒有成為文學家或學者，也因為在青春時代曾踏進中西屋，而走向與預定計畫截然不同的人生。

明治三十七（一九八四）年生於神田猿樂町的永井龍男，在他的短篇作品《其中一隻手套》（昭和二十四年刊行）中，就把主角設定為因為中西屋而改變其一生的人。

昭和十×年（十七年），為了考察（事實上是為了設立滿洲文藝春秋社）而前往滿州的主角「我」（永井龍男），在北京結識了任職於當地開發公司的X，接著在東安市場附近一起吃成吉思汗鍋。「我」在被問及對東安市場附近的印象時，答道這裡和以前的勸工場很像，於是兩人便聊起了神田神保町的勸工場「東明館」。

「你呢？」他轉向我，「你還知道哪裡的勸工場？」

「我在東京的神田長大，駿河台下的東明館就在我家旁邊。」

「東明館我也知道，我念書的時候很常去。」

「你在哪裡念書？」

「駿河台的東京復活大聖堂有個附屬神學校，我就是在那邊念書的。那還真是一段奇特的求學經驗啊。」

當晚，「我」回到下榻的北京飯店後，又想起了東明館，於是沉浸在少年時代的回憶裡（這個部分是有關神保町地標東明館的寶貴資料，容後詳述〔參照二九七頁〕，在此先按下不表）。

這時換上支那服的X突然來到「我」的房間，兩人愉快地聊著有關神田神保町的回憶。

X在中學二年級時喪父，因此成為代用教員[36]；又因為讀了《白樺》雜誌而迷上托爾斯泰，一心想學俄語，於是進入東京復活大聖堂的神學校就讀。他在逛舊書店街時，偶然發現了中西屋。

「現在丸善的神田分店，以前叫做中西屋，主要賣的都是原文書。周作人的隨筆《東京的書店》裡也寫到——從我的租屋處到中西屋比到丸善更近，但我之所以總是提不起興致去，是因為那裡的小僧老是跟著人屁股後頭走——之類的。當時那間店還真是不得了。

「我也記得，那間書店出版了一套非常漂亮的袖珍版童書。」

接著，X道出了他在中西屋經歷的一段改變他人生的重大緣分。

36. 譯注：由於當時合格教師人數不足而權充的無照教師。

「我在中西屋的書架上看到威廉．布萊克的詩畫集，真不知該怎麼形容當下的欣喜和訝異——第一眼看見原色版那鮮艷的色彩時，我真的差點尖叫。那天我完全沉醉在其中，全身顫抖地回到租屋處；當然，我可沒有買回家喔。我記得當時要價十二、三圓吧，這價格根本沒有考慮買或不買的問題，況且拿在手裡看的感覺實在太美好，所以我完全沒有想把它占為己有的念頭。」

X在中西屋看見的威廉．布萊克詩畫集，是一本什麼樣的書呢？關於書名，X回憶道：「好像叫做 *A Study of His Life and Art Work* 之類的吧。」可以想見，那應該是一本用彩色平版印刷術翻印原版版畫的研究評論集。假如是十八世紀出版的布萊克原版作品，就算是在這個時代，也不可能以「十二、三圓」買到。

我們可以順帶換算一下當時的「十二、三圓」，相當於今日幣值的多少錢。五十多歲的X說自己當時就讀於神學校，因此從昭和十七年往回推三十年左右，約莫是一九一〇年前後；將當時的一圓換算成現代的幣值，大約是五百圓左右，因此「十二、三圓」相當於六、七萬圓。這本書當初是在丸善以新書價格售出的，從這一點看來，現在這個價格可謂天價。

對一名身無分文的神學校學生來說，確實「根本沒有考慮買或不買的問題」；當然，以今天的物價來看也一樣。

為什麼日本的一介神學校學生，會知道威廉．布萊克呢？因為他讀過《白樺》裡柳宗悅所撰的一篇附有照片的介紹文。

「我買了那本白樺和其他破爛字典回到住處，但我實在太高興太高興了，從那天起，我就每天到中西屋報到。店員雖不如周作人說的那樣，卻總是虎視眈眈，著實令人不愉快，但我也顧不了那麼多，每天都去看那本書，一看就是二十分鐘左右。回到租屋處後，每次試著回想當天看過的東西，記憶卻變得模糊。我心想，這怎麼可能呢，那幅畫我明明看得那麼仔細了。於是又迫不及待地盼望著隔天再去中西屋。」

這種心情我完全可以體會。我在一九八四年曾經長住過巴黎一段時間，剛開始逛舊書店的時候，在法蘭西斯一世（Francois Premier）大道的超高級舊書店發現了手繪彩色版的《法國人的自畫像》（*Les Français peints par eux-mêmes*）全套九集，價格卻是五萬法郎（一百五十萬圓）的天價，我記得我當時的反應和X一模一樣；不同的是，我在半年後，又在別家書店以九千法郎（二十七萬圓）買下了那套書。

回到正題。

令他神魂顛倒的布萊克作品，最後怎麼樣了呢？

「──可是，那本詩畫集從中西屋的書架上消失了。在我發現它之後，大概過了一週吧，某天下午，我一如往常地去書店，才發現它已經不見了。

「我愣在原地，漸漸地愈來愈生氣，一股難以形容的落寞感湧上心頭。──接著我才意會過來，原來是被人買走了。我打從一開始就沒有絲毫想買下它的念頭，所以自以為是地認為別人也不會想買，它應該要永遠在那裡才對。沒想到，它竟突然被一個來路不明的傢伙買走了──」

這種心情我也感同身受。本來始終認為這本書注定有一天會被我買下，絕對沒有其他人會買，某天卻忽然發現它從書架上消失了──所謂絕望莫甚於此。這種憤怒，簡直就像遭到全心全意信賴的伴侶背叛一樣，無處宣洩。

X悵然若失地環視店內，愈想愈不是滋味，彷彿布萊克的彩色版作品褪了色一般。店裡的兩名店員一臉看好戲的模樣望著他。他心想，說不定是他們兩個故意把書藏起來的，於是打算走上前去，問他們把那本書收到哪去了，但卻在最後一刻打消了念頭。他面紅耳赤地快步走下樓梯，離開書店；這時，東京復活大聖堂的鐘聲宛如刻意抓準了時間似地響徹四方。

接下來的一週，他每天都鬱鬱寡歡。一天，他取得外出許可，到駿河台下的舊書店街逛逛。

「到了駿河台下，我發現一間沒去過的書店，門口用線吊著一張瓦愣紙板，上面寫著『售各種聖經』。那片瓦愣紙板看起來莫名單薄，店面又很小，我又沒進去過，結果你知道嗎？我竟然在那裡找到了布萊克的書。當然，那和我在中西屋看到的詩畫集差得遠了，那是一本袖珍書，是一個叫做G．K．卻斯特頓的人寫的布萊克小傳。」

儘管不是同一本書，但在意想不到的地方與布萊克重逢，仍令X欣喜若狂。那本書雖然簡陋，不過也有一面彩色頁，還有好幾張照片。光衝著這是布萊克的書，就讓他心跳加速。

「蠢的是，當時我腦中一片空白，拿起那本書，就這樣走出了書店。我絕對沒有半點偷竊的意圖。雖然我的零用錢不多，不過我才剛從家鄉來到這裡，而那本書看起來頂多只要二圓，我身上的錢還買得起。

「我走出書店五、六步之後，忽然有人從後方抓住我的右肩和我拿著書的右手，用力地前後搖晃。我被拖回店門口時才忽然回過神，但已經太遲了。從店裡走出來的老闆甩了我兩三個耳光，接著中僧便拖著我往東明館的方向走。」

中僧（地位比小僧高的店員）硬拖著X往派出所的方向去，萬一真的鬧上派出所，他勢必會遭神學校退學。此時是晚上九點，正好是夜校放學的時間，路上都是夜校學生。

突然間，身後四、五成群的學生朝他們接近，把中僧撞開。X險些跌倒，就在這時，有個人在他耳邊悄聲說：「快逃！」

X立刻沒命地逃跑，直到來到錦輝館前冷清的馬路上，才總算脫困。此時，一名腳踏高腳木屐、身穿日式褲裙的大學生從一片漆黑中現身，問道：「你這傢伙應該是第一次吧？」X點點頭，大學生隨即朝他的臉頰揮了一拳，丟下一句：「你要是敢再犯，後果就自己負責。」便踩著木屐離去。

回想當時的情景，X繼續說：

「年底那陣子每天天氣都很好，放學後，在東京復活大聖堂旁的藤架那裡俯瞰神田街景，就是我每天的例行公事。畢竟是歲末年終，即使是從那麼高的地方往下看，也能感受到路上熱鬧的氣氛直衝天際。耳邊不時傳來特賣會宣傳樂隊的樂聲。我心想，當時揍了我的書店老闆、把我拖走的小夥計，還有最後救了我的大學生，應該都在人群裡吧。話說回來，把中西屋的布萊克買走的傢伙，八成也在其中吧……不，我想那傢伙一定是從遠方來的外地人——」

最後，X又簡單敘述了他在錦町的咖啡廳認識了一名中國學生後，從神學校退學，來到北京工作的經過，小說就結束了。而他與那名中國學生結識的契機，就是他不慎掉落的一隻手套。

想不到的路線。只因為中西屋的一本布萊克作品，一名神學校學生的命運就此偏離了原本的計畫，轉往一條意

中西屋原是早矢仕有的個人經營的書店，後來又將負責人的名義改為後來的丸善董事長小柳津要人的長男邦太，會計則由從丸善派來的伊村新一負責。明治三十年，負責人名義又改為有的的兒子山田九郎，實質的經營權則交由早矢仕民治與伊村新一的兒子伊村金之助負責。

伊村金之助就是所謂的「中西屋中興之祖」，中西屋之名得以留在出版史的一頁，全都應該歸功於他。

> 伊村曾任書店店員，在負責書籍銷售業務的過程中，其打從心底愛書的特質受到主管的肯定；進入壯年後，便轉為負責童書的編輯出版工作。（中略）伊村在擔任編輯時，只挑選巖谷小波、鹿島鳴秋等當時一流作家的作品，插畫也委託著名的畫家繪製，製作成豪華精裝本發行。他鎖定的客群確實是中產階級以上的消費者，因此定價也不便宜。（《丸善百年史》）

這就是在童書歷史上知名的「中西屋繪本」的開端，而巖谷小波、鹿島鳴秋、小川未明等兒童文學作家，以及岡野榮、太田三郎、武井武雄等插畫家，當時都在中西屋盡展所長。

如上所述，中西屋透過販售原文舊書與出版童書，在歷史上留名；到了大正九（一九二〇）年，又在丸善的組織改革下，以丸善神田分店的名義重新出發。

自此，中西屋便以「丸善神田分店」這個名稱廣為人知，二次大戰後也繼續在原址經營，不過我記得，至少在我上大學的時候，它便已經搬遷到御茶水車站前的現址。

另外，由中西屋延伸出來的神田神保町名店之一，還包括文房堂。文房堂的起源是明治二十年，中西屋將一部分店面分出來，請早矢仕民治之妻的姊夫——池田次郎吉在此販售文具用品。文房堂在大正年間搬遷至現址，繼續經營至今，是神保町內數一數二的珍貴歷史建築。

6. 明治二十年代的神保町

白樺派與東條書店

進入明治二十年代後，神田神保町也產生巨大的改變，舊書街的特色愈來愈鮮明。尤其到了二十年代後期，變化的腳步更是加快。這是因為原本在其他地區經營的舊書店，以及新投入舊書市場的業者，都預期神保町會發展為舊書街，而紛紛搬遷至此或在此開業；其中不乏現在仍門庭若市，或不久前才結束營業的舊書店。

在介紹這些書店之前，我必須先記錄一間明治時代在神保町盛極一時，卻由於在昭和十五（一九四〇）年左右停業，而消失在人們記憶裡的書店。因為不少舊書店經營者，過去都曾在這間店裡學習、累積經驗。

它的名字就是東條書店[37]。

東條仁太郎為東條英次之父，他最初在須田町的二六新報社前擺攤，後來又搬到神田神保町，在明治、大正、昭和時代打造東條書店的繁榮盛況。曾任職於此書店者，包括文川堂的小川鐵之介、池田清太郎、窪川精治、荻谷好之助等人。（《東京古書業公會五十年史》）

東條書店開業的地點是裏神保町五番地，相當於現在神保町交叉路口的廣文館書店及其隔壁的稻垣大樓所在的區域。這在當時可謂精華地段，可知東條書店發展的祕訣之一，就是占有地利之便。之後，東條書店又將總店搬到南神保町十番地（現在的神田神保町二丁目五番地），將裏神保町五番地設為分店，但分店在昭和十年左右停業，總店也在昭和十四年第二代經營者東條英次歿後被迫歇業。這些都載明於《東京古書業公會五十年史》〈資料篇〉的已故會員一覽表中。在昭和十四年的神田舊書店地圖上，已找不到東條書店。

為什麼我如此執著於東條書店呢？因為這間書店不但在神田神保町的歷史上占有一席之地，更與建築史、文學史息息相關。

總之，就讓我們從建築史開始談起吧。

東條書店之所以名留建築史，是因為考現學的開山鼻祖——今和次郎在關東大地震後組成了「臨時住宅裝飾社」[38]，而「東條書店」（一九二三年）正是其作品之一。平成二十四（二〇一二）年，Panasonic 汐留博物館舉辦了一場以「今和次郎　採集講義」為主題的展覽，今和次郎因而再度受到世人的關注；其中由「臨時住宅裝飾社」創作的東條書店，從照片看來儘管只是一般的臨時住宅，但立面卻繪有印第安風格的壁畫（塗鴉？），的確嗅得出現代主義或前衛派的味道。

今和次郎為什麼會承接東條書店的臨時住宅設計工作呢？至今仍不得而知。不過，過去在研究二次大戰前滯留巴黎的日本人時，我讀了木田實（本名山田吉彥）的自傳《人生逃亡者的記錄》，而這本書裡似乎有線索。根據我的推測，一切可能和幸德秋水與大逆事件[39]相關人士（例如大石誠之助、西村伊作）的交情有關。

---

37. 作者注：並非專修大學前的東城書店。
38. 譯注：透過繪畫等方式裝飾臨時住宅的組織。
39. 譯注：發生於一九一〇、一九一一年，社會主義者幸德秋水等人策劃暗殺明治天皇，明治政府因而大規模予以逮捕、處決之事件。

明治二十八（一八九五）年出生於奄美大島的木田，幼時因父親工作的關係移居臺灣基隆，後來又前往東京，寄宿在新見附的伯父家，在神田東京復活大聖堂下的開成中學就讀三年級。當時他喜歡在上下學時逛舊書街，後來經常泡在東條書店裡。

我常去神保町轉角數來的第二間書店，也就是介於現在岩波零售店和岩波大樓中間一帶（這應該是木田記錯了，實際上應該更靠九段一點）的東條舊書店。店裡的總管叫做清哥，待人十分親切，還有一個跟我年紀相仿的孩子，叫做阿英，因此我每次去店裡，老闆娘都會帶我到客廳，請我喝茶、吃點心。（《人生逃亡者的記錄》，中公新書）

後來，木田從開成中學的同學永田口中得知自己與大石誠之助有親戚關係，因而對幸德和大石的思想產生興趣。但是，當他詢問東條書店的清哥有沒有相關書籍時，得到的答案卻是：「我知道誰有，但你現在讀那種書還太早了點。」木田只好打消念頭。然而，其實清哥和幸德秋水是熟識的好友。

後來我才知道，原來這個姓池田的清哥，就是在幸德秋水最後一次執行間諜任務後，幫助他藏匿行蹤的人。秋水進入書店後，便穿過房間，從後門逃走，從此不知去向。為此，清哥還被帶回警察局偵訊了好幾天。這時我才忽然感覺到大逆事件離我這麼近。

當時白樺派的活動相當引人注目，里見弴他們零用錢花光後，就會去丸善賒帳買書，再把書賣給東條書店。他們買的多是可高價出售的美術類書籍。清哥見我盯著羅丹的精裝本不放，便對我說：「你帶回家去慢慢看吧。」於是我那間窮酸的學生房間裡，陸續擺滿了馬諦斯、高更、雷諾瓦、

勃克林等白樺派推崇之畫家的畫冊。(同前書)

由木田的敘述可知，東條書店的總管清哥，也就是池田清太郎，正是幸德秋水、大石誠之助等社會主義思想奉行者組織的外圍支持者；將這條線延伸下去，便可掌握到池田清太郎也認識大石誠之助的外甥西村伊作，以及文化學院相關人士的事實。或許正因為這層關係，他才會收購許多《白樺》同好的舊書。

總而言之，既然認識西村伊作及文化學院相關人士，便自然能連結到今和次郎與臨時住宅裝飾社。我們可以推測，關東大地震發生後，今和次郎的臨時住宅裝飾社之所以承接東條書店的臨時住宅建築設計，極有可能是透過池田清太郎的牽線。

除此之外，透過木田實的《人生逃亡者的記錄》，我們又釐清了另一個事實。里見弴在「《白樺》創刊時」這篇回憶錄裡提到的「《白樺》的夥伴們都把書拿到小川町的文川堂去賣」，的確是他的記憶有誤，事實上應該是東條書店才對。木田這麼寫道：

> 東條書店沒落後，清哥就開了一間池田書店，所以我一直以為他是以出版性知識相關書籍聞名的池田書店老闆的父親，但其實是我誤會了。他確實在東條書店歇業後開了池田書店，但卻經營不善，後來轉至文川堂書店工作。如此便能明白里見弴在回憶錄裡寫成「把書賣給文川堂」的原因了——東條書店在結束營業時有二名總管，一個是文川堂老闆的兒子，另一個就是清哥，而他後來也到文川堂去了。(同前書)

的確，在東條書店擔任總管的清哥，也就是池田清太郎，因為東條書店老闆英次在昭和十四年過世，書店停業的關係，而自己開了池田書店，但後來卻經營不善，因此藉昔日同事的情誼，進入文川堂工作。

如上所述，在從明治二十年代到大正初期的這段時間裡，扮演如日後一誠堂般「舊書店學校」角色的，正是東條書店；在這個時代開業的人，多多少少都受過東條書店的照顧。

例如明治三十二年左右在東條書店隔壁開業，至今仍門庭若市的大雲堂書店創辦人大雲久藏，正是其中之一。

> 大雲堂書店的創辦人大雲久藏與大學堂的近田喜太郎，本來都在須田町擺攤賣書，後來在東條的指導下，雙雙於三年後開設店面。據說大雲堂書店的店面位在今川小路，門面寬二間半，是正門可往上下掀開，再降下作為平台使用的舊式店面。市區改正後，於三十二年左右搬遷至位於神保町的現址。(《東京古書業公會五十年史》)

今川小路就是現在的專大通。在大正十(一九二一)年的舊書店地圖(參照三八六頁)中，大學堂位於大雲堂書店的右側；而在昭和十四(一九三九)年的地圖(參照四三三頁)中，該地址已變成丸岡廣文堂，故可推測應是在這段期間歇業了。

此外，前面引述的內容也提到，東條書店的第一代經營者仁太郎非常熱心助人，不少原本只是擺攤賣書或租書的人，在東條的指導下轉為經營舊書店，在神保町一帶開店。松崎書店的第一代經營者松崎義治，也是其中之一。

> 松崎書店的松崎義治從上一代就在猿樂町擺租書攤，其店面乃是東條所出讓。(同前書)

直到昭和十四年左右，松崎書店都在奧野書店和田村書店之間一帶營業，之後的狀況，歷代公會幹部一覽表裡便沒有記載，因此研判可能是與東條書店在同一個時期歇業。

看來明治二十年代開業的店家，在經歷大地震之後還能繼續堅持到昭和時代，並不是容易的事；不過當然也有例外，比如芳賀書店。

對神保町初期發展有所貢獻的，除了東條之外，還有芳賀大三郎。他在步入中年以後，從研究佛法轉為經營以芳賀堂為名的舊書店，其店面原為嚴松堂。芳賀大三郎可謂先知先覺，很早就開始販售雜誌、報告書等類型的出版品，也是首任公會理事長。（同前書）

現為AV專賣店的芳賀書店，居然是神保町歷史悠久的老店之一，不免令人感到意外（關於這一點請參照一七九頁。這是個天大的誤會）；另一間出乎意料的書店，則是現為專賣漫畫的高岡書店。

十年代後期已經在麴町開店的高岡安太郎，於二十四年搬遷至神田神保町。（同前書）

前面介紹明治十年代的神保町時，便已提及高岡書店，而它搬來神保町的時間似乎並非十年代，而是明治二十四年。

除此之外，因專賣書法相關書籍而馳名的飯島書店，也是在明治二十年代創業的老店之一。

開新堂書店（現位於澀谷）在表神保町經營大規模的出版業，據稱全盛時期的規模與三省堂平分秋色，可惜後繼無力。飯島書店最初以開新堂分店的名義開設於有斐閣的對面，進省堂的鴨志田要藏當時也在此任職，是飯島書店創辦人的後進。（同前書）

此外，幾年前歇業，原址變成空地的原文書舊書老店——松村書店，也是明治二十年代在小川町開業的書店。

松村舊姓川名。松村音松乃勤勉力行之人。二代松村龍一為前公會理事長。（同前書）

隨著時間流逝，到了明治三十年代，神田舊書街地圖又出現了什麼樣的變化呢？《東京古書業公會五十年史》認為這個年代發生的變化，並不僅限於神田，而是涵蓋整個東京。書中敘述如下。

三十年代對舊書業界而言，是開花結果的全盛期。舊書店逐漸走向專業化，保留江戶傳統的日文書店大多從市場上消失，新興書店紛紛獨立，可謂新舊交替的時期。而在西洋原文書市場，以書攤形式販售或出租書籍，努力苦撐至此的強者，也在這段期間各自擁有店面。（同前書）

話雖如此，《東京古書業公會五十年史》接著又指出，傳統的日文書店與新興的原文書店，在地位和實力上仍有極大的差距，對於至少必須累積十年資歷才能獨立經營的日文書店來說，原文書店的經營者只不過是不學無術的門外漢，完全不被放在眼裡。儘管如此，明治三十年代之後，原文書店也逐漸累積了經驗，「成長為有模有樣的商人」。

這種新舊交替現象最具體的代表，就是神田地區。

原因有二：第一是神田在明治以後，便形成以學生為主要客源的舊書店街，因此基本上都是買賣原文書的舊書店；第二是某起事件的發生，促使了新舊交替的現象加速。

那起事件，就是明治二十五年四月十日凌晨一點左右發生的一場大火。起火點在猿樂町，從前一天就開始颳的強風助長了火勢，大火從神保町延燒到今川橋、錦町一帶，四千兩百戶房屋付之一炬，包括東京堂、三省堂、富山房在內，無論一般書店或舊書店，幾乎所有的書店都遭受極大的損害。

根據《東京堂一百二十年史》對這場大火的描述，東京堂為了預防火災，平時就將填補縫隙用的泥土[40]裝在瓶子裡備用，然而真正遇到火災時卻手忙腳亂，不慎加了太多水而無法使用；省吾在情急之下靈機一動，拿出湯澤養父母寄來的味噌，塗在門縫，沒想到真的派上了用場。

此外，大橋（高橋）省吾的親生父親大橋佐平當時住在小石川，他得知火災的消息，便乘坐人力車趕來；當他抵達水道橋時，神田已經陷入一片火海，無法再前進。於是他折回家，從倉庫拿出原本為了增建廚房而準備的木材，隔天早上火勢一被撲滅後，他就把木材搬到燃燒殆盡的書店遺跡，搭起臨時住宅，繼續營業。真不愧是不畏逆境的大橋佐平。當然，並不是每個人都像大橋佐平一般堅強。

說到與這場火災相關的閒話，過去神田區內住了許多貴族，其中有不少人因為這場火災而搬至他處。

40. 譯注：火災時塗在門縫，可阻止火勢延燒。

順帶一提，《風俗畫報》（明治二十五年五月十日號）舉出了在這場大火中燒毀的主要建築，其中貴族的宅第包括德大寺侯爵邸、戶田子爵邸、赤松中將邸以及烏丸伯爵邸等等。

這些焚毀的貴族宅第遺跡多被學校買下，爭相建造校舍，因此教科書與參考書的需求不斷擴大，自然促使日文書店減少，原文書店大量增加。相較於日本橋等地區，神田附近的日文書店本來就不多，如今那少數的日文書店也不得不趁這個機會從神田撤退。

具體而言，明治二十五年的那場大火，如何重新繪製了神田的書店地圖呢？《東京古書業公會五十年史》裡刊載的一覽如下。這些內容將成為日後討論的基礎資料，因此請容我在最後不厭其煩地引用：

表神保町（小川町的西端到現在的鈴蘭通）中西屋、八尾、伊呂波屋、中央堂、開新堂、東京堂、勢陽堂、萬卷堂、山口書店、修學堂

裏神保町（到現在靖國通的白山通）三省堂、上田屋、敬業社、明法堂、富山房、高岡總店、濟美館、上原書店、渡邊書店、塚巳、東條總店、東華堂、村口勉強堂

南神保町（現在靖國通的白山通到專大通，以及櫻通）中為、松江堂、飯島書店、木村書店、東條分店、門部春盛堂、坂本書店、稻葉書店、芳賀分店、信芳堂、臼井書店、高岡分店、松陽堂、有明堂、五車堂、積文堂、東京書院、錦光堂、高山書店

今川小路（現在的專大通）大島良、大屋書房、栗原、全利堂、清水、八琴堂、片木屋、東華堂總店、萬吉

北神保町（現在神田神保町二、三丁目的偶數番地側）中野書店、玄海堂

仲（中）猿樂町（面對水道橋，白山通的左側）芳賀總店、山上、山海堂分店、近田、朝陽堂

猿樂町（面對水道橋，白山通的右側）中庸堂、山海堂、稻葉總店、石垣租書店、巽書店、永井書店

光是大致瀏覽，就能明白此時期已有一定數量的書店、舊書店、經銷商、出版社聚集於神田神保町一帶。其中新開業或從他處搬遷至此的舊書店中，直到今天仍蓬勃發展的，有高山書店（創辦人：高山清太郎）與大屋書房（創辦人：纐纈房太郎）。另外，中野書店與現在的中野書店是否有關聯，尚待確認。

無賴．高山清太郎

店面位於神田神保町二丁目三番地神田舊書中心一樓的高山總店，是一間歷史悠久的「純粹」舊書店。這種並未跨足出版，只專心買賣舊書的「純粹舊書店」，一般不會有沿革歷史，然而高山總店卻以活字留下其創業經過，可謂相當稀有的例子。

因為創辦人高山清太郎宛如無賴（Picaresque）一般的口述歷史實在太有趣，因此舊書業界的偉人——反町茂雄便以「生活在神田神保町舊書店街」為題，將其收錄於《蠹魚昔話 明治大正篇》（八木書店）中。對於我們這些神田神保町的歷史研究家而言，真可謂難得一見的寶貴資料（以下引用內容皆出自此書）。

高山清太郎在明治十年代出生於九州的久留米，小學畢業後即赴東京苦學，立志成為一名造船技師。後來為了照顧生病的父親而返鄉，不得不放棄成為造船技師的夢想，擔任日薪二十錢的印刷工。當時他正好有一名同鄉友人在高等師範學校當舍監，因為這層關係，他經常幫住宿生跑腿，頻

繁出入神保町的舊書店。在這段過程中，他漸漸學會了賣買舊書的相關技巧。

我問書的主人：「這本書該賣多少錢？」對方畢竟是就讀高等師範的知識分子，回答：「這個嘛，我想應該可以賣到八圓左右吧。」「這樣啊，好。我盡量賣貴一點。」「假如你能用更高的價錢賣出，就讓你多賺一點。」於是我與高采烈地把書拿去東條書店賣。那可能真的是一本好書吧，對方竟然用十八圓買下。我心想，這價錢也太好了吧。回到學校，我說：「那本書我賣了十五圓。」我打算自己偷賺三圓。（笑）「你賣到那麼好的價錢啊。那就給你兩圓當作跑路費吧。」——有時也會遇到這種情形。

高山接著回憶道：「東條先生這個人老實又親切，絕對不會刻意用低價收購有行情的書。」在某種意義上，高山也算是「東條學校」的學生。

在上述機緣下體驗到舊書的魅力後，高山認為：「跟造船什麼的比起來，開舊書店一定賺得更多。」於是開始有了經營舊書店的念頭。然而不巧的是這時日俄戰爭爆發，他只好暫時擱置開店的計畫。高山參與了奉天會戰，一直連戰到開原，最後凱旋歸來，又回到高等師範學校當跑腿。

經過了這些，我也已經二十六歲；我打算開店，而且也該娶老婆了。幸好北神保町（現在神保町二丁目的富士銀行側）有一間舊書店的老闆，願意用兩百圓把書店原封不動地頂讓給我，因此我拿出好不容易存下的錢，買下了那個小店面，開始做起生意，還娶了現在的老婆。

這是明治末期，大約四十四年或四十五年的事。

然而才剛開業不久，高山就遇到了大正二（一九一三）年二月發生的神田大火。這場神田大火與明治二十五（一八九二）年的火災，都是促使神保町舊書店地圖重新洗牌的關鍵，但暫且留待後述。總之，高山總店也無法避免這場火災造成的影響。

不過所謂的影響，並不是指高山的店面燒毀、必須重建。可能是多虧了風向的關係，大火在延燒到高山書店的前一刻止住，使高山書店逃過一劫。面對這樣的僥倖，無賴高山腦中浮現了這樣的想法：

我手邊有兩百五十圓。當時我忽然靈機一動，心想，既然要經營書店，未來勢必要仰賴前輩或熟識的書店朋友照顧；而現在大家的房子都被燒毀，正愁無家可歸，我就趁這個大好機會，到各家去送他們一些東西，賣個人情好了。

於是他從兩百五十圓中拿出一百五十圓，買了水桶、臉盆、雨傘等日用品當作慰問品，逐一送到神田的各間舊書店；較熟識的店家，他還額外送上醬油口味的飯糰和酒。

或許這種無賴式「發達之路」的實踐果真奏了效，一個出乎意料的「甜頭」主動找上了他。在高山書店所在位置另一側的南神保町（現在神田神保町二丁目的奇數番地側），原有四間相連的店面，現在打算趁著新建，把店面改為五間，於是前來詢問高山在那裡展店的意願。看來高山四處贈送慰問品的舉動，房屋管理員也都看在眼裡。起初他以沒有資金為由拒絕了，但在對方屢次邀請下，他終於決意開店。

這時，高山得知負責工程的木工是房屋管理員的熟人，於是做出一個常人意想不到的賭注。一般建築內部裝潢只需五、六百圓，但他決定花將近三倍的價錢來裝潢。

假如和大家一樣花五、六百來裝潢，萬一最後房東和我談租金時，發現我根本沒錢，一定會把我趕走，另外找房客來承租。如果是五百圓、六百圓的裝潢，一定很容易找到房客；但如果是一千七、八百圓的高級裝潢，可能就沒有多少人願意接手了吧。這樣一來，房東就只能摸摸鼻子繼續租給我了——這就是我打的算盤。

果然不出他所料，房東雖然對高山無理的要求感到錯愕，但也十分欣賞他的氣概，於是答應他日後賺錢再付款，連他帶來作為訂金的一百圓也不收。如此大膽的行徑活脫是個無賴，連反町茂雄得知後，也忍不住感嘆：「高山先生年輕時膽子真的很大呢。這種聰明才智不是一般人所能及的。（笑）」

就這樣，他開了一間裝潢奢華的書店。不過由於剛遭逢祝融之災，各書店的庫存都已見底，書架根本擺不滿。坐立難安的高山起了一個大早，走遍小石川、早稻田一帶的舊書店，但由於資金不足，沒買什麼書就回來了。

不過他已經把每間書店各有哪些書全都記在腦裡，於是他在店門口放了一面看板，上面寫著：「若有想要的書，歡迎訂購。約一、二日之內本店便能調到貨。」他運用了在高等師範跑腿時的經驗。這個策略大獲成功，訂單紛紛湧入。接著他又拜託訂書的客人：「我的店是最近才開始營業的，如您所見，書架空空如也。請把您不需要的書賣給我吧，什麼書都可以。」於是收購書籍的生意也非常好，僅花了一年，就把原訂償還兩年的債務還清，贏得眾人的信賴。

不斷扭轉逆境，事業逐漸上軌道後，高山接下來把腦筋動到了教科書的樣書上。

某日，高山走在錦町的正則英語學校（現在的正則學園高等學校）前，發現那裡的舊書店門庭若市，於是決定租下原是鞋店的店面，在此開店。這是因為，正則英語學校及其預備校的學生，加起來共有一萬兩千人之多，每年開學時，賣掉前一年度的教科書，同時購買新年度教科書的學生人數相當可觀。

有了這個經驗，高山發現教科書的舊書買賣是門很有賺頭的生意，於是決定開拓這個市場。關於這一點，採訪者反町茂雄附注了解說，我將其整理如下。

二次大戰前，中學教科書在統一由國家編纂之前，也就是昭和五、六年左右之前，儘管有教科書審定機制，標準也很寬鬆，且通過審定後，出版與販售皆為自由競爭，因此出版社習慣贈送大量樣書給中學教師，拜託對方採用；至於沒被採用的教科書，當然就形同作廢。然而在這間學校未獲採用的教科書，其他學校可能會採用，所以只要巧妙地居中協調，舊書店便有可以發揮的空間。不過由於是教科書的關係，進書和銷售的時期都是固定的。問題在於該如何克服這個難關。

> 因為逐一登門拜訪老師的效率太差，所以我想到一個辦法，那就是發出全國性的廣告，利用郵購的方式收購。我寫了一封信，裡面附上廣告單，表示我可以高價收購作廢的教科書樣書，如果有的話請通知我。

四、五天後，高山陸續收到一箱接一箱的樣書。由於寄來的書太多，反而讓他為存放場所傷透腦筋，最後只好租下店面後方的空屋作為倉庫。看見這麼多書，他開始擔心究竟賣不賣得出去。

> 我左思右想，決定再寫一封廣告信。我寄給各私塾、私立學校，表示我有很多非常便宜的教科書，歡迎購買。這次也一樣獲得很大的迴響，接到來自各處的詢問。

透過創意與巧思開拓新領域的高山總店，就這樣超越了神田神保町的其他舊書店，成為這個領域的先鋒。不過生意並沒有專利，因此立刻出現了仿效的競爭對手。

在這個過程中，神田的同業之間也開始流行起到處收購樣書。以前完全不認識的人，也有樣學樣，仿效我們的做法，開始收購樣書。我們附近的野嘉（野田嘉吉書店）、野要（進省堂）、大雲堂等等，也都一樣。最後甚至連大型書店巖松堂都加入了戰局。同業之間的競爭愈來愈激烈，並開始透過信件宣傳；例如我用定價的五掛（五〇％）收購，另一間就表示他可以用六掛買下。因為這樣，以前常來我這的客人也漸漸不來了。

高山發明的樣書收購．販售生意變得激烈無比，許多位於現在神田神保町二丁目那側的舊書店，都曾在初春時期為此費盡心力。有關當時異樣的光景，採訪者反町茂雄如此回憶。

我從小就很喜歡看書，從中學開始，就經常去神保町逛舊書店。每次三月底去，都會發現路上的氣氛跟平常截然不同。神保町二丁目，也就是以交叉路口為界，靠九段的舊書店，一間一間都變成了教科書店。他們在店門口擺出台子，不讓客人進入店內。店面左右兩側和盡頭的書架，從上到下都用布或厚紙之類的東西蓋住，不讓人看到一本舊書。第一次看到時，我嚇了一跳。我向一名走來走去，看起來很忙的店員問道：「店裡的書都不能看嗎？」對方愛理不理地回答：「現在不行。教科書時期，我們不賣一般舊書。」

競爭激烈到這種程度，要是太認真，就喪失做生意的樂趣了。這時高山決定到各地巡迴。

日本全國當中，我沒去買過教科書的，大概只有北海道，還有山陰的松江市和北陸的新潟市了吧。除此之外的地方，從山口到九州，所有大大小小的都市，我都去買過樣書。

即使如此，高山與其他書店的競爭仍不斷加劇，到最後，他甚至將觸角延伸至當時日本的殖民地——朝鮮和臺灣，這份毅力真是令人敬佩。這種巡迴各地的方法，只有一開始能賺錢，之後對方的態度也漸漸改變。

在那之後，又過了三年、四年、五年，隨著時間過去，狀況又改變了。我二度造訪信州小諸的中學時，該校已經換了新校長；他說：「老闆，你打算用定價的幾掛收購呢？」這時英語老師突然拿出算盤，看著印在教科書背的定價，一邊撥算盤，一邊說：「巖松堂可是說要用七掛買喔。」業者之間的競爭，讓賣方也學聰明了，跟以前已經完全不一樣了呢。（笑）

可以靠著樣書大賺一筆的黃金時代，在四、五年之內走向尾聲，伴隨著中學教科書統一改為國編版，而完全結束。作為樣書賣買的先鋒並藉此大賺一筆的高山，接下來又找到了什麼新目標呢？答案是新教科書。具體而言，就是先大量買下可能有市場的全新教科書來囤積，等待適當時機再賣出。這種手法之所以能成功，是因為第一次世界大戰的特需[41]，造成了二十世紀第一次大型泡沫經濟，中學教科書也因為通貨膨脹的關係，價格不斷高竄，去年八十錢的書，今年變成一圓三十錢，再下一年又變成一圓八十錢。

41. 譯注：指戰時美軍龐大的需求。

那時因為製作費不斷升高，每年文部省都允許定價上漲。今年紙張變貴，明年教科書的售價勢必會比舊定價增加六成，甚至到七成。然而該年底，出版商會用該年的定價賣給零售店。到了後年，這些書的價格又會上漲五成。這麼一來，七成加上五成，等於總共會上漲十二成。（中略）漲價的狀況大概是這樣吧。所以當年的秋天，我把能拿出來的錢全部拿出來，一間一間拜訪出版商，像富山房、三省堂、山海堂等等，買下某某人的某某書幾十本、某某博士的某某書幾百本，總之拼命買進。等隔年公布價格提高幾成之後，我們就用橡皮印章，一本一本在封底的定價處蓋上「改正定價幾圓幾十錢」，提高售價。（笑）五年十二月以一圓的幾掛進貨的書，隔年三月底可以用一圓七十錢賣出。你說這是不是賺翻了。就在我暗自竊喜這比賣買樣書還要輕鬆多了的時候，出版商也慢慢發現了。（笑）

即使如此，出版商還是允許他在大正十二年之前，可以在六月收購教科書，因此他大量進貨，把書堆滿了倉庫，幾乎碰到天花板。孰料九月一日發生關東大地震，庫存全被火海吞噬。

當時我去火災現場一看，發現那些書還是保持堆在那裡的原狀——只不過全都化成了灰燼。真是讓人哭笑不得。（哄堂大笑）

如上所述，以智慧和才華屢屢突破難關的高山，繼續過著無賴般的人生，神田神保町也隨之發展得更為強健。

「競取」的濫觴

閱讀討論舊書業界歷史的書籍時，常可看見「競取出身」這個詞彙。日文的「〇〇出身」意為「洗手不幹〇〇」，通常用於娼妓或小兵等不太值得自豪的職業，帶有貶抑的意味。由此可知，既然業界有「競取出身」這個專門用語存在，就表示「競取」這種職業是被業界人士所瞧不起的。

正確來說，「競取」指的究竟是從事什麼工作的人呢？在本文中，已經從有別於一般說法的角度，說明了「競取」這個詞彙的起源。換言之，「競取」就是在經銷商尚未發達的時代，由零售書店的老闆本人，或由老闆指派小僧等員工逐一造訪出版社，採購自己覺得有市場的新書；他們通常會把書裝在包袱裡，揹在背後，因此有一說認為這個詞源自於此，且漢字應寫作「背取」。

相對於此，一般在舊書業界指涉的語義如下：

「競取」意指每天巡訪散見於市區內的中小型舊書店，尋找並收購廉價的舊書，再將這些書轉賣給大型業者，以從中賺取差價為主業的人。（反町茂雄編，《蠹魚昔話　明治大正篇》（以下引用內容皆出自此書））

反町茂雄等人採訪日文書「競取」的始祖——田菊書店店主田中菊雄，撰寫了「明治大正期的『競取』其一，日文書店篇」；上述定義即出自其人物介紹頁。

根據反町的說法，在市場尚未發展成熟的明治時代，「競取」是舊書業界不可或缺的存在，因此隨時都有二、三十名專門從事「競取」的業者。在明治中期以前，「競取」皆以日文書為主，中期以後主流則轉為西式裝幀書。

必須注意的是，一個毫無經驗的門外漢，是不可能一夕之間成為「競取」的，因此一般而言，

「競取」的學徒必須跟著師傅見習一段時間。

不過這種師徒制的實際情況，與一般的師徒制多少有些差異。南陽堂店主深澤良太郎，是先從日文書「競取」見習起步，之後又轉為西式裝幀書「競取」的始祖。他的說法如下：

「競取」要是沒有錢，就會拉著金主來一起拜訪書店。也就是見習生兼金主的意思。大家都是一邊向師傅學習，一邊賺錢的。例如，假設金主有二十圓，就可以跟著「競取」一起拜訪書店，學習知識，而賺來的錢，則由金主拿四成，「競取」拿六成。

這個制度規劃得相當完善。一般的師徒制，都是學徒無償替師傅提供勞務，以換取師傅傳授技術或祕訣，然而學徒通常會對無償付出感到不滿；因此根據出資多寡，讓學徒也能賺回一點利益，確實是個不錯的方法。

此外，「競取」之間似乎存在著某種互助制度。當學徒口袋空空，缺乏資金時，不少師傅會先借一些資金給學徒週轉，讓學徒可以順利賺錢。前述的田菊書店店主——田中菊雄這麼說。

假設我想請良先生（指著坐在旁邊的深澤良太郎先生）帶我一起去拜訪書店好了。可是我因為某些緣故手頭不便，資金兩、三天就會花光，這樣一來我就沒辦法賺錢了。這時，良先生就會要我跟他一起去書店，也會借我三圓、五圓當資金，並不會只是帶著我到處走而見死不救。

不過這種師徒制也並非完全沒有問題。若學徒學習能力很強，進步得太快，師徒之間便可能針對同一項商品，也就是稀有珍貴書籍的買賣發生爭執。

針對這種狀況，據說「競取」的師徒之間有一項不成文的規定，可避免類似的爭端發生。田菊書店店主田中菊雄接著這麼說明。

假設良先生揹著包袱，準備去某地的書店賣書，而我也正好去了同一個地方，那麼在良先生包袱攤開的期間，我是不能打開我的包袱的。因為假如我們兩個的包袱裡有同一本書，那該怎麼辦？假設良先生的包袱裡有《十八史略》這本書，我也有一本；良先生要賣一圓，而我則想賣八十錢，那就是我比較便宜對吧？但這樣不行。無論如何，晚輩都不可以比前輩先打開自己的包袱。

我很能理解這個不成文規定存在的原因。因為其實我也有類似的經驗，而且感到後悔不已。學生時代，有一次我約朋友一起去逛神保町的舊書店。我們在某間書店同時看上一本書，但朋友早我一步決定買下，導致我錯過了一本超值的書。當時我就想到，如果事先決定「主動邀約的那一方擁有優先權」就好了。幸好我的個性「不拘小節」，當時並沒有跟朋友吵起來，不過我從此暗自下定決心，以後逛舊書店絕對只能自己去。

回到正題，一直到明治中期，舊書店都不算集中於神田神保町或早稻田，因此想成為「競取」的先決條件，就是腳力要夠好。特別是當時賣西式裝幀書的原文書店還很少，因此必須靠腳力來賺錢。南陽堂店主深澤良太郎這麼回憶。

（深澤）原文書店比較多位在芝的日蔭町，小川町就真的很少。因為這樣，無論是原文書店或日文書店，在市內都只有那裡兩間、這裡二、三間，分布得很零散。工作時必須從最邊緣的書店開始一間一間造訪，所以原文書的「競取」一天至少要走七、八里，甚至十里左右。（中略）從牛込那邊開始，走過神樂坂，來到四谷，再從赤坂一木依序走到西久保、飯倉、三田。畢竟書店都各自分散在東京的各處，而且一處只有三間。當時我就是從最角落的一間開始，走遍所有書店才回家。到了神田，要是聽說下谷那邊有法文書出售，那不走去下谷就賺不了錢。走著走著，可能會遇到可以賣書的地方，背上的書也會增增減減，所以作為資金的十圓也會隨著上下起伏。真是有苦也有樂。

這便是明治二十（一八八七）年左右的狀況。深澤良太郎在這個時代同時擔任過日文書的「競取」與原文書的「競取」，只要跟著他的足跡，當時的舊書店地圖自然就會浮現。

話說回來，「競取」儘管在業界倍受「重視」，但絕對不受「尊敬」。從本文開頭提到的「競取出身」這個措辭，亦可明顯看出。

這個職業為什麼不受尊重呢？看來原因就在於他們那種「賺多少花多少」的生活態度。

當時大家都是年輕人，習慣賺多少花多少。例如，只要手上有二、三圓的本錢（資金），當天內一定可以賺到五圓或七圓，所以大家根本不會想要存錢。也因為一直以來都是這樣做生意，家人也不會抱怨什麼。不論是用在好的地方或不好的地方，總之不小心把錢花光時，就會由三、四個人把僅剩的錢湊起來，當作本錢來買書，賺到錢後又再花光。

從這段敘述可以得知，「競取」之所以習慣把賺來的錢在當天內全部花光，而不儲蓄，是出自於什麼樣的心理。「競取」這份工作就類似賭博，只要有資金，當天就能大賺一筆。而且這又與賭博不同，就算把資金用光，也不會一無所有，只要有腳力就能確實地賺到錢，因此他們根本不用擔心未來。於是，他們總是把大部分賺來的錢都用在「不好的地方」。所謂「不好的地方」，當然就是「吃喝嫖賭」，尤其是嫖妓。有個特別偏好嫖妓的「競取」，就是堪稱此行業始祖的卯之助。田菊書店店主田中菊雄的說法如下。

田中菊雄十五歲時，曾在身為「競取出身」的求古堂店主松崎半造的手下工作，學習「競取」，後來獨立創業。而這位松崎半造的師傅，就是卯之助。

卯之先生總是帶著松崎走訪各書店，就像岩田總是帶著齋藤一樣。（中略）假如當天有賺錢，卯之助先生晚上回來後，就會拿出算盤計算當天淨賺多少，再帶著錢和包袱回到吉原某間妓院的二樓。那間妓院的二樓就是他的住處，妓女就相當於他的老婆。

田中繼續說了一個小故事：由於卯之助每天早上都會帶著包袱離開妓院，警察覺得他很可疑，便把他帶回吉原派出所；幸好他有確實記帳的習慣，才得以無罪釋放。最後田中這麼結論：

卯之先生最後生了重病，就這麼死了。

當然，並非每一個「競取」的生活態度都是如此，也有人靠著「競取」腳踏實地存錢，買下店面，開設舊書店。上述卯之助的徒弟——松崎半造，正是其中一人。

相對地，松崎的個性則是非常嚴謹，一定會把賺來的錢帶回家儲蓄，賺了一圓就存一圓，賺了二圓就存二圓，最後在藏前擺書攤，認真地做起生意。

在明治二十年代到三十年代這段期間，像松崎半造一樣擁有馬克斯・韋伯（Max Weber）口中「資本主義精神」的人逐漸增加，神田神保町出現舊書街的雛型，可說正是從這個時候開始。換言之，擁有資本主義精神的「競取出身」年輕人選擇開店的地點，就是神田神保町這個新興地區。南陽堂店主深澤良太郎舉出了幾位以「競取」起家，後來出人頭地，獨立開店的人，他們每一位都與神田神保町有著密切的關係。

現在的時勢已經不比以往，但「競取」在當時可說是「錢不留過夜」。當然也是有一些腳踏實地賺錢、自己開店的人，不過五隻手指就數得出來，大部分的人都沒有存錢的習慣，有種玩世不恭的感覺。當時我也是這種心態。當時在從事「競取」這行的人裡面，最了不起的當屬松村了。松村金盆洗手之後，自己開了一間店。之後芳賀也洗手不幹。芳賀和他的夥伴門部合資開了一間店，但我卻像大部分的人一樣，沒有什麼成就。

所謂的「松村」，就是前面提到過的松村書店創辦人——松村音松。此外，所謂的芳賀，則是指芳賀大三郎。有關芳賀大三郎，我在前文提到他時，似乎在考證時弄錯了一件事，必須藉此機會向讀者致歉。指出這個錯誤的是「書物藏：舊書 OMOSHIROGARISM」這個部落格的作者，他透過 Hatena 這個搜尋網站，寄給我一封信，內容如下：

致鹿島老師

老師的連載，我每一期都愉快地拜讀。

但有個地方讓我覺得有點疑惑。在二月號的五十六頁（一六一頁），您提到芳賀大三郎在明治二十年代開業的芳賀堂「現為AV專賣店的芳賀書店，居然是神保町歷史悠久的老店之一，不免令人感到意外」，而這個說法可能有誤。在目前各圖書館都沒有館藏的《芳賀書店的發展》裡，提到「芳賀書店於昭和十一年底在巢鴨拔刺地藏通（略）租了一間店面開業」，到了昭和二十三年底才搬到現址。（中略）而芳賀大三郎在昭和五年過世，（中略）《東京古書業公會五十年史》的相關頁面記載，芳賀堂歇業後，原店址改由其他書店進駐經營，因此芳賀堂很可能是在芳賀大三郎過世前後那幾年停業。

原來是這麼一回事，事實可能正是如此。假如是鈴木書店或山本書店，由於同姓氏的人很多，所以我會謹慎地考證；但芳賀這個姓氏並沒有那麼普遍，因此我疏忽了考證，這正是出錯的原因。只要在「BOOK TOWN神保」網站上查詢「芳賀書店」，就會看見上述內容，但我因為太忙而疏忽了查證，在此深表深感懊悔（有關現在的「芳賀書店」，請參照五九九頁）。

《蠹魚昔話 明治大正篇》

我在準備考研究所時，從法國文學史裡學到了一句話：「馬雷伯終於到來」（Enfin Malherbe vint）。這句話出自確立古典主義詩學的布瓦洛（Nicolas Boileau）所著的《詩藝》（*L'Art poétique*），意思是一直到馬雷伯出現，世上才總算有符合詩法的詩人。

之後，這句話便引申為形容在各領域最早建立制度的人。若將這句話套用在日本的舊書業界，理所當然會是「反町茂雄終於到來」。也就是說，昭和二（一九二七）年自東大法學院畢業後，便在神田神保町的一誠堂任職店員的反町，於五年後在本鄉森川町創立弘文莊時，舊書業界才首度進行自我回顧，編纂「歷史」。

具體而言，反町在昭和八年六月出版商品目錄《弘文莊待賈古書目》後，神田舊書業界的中堅分子便提出設立「古典籍[42]讀書會」的建議，因此反町創設了名為「訪書會」的組織；其中一個企畫，就是訪談業界耆老，並在昭和九年以《蠹魚昔話》為題出版，成為舊書業界回顧過去的契機。

讀書會因為戰爭而一度中斷，但戰爭結束後，反町又召集了比自己更年輕的世代，將讀書會改名為「文車會」，重新出發，同時繼續採訪耆老，以《蠹魚昔話 昭和篇》為題，於昭和六十二年出版。當時有人提議製作舊版《蠹魚昔話》的增補改訂版，因此反町決定將此舊版書名改為《蠹魚昔話 明治大正篇》，重新出版。

然而由於書中提到太多過去的業界祕辛，就連負責編輯的「文車會」成員也覺得當時的暗語和背景太難理解，因此反町還特地開課，為他們講述明治．大正時期舊書業界的基礎知識。此課程內容被收錄為《蠹魚昔話 明治大正篇》的第一章「明治大正六十年間的舊書業界」，可見反町不愧是舊書業界的馬雷伯，完成了一部完整的「明治．大正舊書史」。

這些乍看之下彷彿有些偏離了神田神保町的歷史，但廣義而言，這與本文其實有密切的關係，因此我接下來打算簡要說明「明治．大正舊書史」的重點。

若籠統地假設明治．大正為四十五年加上十五年，總共六十年的時間，再以十年為單位分成六個時期，則在最初的兩個時期，也就是二十年裡，舊書始終處於不值錢的狀態，必須賠本出售。這是因為幕府瓦解後，東京的人口減半，市場上都是賣方，而沒有買方的關係；尤其是日文書，幾乎等於免費贈送。

在這段期間裡收購了大量珍貴日文書籍的，就是佐藤愛之助（Ernest Satow）與巴澤爾．赫爾．張伯倫（Basil Hall Chamberlain）。幕府末期曾以英國公使口譯身分來到日本的佐藤，於明治三（一八七〇）年至明治十年間再度來到日本，積極收購古版本[43]；回國後，又於明治十四年至十五年，在《王立日本亞細亞協會雜誌》上發表了一篇名為〈日本的古版本〉的論文。

這篇論文非常有意思。這是全世界首見的日本古版本史，在此之前，日本沒有一名學者寫過完整的日本古版本歷史。（《蠹魚昔話 明治大正篇》〔以下引用內容皆出自此書〕）

佐藤的藏書目前保存在大英圖書館與劍橋大學艾斯頓（Aston）文庫，大多為江戶時代的版本，相當珍貴。而他買書的書店，是位於芝的岡田屋。

艾斯頓文庫的名稱源自W．G．艾斯頓（William George Aston）這號人物，他是在領事部工作的外交官，是佐藤任職於駐日公使館時的同事。他為了撰寫日本文學史而收集日文書。佐藤死後，艾斯頓便接收了他的藏書，而艾斯頓死後，兩人的藏書便以僅僅兩百五十英鎊賣給劍橋大學。順帶一提，根據林望與劍橋大學的彼得．科尼基（Peter Kornicki）共著的艾斯頓文庫綜合目錄（Early Japanese Books in Cambridge University Library: A Catalogue of the Aston, Satow and Von Siebold Collections），主要文獻幾乎都是佐藤的舊藏書。

另一方面，明治六年來到日本的張伯倫曾任海軍兵學寮教師與東京大學教師，是奠定東大文學院國語學系基礎的日語學者；他收集了大量的古典籍，作為研究資料。張伯倫的藏書在他死後散落四處，只留下藏書目錄。

42. 譯注：指明治元年以前撰寫或印刷而成，並且在現代具有保存價值的日文書籍或資料。
43. 譯注：指江戶初期以前的印刷書。

我在書市買到了目錄，後來捐贈給天理圖書館；從這本目錄可以清楚知道張伯倫收藏了大量保存良好的日本古典籍珍本以及稀有的原版書。根據推測，這些書應該是在明治六年至十五、六年之間購買的。

不過，說到收集能力與保存狀況，大概無人能與明治十二年來到日本的瑞典地理學家、探險家諾登斯科德（Nils Adolf Erik Nordenskjöld）相提並論。諾登斯科德只停留在日本二個月，卻在這段期間發現日本古典籍的美好，於是購買了一千零八十二部，共四、五千本的書回國。諾登斯科德是瑞典知名的偉人，因此他的藏書妥善地保存在斯德哥爾摩的皇家圖書館。

每一本書都附有一張卡片，大部分的卡片上都清楚記載著當時購買的價錢。對我來說，這真是令人高興又感動的寶貴資料。日本沒有留下任何比這些更早的確切價格資料。一查之下，我發現這些珍本居然意外廉價。隨便挑一本出來看，價格皆相當於一本十錢乃至於十五錢。

另外，在明治十年代任職於清國公使館的楊守敬、黎庶昌等文人外交官，也對日本漢文書籍的廉價感到驚訝，於是大量收購。

楊守敬帶了大批珍本回國。他在赴日前就知道日本有許多古書，沒想到實際上比他耳聞的更多，而且價錢便宜得令人不敢置信。他欣喜若狂，不但親自前往各舊書店，更請託友人一同極力收購。據說他在第一年裡就買了三萬本書。

而將大量的漢文書籍賣給楊守敬和黎庶昌的又是誰呢？答案是別名「聖經」的琳琅閣（淡路町）第一代店主齋藤兼藏；他是一位在確立近代日本舊書業界上功不可沒的傳奇人物。

日本的知識分子受到這件事的刺激，也開始收集漢文書籍。「在明治十年到十四、五年之間，中國的詩文及學問、藝術忽然流行起來，漢文書籍變得暢銷，價格也上漲了。」自此日本人之中也出現了收集古典籍的收藏家；不過在進入這個主題之前，有個謎題必須解開。

在佐藤愛之助、諾登斯科德、楊守敬與黎庶昌等人大量收購古典籍的明治十年代之前，舊書店為什麼集中在芝的日蔭町呢？

根據《東京古書業公會五十年史》的記載，明治十年代，現在第一京濱以北的日蔭町通（現在的新橋二、三丁目）有二十多間舊書店櫛比鱗次，但《東京古書業公會五十年史》並沒有針對日蔭町形成舊書街的現象提出解釋，我也感到十分好奇。針對這一點，反町提出了一個新的見解：

在江戶時代，以階級來說，最致力於研究學問的就是僧人了。現在的神保町是以大學生為主要客源發展至今，而過去許多書店則是以寺院的和尚為主要客源。書店、舊書店最多的地區，就是增上寺前，也就是芝的日蔭町；因為增上寺就在附近。

針對這個說法，《東京古書業公會五十年史》的編輯委員長——小林書店的小林靜生提出了另一個假設：日蔭町附近有仙台藩及薩摩藩的武家、大名宅第，會不會是這些藩的武士在歸藩前賣掉衣服等家用品時，也順便把書籍賣掉了呢？事實上日蔭町從江戶時代到明治初年，的確是知名的舊衣、骨董街。然而反町的回答十分堅定。

我認為是增上寺的緣故。增上寺也出版了不少書籍。上野的寬永寺是帶有政治色彩的寺院，但增上寺是信仰虔誠、熱衷做學問的大寺院。

或許事實確實如他所言，正如同巴黎也有聖敘爾比斯教堂與聖日耳曼德佩區舊書街一般，僧人和舊書的關係往往密不可分。

不過，增上寺的僧人對書籍的需求，也受到廢佛毀釋的影響而逐漸降低；到了明治二十年左右，已經沒有日本人想購買古典籍，出自特定目的收購舊書的，只剩下歐美人與中國人。

進入明治二十年代後，政府與人民同心協力締造的產業革命、商業革命奏功，加上大學與專門學校增加，知識階層日趨厚實，舊書業界也出現了巨大的變化。

其中之一，當然就是西式裝幀書的增加，不過這說來話長，姑且留待後述；現在先談談另一個變化，也就是古典籍的增值。

進入明治二十年代後，首先漲價的是漢文書籍（古抄本、古版本），到了三十年代，國文相關書籍的價格也跟著上漲。

價格上漲的原因很多，而反町舉出的是明治二十二年開通，可直達神戶的東海道線所帶來的影響。換言之，東海道線的通車，促使日本東西部的古典籍開始流通。

關西早在一千數百年前便開始發展文化與學術，留下許多古抄本及古版本；而江戶只有三百多年的歷史，古抄本與古版本的數量極少。（中略）書籍是一種很占空間的物資，在交通不便的時代，往往容易集中於某處。然而隨著東海道線的開通，除了人之外，書籍這種沉甸甸的物資，流通也變得非常輕鬆。

原本愁眉不展的舊書店也總算眉開眼笑。只要製作庫存目錄，郵寄給客人，便可收到客人的明信片回覆；接下來只要透過匯票收取費用，再用包裹寄出舊書，即使不出遠門也能做生意。於是關西與關東的舊書店紛紛發行庫存目錄，讓東西兩邊的舊書被洗牌，價格也逐漸飆漲。時至今日，由於網路普及，即使沒有實體店面也可以經營商店，因此意外造成舊書倍受矚目，兩者的狀況可說十分相似。

聽完反町的說明，青木書店的青木正美則表達了以下感想：

我一直覺得很奇怪的是，反町先生說沒有明治二十年以前的舊書目錄。我很疑惑，怎麼連反町先生這麼資深的人，都找不到那個時代以前的目錄；今天聽他這麼說，我總算明白了。

東海道線開通後，古典籍的移動路徑又是如何呢？當然是從關西移向關東。正因為權力、財力和知識分子都集中在東京，有價值的舊書當然也無法避免往東京聚集的命運。

珍本、善本往東京集中的狀況，也促使了兼具財力與知識的藏書家出現。不，應該說，正因為有這種藏書家出現，珍本、善本才會往東京集中，諸如曾任警視總監及宮內大臣的田中光顯、曾任大藏卿及外務大臣的井上馨、三浦梧樓將軍、岩崎彌之助等人。

然而根據反町的說法，明治三十年代前期，古典籍的價格並不高，隨著物價上漲，每本的單價大約是一律十錢或一律十五錢，並沒有騰貴。古典籍真正價格飛漲，是在明治三十年代後期，知識階層擴大之後的事。

相對地，西式裝幀書的需求則是從明治十年代開始顯著增加，供給方為了追上需求，首先擴大新書市場，而舊書市場儘管遲了約五年、十年，卻也著實地成長。

有關西式裝幀書，在此之前尚未詳述，我想現在有必要補充若干解說。我們也許並沒有意識到，現在在日本流通的書，都是「西式裝幀書」。其實這種裝幀方式就像人力車和女學生的褲裙一樣，皆屬於「文明開化的發明品」。也就是說，當初印刷、裝訂、出版業者在明治初期第一次接觸到歐美的皮革裝幀書之後，便將書本拆解，徹底研究其構造，再融入日本的特色（例如將封面的皮革改為紙張或布料）製作而成的「仿西洋風格」書籍。從「西式裝幀」這個名稱可知，它既非日本傳統的裝訂，也不是歐美的暫時性裝訂或皮革裝幀，而是一種結合東西方特色的混合式裝訂方法。

西式裝幀書的嚆矢，是太政官在明治十一年發行的《米歐回覽實記》；不過一般的書籍，又是從哪種類型開始依序採用西式裝幀的呢？有趣的是，這居然與服裝風格的演變一致。

最早採用西式紙張與西式裝幀的，是與政府相關的官方出版品。與政治、法律相關的書籍，在十年以後便幾乎不再出版傳統日式裝幀書；與經濟、社會相關的書籍也較早採用西式裝幀。自然科學、西洋醫學相關書籍，也逐漸西化。而反動保守派政治家的著作，便較晚才採用西式裝幀。其中最晚改變的當屬文學、美術相關書籍。（中略）明治十六年畢業於東大的文學士——坪內逍遙的名著《小說神髓》及《當世書生氣質》，皆採用日式手工紙與日式傳統裝幀；文學作品是最晚採用西式裝幀的。

明治二十年以後，出版業界突然急速改為西式裝幀，文學作品也自此幾乎全數採用。最具象徵性的，就是明治二十年開業後，便立刻晉升大型新書出版社的博文館。博文館出版的書籍，打從一開始就全部採用西式裝幀；不只是單行本，就連《日本歌學全集》、《日本文學全集》等套書，也都採用西式裝幀出版，這不但大幅加快了傳統日式裝幀轉換為西式裝幀的速度，更為舊書市場帶來了莫大的變化。

日本開始出版全集、叢書類書籍，替買賣西式裝幀書的舊書店埋下了成長的種子，對舊書業界的發展而言，是一件重要的大事。

如上所述，西式裝幀的新書不斷增加，意味著西式裝幀的舊書也隨之增加。而隨著西式裝幀書市場的急遽擴展而迅速發展的，正是神田神保町的舊書店街。

芝日蔭町的日文書舊書店街逐漸沒落，而神田神保町的西式裝幀書舊書店街則日益興盛——這兩個互為對比的現象，分別象徵著文明開化的表裡兩面。

III

7. 神田的私立大學

明治大學

明治十（一八七七）年，東京大學設立於現在學士會館的所在位置，由於大學預備門和學生宿舍皆設置在其周邊，神田神保町便成為蝟集於此的眾多學生的「知識補給基地」。繼醫學院之後，東京大學法學院、文學院、理學院也在明治十七年到十八年之間陸續搬遷至舊加賀藩宅第遺址所在的本鄉；明治二十二年，由大學預備門更名的第一高等中學（之後的第一高等學校）也遷移至鄰接的本鄉彌生町。上述的遷移，為神田神保町帶來一個重大的轉機。

根據明治十六年測量的陸軍參謀本部地圖，東京大學與大學預備門占地極為廣大，包括現在錦町三丁目的大部分，以及神田神保町一丁目奇數番地的一半；如今學校突然搬遷，不難想像當時已逐漸形成大學城的神田神保町面臨多麼嚴重的存亡危機。

各位或許會好奇：東京大學搬遷的時候，神田周邊難道都沒有什麼反應嗎？至少單就文獻來看，當時確實幾乎沒有任何反應。

為什麼呢？這是因為當時神田周邊已經設立了許多學校，即使東京大學搬離，也不會造成什麼影響。

事實上，絕大部分的法律專門學校，都在明治十年代左右在神田周邊地區建立校舍；而這些法律專門學校，皆為日本極具代表性的私立大學，諸如明治大學、中央大學、法政大學、專修大學等的前身。

然而仔細想想，這種現象其實並不那麼合理。也就是說，東京大學法學院位在神田（錦町）的事實，與明治十年代許多私立法律學校設立於神田周邊的事實之間，並沒有顯而易見的因果關係。因為神田周邊的私立法律專門學校，既非東京大學法學院的預備校，亦非其補習學校。

這些私立法律專門學校，究竟為什麼會在這個時代誕生、又為什麼紛紛設立於神田一帶呢？最有力的資料，就是我所服務的明治大學在紀念創校一百週年時發行的《明治大學百年史》。現在走進明治大學的校區，不論是駿河台、和泉、生田或中野，各校區都設有學校創辦人岸本辰雄、宮城浩藏、矢代操等三人的銅像或浮雕像。儘管以知名度來說，他們遠不及慶應的福澤諭吉或早稻田的大隈重信，但以辦學的熱忱而言，明治大學的這三位創辦人絕不輸給另外兩位名人。

岸本辰雄、宮城浩藏與矢代操等三人，是在什麼樣的背景下創辦明治大學的前身——明治法律學校的呢？

三人的第一個共通點，就是分別代表自己所屬的藩（岸本〔鳥取藩〕、宮城〔天童藩〕、矢代〔鯖江藩〕），以貢進生的身分，於明治三年十二月進入大學南校宿舍。隔年九月的學制改革廢止了貢進生制度，僅有通過考試者能進入大學南校，而他們分別通過考試，在明治四年十月成為大學南校的學生。

明治五年八月，在司法卿江藤新平的強力主導之下，司法省明法寮設立於麴町永樂町。繼岸本與宮城之後，矢代也在明治六年進入這所新設的學校。換言之，他們三人都是順著貢進生↓大學南校↓司法省明法寮的途徑一路升學的同學。不過，他們三人為什麼要從大學南校轉到司法省明法寮呢？

南校傳出司法省將於五月（明治五年）左右設立法律學校的傳聞，造成話題，許多學生為了進入這所學校而向南校申請退學。南校的三十多名法語正規生中，有十五名希望轉學至明法寮，其中有九名通過考試。據說這波轉校風潮正是促使南校廢除法語課程的原因。（《明治大學百年史》）

事實上，正如我在「最初的外國語學校」（參照四十八頁）中詳述的，大學南校遵照明治五年八月發布的「學制」，將校名改為第一大學區第一番中學後，在隔年四月又改為第一大學區開成學校，同時規定可教授的外語僅限英語一種。換句話說，隸屬於文部省的開成學校統一只以英語授課，因此原本選擇法語的文科學生，只好被迫轉學至司法省明法寮或外語學校（東京外國語學校）。

岸本、宮城、矢代三人轉到司法省明法寮後，是否就此能夠安心求學了呢？答案是否定的。因為當初強力主導設立明法寮的司法卿江藤新平，在明治六年十月因為與大藏省產生衝突而辭官，又在明治六年與征韓論相關的政變中卸任參議。明法寮一度傳出廢校的風聲，所幸在新任司法卿——肥前派的大木喬任的努力下，最終逃過廢校的命運。

明治六年十一月，布瓦索納德（Gustave Émile Boissonade de Fontarabie）自法國來到日本，補強教授陣容後，明法寮才總算開始發揮功能。包括岸本、宮城在內的七名學生，在明治九年八月奉命留學法國，這正是司法省恢復權力的證據。

話說回來，明法寮（明治八年成為司法省直屬機構，十年以後改為司法省法學校）又是一所具有什麼特質的學校呢？

一言以蔽之，明法寮可說是與布瓦索納德及「法國法學之父」箕作麟祥一脈相承的高級法制官僚養成學校。

明法寮法學校想培育的人才並非一般的司法官，而是負責法典編纂實務的高級法制官僚。箕作雖然沒有任教於明法寮，直接教導學生，但只要編纂的法典依據的是法國法，法學學生勢必會關注編纂者箕作的動向，而編纂進度對學生而言亦是一種刺激。（中略）直接或間接接受布瓦索納德與箕作麟祥教導的法學校學生，日後不是出國留學，就是成為新進法制官僚，個個對近代日本的建設貢獻良多，尤其是前者的影響更是巨大。特別是司法省法學校出身的法國法學派，在我國的法律界形成一大勢力，足以抗衡帝國大學出身的英國法及德國法學派。（同前書）

如上所述，假如繼承了箕作麟祥——布瓦索納德這條法國法學派的明法寮法學校當初沒有廢校，順利打造出能與出身東京大學法學院之英國法．德國法學派抗衡的「一大勢力」，日本的歷史或許會有所不同。

然而，現實卻非如此。明法寮法學校在明治十八年，僅送出四屆畢業生之後便遭到廢校，與東京大學法學院合併。

這對明法寮法學校畢業生而言是極大的打擊。法律界的校友意識遠比其他領域強烈，以性質而言格外容易形成學閥，因此沒有學弟妹，意味著勢力會愈來愈單薄。

不再有學弟妹的明法寮法學校畢業生，是否就此規劃設立私立法律學校了呢？這麼下定論還太早，真正的歷史比想像更為複雜。因為私立法律學校的設立風潮，早在明法寮法學校廢併校之前就開始了。

明治大學在創立一百三十週年時，發行了由明治大學史資料中心編的《明治大學小史 突顯〈個人〉的大學 130 年》（學文社）；根據書中的「私立法律專門學校一覽」，私立法律學校的設立，從明治七年的法律學舍（所在地：東京，創立者：元田直）開始，陸續有明治九年的講法學舍（所在地：東京，創立者：北畠道龍、大井憲太郎）、明治十年的明法學舍（所在地：東京，創立者：

大井憲太郎），明治十一年設立二所，明治十二年設立二所，明治十三年設立四所，明治十四年設立二所，明治十五年設立二所，達到高峰，明治十六年設立一所，明治十八年設立一所，明治十九年設立一所，明治二十二年設立一所，自此逐漸趨於和緩。換言之，私立法律學校的設立，可說是集中於明治十年代初期，明法寮法學校與東京大學合併之後反而逐漸減少。

因此，私立法律學校的設立風潮應該是出自其他原因。關於這一點，《明治大學小史》有以下記載：

> 法律專門學校的設立，與律師制度的建立有密切的關係。一八七二（明治五）年八月的「司法職務定制」雖然已針對律師的前身——代言人做出規範，但並未要求相關資格，因此呈現混亂狀態。一八七六（明治九）年二月的「代言人規則」規定由地方行政機關進行審查，通過審查者可領取司法省核發的證書；一八八〇（明治十三）年五月修訂後，規定由司法省統一實施測驗，各地方法院設置代言人公會（由檢察官監督），代言人有義務加入任一公會。如此一來，代言人必須受到國家的監督，應試資格也有明確的規範，從事此職業者可獲得市民權，因此作為其培育機構的學校也自然紛紛成立。

私立法律學校之所以在明治十年代初期相繼設立，原來與律師（代言人）制度立密不可分。然而我們的疑問尚未完全解決。我們想釐清的問題是：為什麼明治十年代的私立法律專門學校會集中設立於「神田周邊」，因此後半段的疑問尚未解開。

該如何找出答案呢？

最好的辦法，就是具體地分析案例。現在將主題拉回明治法律學校的三位創辦人身上。

一路從貢進生↓大學南校↓司法省明法寮都是同學的三人，命運卻大為不同。明治九年夏天，岸本與宮城成為法國留學生，而矢代卻因為罹患胸膜炎而從司法省法學校退學，同年十二月加入講法學舍的創立，三人暫時分道揚鑣；到了明治十三年，岸本與宮城相繼從法國學成歸國，三人再次會合。

最先有動作的，是任職於官廳，同時經營講法學舍的矢代。

講法學舍是和歌山藩內的僧人北畠道龍與大井憲太郎、村瀨讓於明治九年，在駿河台西紅梅町設立的法律學校，而實際上的經營，則由參與設立的矢代以代理校長的身分負責。矢代過去在司法省、陸軍省、海軍省、元老院等機構兼任法律相關的工作，同時也曾在神田美土代町的日本講法社擔任講師。

原在法國留學的岸本和宮城回國後，三人重拾往日的情誼，矢代邀請岸本和宮城擔任講法學舍的講師。站在友情的角度，這一切看似理所當然，但根據《明治大學百年史》的說法，當中似乎有些金錢方面的糾葛。原來岸本和宮城在風俗習慣截然不同的異國生活時不幸生病，於是向日本駐法公使館借了一大筆錢。儘管岸本和宮城如同一般留學歸國的菁英，順利在參議院與司法省任職，但光靠這份薪水無法償還債務，因此矢代邀請他們擔任講師，對他們來說形同抓住了浮木。

三人的命運因講法學舍而再次交會，然而講法學舍內部卻發生了意想不到的衝突。

畢業於講法學舍，並在同校擔任監事的大岡育造（代言人，後成為眾議院議員）與學生的關係惡劣，學生二三人（發起人為安部遜）要求矢代開除大岡。然而大岡同時也是出資者，使得矢代為難地夾在兩者中間。明治十三年十一月十五日或十六日，有十四、五名學生退學，同時向小川町五番地的房東中山寬六郎租下長屋的一部分，接著造訪岸本與宮城家，請求他們開設學校。

這起事件最後促成岸本、宮城、矢代聯名於明治十三年十二月，向東京府提出設立明治法律學校的申請。隔年的一月，他們在岸本住處附近的麴町區有樂町三丁目一番地租下舊島原藩邸，招收四十四名學生，明治法律學校就此正式創校。當初講師僅有三名創辦人，而且是無給職；在創校初期，授課時間只有「早晨、傍晚、夜間」的三小時，「可知當時講師們在作為官吏的正職以外，已盡力撥出時間來授課」。(《明治大學小史》)

順帶一提，創辦人找來了在法國留學時期結識的西園寺公望，請他協助撰寫創校宗旨，並聘請他擔任兼任講師，僅止於外部協助。

設立於麴町區有樂町的明治法律學校，為什麼到了明治十九年十二月，便遷移至神田駿河台的南甲賀町呢？看來唯一的解釋，就是當時神田地區已經聚集了許多競爭對手，也就是被指定為「特別監督校」的私立法律學校吧。

明治十八年，中央大學的前身——英吉利法律學校，在已經廢校的明治義塾原校地，亦即錦町二丁目創校；而法政大學的前身——東京法學社（後改稱東京法學校）則是於明治十三年在駿河台北甲賀町創校後，同年搬到錦町二丁目，之後又搬到小川町。另外，明治十三年創設於京橋的專修學校（專修大學的前身）則是在明治十五年搬遷至中猿樂町，之後又在明治十八年搬到神田神保町今川小路。為了與這些競爭對手抗衡，明治法律學校決定遷校至神田地區。

談到這裡，我們必須再次提出這個問題：私立法律學校為什麼會集中在神田地區呢？

線索之一，就是這些私立法律學校至少在剛創校時，都曾將課程安排在夜間或早晨。換言之，正如明治法律學校的三名創辦人這個典型的例子，私立法律學校的講師大多為官吏兼職，可任教的時段只有夜間、傍晚或早晨；有些講師甚至可能同時在東京大學或司法省法學校兼課。而學生的狀況也差不多，他們多半是白天在官廳或高官的私邸打雜的苦學生。

因此，設立學校最理想的地點，並非有樂町那種以當時的地理感覺看來交通不便的地區，而是皇居周邊，靠近官廳的神田地區。當時的交通工具只有人力車，對於剛出社會、四處兼課的窮講師而言，選擇校地時最重要的條件，想必就是不需要花太多時間通勤。

另外，從許多兼任講師同時在各法律學校兼課這一點，可以推測「方便來回各校」應該也是各校集中設立於神田地區的原因之一。

總結而言，因為律師制度的確立而如雨後春筍般成立的私立法律學校，為了方便講師在各校之間往來，同時顧及學生通學的便利性，逐漸呈現集中於神田地區的傾向。

中央大學

前面曾提到，在大學南校→南校→開成學校發生的「將授課語言全面切換為英語的事件」，竟輾轉影響了明治法律學校（後來的明治大學）的誕生；有趣的是，這起事件同樣影響了明治法律學校的競爭對手——中央大學的誕生。

明治十八（一八八五）年七月八日，一封請求准許設立英吉利（英國）法律學校的申請書，寄到了東京府知事渡邊洪基的手上，十一日就通過申請；這所英吉利法律學校，即後來的中央大學。根據《中央大學百年史 通史篇 上》，其實設立申請書是在六月二十七日提出的，但由於內容有疏漏，故在七月八日再次提出。創辦人包括校長增島六一郎在內，共計十六名（正式開課時又加入渡邊安積與澀谷隧爾，共計十八名）。設立宗旨為「實施英美法之綜合且有系統的教育」（同前書），可知其目標為教導比大陸法更具有歸納性、實用性的英國法，培養可活躍於實務界的法律專家。

校地位於東京神田錦町二丁目二番地。該處原為旗本蒔田家的宅第，明治維新後為山階宮家所有地，明治十一年出售給三菱，成為三菱商業學校的校地。但由於學校經營不善，改制為明治義塾；而明治義塾的經營同樣不見起色，於是當時正在尋找校地的增島六一郎便看上了這塊土地。增島以四一二八圓向三菱買下土地與建物。根據《中央大學百年史 通史篇 上》的推測，資金可能是透過關係向掛川銀行貸款籌得。

回到正題，英吉利法律學校的歷史中最引人注目的，就是那十六名至十八名創辦人，幾乎全數畢業於東京大學法學院或其前身東京開成學校；核心成員菊池武夫、穗積（入江）陳重、岡村輝彥，更是第一屆與第二屆的文部省留學生，皆為擁有留學美國或英國經驗的菁英。

換句話說，創辦人都是在大學南校→南校→開成學校的「全面切換為英語事件」中，因為選擇了英語而留在大學南校→南校→開成學校，之後升上東京開成學校或東京大學法學院，順利畢業後，又赴英美留學的「法學院正統派」。

而且創校時，穗積陳重是東大法學院教授，菊池武夫、岡村輝彥、增島六一郎則是東大法學院講師。換言之，即使說英吉利法律學校是以東大法學院為母體而誕生的學校，也絕不為過。

以我們今天的角度來看這件事，心中不免湧上疑惑。因為，已經在東大法學院任職的教授或講師，究竟有什麼理由特地創立一間私立法律學校呢？

從創校校長增島六一郎的經歷裡，或許可以找到解開這個疑問的蛛絲馬跡。

增島六一郎出生於安政四（一八五七）年，是彥根藩弓術師範增島團右衛門的次男。他在藩校弘道館就學後，明治三（一八七〇）年赴東京，進入外國語學校、開成學校，明治十二年以東京大學法學院第二屆首席的身分畢業，取得法學士學位。

假如就這樣順利地發展下去，他應該會成為政府官員，然而增島似乎擁有福澤諭吉所謂的「獨立的氣概」，立志成為當時還被蔑稱為「三百代言屋」的代言人（律師）。之後，增島曾這麼回顧他以代言人為志的原因：「我並不是為了追求錦衣玉食，而是為了『作為一名士人立身行道』。」（《中

央大學百年史 通史篇 上》)。

然而就在他畢業的隔年，也就是明治十三年，政府修訂了代言人相關規範，不但禁止代言人結社，更規定代言人必須通過全國性的統一測驗，由政府管理。如此一來，增島便無法如東京大學法學院第一屆畢業生一樣，不必通過考試就能取得代言人資格。

於是，增島以共同經營者的身分，加入由東京大學法學院第一屆畢業生，同時也是已開業的代言人高橋一勝、磯野計、山下雄太郎等三人設立的代言人事務所兼法律學校「東京攻法館」，負責其中的法律教育部門「東京攻法館學務舍」。

加入「東京攻法館」成為了增島投入法律教育的契機，然而「東京攻法館」本身的經營狀態卻不甚理想，最後與相馬永胤、三浦(鳩山)和夫、目賀田種太郎等留美組發起的日本法律會社改制之東京法學會合併；但在主要成員增島、山下與磯野接受三菱的岩崎彌太郎資助，於明治十三年前往英國後，便又被併入高橋與山下在同年創立的專修學校(後來的專修大學)。

在三菱的援助下前往英國留學的增島、山下和磯野，是在什麼背景下認識岩崎彌太郎的呢?關於這段故事，《中央大學百年史》裡有以下這段敘述。

有關這段留學的故事，根據「開成學校有名三幅對」(《中央大學百年史編輯新聞》第十六號)的記載，增島透過豊川良平的引介，與岩崎見面，商討東京攻法館運營所需的資金；岩崎鼓勵他：「既然如此，你就再去磨練一下如何?學成歸國之後再去做比較好。」(中略)岩崎一直以來都抱持著「自己需要的人才就自己培養」的理念，因此設立了三菱商業學校，同時也十分關注東京大學出身的法學士，因此挑選了他們三人。

於是，增島、山下、磯野這三名東京大學法學院第二屆畢業生，便以「第一屆三菱留學生」的身分，在明治十三年十二月踏上了倫敦的土地。

留學期間，增島在倫敦結識了第二屆文部省留學生杉浦重剛，並透過他與曼徹斯特的化學教授牽上線，但最後他進入了屬於倫敦四所律師學院（Inns of Court）之一的中殿律師學院（The Honourable Society of the Middle Temple），鑽研英國法。

在中殿律師學院勤勉學習的增島，彷彿追隨著早他一步入學的穗積陳重、向坂兌、岡村輝彥的足跡一般，在明治十六年六月取得了出庭律師（barrister）資格。儘管增島和三位學長的留學期間並沒有直接重疊，但是，同樣作為中殿律師學院畢業的出庭律師，增島對他們想必有強烈的校友認同感。

增島從英國經過美國，在明治十七年七月回到日本。他對自己在中殿律師學院接受的英式法律教育極為推崇，這也顯然是他邀請穗積、向坂、岡村等三位學長一同創立英吉利法律學校的原因。

不過，在創設英吉利法律學校之前，中間還有一個明治義塾法律學校作為緩衝，因此接下來必須先說明增島對這所學校的貢獻。

如前所述，明治義塾法律學校的前身，是明治十一（一八七八）年在岩崎彌太郎的努力下，以薰陶三菱員工的子弟為目的，在越前堀二丁目三番地設立的三菱商業學校。

三菱商業學校在明治十四年遷校至神田錦町的同時，也發展為政治、法律、哲學、經濟四科兼修的明治義塾；塾長與三菱商業學校的校長同為三菱的高層幹部豐川良平，可知該校深受三菱的影響。由於福澤諭吉的慶應義塾培養出的人才，大多投入三菱的競爭對手——三井的相關企業，具有濃厚的「三井學校」色彩，因此站在岩崎彌太郎的立場，他可能希望藉此與之抗衡。

明治十六（一八八三）年，明治義塾法律研究所成立，隔年改稱明治義塾法律學校，其母體正是明治義塾。

增島自英國返國後，或許是感念資助留學之恩，與同赴英國留學的山下雄太郎等人一同擔任明治義塾法律學校的講師，但同樣擔任講師的馬場辰豬與末廣重恭等自由民權運動鬥士，卻怠忽授課，批判政府，因此被當局盯上，最後被迫廢校。而如上所述，明治義塾法律學校廢校後，又因為校地轉用等因素，輾轉促成了英吉利法律學校的成立。

綜上所述，我們已經站在增島的角度，某種程度上掌握了由明治義塾法律學校演變為英吉利法律學校的經過。至於穗積陳重、向坂兌、岡村輝彥等三名東大教師加入創設英吉利法律學校的原因，若只以他們曾是增島在中殿律師學院的校友這一點來作為佐證，說服力似乎稍嫌不足。換言之，穗積等人加入英吉利法律學校的創設，很可能並非單純因為校友之誼，而是有其他動機。

《中央大學百年史》為釐清這一點付出許多努力，根據其說法，從英國留學歸國的穗積陳重不僅擔任東京大學教授兼法學院院長的要職，更主張「為了廢除不平等條約的治外法權，迎頭趕上歐美諸國，最重要的就是提升代言人的地位與促進司法的獨立」，提議設立專門培育代言人的二年制教育機構「別課法學科」。

換成現在的說法，所謂的別課法學科就是著重實務法律教育的法學院（law school），而它的另一個特徵，就是以日語授課。後來任職檢察總長、司法大臣、首相的平沼騏一郎曾表示：穗積是東大法學院首位以日語授課的教師；穗積很可能認為，既然在法律界的實務現場是以日語溝通，法律體系確立後，以日語進行教育也是理所當然。

明治十六年六月，東京大學綜理加藤弘之接受提議，裁可設置別課法學科，第一期學生共三十一人於九月入學，然而就在第一期學生畢業前夕，也就是明治十八年四月，加藤綜理突然提出停止招收新生並逐步廢科的方針，使得在校生隔年都被併入司法省法學校速成科。

《中央大學百年史》指出，別課法學科的廢止，很可能直接促成了英吉利法律學校的創設。其推論如下。

設置「務實的學科」以培育因應社會需求的法律人才，可說是在別課法學科遭到廢止之後，才重新受到重視的課題。一八八五年七月在增島的主導下創設之英吉利法律學校，與別課法學科的廢止問題雙雙突顯了這一點。前述建議設立別課法學科的井原、穗積、栗塚、木下、菊池、宮崎、土方等人當中，主要由身為專任教授的穗積以及身為副教授的土方負責教授別課法學科的課程。穗積、土方以及擔任講師的菊池，在別課法學科廢止後，便投入英吉利法律學校的創設。對穗積、菊池與土方而言，英吉利法律學校可說是取代別課法學科的新設法律教育機構，對它充滿期待。

如此一來，便能釐清為何現任東大法學院教授、副教授與講師，會直接投入英吉利法律學校的創設。在設立過程中扮演核心角色的穗積與增島，很可能對其母校倫敦中殿律師學院的教育具有強烈的共鳴，因此致力於在日本建立同樣的法學院。兩人的夢想隨著別課法學科的廢止而一口氣拉近，結合為一。

英吉利法律學校在明治十八（一八八五）年七月十一日獲得東京府的核可，於九月十日開始授課。九月十九日在江東中村樓舉辦的創校典禮中，出席的來賓包括「大審院長玉乃世履、參事院法制部長鶴田皓、檢察長渡邊驥、東京府知事渡邊洪基、慶應義塾的福澤諭吉、專修學校的相馬永胤、之後的政友會總裁犬養毅、為三井財閥奠定基礎的中上川彥次郎、司法省雇員卡庫德、美國全權公使賀伯德、英國領事羅伯特森、代言人勞德」等，冠蓋雲集。

從出席來賓名單可觀察到，作為「取代遭到廢止之別課法學科的新設法律教育機構」的英吉利法律學校，被視為有別於其他法律學校的「準東大法學院」，獲得來自國內外各界的祝福。

順帶一提，根據紀錄，下令廢止別課法學科的東大綜理加藤弘之「當天因事缺席」。此外，在英吉利法律學校創校的同時，東京英語學校也在同一校地內設立，不過這所學校有別於東京大學預備門的前身，而是反映出增島「想深入鑽研英國法，就必須透過英語」的教育理念。英吉利法律學校與別課法學科相同，以日語授課，但增島隔年就增設「原書科」，努力朝著效法中殿律師學院的理想邁進。

明治二十一（一八八八）年，文部省針對私立學校制定了「特別認可學校規則」，指定英吉利法律學校、獨逸學協會學校（後來的獨協大學）、東京專門學校（後來的早稻田大學）、東京法學校（後來的法政大學）、專修學校（後來的專修大學）、明治法律學校（後來的明治大學）、東京佛學校[44]及東京法學校（之後兩校合併為和佛法律學校＝法政大學）等七校為特別認可校。其中英吉利法律學校與獨逸學協會學校並列為最快獲得核可的學校，可見文部省認同其教師、校舍與課程內容，皆優於其他私立法律學校。

實際上，在參加第三屆文官高等試驗的特別認可校畢業生中，英吉利法律學校有一人考上行政官，十四人考上司法官，共計十五人上榜。其競爭對手明治法律學校則有十六人考上司法官；和佛法律學校有六人考上司法官；東京專門學校有一人考上行政官、兩人考上司法官；專修學校有一人考上行政官，一人考上司法官；獨逸學協會學校有兩人考上司法官。

其後，英吉利法律學校在明治二十二（一八八九）年改名為「東京法學院」，明治三十六（一九〇三）年改名為「東京法學院大學」，到了明治三十八（一九〇五）年則改名為「中央大學」，直

44. 譯注：「佛」意指「佛蘭西」，即法國。

到今日。其間，校舍則先是從神田錦町搬到神田駿河台，再轉移至八王子。

現在神田地區除了同窗會館之外，幾乎沒有任何中央大學留下的痕跡，但中央大學留在神田的記憶，至少到我們這個世代都十分強烈，直到現在仍覺得中央大學是位在神田的學校。

隨著人口減少，未來神田周邊若出現大片的閒置土地，中央大學會不會搬遷回來呢？不，應該說，為了讓神田再次充滿活力，我衷心希望它回來。任教於明治大學，卻對「神田的中央大學」獻上支持與期待的，真只有我一個嗎？

專修大學

若說明治大學與中央大學的前身，分別是由留法歸國學者與留英歸國學者主導創立的法律學校，那麼，以留美歸國學者創立的法律學校為前身的，便是專修大學。而且，該校創立的時期甚至早於明治、中央，可追溯至明治十三（一八八〇）年九月。換言之，專修大學的前身——專修學校，正是日本最早設立的私立法律學校，也是第一所以日語教授法律的「非正規」學校。

《專修大學百年史》開宗明義地如此強調：

> 專修大學的前身專修學校，是日本最早的私立法律學校，於明治十三年九月設立於東京京橋區木挽町。
>
> 創辦人為相馬永胤、田尻稻次郎、目賀田種太郎、駒井重格等四人，此外，津田純一、三浦（鳩山）和夫、江木高遠、金子堅太郎等人亦對創校計畫予以莫大協助。當時他們皆為二十多歲的青年學子，但全都曾在明治初年赴美留學，主攻法律或經濟，大多在明治十二年相繼回國。隔年，也就是十三年九月成立專修學校，但其實設立學校的企畫，早在創辦人於美國留學時代便已成

形。明治八年十二月，他們在紐約組成日本法律會社（日本法律社團），固定每週五舉辦聚會，增進友誼，研究法律，並計畫回國後一同在東京創辦法律學校，以國語講述法律與經濟學。

這段文字非常精簡扼要，作為專修學校的前史已綽綽有餘，不過光靠這些資料，仍無法掌握「日本最早」的私立法律學校創立的經過，以及是在什麼樣的背景下搬遷至神田的今川小路，直到今日。因此接下來我會搭配引用此書內容，介紹這個神田的一方之雄。

首先來看看專修學校創立的核心人物——相馬永胤。

相馬永胤是出生於嘉永三（一八五〇）年的彥根藩士。明治四（一八七一）年七月，以藩費留學生的身分赴美，但由於政府在明治六年七月發布了悉皆歸國令，因此被迫返國。之後他成功說服了彥根藩主井伊直憲，隔年又以藩主么弟直達等人的指導者身分再次赴美。

相馬先在紐約的升大學預科學校就讀，明治八年成功進入哥倫比亞法學院（law school）；而相馬在這一年進入哥倫比亞法學院的事實，正是促成專修學校誕生的契機。

因為就在這一年，由文部省派遣的第一期留學生一行人，在督導目賀田種太郎的率領之下抵達紐約，其中的三浦（鳩山）和夫進入哥倫比亞法學院，成為相馬的同學；之後，早他們一年入學的留學生——出生於嘉永二（一八四九）年的福山藩士江木高遠也加入他們的行列，漸漸形成了當地日本留學生社群。

這群在紐約學法的年輕留學生感情深厚，經常一同前往中央公園或哈德遜河畔散步，或是在麥迪遜廣場的海鮮餐廳聊天，齊心協力鑽研法學。在相馬、目賀田、三浦（鳩山）等人的主導之下，明治八年十二月，他們在紐約設立了日本法律會社，每週五舉辦聚會，彼此切磋琢磨，研究法

律。(同前書)

日本法律會社是一個什麼樣的組織呢?

當時(現在似乎也一樣)常春藤盟校的法學院中,有好幾個透過模擬法庭來培養法律知識與答辯技巧的學生社團(club),學生經常參加社團,增強同儕意識。哥倫比亞法學院也有哥倫比亞法律社團與巴納德法律社團,相馬和鳩山等人也曾在這裡的模擬法庭扮演律師、檢察官或法官。漸漸地,日本留學生也想自己成立類似的社團。

後來的專修學校,就是從這個日本法律會社衍生出來的。不過在進入正題之前,我想先簡單介紹一下實質上的創辦人目賀田種太郎與鳩山和夫。

目賀田種太郎出生於嘉永六(一八五三)年,是舊幕臣靜岡藩士,因維新運動而移居靜岡。明治三(一八七〇)年奉藩命進入大學南校就讀,隔年以政府派遣留學生身分赴美,先後就讀於特洛伊學院(Troy Academy)以及艾倫學院(Allen Academy);明治五年進入哈佛法律學校,取得文學學士學位後歸國,任職於文部省。

正如前述,明治八年,目賀田率領由文部省從開成學校的優等生中遴選出的鳩山和夫、小村壽太郎、菊池武夫、齋藤修一郎等留學生再度赴美,並帶領鳩山等人前往紐約,不過小村前往哈佛,菊池與齋藤前往波士頓,因此以結果而言,政府派遣留學生當中進入哥倫比亞法學院就讀的,只有鳩山一人。

鳩山出生於安政三(一八五六)年,是美作國勝山藩士鳩山十右衛門的四男。明治三(一八七〇)年,進入大學南校就讀,之後升上開成學校法律科,明治八年獲選為文部省派遣留學生,於十九歲赴美。三浦為其養家的姓氏。

另一方面，目賀田在管理、指導在各地法律學校就讀的留學生之餘，自己也在哥倫比亞法學院繼續鑽研法學，期間與相馬、鳩山、江木等人逐漸熟稔，於是也加入了日本法律會社。

由於江木等三名成員在明治九年返回日本，日本法律會社便將主要活動據點轉移至日本，而在此同時，仍在美國的主要成員則提出了更遠大的夢想——創立法律學校。明治十年從哥倫比亞法學院畢業後，又到新海芬的耶魯大學研究所進修的相馬和鳩山，與田尻稻次郎及駒井重格兩名留學生結識後，彼此意氣相投。

田尻稻次郎出生於嘉永三（一八五〇）年，是薩摩藩士之子。明治四（一八七一）年就讀於大學南校時，以刑部省派遣留學生身分赴美，卻在哈特福高中求學時接到前述的悉皆歸國令，所幸在校長的支持下得以繼續留學。明治七年進入耶魯大學，主攻經濟學；明治十年進入同校研究所進修。畢業於哥倫比亞法學院的相馬與鳩山也在這時入學，三人於是培養出深厚的友誼。

另一方面，《專修大學百年史》中提及的四位正式創辦人之一——駒井重格，則是嘉永六（一八五三）年出生的桑名藩士。他以藩主松平定教的隨從身分赴美，就讀新布朗斯維克學院（New Brunswick Academy），之後又進入羅格斯大學，主修經濟學。就讀新布朗斯維克學院期間，他與同學田尻稻次郎變得熟稔，透過他認識了相馬、鳩山、目賀田等人。

於是相馬、鳩山、目賀田等法律學者，以及田尻、駒井等經濟學者，便在耶魯大學所在的新海芬集結。明治十（一八七七）年的暑假，他們在新海芬近郊的德罕舉辦集訓，眾人在練習演說時，提出了在日本創立一所法律學校的構想。相馬回想當時的情景：

> 夏季休課之際，吾等赴鄉間避暑，至原野，又入山間，為演說之練習，專修學校之創立一事，亦於此時開其端。（同前書）

除了留在耶魯繼續攻讀博士學位的鳩山之外，隨著相馬、目賀田、田尻、駒井在明治十二年陸續歸國，他們在德罕提出的夢想也一步步邁向實現。然而由於他們只是一群沒有資金也沒有人脈的年輕人，計畫進行得並不順利。於是他們決定與慶應義塾的福澤諭吉與三汊學舍的箕作秋坪商量，希望能借用這兩個私塾的空間，開設為期一年的法律與經濟課程，先踩穩腳步，再設立專修學校。

他們開設的正是慶應義塾的夜間法律科與三汊學舍的法律經濟學科，兩者皆以日語講授法律與經濟課程，成為日本「非正規」私立學校的嚆矢。

這兩個學科在明治十三年九月與新成立的專修學校合併，不過我們不能忘記另一個支流——東京攻法館法律科的存在。

東京攻法館的創辦人是高橋一勝、山下雄太郎、磯野計這三位畢業於東京大學法學院的校友，在同儕增島六一郎與大谷木備一郎的協助下，於明治十三（一八八〇）年一月創校。這所學校的創立宗旨與課程內容，與相馬、目賀田等企劃的專修學校十分雷同，可以預見雙方很可能互為競爭對手。然而這兩所學校並沒有發展出競爭關係，最終東京攻法館併入了專修學校。

為什麼呢？原因似乎是明治十三年一月日本法律會社發生了改組問題。相馬等人為了壯大日本法律會社，招募了新成員，試圖將其改組為東京法學會，然而正如前面中央大學一節中所述，由於相馬與增島皆出身彥根藩，兩人相談甚歡，於是東大法學院畢業的學者與留美學者結合，促使東京攻法館併入專修學校。

如此一來，當時法律學者的兩大派系——留美學者與東大法學院畢業的學者集結，組成了東京法學會。而專修學校設立時，高橋、山下、磯野等人的東京攻法館之所以順利併入專修學校的原因，也因此真相大白。（同前書）

明治十三年八月七日，專修學校向東京府知事提出設立私立學校的申請書。聯名申請的創辦人包括相馬永胤、金子堅太郎、津田純一、高橋一勝、目賀田種太郎、山下雄太郎、田尻稻次郎、駒井重格等八人。不過由於其中的金子堅太郎在隔月便辭去教職，高橋與山下兩人則在專修學校創校後不久便轉任其他學校（高橋為英吉利法律學校創辦人之一），因此《專修大學百年史》並未將其列入創辦人。

而申請書上記載的創校地點為木挽町二丁目十四番地，但由於校舍來不及完工，因此實際授課地點為福澤諭吉經營之位於京橋區南鍋町的簿記講習所，授課科目則是法律科與經濟科兩科。

創校典禮於明治十三年九月十六日舉行，在提出申請書後立刻歸國的鳩山也列席其中，眾人舉杯慶祝日本第一所私立「非正規」的正統法律學校成立。

順帶一提，專修學校這個校名，應是仿效美式法學院而命名，意指「一科專修的專門學校」。不過，校名明明是「一科專修的專門學校」，為什麼專修學校卻從創校開始，就以法律科及經濟科兩科組成呢？《專修大學百年史》的說明如下：

> 專修學校主打一科專修的原則，但內部採法律科與經濟科並重的雙主軸架構，無論是法律科或經濟科，皆為一科專修。

所謂法律與經濟並重的雙主軸，正是專修學校最大的特徵。《專修大學百年史》也強調：

> 總而言之，專修學校自始便重視經濟學，更因率先設置獨立的經濟科而受到大眾的注目。當時雖已有幾間法律私塾，卻不曾出現經濟私塾。慶應義塾雖教授複式簿記及簿記入門，但那也僅為商

業實務之一端。從明治法律學校到英吉利法律學校，各校都以法律為主軸，並無設立經濟科。

事實上，即使是東京帝國大學，也直到明治四十一（一九〇八）年才將經濟系從政治系獨立出來，經濟學院更是到了大正八（一九一九）年之後才設立。

在這樣的情勢之中，專修學校早在明治十三年就設置經濟科，著實值得矚目。無須贅言，最大的功臣當然是田尻稻次郎與駒井重格，但與田尻一同在耶魯大學向薩姆納（William Graham Summer）教授學習經濟學的相馬所給予的理解與支持，同樣功不可沒。（中略）打從創校就重視經濟的方針，成為專修學校的一大特色，展現出這所學校的性格。這個特色也替專修學校在社會上贏得諸多好評。

由於專修學校的校風十分符合時代的需求，因此學生人數逐年成長；創校兩年後，也就是明治十五年，便將校舍遷移至神田中猿樂町四番地。

中猿樂町的新校舍位於現在神田神保町二丁目的偶數番地側，原為明治四年落成的算術塾——順天求合社的校舍。對照現在的門牌號碼，則大致相當於神田神保町二丁目二番地的中華料理店咸亨酒店附近。

至於遷校至神田的原因，正如在明治大學一節所述，應該是因為教師和學生白天都在其他地方工作，只有早晨、傍晚或夜間有時間上課的緣故。創辦人本身就是最好的例子：相馬為橫濱正金銀行董事、田尻為大藏省銀行局長兼法科大學教授、目賀田為大藏省主稅局長、駒井為大藏省國債局長兼參事官，每個人都擁有相當高的社會地位，因此距離工作地點較近的神田周邊，正是最適合的校地。

在這個意義上，中猿樂町的地理位置雖屬絕佳，但校園空間一下子就不敷使用，因此明治十七年十二月，專修學校便向知名科學家田中芳雄買下位於今川小路的五百六十坪土地，隔年在此建設新校舍，遷校至此。今川小路位在現在神田神保町三丁目的偶數番地側，之後專修學校發展為專修大學，也繼續留在原址。

看到這裡，相信各位讀者應該能理解位於神田地區最西側的專修大學成立的歷史背景。最後，我想提出一個每位讀者心中都可能曾浮現的疑問：創校時屬於五大法律學校（明治法律學校↓明治大學、東京法學校↓法政大學、東京專門學校↓早稻田大學、英吉利法律學校↓中央大學，以及專修學校↓專修大學）之一的專修學校，為什麼最後卻難以望其項背呢？

關於這個疑問，目前還沒有一個清楚的解答，但很可能是在明治二十三年左右發生的法典論爭[45]中，德國．英國法學派獲得勝利，導致主要講述美式英美法的專修學校法律科學生驟減，經營面臨困境，法律科在明治二十六年被迫停止招生，只留下經濟科。明治初年備受矚目的美國法學，隨著時代的演變而不再受歡迎，於是拉開了專修學校與五大法律學校中其他競爭對手之間的距離。

而到了現在，在法律界也是由美國的世界標準稱霸全球；最早鑽研美國法的專修大學未來能否有所發展，十分值得期待。

日本大學

如前所述，明治大學、中央大學與專修大學，分別是由留法學者、留英學者以及留美學者所創

45. 譯注：日本針對舊民法之實施與否進行的論爭。

設的法律學校發展而來，而此時各位想必會感到好奇：神田地區有沒有留德學者創立的大學呢？答案是有的。位在三崎町與駿河台的日本大學的前身——日本法律學校，正是由留德學者所創。

根據《日本大學百年史》的記載，日本法律學校創立於明治二十二（一八八九）年十月，而有關其創立的背景，在「第一篇的概要與特徵」中有以下敘述：

日本法律學校乃擁有德國留學經驗的宮崎道三郎等十一名學者創立。受德國法學影響的他們，早在留德期間便提出設立的構想。此外，幾乎在同一時間，學祖[46]山田的皇典講究所改革計畫中，亦有法律學校設立計畫，於是此計畫與宮崎等人的設立計畫整合，順利創校。山田在創校過程中扮演關鍵的角色，透過特別認可學校的問題可具體看出其意義。（《日本大學百年史》〔以下引用內容皆出自此書〕）

《日本大學百年史》所稱的「學祖山田」，是當時的司法大臣山田顯義。不過，為什麼《日本大學百年史》不稱山田顯義為「創辦人」，而稱之為「學祖」呢？看來只要解開這個謎，便能一併釐清日本大學的起源。

「日本法律學校設立主意書」完成於明治二十二年五月。在主意書上聯名的創辦人（宮崎道三郎、穗積八束、本多康直、末岡精一、斯波淳六郎、樋山資之、平島及平、添田壽一、金子堅太郎、野田藤吉郎、上條慎藏）當中，有九名是留德學者，而且居住在德國的時期幾乎相同。

其中最核心的人物是宮崎道三郎。宮崎於安政二（一八五五）年出生於伊勢國津藩家老世家，明治十三（一八八〇）年畢業於東京大學法學院，明治十七年以文部省留學生身分留學德國。明治二十一年歸國，成為帝國大學教授。

在宮崎赴德留學時與他同船的，就是穗積八束。穗積八束是伊預國宇和島藩士之子，出生於萬延元（一八六〇）年，其兄穗積陳重是英吉利法律學校創辦人之一。從東京大學文學院政治系畢業後，在明治十七（一八八四）年以文部省留學生身分留學德國，明治二十二年歸國。

順帶一提，宮崎和穗積所搭乘的那艘法國郵輪上，還有當時身為陸軍省派遣留學生的森林太郎（森鷗外），他們在船上結識，留學期間也經常往來。

本多康直出生於安政三（一八五六）年，是伊勢神戶藩主本多忠寬之子，十八歲赴德國留學。曾任當時在柏林考察憲法的伊藤博文之助理，與宮崎道三郎等人結為好友。明治十八（一八八五）年歸國。

末岡精一出身周防國，東京大學文學院畢業後，以文部省特別留學生的身分於明治十五（一八八二）年留學德國。從香港出發時與伊藤博文同船，在維也納和伊藤一起上過史坦恩（Lorenz von Stein）的課，之後轉入柏林大學，明治十九年歸國。

斯波淳六郎在明治十六（一八八三）年畢業於東京大學法學院，隔年便以文部省留學生身分赴德國留學，明治二十一年歸國。留學期間在海德堡大學與宮崎、穗積同窗。

樋山資之於明治十六（一八八三）年從東京大學法學院畢業，擔任司法省判事，後於明治十七年擔任舊館林藩主秋元興朝之隨行，前往德國留學，明治二十二年歸國。

平島及平在司法省法學校學習法國法後，擔任松岡康毅的隨行赴德，明治二十一（一八八八）年歸國。

上述創辦人當中的七人都曾在德國留學或居留，因此可以歸類為留德學者，不過添田壽一與金

---

46. 譯注：學校創辦人。

子堅太郎的身分則有些不同。

首先談談添田壽一。添田在元治元（一八六四）年出生於筑前國，明治十七（一八八四）年從東京大學文學院政治系畢業，同年擔任筑前福岡藩主黑田長知的隨行赴英國，就讀劍橋大學，之後又到德國的海德堡大學就讀，明治二十年歸國。在德國留學期間，與東京大學的同學穗積等人培養出深厚的情誼，這也成為他們日後聯名辦學的契機。

金子堅太郎是嘉永六（一八五三）年出生的筑前福岡藩士，擔任藩主黑田長知的隨行，赴美留學。哈佛大學畢業後，於明治十一（一八七八）年歸國。聯名創辦專修學校後，任職於元老院。與山田顯義、井上毅交情甚篤。曾在伊藤博文的手下從事憲法起草工作。明治二十二年赴歐美考察憲法，同年十月日本法律學校成立，回國後就任校長。

上述九名曾於德國留學或居留的人士，再加上帝國大學法學院畢業的野田藤吉郎及上條慎藏，就是聯名簽署「日本法律學校設立主意書」的十一人。而這十一人又是在什麼樣的背景下，於明治二十二（一八八九）年齊聚一堂，開始策劃創立日本法律學校呢？

> 末岡、斯波、樋山、宮崎、穗積等五人，於十八年至十九年間一同在德國鑽研法學。當時本多已身在德國。在末岡歸國前後，平島隨松岡康毅前往德國，之後添田也從英國赴德。（中略）根據上述共通點，可以推測這些創辦人共同提出創設日本法律學校的計畫並非偶然；名為「日本法律學校」的豐碩果實，其實早在他們留學德國時便已埋下種子。

我想事實正是如此。日本法律學校的核心理念，早在他們在德國留學時便已萌芽。話說回來，這些留德學者為什麼會想創立一所在「思想」上與其他法律學校有所差異的法律學校呢？

根據《日本大學百年史》，留德學者在德國學習的法學，並非法國的自然法學派（natural law theory），而是歷史法學派（historical jurisprudence）。換言之，相對於主張憲法與法律應基於人類共通的自然條件而普遍制定的自然法學，歷史法學則主張應基於各民族、國家順應其歷史發展而形成的國家體制、文化、風俗、習慣來制定法律，因此在德國求學的留學生一致認為，日本應制定符合日本國情的憲法及法律，而非在毫不批判的情況下直接沿用歐美的憲法和法律。

明治二十二（一八八九）年五月完成的「日本法律學校設立主意書」，正是基於上述「思想」撰寫而成。此主意書公開後，各界開始出現贊同其主旨的聲音。其中之一，竟是當時擔任司法大臣要職的山田顯義。

被日本大學尊稱為「學祖」的山田顯義，是出生於弘化元（一八四四）年的長州藩士。他曾在松下村塾求學，在鳥羽伏見之戰中擔任長州軍的總隊長，對抗幕府軍隊，維新後致力於促進軍政現代化。由於在佐賀之亂、西南戰爭中建功，榮升陸軍中將，後來因為與山縣有朋的主張不同而離開陸軍，轉至司法界，在第一次伊藤內閣中擔任司法大臣，對司法行政帶來莫大的影響。

問題在於，山田或許繼承了吉田松陰平田國學的意識形態，但另一方面，山田同時也是將文明開化視為國是的明治政府一員，因此排斥怪力亂神的神道，選擇了針對國體思想、國學思想進行實證研究的道路。具體的例子，就是他在擔任內務卿時核可的皇典講究所。山田在明治二十二（一八八九）年就任首任所長後，便以施行「國典、國史、國法三者取得平衡的教育」為目標，推動改革。換句話說，他企圖讓皇典講究所擺脫宗教色彩，改組為文學科、史學科、法學科等三學科，進行國學的實證研究，然而這波改革遭到傳統神官與國學學者的強力反彈，成果不如預期。

這時，山田得知了宮崎道三郎等人正在推動的日本法律學校設立計畫。山田發現，與其在皇典講究所裡新設法學部門，不如支持設立意識形態相近的日本法律學校，於是答應將全力協助。

這個承諾對宮崎等日本法律學校創辦人來說，儼然是一場及時雨，因為他們既沒有能作為校舍的土地和建物，也沒有足夠的創校資金。於是，日本法律學校得到山田提供的皇典講究所校舍、資金援助，以及司法省的人脈介紹，一口氣解決了所有的問題。

由於雙方目標一致，日本法律學校的成立工作順利地進行。不過山田還有一個尚待解決的問題——就算將皇典講究所改組後成立的法學部門與日本法律學校整合，剩下的文學科、史學科又該如何處理？於是山田打算在皇典講究所開設專修這兩科的「國文大學」，以解決這個問題。

山田顯義在改革皇典講究所的過程中，原本也計畫納入法學教育，但試圖將國學與法學結合的行動引來過於急躁的批判。正好日本法律學校的設立計畫在此時提出，於是他便將該計畫與自己構想的法學教育計畫加以合併。山田顯義的教育理念是讓國學與法學取得平衡，因此將兩者分開，讓國文大學專攻國學，日本法律學校專攻國法。

就這樣，日本法律學校在明治二十二（一八八九）年十月四日獲准成立；校舍的問題，也因為可以在下午五點之後借用皇典講究所的校舍而得到解決。然而這時卻浮現了另一個問題——以評議員身分一同聯名建校的山田顯義，試圖讓日本法律學校成為「特別認可學校」。

特別認可學校制度，是山田在司法大臣任期中與文部大臣森有禮商討後，於明治二十一（一八八八）年五月設立的制度，符合一定條件的私立法律學校可享有特殊待遇，但相對地必須接受文部．司法行政的管理與監督。一旦成為特別認可學校，畢業生除了擁有高等文官試驗的應試資格，更有徵兵上的優待，因此以學習法律為志的學子紛紛湧入獲得認可的法律學校。對私立法律學校而言，能否獲得認可可謂攸關學校生存的問題。

正因如此，山田才會策劃讓日本法律學校接受認可，然而這當中卻有個大問題。原來根據規定，唯有「設立後滿三年」的學校，才有資格獲得認可。甫獲得設立許可的日本法律學校，當然不符合此條件。這時山田想出了一個可以突破此難關的奇策，那就是：讓日本法律學校繼承在皇典講究所改組時設立的國法科。

> 我們可以推測，山田顯義在設立日本法律學校時，早已預料該校將充分利用皇典講究所的組織、設備及培育人才的實績等等，所以才會申請日本法律學校的特別認可。皇典講究所在明治十九年二月修訂規則，從二十年四月一日起調整課程，開始施行法學教育，至今已累積了某種程度的實績。（中略）日本法律學校正是以皇典講究所過去每週六小時的法定時數、課程內容與實績為基礎，申請特別認可學校的認可。

孰料，文部省並未核准其特別認可學校的申請。山田在報紙上大幅刊登廣告，尋求社會大眾的支持，然而由於廣告中載明其與皇典講究所的關係，反而引起媒體與其他學校的疑慮。

> 連日的報紙廣告，竟朝意想不到的方向掀起漣漪。過去並未浮上檯面的日本法律學校特別認可問題，一夕之間各大報爭相報導。司法省對新設的日本法律學校提供保護金，文部省又賦予特別認可的傳聞四處流竄，五大法律學校（明治法律學校、東京法學院、和佛法律學校、東京專門學校、專修學校）對此提出強烈批判。

五大法律學校要求與文部省及司法省面談，以確定新聞報導的真偽，媒體也抓住這個絕佳的

校申請。

月，取代榎本武揚的新任文部大臣芳川顯正發出公告，表示文部省駁回日本法律學校的特別認可學題材大肆報導，導致特別認可問題發展成了巨大的社會問題。最後，明治二十三（一八九〇）年七

儘管山田顯義及眾創辦人萬分失望，但創校計畫也不能因此中止。於是他們決定修訂除了外語以外的學則，日本法律學校終於在明治二十三（一八九〇）年九月二十一日正式創校。

而山田的另一個構想，也就是將皇典講究所的國學、國史部門獨立出來，設立「國文大學」的想法，結果又是如何呢？這個想法在明治二十三（一八九〇）年七月以成立「國學院」的形式實現，而國學院日後又發展為國學院大學。也就是說，山田扎根於國體意識的教育構想儘管不夠成熟，仍達成了目標。不過山田本身的命運，卻因為兩起事件而開始蒙上陰影。

一是動搖明治時代法律界的法典論爭。由山田嘔心瀝血完成，於明治二十三（一八九〇）年四月公布的商法與民法，遭到屬於英國法學派與德國法學派的法律界人士猛烈批判，導致國會決議延後兩法的施行。另一起事件，則是在法典論爭如火如荼展開的明治二十四年發生的大津事件——俄羅斯皇太子尼古拉二世（Nicholas II of Russia）在滋賀縣大津市遭到津田三藏巡查襲擊，而大審院判事兒島惟謙力抗來自政府的壓力，貫徹司法獨立原則，並未將兇手處以死刑。

在為了處理這兩起事件而奔走的過程中，司法大臣山田的健康狀況明顯出了問題，不幸於明治二十五年十一月過世。

日本法律學校因山田的逝去而受到極大的衝擊，在明治二十六年七月送出第一屆畢業生之後，便決議廢校，校長金子堅太郎也辭職。然而由於畢業生群起發起反對廢校運動，最後廢校決議撤銷，在新校長——貴族院議員松岡康毅的帶領下重新出發。

陷入如此巨大危機的日本法律學校，是如何重新振作，並順利發展為日本大學的呢？略顯諷

刺的是，原因竟是下述的避險措施。首先，由於人事費縮減，校方只好採取苦肉計，讓甫自大學畢業、充滿幹勁的講師負責授課，沒想到這項措施令人耳目一新，漸漸受到學生的歡迎。第二，隨著山田的逝去，日本法律學校與皇典講究所的關係也被斬斷，必須找尋新的校地，於是在明治二十九（一八九六）年六月遷校至三崎町的練兵場遺跡。在當時以學法為志的學生之間，已經普遍形成「好的法律學校都在神田」的共識，因此這個校地可謂是正確的選擇。

之後，日大便將法學院、經濟學院設置於三崎町，理工學院設置於駿河台，在神田地區打下穩固的基礎，直至今日。走在三崎町與駿河台，似乎不少人對日大的校舍和校地遠比想像中來得多而感到吃驚。由於日本大學很早就進軍全國，因此可能不像明治大學那麼引人注目，但日本大學毋庸置疑是「神田拉丁區」的一方之雄。

法政大學

明治大學、中央大學、日本大學、專修大學等與神田地區密切相關的大型私立大學，前身皆是由明治前期赴國外留學的法學家主導設立的私立法律學校。從這一點看來，法政大學的創辦人之中並沒有曾赴國外留學的學者，因此明顯有別於其他私立大學。此外，法政大學的所在位置（千代田區富士見）並非神田地區，因此似乎也不應是本文討論的對象。

然而，法政大學的兩個前身（東京法學社→東京法學校 &東京佛學校）皆為誕生於神田地區的私立法律學校，再加上兩者皆與法國淵源匪淺，身為法國研究者，我無論如何都想介紹這所學校。

《法政大學百年史》中提到，根據當時的報紙廣告，其前身之一——東京法學社的開學日為明治十三（一八八〇）年九月十二日，地點在東京府神田區駿河台西紅梅町十九番地。書中之所以使用「開學」而非「創校」一詞，是因為報紙廣告上並未記載創辦人的名字，此外，正式以「東京法學校」的校名向東京府知事提出私立法律學校設立申請的時間，是明治十五（一八八二）年十月，而獲得官方核可則是同年十月。換言之，這間為培育代言人而設的法律學校，儘管實際上已經開始營運，卻花了兩年才備妥師資陣容，提出設立申請。

為什麼非得採取這種不合常理的方式呢？那是因為東京法學社↓東京法學校的設立，事實上是由薩埵正邦在孤軍奮戰下完成的。

薩埵正邦於安政三（一八五六）年出生於京都今出川傳承石門心學流派的儒者之家。自幼喪親，由身為知名書法家的祖母孝子扶養長大，明治四（一八七一）年進入由京都府參事槇村正直主導設立的京都府立佛學校就讀，向雷昂・杜立（Léon Dury）學習法語。由於京都府立佛學校在明治八年一月廢校，杜立轉至東京開成學校任教，於是薩埵正邦也跟隨杜立前往東京，擔任元老院議官的學僕[47]，以個人身分繼續接受杜立的指導。杜立所教導的法語知識，在他明治十一年擔任內務省雇員時派上了用場。因為布瓦索納德自明治六年赴日後，便一直在司法省協助制定法典，薩埵正邦獲其知遇，從明治十二年三月起，有幸以一對一的方式向他學習法學。

在布瓦索納德的推舉下，同年十二月十七日轉為司法省雇員，隔年，亦即十三年六月二十三日開始兼任民法編纂局（同年四月設於元老院）御用人員。東京法學社的創設也恰好在此時期。（《法政大學百年史》〔以下引用內容皆出自此書〕）

另一件值得一提的事，就是東京法學社在當初設立時，原本分為教授法律知識的「講法局」與實際進行法庭辯護及實務訓練的「代言局」。講法局於明治十三（一八八〇）年九月創立，不過代言局卻早一步在同年四月便已設立，在伊藤修、金丸鐵等人的指導下，進行法庭辯護演練。然而代言局在設立後不久便被迫關閉。明治十三年五月十三日，政府忽然修訂代言人規則，規定代言人除了必須通過司法省實施的測驗，還必須加入代言人公會。

於是東京法學社只好單獨成立講法局（法律學校），營運過程似乎堪稱順利；明治十四年五月二十日的《東京日日新聞》刊載了東京法學社改名為東京法學校的廣告。

一，因本校日益發展，今獨立營運，稱東京法學校，自此與東京法學社無關。
二，法國法律大博士「布瓦索納德」君，爾後將於本校教授民法契約，每週一次。
三，承上，爾後本校課程如下所示。

列在「課程」中的，除了布瓦索納德的「民法契約」與阿佩爾（Georges Victor Appert）的「法國行政法」外，還有由司法省明法寮的畢業生或布瓦索納德的學生任教的課程，最後則是薩埵正邦的「日本刑法治罪法輪讀」。

由此可知，東京法學社→東京法學校的核心人物是薩埵正邦，而作為其招牌的，則是被譽為「法律界的團十郎」的布瓦索納德。實際負責學校營運的薩埵並沒有設置校長的職位，而是自稱「主幹」；他與布瓦索納德的關係十分緊密，甚至可說東京法學校是由薩埵與布瓦索納德二人齊心合力經營。《法政大學百年史》針對這一點做了以下的說明：

布瓦索納德是知名貴族希臘學者與貧窮馬車伕之女所生下的私生子，憑一己之力苦讀才成為巴

47. 譯注：以僕人身分住在老師家中或學校、私塾裡打雜，同時讀書學習的人。

黎大學的教授（Agrégation）。他始終對出身於京都名門，卻因缺乏學費而無法接受正規學校教育，但仍持續鑽研法國法律的「磊落青年」薩埵抱有好感。

事實上，布瓦索納德在明治十六年接下東京法學校的副校長一職，成為名符其實的金字招牌。他在明治二十一年暫時歸國的送別會上曾表示「私立學校中，我最喜愛的就是東京法學校」，同時在宴席上惋惜前年辭去主幹職務的薩埵並未出席，更提醒眾人勿忘薩埵在促進學校發展上的功勞。

如上所述，東京法學校在布瓦索納德的偏愛下順利發展，不過當時對學校發展有所助益的，應該還有另一個因素。那就是該校在東京法學社時代，也就是明治十三（一八八〇）年十二月，便已將校舍搬遷至錦町二丁目三番地。新校舍原為錦町的旗本宅第，儘管建築老舊，但從隔壁的二番地就是三菱商業學校這一點，可知錦町已成為文教區的中心，建校於此十分有利於招生。根據明治十六（一八八三）年測量的陸軍參謀本部地圖，錦町二丁目三番地相當於東京電機大學校本部一帶，交通十分方便。如前所述，私立法律學校多採夜校型態，學生多為白天必須打雜的書生，教師則大多兼任司法省或東京大學法學院的工作，因此地利之便極為重要。

隨著東京法學校的學生人數逐年增加，錦町的校舍也漸漸不敷使用，因此校方計畫明治十七（一八八四）年三月搬遷至神田小川町。新校舍位在神田小川町一番地的電車通以北，通往駿河台南甲賀町的小巷裡，是舊勸工場的遺跡。

> 原為勸工場的東京法學校新校舍，以當時的學校來說，規模可謂十分引人注目。以紅磚打造的建築物正面，掛著堀田正忠懇請當時的大審院院長玉乃世履揮毫寫下的「東京法學校」匾額。（中略）建地坪數則是從錦町校舍的九十五坪左右增加為三一六坪，亦即增加了三倍多。

有一說認為布瓦索納德曾自掏腰包，投入數千圓作為購買新校舍的資金，這個說法並非無稽。因為布瓦索納德始終將東京法學校視為「自己的學校」。

然而這麼一來，同為法國法學派的法律學校，也就是由繼承布瓦索納德思想的司法省明法寮出身學者所創立的明治法律學校，想必不是滋味。布瓦索納德也曾在明治法律學校執教鞭，卻隨著對東京法學校的偏袒，而與前者日漸疏遠。此外，兩校在招募學生上的競爭也變得激烈，因此東京法學校在小川町這個絕佳地點設置新校舍一事，勢必令明治法律學校感到強烈焦慮。明治法律學校之所以在明治十九（一八八六）年從有樂町搬到南甲賀町，也就是東京法學校附近，原因無他，正是為了搶學生。

然而東京法學校與明治法律學校雖然互為競爭對手，卻同時也是站在同一陣線的夥伴。明治十四年發生政變後，當時的政府為了制定憲法與開設國會，而打算轉採德國法學與英國法學，相對地，自由民權運動人士則以法國法學為基礎，組成民黨勢力。因此，屬於法國法學派的明治法律學校、東京法學校，以及大隈重信的東京專門學校，便被視為與民黨友好的學校。東京法學校的主幹薩埵是大隈重信的改進黨創黨黨員，可以想見政府對他必定多所提防。

不過明治法律學校與東京法學校相比，前者多為慷慨激昂型的民權青年，後者則較為溫和。從薩埵起草的學則之一：「本校不談論一切有關政治之事項」也可以知道，這是為了顧及當時身處政府中樞的布瓦索納德；也就是先將政治排除於東京法學校之外，確保即使學生當中有民權青年，也不會連累布瓦索納德。

話雖如此，準備從法國法學轉換為德國法學、英國法學的政府，卻將屬於法國法學派的法律學校一律視為民黨，也無法分辨是否「介入」。

其中一個例子，就是在日本大學一節裡提及的明治二十一（一八八八）年五月公布之「特別認可學校規則」。表面上的理由是將管理權從帝國大學總長轉交文部省，以強化監督權限，但事實上卻是極具政治意圖的政策。因為特別認可學校的學生，不但在學期間可以免除兵役，畢業生又能擁有高等文官試驗的應試資格，可以想見考生當然會集中報考特別認可學校。必須仰賴學生繳納的學費以作為財務基礎的法律學校，倘若得不到認可，便會瀕臨生存危機，因此無法反抗握有認可權的政府。

透過「特別認可學校規則」賦予法律學校的「認可」，是一種多麼露骨的政治手段，可由其認可的時期看出。最早的認可時間是明治二十一年七月十一日，對象是屬於英國法學派的英吉利法律學校，以及屬於德國法學派的獨逸學協會學校。

順帶一提，獨逸學協會學校是品川彌二郎、西周，加藤弘之等人於明治十六（一八八三）年設立的學校，明治十七（一八八四）年將專修科獨立出來，設立為法律學校，由於獲得來自司法省的高額財務資助而日益發展。明治二十八（一八九五）年廢校，因此與現在的獨協大學沒有直接關係，但獨協大學將其視為自身源流。

回到正題。

率先賦予英吉利法律學校與獨逸學協會學校認可，等於公然偏袒英國法學派與德國法學派，儘管其他法律學校對這項措施表示不滿，也只能繼續等待核准。到了八月九日，東京法學校法律科、明治法律學校、專修學校、東京專門學校法律科等陸續獲得認可，然而東京法學校卻直到九月十二日才取得。

刻意延遲認可背後所隱藏的意圖，似乎是想排除屬於改進黨派系的薩埵。薩埵卸任主幹，由司法大臣山田顯義任命為司法省刑事局長的河津祐之就任校長之後，才可說司法省也終於傾向認可。

因為上述認可問題而突然浮上檯面的，就是法國法學派法律學校的合併問題。不過在討論這個問題之前，必須先詳細說明第三個屬於法國法學派的法律學校——東京佛學校法律科。

東京佛學校是創立於明治十九（一八八六）年十一月的法語學校。當時，面對在政治、軍事、學問等領域皆打算由法國流派轉向德國流派的現象，擁有法國留學經驗的學者、政治家、官僚、軍人等便集結起來，在同年四月設立佛學會；這便是東京佛學校的母體。之後佛學會又改名為日佛協會，發展為今日的日佛會館及日佛學院（現為 Institut français）。

東京佛學校起初是借東京法學校從明治十七（一八八四）年開始使用的校舍，也就是位於神田小川町的舊勸工場遺跡一隅創校，實施主要以法語授課的課程。明治二十（一八八七）年四月，意外獲得司法省提供之一年五千圓的巨額補助金。其原因如下：

> 司法省法學校改由文部省主管並併入帝國大學後，隸屬於司法省的法學教育機關便不復存在。不知是否為了彌補，司法省有意針對「以英法德語教授法律且相當於隸屬政府之私校」發放補助金（中略）。明治十九年，獨逸學協會學校已因此接受每年兩萬圓的巨額補助；二十年起，東京佛學校及英吉利法律學校各可獲得五千圓補助。（中略）此補助計畫顯然是出自特定意圖的偏頗分配。除了展現出對「德國法」與「日本法學」的厚遇外，在「英國法」派的學校中，刻意捨棄專修學校與東京專門學校，而挑選新興的英吉利法律學校給予補助；在「法國法」派的學校中，也刻意捨棄了成績斐然的東京法學校與明治法律學校，而挑選新興的，甚至連法律科都尚未設置的東京佛學校進行補助。

也就是說，東京佛學校獲得司法省提供的五千圓補助金後，便立刻修訂學則，設置「以法語授課之法律科」，並於隔年，亦即二十一（一八八八）年九月正式開始授課；在開課的時候，東京佛學校也早已獲准成為特別認可學校。

順利創校固然是好事，但問題在於招收不到學生。當時有另一個親法團體佛文會，其下設有法語學校；東京佛學校的母體佛學會與此佛文會合併，吸收其法語學校的學生後，學生人數才勉強超過一百名，完全無法與經營已久的明治法律學校或東京法學校相提並論。

這時，有人提議讓「有錢卻沒學生的東京佛學校」和「有學生卻沒錢的明治法律學校、東京法學校」等法國派三校合併，相關人士也進行了協議，但比較希望獨立辦學的明治法律學校很快就退出，剩下東京佛學校與東京法學校繼續商討。

過程中，對於併校態度較積極的是東京法學校。由於該校花了一萬三千圓在神田小川町建立新校舍，卻無力償還這筆費用，因而陷入困境。此外，儘管已成為特別認可學校，但規定中載明報名者必須擁有中學畢業以上的學歷，清寒學生較多的東京法學校因此面臨報名者銳減的窘境。對東京法學校而言，隔壁那所甫設立的東京佛學校所獲得的每年五千圓補助金（順帶一提，東京法學校每年的收入約為一千五百圓），想必極富魅力。

最後兩校決定合併，在明治二十一（一八八九）年五月成立了「和佛法律學校」，由日本的佛蘭西學鼻祖箕作麟祥就任校長。校名「和佛」，是指學校的兩大主軸，是以日語授課的「邦語法律科」，以及以法語授課的「佛語法律科」；但由於佛語法律科的學生逐漸減少，明治二十七（一八九四）年，便與附屬於其下的東京佛語學校一同廢校。

如上所述，過去的五大法律學校，在明治二十二（一八八九）年夏天分別成為明治法律學校、專修學校、英吉利法律學校及和佛法律學校，除了東京專門學校外，其餘四校皆位於神田地區；然而同年十一月，和佛法律學校便遷離此地。為了解決合併後學生人數激增的問題，和佛法律學校理事會決定買下麴町區富士見町六丁目十六番地的三一五坪土地，在此新建校舍。之後，和佛法律學校又根據明治三十六年的專門學校令，改稱法政大學，直至今日都沒有離開富士見町。

假如當時法政沒有遷離小川町，神田地區會是什麼樣貌呢？

屬於全共鬥世代，並曾目睹一九六八年的「神田拉丁區鬥爭」的我，不由自主地想像明大、中大、日大、專大以及法大在神田地區大集合的景象。

東京外國語學校與東京商業學校

如前所述，明治十七（一八八四）年到十八年之間，東京大學的法學院、文學院、理學院從本鄉的舊加賀藩宅第搬遷至神田地區，接著大學預備門→第一高等中學（後來的第一高等學校）又在明治二十二年搬校至本鄉彌生町。同時，我也利用好幾次連載的篇幅，說明了從明治十三（一八八〇）年到二十二年陸續創立的私立法律學校，全都集中在神田地區，重新繪製了當地的文教地圖。

至此，神田地區可說從官立學校區轉變為私立學校區，不過並不是所有的官立學校都搬離了這個地區。

明治六（一八七三）年十一月在一橋通町一番地、二番地創校的外國語學校→東京外國語學校，一直到明治十八（一八八五）年的暑假為止，都存在於該處。之後東京外國語學校便併入東京商業學校，由東京商業學校繼承其校地與校舍。

為什麼我在提到東京外國語學校時，要刻意使用「一直到明治十八（一八八五）年的暑假為止」這種「意有所指」的口吻呢？

那是因為在該年暑假期間，東京外國語學校因為「文教政變」而面臨「廢校」的危機。

從日本學校教育史來看，東京外國語學校這場突如其來的廢校風波，確實用「政變」來形容也不為過。一般認為，當時的廢校是在文部卿大木喬任的主導下強制執行的，但事實上策劃此政變的，是在明治十八（一八八五）年十二月就任第一次伊藤博文內閣的文部大臣後，便立刻實施教育改革的森有禮，而他的目的則是偷襲大木喬任。

森有禮是如何實行這場政變，讓東京外國語學校瀕臨廢校的呢？

森有禮在弘化四（一八四七）年出生於薩摩藩士之家，慶應元（一八六五）年以薩摩藩留學生的身分赴英，之後又赴美留學，在維新之後歸國，任職於明治政府，明治三（一八七〇）年以首任美國代理公使的身分前往華盛頓赴任。明治六年歸國後，成立明六社，推展啓蒙運動，同時向文部省提出建言，盼能設立他在美國時便已構想的官立商業學校。這個提議遭到當時的文部卿大木喬任拒絕，於是他轉而尋求東京會議所會長澀澤榮一的支持，在明治八年八月於銀座尾張町開設了一間私立的商法講習所。

然而在開設二個月後，也就是明治八年十一月，森有禮以特命全權大使的身分被派至北京處理江華島事件，因此商法講習所便由森有禮個人名下的私立學校，改為由東京會議所管理，校舍也遷移至木挽町。明治九年，東京會議所解散，商法講習所又改由東京府主管，成為公立學校，由澀澤榮一在舊幕府時代的同事矢野二郎擔任所長，負責學校的營運。

商法講習所的發展看起來似乎十分順利，不過到了明治十四年，由於學校的預算被東京府會全數刪除，因而被迫廢校。

矢野所長對這個結果感到錯愕，立刻向農商務省申請補助金，同時透過澀澤榮一向東京的財金界人士尋求協助。同年九月，商法講習所改為隸屬於農商務省的官立學校，成功得以存續。明治十七（一八八四）年三月，由農商務省接管的同時，校名也改稱為東京商業學校。

然而有一個人對這項措施感到不滿，那就是前年十二月從司法卿轉任文部卿的大木喬任。

根據明治十五（一八八二）年的參事院決議，農商工各校原則上也納入文部省管轄，因此大木喬任以此為由，主張東京商業學校也應該隸屬於文部省；然而他發現事情並不如他所願，因此決定展開對抗。

明治十七（一八八四）年三月六日，文部省發布「於東京外國語學校設立商業學校」的公告。接著，大木喬任又在三月二十六日，將隸屬於東京外國語學校的這所商業學校訂為「高等商業學校」，使其地位有別於同時期文部省於全國設立的其他商業學校。大木似乎有意仿效比利時的安特衛普高等商業學校（Institut supérieur de commerce d'Anvers）設立高等商業學校，並以為期兩年的契約聘請畢業於該校的朱利安・范・史塔朋（Julian van Stappen）任教。

話說回來，大木為什麼要把高等商業學校設為「隸屬於」東京外國語學校的教育機構呢？據說是因為他看見外國語學校的招生狀況不理想，因此打算將閒置的教師和校舍運用在新設的商業學校中。

野中正孝編著的《東京外國語學校史 外語學習者》（不二出版），針對大木採取此措施的意圖做出以下推測：

> 隨著東京外國語學校的學生日漸減少，他也順勢調整教師，可適任高等商業學校之教師者，便充分加以利用。大木想法的核心，可以說是讓東京外國語學校自然廢校，同時期待高等商業學校的興隆。

明治十七（一八八四）年三月，東京外國語學校附屬高等商業學校正式成立，有十三名學生入學。雖然學生人數很少，但一切都順著大木文部卿的意思順利發展。大木想必認為「總有一天」東京外國語學校及高等商業學校的學生人數比例會逆轉，前者也將併入後者吧。

不過就算是大木，也不可能預料半年後發生的事情。大木怎麼也沒想到，竟然有某種地位比他更高的「強權」出現在面前。

然而事實就是該「強權」產生作用，爆發政變，東京外國語學校也面臨實質廢校的絕境。

這場政變的執行者，就是明治十七年春天歸國的森有禮。前述的《東京外國語學校史》推測此政變的原因如下：

十七年四月十四日，時任駐英公使的森有禮自倫敦歸國。設立一所官立商業學校，對森而言是已超過九年的心願；他一手創辦的商法講習所，已經以東京商業學校的名義成為官立學校，只是主管機關為農商務省所。然而令森無法容忍的，就是東京外國語學校附屬的高等商業學校，竟成為一個獨立存在的教育機關，而且位階高於東京商業學校。隔月，伊藤博文遵守他在巴黎對森的承諾，將森任命為參事院議官，同時兼任文部省御用人員，自此森便從外務官僚轉為文部官僚。

森兼任的文部省御用人員這個頭銜，從字面上看來彷彿沒什麼，實際上卻是地位僅次於文部卿的No. 2。事實上，這個「人之下的No. 2，還預定在隔年即將成立的伊藤博文內閣中就任文部大臣，因此無疑是實質上的No. 1。

而且，森有禮並沒有忘記——他在明治八年企劃設立商法講習所的時候，遭到當時擔任文部卿的大木喬任否決。一雪多年積怨的機會終於到來。根據《東京外國語學校史》的記載，政變的階段如下：

（森的）第一個工作，就是向大木文部卿提議將東京商業學校與東京外國語學校及其附屬高等商業學校合併。根據他的劇本，第一階段，是將東京商業學校的主管單位從農商務省改為文部省。第二階段，則是將東京外國語學校的法語科及德語科轉移至東京大學預備門。第三階段，是將東京外國語學校附屬高等商業學校併入東京商業學校，再讓東京外國語學校的俄語、漢語、朝鮮語學生轉入。

明治十八年五月，劇本中的第一階段開始付諸實行，接著他又趁學生與教師放暑假時，一舉完成第二階段與第三階段。

三校合併後新誕生的「新」東京商業學校校長，由「舊」東京商業學校校長矢野二郎續任，森有禮則扮演監督的角色，成功打造符合自己想法的學校。該校沿用舊東京外國語學校的校舍，而「一橋」這個地名，也從東京外國語學校的俗稱，轉變為東京商業學校的俗稱。

暑假結束後，東京外國語學校的學生與教職員一回到學校，才發現自己的學校已經「消失」，不禁為之愕然。法語科與德語科的學生，由於是被安排轉入大學預備門（正式名稱為第一高等中學），相當於「升格」或「維持同格」，因此還算安慰；但俄語、漢語（清語）、朝鮮語的學生，卻因為被迫轉入校風迥異的東京商業學校而大感不滿。當時東京外國語學校的學生大多為舊士族的子弟，他們相當鄙視以商人子弟為主體的東京商業學校，感到自己遭到「降格」，因此忿忿不平。《一橋大學一百二十年史》（一橋大學學園史刊行委員會）針對當時的騷動有以下描述：

這次的整併，讓森實現了他從一八七五（明治八）年以來的心願——設立隸屬於文部省的官立商業學校。而另一方面，因此蒙受損害的除了高等商業學校之外，還包括遭到廢校的東京外國語學校。森強勢主導的併校案，使得三所學校的教師與學生陷入一團混亂。范．史塔朋認為這違背了當初的契約，於一八八五年一月憤而歸國。當時外國語學校的學生半數以上為士族出身，他們對於日本的貿易在不平等條約下被外國商人獨占的現狀感到不滿，立志畢業後成為公使或領事，遠赴海外。他們針對此事議論紛紛，因此被稱為書生派。

在書生派當中，如同中江兆民在《三醉人經綸問答》裡描繪的慷慨「豪傑」型青年，當屬俄語科的學生最多；再加上該科師生皆為優秀人才，因此外國語學校廢校帶來的衝擊對他們來說格外劇烈。關於其中一名學生——長谷川辰之助（後來的二葉亭四迷），其好友內田魯庵在傳記〈二葉亭四迷的一生〉裡這麼描述。

明治十八年的秋天，舊外國語學校關閉，東京商業學校從木挽町遷來一橋的校舍，法德語科的學生轉入高等中學，俄清韓語科則轉入商業學校。當時的東京商業學校原稱商法講習所，主要招收商家子弟，程度頗低，相當於現在的乙種商業學校，因此仍保有士族氣質的大多數外語學校學生對於突如其來的廢校命令深感不滿，對商業學校極為鄙視，認為那是童工讀的學校。假如是今天，政府不可能發布這種專制的命令，假使真的發生，學生也會聯合起來展開示威運動；然而當時的學生尚無訴諸政治運動的概念，有風骨的學生紛紛向學校提出退學申請，自己離開學校。二葉亭也是其中一人，起初他也接受安排轉入商業學校，但到了隔年，也就是十九年一月，便無法再忍受，毅然拂袖退學。（內田魯庵，《新編 回憶裡的眾人》，岩波文庫）

校長矢野二郎惋惜二葉亭的才華，甚至表示即使他繼續缺席，也會頒發畢業證書給他，但二葉亭拒絕了校長的好意，選擇退學。而以結果來說，這個退學的決定反而造就了「文學家」二葉亭四迷，人的命運實在難以預料。

不過二葉亭屬於特例，大部分的學生儘管覺得委屈，仍繼續在東京商業學校完成學業，畢業後各自開創自己的道路。

於是明治十八（一八八五）年九月，東京外國語學校忽然從一橋消失，校舍轉由東京商業學校使用，明治二十年改稱「高等商業學校」，明治三十五年又加回「東京」二字，改名為「東京高等商業學校」。奇妙的是，繼承東京外國語學校正統的「書生派」，也就是偏好理論、喜歡談論天下事的學生，與覺得只要學習實用知識便足夠的商家子弟派之間，依然持續對立，成為這所學校的「根基」。針對這一點，《一橋大學一百二十年史》引用了大正十四（一九二五）年發行的《一橋五十年史》裡的這段敘述：

> 學校裡有充滿書生氣息，穿著棉質絣織上衣、褲管稍短的小倉織褲裙，在路上昂首闊步，談論國家大事的學生；也有擺出商家少東的架子，身穿軟質布料服裝的學生。這兩派學生很少互動，有些火爆的學生看見繫著毛料腰帶的學生，甚至會動手打人。——在一般人的眼中，當時一橋的學生約莫介於一高與慶應之間。這兩派的對立，在學校遇到大事時劃分得更為明顯，一派是改革急先鋒，一派是溫和的保守派。

根據《一橋大學一百二十年史》的記載，這兩派的對立一直持續到後來，「成為本校的基調（Leitmotiv），直到一九二〇（大正九）年升格為東京商科大學為止，將教師之間的對立這種不應存在的混亂也帶進校園」。如上所述，森有禮強制併校所帶來的影響，成了該校無法一朝一夕解決的陰影。

而東京外國語學校真的永遠從一橋消失了嗎？事實上，到了明治三十（一八九七）年，也就是相隔十二年後，又突然以高等商業附屬外國語學校之姿回歸。該校設有英語科、法語科、德語科、俄語科、西班牙語科、清語科、韓語科等七科，於同年四月開學；兩年後，也就是明治三十二年四月，以東京外國語學校為名獨立。

然而，當初一度遭到廢校的外國語學校，為什麼會在這個時代忽然重生呢？

原因是明治二十七（一八九四）年爆發的日清戰爭[48]，使得外語——尤其是俄語、中國語、韓語人才的需求激增。再加上三國干涉還遼事件，讓人們深刻體會與外國交涉時，精通該國語言的專家是不可或缺的關鍵，而由東京外國語學校畢業生主導的復興運動也功不可沒。

此後，即使校舍在大正二（一九一三）年的神田大火中付之一炬，東京外國語學校仍在錦町設置臨時校舍，繼續留在神田地區；直到大正十年，位於麴町區元衛町一番地（現在的大手町一丁目）的新校舍落成為止，它都是「神田的學校」之一，對舊書街的形成貢獻匪淺。

共立女子職業學校的誕生

如前所述，森有禮在明治十八（一八八五）年八月發動的「文教政變」，使得東京外國語學校以併入東京商業學校的形式，面臨廢校危機。不過鮮少有人知道，因為這場「文教政變」而同樣被迫併入他校的官立學校，其實還有另外一所——那就是東京女子師範學校（後來的御茶水女子大學）。東京女子師範學校的消失，促成了共立女子職業學校的誕生；而這所共立女子職業學校，正是神田地區唯一的女子大學，同時也是我任教三十年的共立女子大學的前身。接下來，我將說明東京女子師範學校併入東京師範學校的過程。

明治八(一八七五)年十一月在本鄉區湯島三丁目創校的東京女子師範學校,在第二任攝理(校長)中村正直的帶領下順利發展,成為擁有附屬幼稚園、附屬小學、附屬高等女學校的女子教育機關,但是明治十八年八月二十六日,森有禮突然下令,要求其併入東京師範學校,改為「東京師範學校女子部」。有關森有禮指揮的另一個「政變」,《御茶水女子大學百年史》將森的意圖整理如下:

根據森有禮的說明,這起併校案的實施,乃基於「管理與財務上的原因」。而提到新東京師範學校時,他特別表示本校「實可謂教育之本營。尤其是女教師之培育,當屬穩固國家基礎之諸事業之首,亟需更多關注」。是故整併此校,乃發展國家前途至為重大之業」。他同時也表示,或許有人因為「整併」而失業,但我們必須拋開私情。

問題在最後一句。因為除了「因為『整併』而失業」的人之外,對這場強制執行的「政變」感到不滿而自主離開學校的人,其實也不在少數。

其中一人,就是從東京女子師範學校創校時便擔任教諭[49]的宮川保全。宮川保全(一八五二—一九二二年)是共立女子職業學校實質上的創辦人,也是第五任校長。他出生於嘉永五(一八五二)年,是幕臣山崎幸之助的長男,幕府瓦解後移居駿府,在沼津兵學校師承數學泰斗塚本明毅,明治七(一八七四)年起任職於文部省,又在明治八年成為東京女子師範學校的教師。宮川對

48. 譯注:即發生於一八九四至一八九五年的甲午戰爭。
49. 譯注:中等學校之正規教師。

於政府的教育方針始終在西化主義與本國主義之間搖擺不定感到不滿，因此想新創立一所私立女子學校。宮川在共立女子職業學校創立三十三週年紀念活動上的致詞如下：

東京女子師範學校在僅僅十年之間，無論是學校的科目或學生的風俗，都歷經了漢、和、洋的三種變化，因此這十年來的畢業生，皆各自帶著不同的成績進入社會。在官立學校，每當長官更替，學校就會變更其主張，令學生摸不清方向，無所適從。看見這樣的狀況，我感慨萬千，同時痛切地感受到必須專為女子設立一所私立學校，在穩定不變的方針下施行教育。這便是本校創立的動機。（《共立女子學園百年史》）

如上所述，宮川保全對東京女子師範學校的營運方針隨著文部省或校長的想法而一變再變深感不滿，對他而言，森有禮在明治十八年發起的政變，某種意義上似乎成為他下定決心設立私立女子學校的契機。

十八年，傳出東京女子師範學校與男子師範學校合併的提議，儘管我們極力反對，合併案仍付諸實行，因此我在十九年二月的畢業典禮（當時東京女子師範學校舉行兩次畢業典禮）結束後便立刻辭職，同時召集與舊東京女子師範學校相關的有志之士，一同擔任發起人，設立本校。（同前書）

在宮川保全的號召下，舊東京女子師範學校的相關人士於明治十九年九月「共」同創「立」的，便是共立女子職業學校。根據司馬遼太郎的說法，「共立」這個校名，「彷彿是英國私立學校『public school』一詞中『public』的翻譯，可說是由同志合力打造」。（《街道漫步36 本所深川散步、

神田一帶》朝日文庫）

順帶一提，前面曾提到神田已經有一所「共立學校」，亦即由高橋是清與夥伴一同設立的英語預備校。共立學校由於考上大學預備門的及格率極高，因而大受歡迎，後來發展為正式的中學，同時也是現在開成學園的前身。

另外，請各位先記得，共立女子職業學校並非在明治十九年二月宮川辭職後便馬上創立。到明治十九年九月共立女子職業學校正式創立的半年之間，還經歷過一段可以稱為「前史」的過程。換言之，宮川辭去東京女子師範學校的教職後，便在前同事渡邊辰五郎所經營的裁縫塾「和洋裁縫傳習所」租了一個空間，掛上「女子職業學校」的招牌，開始授課；但那只是私塾等級的學校，並未提出正式的創校申請。

順帶一提，創立渡邊學園（東京家政大學的前身）的渡邊辰五郎（一八四四－一九〇七年）是日本裁縫教育的第一人，明治十四年起，除了任教於東京女子師範學校，同時也在位於本鄉區湯島四丁目的自家經營私塾「和洋裁縫傳習所」。渡邊的私塾在明治十七年搬遷至本鄉區東竹町二十五番地，而宮川就是借用這棟位於東竹町的建築物一隅，在明治十九年三月二十五日開設「女子職業學校」。

可以想見，即使在文明開化的社會氛圍中，「女子職業學校」這個名稱在人們的觀感裡仍極為新穎。「女子」擁有「職業」，而且是以中等教育的形式實施，令社會大眾感到驚奇。證據就是該校的招生似乎十分順利，校舍一轉眼就不敷使用，於是搬遷至本鄉弓町。

這時，宮川做了一個重大的決定——未來女子職業學校並非由自己和渡邊兩人經營，而要廣募有志者，「共同」創立一所擁有嶄新理念的學校。根據明治十九年四月向各界公開的「共立女子職業學校設立趣旨」，其理念如下：

見我國婦女之生活，其衣食概仰賴其父兄良人，可自力謀生者甚少，一旦其仗賴之父兄良人遭遇不幸，便頓失所依，陷入貧苦；尤有甚者，徒怨他人，悲嘆世間，不知所措，其慘境無須贅言。推究此事之所以然，乃肇因於女子教育仍未普及，無傳授實業之道；近來雖有女子學校之設立，然其教授之學科，或流於閑雅俊美，或偏於高尚深遠，概拘泥於文字章句之解讀，疏於實業，不適日用；最終，小學以上之學校教育主要施行於中人以上之子弟，無法廣泛遍及女子，吾等竊自憂心，故集結同志者相謀，設立女子職業學校，專授適於女子之諸職業，併教授如修身、和漢文、英語、習字、算術等日用所需之學科。

趣旨書中接著又批判世人對女子擁有職業的偏見，反駁：「自古存在的皇后，某種意義上不就是職業婦女嗎？」之後話鋒一轉，提到了辦學型態。

創始事業絕非易事，然創建後之長久維持猶為甚難之業，故吾等深思熟議，以訂立維持之方法為首要之務，進行準備；而校舍之興建亦屬草創之業，然建設所要之鉅額資金籌措不易，故尋求各方諸媛諸君子之贊同，以其捐款作為興建費用，並視此校為共有之物，與諸君一同永保之，共促日益隆盛。盼重視女子教育之諸媛諸君子惠予贊成補助。

由此可知，「共立女子職業學校」正是根據上述的設立趣旨，才取名為「共立」的。

有多少人贊同此「共立女子職業學校」的設立趣意書，並同意聯名擔任發起人呢？起初包括宮川保全和渡邊辰五郎在內，共有二十九人（男十一人，女十八人），且幾乎都是東京女子師範學校的相關人士（之後又加入五人，共三十四人）。

除了宮川與渡邊外的主要聯名者如下。

永井久一郎（一八五二－一九一三年）。永井荷風之父，當時為文部省官吏，為東京帝國大學書記官，出生於尾張的村長之家。曾於箕作塾、慶應義塾求學，明治四（一八七一）年受政府之命赴美留學，歸國後進入工部省任職，自此展開官吏生涯。明治十年擔任東京女子師範學校教諭，與宮川保全成為同事。辭官後進入日本郵船株式會社，擔任要職。在設立趣意書聯名就是因為這層關係。根據《共立女子學園百年史》，「宮川設立共立女子職業學校時，永井為東京帝國大學書記官，但宮川找永井商量創校事宜，並非單純因為過去的同事情誼，而是因為他身為文部官僚，對學校制度瞭若指掌之故」。

永井加入後，充分運用了他在美國留學時期與在文部省的人脈，使共立女子職業學校得以順利創立。具體而言，創校時的校地錦町二丁目一番地，過去是隸屬於大藏省的造幣局官舍，遷校後的校地，也就是一橋通町二十一、二十二番地，則是隸屬於大藏省的銀行簿記講習所。大藏省所屬銀行簿記講習所與東京商業學校合併後，校舍便空了下來，因此共立女子職業學校才得以遷入。上述兩處校地皆透過永井，或之後加入發起人的手島精一（第二任校長）、服部一三（首任校長）等文部省官吏，以及東京商業學校校長矢野二郎居中斡旋，才順利獲得。

那珂通世（一八五一－一九〇八年）——出身南部藩，是一位知名東洋史學者，著有《支那通史》、《成吉思汗實錄》等書。曾任千葉師範學校校長，明治十四（一八八一）年至十八年擔任東京女子師範學校校長。任職於千葉師範學校時，發掘了裁縫師渡邊辰五郎與後述的小西信八，因為這層關係，兩人也加入聯名發起的行列。

中川謙二郎（一八五〇－一九二八年）——共立女子職業學校第三任校長，理科教育與女子教育的先驅者。老家為丹波國愛宕神社的世襲董事。曾就讀大學南校。明治十四（一八八一）年起擔任東京女子師範教諭。

小西信八（一八五四—一九三八年）——出身越後，盲聾教育、幼稚園教育的先驅者。任職於千葉師範學校時，受到那珂通世的賞識，因此轉任東京女子師範學校。

武村千佐（子）（一八五二—一九一五年）——出生於仙台藩士之家，因擅長南畫[50]與西洋畫，而進入東京女子師範學校任教。亦為知名閨秀畫家，號「耕露」。

山川二葉（子）（一八四四—一九〇九年）——會津藩家老山川重固的長女，也就是東大總長山川健次郎，以及日本首位女留學生、後來成為大山巖夫人的山川捨松之姊。東京女子師範學校的訓導。

藤村晴（子）（一八五五—一九三五年）——東京女子師範學校畢業。宮川保全的學生。那珂通世之兄——藤村胖的妻子，亦是投入「華嚴瀑布」自殺的藤村操之母。在共立女子職業學校任教算術。

鳩山（多賀）春子（一八六一—一九三八年）——松本藩士多賀努之女。就讀當時唯一的女子學校——東京女學校，並在此成為宮川保全的學生。後來東京女學校與東京女子師範學校合併，因此轉入該校。小學師範科畢業後，在該校執教鞭，與鳩山和夫結婚，成為鳩山一族的教母。共立女子職業學校第六任校長。

除此之外，雖然並未名列設立發起人名單，但還有兩位從剛創校就擔任教師的女性——山崎蘿拉與跡見玉枝。

山崎蘿拉（一八四四—一九二〇年）——德國出身，與士族山崎某人在德國留學時結婚而赴日並歸化，之後喪夫，成為寡婦。明治二十（一八八七）年起任職於共立女子職業學校，成為教授洋裁、編織的招牌教師之一。

跡見玉枝（一八五八—一九四三年）——跡見學園創辦人跡見花蹊的堂妹，以櫻花圖聞名的日本畫家。教授圖畫。

各位是否光是從設立發起人與創校初期教師的介紹，就能感受共立女子職業學校草創時期的氣勢與氛圍呢？事實上，該校在明治十九（一八八六）年正式開課時，也獲得莫大的迴響。這或許與當時的時代背景有關。

第一，當時正值由外務卿井上馨所主導的所謂鹿鳴館時代，社會上需要受過西式教育，能與外國的紳士顯貴在舞會上共舞、具有社交應對能力的女性。共立女子職業學校的母體，亦即東京女子師範學校，似乎也受到歐化政策的影響。上述設立趣意書的發起人之一——東京女子師範學校的教諭中川謙二郎如此回憶：

> 明治十八、九年是所謂的鹿鳴館時代，本校的學生也身穿洋服來上課，在學校學習跳舞。（中略）正好有一間大講堂適合作為舞蹈室，大學教授們經常來跳舞。（《御茶水女子大學百年史》）

第二是受到明治十（一八七七）年爆發的西南戰爭影響。在西南戰爭中，有約七千名的軍官以及約五千名的西鄉軍戰死。站在女性的立場，也就是全日本共有一萬兩千名丈夫或兄弟戰死，使得他們遺留下的妻子或姊妹頓失依靠。例如，田山花袋的父親是舊館林藩士，維新後擔任警視廳巡查，後來在西南戰爭中以警視廳別動隊的身分出征，最後戰死於飯田山麓，於是全家只好離開東京，回到館林。

50. 譯注：日本在江戶中期以後，受中國南宗文人畫影響下發展出的新興畫派。

為了讓女性在丈夫或兄弟遇到不幸時生活也不至於陷入困境，而主張女性應該擁有職業，同時必須接受職業訓練的女子學校，正是在這種環境下誕生的產物，因此獲得極大的迴響。《女學雜誌》在明治十九年到二十一年之間，也數度報導這所學校，暗中予以協助。想必是因為該雜誌所倡議的女性自立意識，與共立女子職業學校的理念相符的緣故吧。

作為一所女子職業學校，這所學校設有哪些學科呢？《第一學年報告書》中記載的報告如下。裁縫（雖為和洋裁，但有鑑於洋服的需要日益增加，故以童裝．女裝的洋裁為教學重點）、飾帽（設計與製造屬於洋服必需品的帽子）、編織（使用毛線、棉線等編織襪子、帽子、披肩等的技術）、縫取（刺繡）、圖畫（主要為繪製陶器的繪畫技巧）、押繪（因需求過低而廢除）、造花（設計與製造用於帽子及髮飾的假花）等。除此之外，還有修身、讀書、習字、算術、作文、家政、理科、英語等通識科目。

招生狀況自創校便十分順利，明治十九（一八八六）年度的入學人數為二六四人，其後始終保持在兩百人左右，創校第十三年，也就是明治三十一年超過五百人。從人數的增加可感受到明治時代的女性對職業的嚮往，而《女學雜誌》第四十四號（明治十九年十二月十五日發行）也提到該校受歡迎的理由之一，應是下列方針：

> 甲乙科學生入學時皆為初學，手巧者兼學內外衣之裁縫、編織、刺繡等二、三項，進步顯著者亦不少。現順應大眾希望，出售本校學生之手作成品，將每一品之淨利平分，其中一半作為學生之勞力報償，然基於本校理念，此金錢不直接交付，而以學生本人名義全數存入郵遞局之儲金課，以為儲蓄。

《共立女子學園百年史》中，描述了創校初期這種販售產品以幫助學生儲蓄的措施逐年興盛的景象，並做出以下結論：

讓學生以個人名義儲蓄，畢業時再將存款還給學生的措施，幫助學生養成節儉的好習慣，同時也讓學生體會：學得一技之長能帶來收入。

因就讀共立女子職業學校，而體會到「職業等於自立」的學生之一，就是司馬遼太郎曾提及的正岡律這名女性。最後，我想引述這段文字作為結尾：

子規（正岡子規）死後隔年，三十四歲的她進入女學校就讀；或許是因為讀了子規的文章才有此念頭。她就讀的學校，是現在共立女子大學的前身，當時稱為共立女子職業學校，位在神田一橋通町一隅。（中略）律以教育者的身分度過下半生。她在上述學校就讀四年，畢業後繼續留在母校擔任裁縫教師，深受學生喜愛。（中略）據說她在教授綁腿的縫製方法時，經常拿出一個範例給學生看，並說：「這是我哥哥的綁腿。」律平時不苟言笑，只有在提到「哥哥」的時候，表情才會變得柔和。

在《共立女子學園百年史》的「舊職員」名冊中，確實可以找到「正岡律」的名字。正岡律因丹毒住進東大小石川分院，在昭和十六（一九四一）年因心臟衰竭過世，享年七十二歲。徹底實踐了共立女子職業學校設立理念的她，實可謂明治女性的典範。

8. 漱石與神田

成立學舍的漱石

神田之所以發展成舊書街，是因為明治以來，各類學校陸續聚集於此；而各校集中於此的原因，則是因為絕大多數學校的財力不足，無法單靠專任講師教授所有課程（當然現在也一樣），必須仰賴鐘點教師的關係。為了體恤鐘點教師，將校舍設置在多數學校蝟集的神田地區，是較為理想的選擇。

我年輕時也曾因本俸太低而在他校兼課，因此對這一點感同身受。假如兼課的大學都位在附近，兼課教師就不必因為奔波而浪費一節課的時間，幫助非常大。然而到了一九八〇年代，各大學紛紛遷校至郊區，往返兼課學校常得花上一整天，增加了兼課的難度，因此我完全可以體會學校集中在神田一帶是多麼方便。

如前述，明治十年起陸續成立的私立法律學校，之所以集中於神田一帶，是因為這裡距離年輕講師專任的東京大學與司法省明法寮，或是白天任職的各種官廳較近的緣故；而當時為了考大學預備門而設的預備校，也是同樣的情況。

例如，夏目漱石在〈我的學生時代〉這篇訪談中，提到了他在準備考大學預備門（現在東京大學通識學院的前身）時就讀的成立學舍。

成立學舍位於現在駿河台的曾我祐準舊邸旁，所謂的校舍，是一棟極為髒亂老舊的建築。窗框內沒有窗戶，冬天寒風刺骨；學生大多穿著木屐進入教室，而教師多是為了賺學費而兼課的大學生。（《筑摩全集類聚 夏目漱石全集10》，筑摩書房）

漱石在就讀大學預備門的預科時，也曾在本所的江東義塾打工。從這個時代開始，預備校的老師便以大學生為主。

有一點必須留意的是，明治初期的「預備校」，性質雖與現代的升學補習班相同，都是為升大學做準備的機構，但它並非針對中學畢業生或在校生設立的「補習學校」，而是真正的「中學」。換句話說，在明治十九（一八八六）年發布中學校令之前的時代，日本實質上並沒有相當於中等教育的中學存在；幫助學生準備大學預備門入學測驗的，是屬於私塾性質的私立中學，或其延伸發展出來的機構。

前述夏目漱石〈我的學生時代〉的前半部分正是最佳佐證，接下來就讓我們一同細讀。首先是漱石小學畢業到進入中學這段時間。

我在東京出生長大，是所謂純粹的江戶小孩。雖然記憶已有點模糊，不過我應該是在十一、二歲時從小學（當時為八級制度）畢業，接著進入現在的東京府立第一中學——當時位在一橋——就讀，無時無刻都在玩，完全沒有認真念書。

在此替漱石的這段敘述補充一些注解：「從小學（當時為八級制度）畢業」的「小學」，指的是明治六（一八七三）年五月創立的第四中學區第二番小學校——錦華小學（現在的御茶水小學）。不過，明治七年，漱石在八歲（虛歲，下同）時就讀的是淺草的戶田小學，十歲時回到原生家庭，明治九年轉入市谷小學，之後又轉入錦華小學，明治十一年在此畢業。

從錦華小學畢業後，漱石進入東京府立第一中學校（明治十一〔一八七八〕年創校）；而這所學校，儘管名稱與組織皆與戰前的名校——府立一中（都立日比谷高校的前身）相同，但兩者實質上在明治十九年中學校令發布之前與之後，差異極大，甚至應該視為彼此毫無關聯的兩所學校。關於這一點，漱石本人也留下了某種意義上非常珍貴的敘述（請注意漱石筆下府立一中的「正規」和「非正規」，與一般的認知相反）。

我在此學校[51]僅就讀兩、三年，即因有所感而自行退學，但有其緣由。此中學與現在組織完善的中學迥異，分為正規與非正規兩種制度。所謂的正規，是僅使用日語教授所有的課程，並未教授英語；而非正規則僅教授英語。我念的是正規，因此完全沒有學習英語。在當時，沒有修讀英語，便很難考上預備門。這樣一來實在無趣，又無法達成我一直以來的心願，因此我打算退學；但父母卻遲遲不肯同意。於是我每天帶著便當出門，卻沒去學校，而是在外頭遊蕩。漸漸地，父母大概終於理解我想退學的想法，不久我便從正規科退學。

對照資料，可知漱石的回憶正確無誤。肩負府民的期待，於明治十一（一八七八）年創校的府立一中（漱石為第一屆），對於漱石這種立志進入大學預備門的學生而言，課程內容（尤其是不教英語的正規科）可謂貧乏空洞，令人失望透頂。如上所述，開成學校預科↓大學預備門已遵循明治三年十月制定的「南校規則」，廢除了非正規（日籍教師以日語講授的課程），僅留下正規（外籍教師以外語講授的課程），因此入學測驗中英語的比重必然會增加，若沒有學過英語，便絕對不可能通過入學測驗。換句話說，倘若就讀府立一中的正規科（全日語授課），將會產生無法考上大學預備門的矛盾情形。

單看年譜，或許會對漱石進入府立一中後一、兩年就退學的狀況感到不解，但那其實是因為中等教育與高等教育在英語教育的銜接上，出現了上述矛盾的關係。當時接連設立於神田、麴町地區的私立中學，或相當於中學的私塾，正是為了解決這種「矛盾」而誕生的產物。

> 東京府直到明治十一年之後，才設立第一所公立中學（府立一中）。而第二所府立中學（府立二中），則要等到明治三十三年才設立；在這段期間，東京始終處於只有一所公立中學（府立一中）的狀態。而且，府立中學的發展絕對稱不上順利，甚至一度面臨廢校危機。
>
> 在當時（尤其是「學制」施行期間），實質上肩負起東京府中等教育的，其實是私立中學。（中略）在府立一中設立的明治十一年，私立中學的數量已達二七一所。如前所述，在全國，私立學校的比例也遠高於公立學校，其中又以東京府的私校比例最高（接近百分之百），占全國私校的百分之五十以上（約百分之五十三）（明治十一年）。不僅是東京府，就連全國的中等教育，都可以說是由東京府的私立中學一肩扛起。此外，大多私校位於本區（千代田區），特別是私立中學，在本區更是具有極高的地位。（〈千代田區〉，《千代田區教育百年史》）

換言之，從明治三年「南校規則」制定的「正規（以英語授課）」成立，一直到明治十三年，文部省以教育令第四條為由，祭出淘汰私立中學的方針為止，這八年之間，可說是神田地區以進入

51. 作者注：東京府立第一中學校。

大學預備門為目標之私立中學及預備校的全盛時期，路上往來的都是年紀輕輕，卻抱著「立身揚名」這個大時代夢想的青少年。

漱石當然也是胸懷「大時代夢想」的年輕人之一。他雖然進入了新成立的府立一中，但在「正規科」學習，卻無法進入大學預備門；而「非正規科」則是除了英語以外的課程都不夠充實，無法滿足想在短時間內吸收大量知識、求知若渴的漱石。於是漱石決定拒學，帶著便當在神田一帶遊蕩，最後下定決心從府立一中退學。讓我們繼續往下讀〈我的學生時代〉：

如上所述，中學分為正規、非正規二科，修讀正規的學生普遍缺乏外語能力，無法應付預備門的入學測驗。因此，此等學生大多進入私塾，以準備入學測驗。

當時我所知道的私塾，包括共立學舍、成立學舍等等。這些私塾儘管衛生環境不佳，但無論數學、歷史或地理等科目，皆使用原文書授課，若沒有一定程度的外語能力，上起課來會非常吃力。我從正規科退學後，便在麴町的二松學舍學了一年多漢學，然而我對英語的渴求——不學習英語就坐立難安的渴求，卻一天比一天強烈。於是我決定進入上述的成立學舍。

令人略感訝異的是，因為無法學習英語而從府立一中退學的漱石，竟不是選擇專門教授英語的學校，而是進入了主要教授漢學的二松學舍。根據我的猜測，從未學過外語的漱石，是否對全英語授課的學校感到強烈的不安呢？此外，漱石原本就喜歡漢文，若不考慮進入大學預備門，那麼二松學舍確實是個好選項。然而漱石最終還是無法放棄考上大學預備門的夢想，於是進入了成立學舍。

家兄之前學英語的時候，我也跟著他多少學了一些，但由於實在太難，我就暫時放棄了。從那之後再也沒碰過英語的我，進入成立學舍後，正如前述，大部分的科目都使用原文書授課，儘管有學到東西，但對於原本不具任何知識的人來說，實在不易理解。雖然念得非常辛苦，但並沒有遵循什麼規則，也沒有使用什麼特殊的記憶方法。

漱石在明治十六（一八八三）年轉入的成立學舍，是一所什麼樣的學校呢？

《千代田區教育百年史》所列出的神田區各種學校一覽中，記載著成立學舍的相關資料如下：成立學舍是英學的專門學校（預備校），校地位於神田區駿河台鈴木町。設立於明治十（一八七七）年，修業年數為三年，教師為男性八名，學生人數為七十人，一年的學費為八百四十圓。校長為笹田聽右衛門，屬於中型規模的預備校。

校舍雖如漱石所言破舊不堪，但課程內容想必極為充實。若非如此，原本對英語一竅不通的漱石，也不可能只花了短短一年，就順利考上大學預備門。

> 我在成立學舍念了大約一年，隔年就試著報考大學預備門的入學測驗，結果就像前面所說的，順利上榜。當時我十七歲。

漱石在成立學舍的同學，包括「前長崎高等商業學校校長隈本有尚、故人日高真實、實業家植村俊平，以及新渡戶博士等人」。

順帶一提，《千代田區教育百年史》的明治十年中學一覽表中，還列出了明治九年創立於今川小路二丁目的「成立學校」（教師一名，學生兩百四十二名），這所學校的校長同樣是笹田聽右衛門，推測應是成立學舍的前身。根據神邊靖光《明治前期中學校形成史》（梓出版社）的說法，在明治十八年的《文部省第十四年報》中，該校被列為組織完備的五所東京私立英語學校之一，足見該校對英語教育貢獻良多。

而「成立學校」為什麼將校名改為「成立學舍」呢？原因是前面曾提過的——明治十三年文部省中等教育政策轉向的關係。

明治五（一八七二）年發布的「學制」，對中學只有粗略的規定，因此光是在東京，明治十二年之前就有三一七所私立中學設立，但大多是由小規模私塾變更校名而來。到了明治十三年，文部省突然採取更嚴格的規定，透過教育令第四條大幅提高中學的設立門檻。

上述三一七所私立中學幾乎全數達不到標準，最後僅剩下一所（學習院），而不符標準的學校，只好將招牌換成「各種學校」[52]。設立時自我定位為中學的成立學校，之所以將校名改為成立學舍，轉型為準備大學預備門入學測驗的預備校，以求生存，正是基於上述背景。

因為文部省的新規定而被降級為「各種學校」的其他私立中學，狀況又是如何呢？根據《千代田區教育百年史》的說法，明治十四年存在於千代田區內的「各種學校」，共有一百零九所（其中麴町區六十二所，神田區四十七所），其中的六十二所（麴町區三十五所，神田區二十七所）主要教授漢學；而主要教授英學的，包括英語專門學校在內，也只有十七所（麴町區九所，神田區八所）。真沒想到居然是漢學居多。主要教授漢學的「各種學校」，除了漱石曾就讀的二松學舍之外，之後幾乎都遭到了淘汰，但即使如此，明治十年代到二十年代初期，確實還殘留著「只有漢學才是學問」的觀念，尤以慷慨激昂、熱衷政治的青年，格外偏好這方面的學問。舉例來說，田山花袋的《東京的三十年》（岩波文庫）中就有下面這段敘述：

那裡掛著一個大招牌，上面寫著包荒義塾。（中略）校舍裡傳出宏亮的朗讀聲！我感到懷念不已，忍不住移動我個頭嬌小的身子，走向窗邊。因為家兄就在那裡念書。（中略）家兄就讀的那種漢學私塾，當時比比皆是，諸如中村敬宇的同人社、三島中洲的二松學舍。當時的書生，大多具有舉劍談天下事的氣質。

正因如此，田山花袋當初十分煩惱究竟該學習漢學，還是英學；最後他選擇了英學。

我就讀的神田英語學校，是自由黨當時的有力人士林包明所創立，由星亨等人擔任顧問。這所學校後來成為佐佐木侯爵之子的學校，稱為明治學館，我至少在這裡學了三年左右的英語。該學漢學？還是英語？抑或是政治？還是法律？當時年紀尚小的我，為此煩惱不已。

在中等教育尚未完備的這個時代，不論是漱石或是田山花袋，只要是多少對文學抱有一絲野心的青年，都曾為應該專攻漢學還是英學而大為苦惱，但最後仍不敵時代的潮流，選擇了英學。

在以英學為主的「各種學校」中，格外受到歡迎的，就是校名在本文中曾出現兩次的共立學校。漱石筆下的「共立學舍」可能是他記錯了，他所指的應該就是這所共立學校才對。

共立學校是「開成學園」的前身，造兵司正佐野鼎在明治四（一八七一）年秋天取得神田淡路町的公有地後，在明治五年提出「私學開業願」[53]，在隔年，即明治六年一月獲得許可。學科包括「英學、漢學、筆學、算學等四科」，在佐野以全英語授課的方針下，英學由陸軍御雇教師英國人威

52. 譯注：指實施類似學校教育之教育，但不屬於日本學校教育法第一條所規定之學校。
53. 譯注：私立學校辦學申請書。

廉・亨利・弗里姆任教。就這樣，共立學校作為以英學為主軸的「外國語學校」踏出了第一步。明治十年佐野過世後，當時任教於大學預備門的高橋是清接下重建的任務，由佐野鼎的女婿伊藤祐之擔任校長，重新提出「私學開業願」，取得「中學校」的許可。

《高橋是清自傳》（中公文庫）裡的敘述如下：

> 創校後，報考者出乎意料地多，績效良好，且據說共立學校的學生考上預備門的人數最多，因此學校的風評又更加提升。教師當中有許多來自預備門的同事，因此起初略嫌不足的收入，也漸漸增加。

正岡子規就是聽聞共立學校的風評後，以考上大學預備門為目標而入學的學生之一。正岡子規在明治十六（一八八三）年五月從松山中學退學，六月收到叔父加藤恆忠的信，決定前往東京。一個月後，進入赤坂區丹後町的漢學私塾須田學舍，之後又進入共立學校。隔年七月，通過大學預備門的入學測驗，成為漱石的同學，更是他畢生的摯友。

神田不是只有大學與法律學校的城市，打從它形成城市時，就已經是預備校的城市了。

「少爺」的東京物理學校

從夏目漱石的年譜可知，從他明治十一（一八七八）年四月轉入神田猿樂町的錦華小學之後，扣掉就讀麴町的二松學舍的期間，前後在神田地區學習、生活了十年左右。具體而言，也就是明治十二年三月到明治十四年就讀一橋的府立第一中學，明治十六年十月到明治十七年九月就讀神田駿河台的成立學舍，明治十七年九月到明治二十三年七月就讀神田一橋的大學預備門↓第一高等中學。換言之，在明治二十三年九月進入帝國大學文科大學之前，他幾乎沒有離開神田地區。這是因為東京大學的法科．文科大學於明治十八年遷至本鄉後，大學預備門↓第一高等中學在仍留在神田地區，且漱石的租屋處也位在神田猿樂町之故。

因此，假如漱石也撰寫了類似坪內逍遙《當世書生氣質》的作品，對我們來說將有極高的參考價值；但很遺憾，除了對談及小品文之外，漱石完全沒有留下以神田作為背景的文章——就在我寫到這裡時，忽然想起了《少爺》。《少爺》的主角（以下稱少爺）就讀東京理科大學的前身，亦即物理學校，而漱石住在神田時，物理學校就已經在神田地區，因此漱石和少爺的生活範圍必定有相當大的重疊。由此可以推測，漱石在刻劃少爺這個人物時，應該融入了許多自己的親身體驗和見聞，因此只要跟隨少爺的足跡，想必就能一窺漱石當時的生活樣貌。

接下來，我準備整理漱石與物理學校的關係，同時探討現在已經搬到飯田橋的這所學校，過去在神田地區所扮演的角色。

首先，物理學校是在什麼背景下成立的學校呢？要回答這個問題，就必須追溯到明治六（一八七三）年，開成學校↓東京開成學校↓東京大學統一以英語授課的政策。

> 明治六年四月，開成學校將外語統一為英語。為了不讓選修法語的學生失去學習的機會，校方為選修法語的學生設置了諸藝學科，八年七月又改為法語物理學科，並停止招募新生。在學中的學生畢業後，該學科便會自然消失。（《東京理科大學百年史》）

如上所述，明治六年發生的這起「統一以英語授課」的「事件」，促成了日後明治大學、法政大學的誕生，對日本教育界帶來莫大的影響；而東京物理學校↓東京理科大的誕生，其實也和這起

「事件」息息相關。

換言之，該校在明治十（一八七七）年將校名從東京開成學校改為「東京大學」的「法語物理學科」後，只有明治十一年的第一屆到明治十三年的第四屆，共計四屆、總數二十一名的畢業生。不過，正如在類似狀況中經常可見的發展，這二十一名畢業生極為團結，想盡辦法試圖將自己所學的法國物理學流傳後世。

就在「東京大學法語物理學科」最後一屆學生畢業的隔年，也就是明治十四（一八八一）年的六月十三日，東京物理學講習所設立的廣告刊登於《郵便報知新聞》，同年九月十一日，該校便借用麴町區飯田町四丁目的一所小學，也就是私立稚松學校的校舍，開始授課。這就是俗稱物理學校之東京物理學校的起源。

不過該校走到這一步，過程十分艱辛，創校後的路途也布滿荊棘。

首先，創校前最大的難題，就是必須準備昂貴的實驗器材。雖然創辦人個個充滿熱情，但畢竟他們才剛從東京大學畢業，當然不可能有什麼錢。無償投入的他們，好不容易找到了校舍，卻無力購買從歐美直接進口的昂貴實驗器材。這個問題一天不解決，開課就遙遙無期。

這個難題，在當時東大理學院中唯一的日籍教授——山川健次郎的努力下，得到了解決。當時山川的年齡與聯名創立東京物理學講習所的二十一人相差無幾，想必是受到他們的情熱所感動，才允諾提供協助的吧。具體的助力，就是明治十四年三月，東京大學理學院公布的「附器械貸付規則」[54]。此規則之制定宗旨為「針對以增進理學之普及為目的而創設之學校給予方便」，對象則包括「由十人以上之理學士共同創設之學校」，顯然是為了預計在同年六月設立的東京物理學講習所量身訂做。當時東大理學院位在神田一橋，飯田橋等於近在咫尺，出借器材想必十分方便。

就這樣，東京物理學講習所總算得以開課。然而，他們借用的小學校舍桌椅太小，難以使用，因此明治十四年年底，搬遷至神田區錦町的大藏省官史簿記講習所、明治十五年又遷移至本鄉區元町二丁目的進文學舍，幾經輾轉，最後在明治十五年獲得神田區今川小路三丁目九番地的土地，終於得以建設自己的校舍。這是因為東京工業大學的前身——東京職工學校成立後，東京物理學講習所作為其預備校，開始受到學生的歡迎。明治十六年，校名也變更為東京物理學校，看起來一切都慢慢上了軌道。

然而好事多磨，明治十七年九月，東京遭到一場暴風雨襲擊，使得今川小路的新建校舍坍塌。創辦人團結一心，借用位於九段坂下牛淵的共立統計學校校舍，重新開課，孰知房東共立統計學校擔心實驗可能引起火災，不願繼續出借校舍。東京物理學校面臨了有史以來最大的危機。

這個時期是本校最嚴峻的時期。為了本校的永續發展，本校的創辦人於明治十八年（一八八五）創立維持同盟，立誓貫徹振興理學的初衷。（同前書）

他們為了物理學校的存續而想出的「維持同盟」，是個什麼樣的組織呢？以現在的角度來看，「東京物理學校維持同盟規則」中記載的條項，在某種意義上實在令人瞠目結舌。

第二條：維持同盟會員不但有義務捐款三十圓（可分期付款），每週亦必須無償授課兩次。第三條：若教師請假停課，無論原因是公是私，每停課一次皆須支付二十五錢的罰款。第四條：居住於外地，無法授課的維持同盟會員，除了捐款三十圓之外，每個月還須額外支付兩圓。第五條：維持同盟會員為東京物理學校財產之共同名義人，若學校負債，則為連帶債務人。

---

54. 譯注：器材出借規定。

真虧他們想得出這些荒謬的規則，換作是我，絕對不會想參加。然而胸懷青雲之志、高舉宣揚理科教育理念的同志，將此「東京物理學校維持同盟規則」視為一種「歃血之誓」，下定決心即使被要求滅私奉公，也要堅守這所學校。

事實上，這二十一名創辦人並沒有全數加入維持同盟。有些人因為住在外地，或因為生病、死亡等理由而無法參加，最後維持同盟的名冊裡只有十六人，而且其中兩名正在國外留學，一名住在長崎。也就是說，他們明知「住在外地的會員，除了捐款三十圓之外，每個月還有義務額外支付兩圓」這項規定，仍選擇加入同盟。

只能說以前的人真是了不起。

物理學校「了不起」的事蹟不只維持同盟。

另一件事蹟，就是物理學校自始至終都貫徹其著名的校訓，也就是人們從二次大戰前就津津樂道的，「入學容易畢業難」。

> 本校自明治十四年創校以來，畢業生始終不多。以初期學生狀況為例，在學人數為明治十四年二十名、明治十六年四十名、明治十七年七十名、明治十九年一百零六名、明治二十年兩百三十七名、明治二十一年三百零三名，而畢業人數為明治十八年一名、明治十九年一名、明治二十六年六名、明治二十一年四名。（中略）相對於在校生，畢業生的人數極少，升級的難度可見一斑。然而嚴格訓練並從嚴評分，是為了真正培養學生的實力，再將學生送出社會，這正是堅守本校創校校訓，重視實力主義的表現。因此，社會大眾也逐漸開始認為從物理學校畢業，就等於擁有相當的實力，並給予高度評價。（同前書）

接著，話題回到《少爺》與漱石的關係。因為在得知上述物理學校的校訓後，再回頭讀一次《少爺》，便能理解得更透澈。例如：

> 幸好我經過物理學校時，看見了招生廣告，心想這也是某種緣分，於是拿了一份簡章，立刻辦理了入學手續。現在回想起來，這也是遺傳自父母的衝動個性所造成的失策。
>
> 三年裡，儘管用功的程度也不輸人，但因為資質不特別突出，排名總是用倒數的比較快。然而不可思議的是，過了三年，我竟然也畢業了。雖然連自己都覺得奇怪，但總不可能向學校抱怨，於是我便乖乖畢了業。
>
> 畢業後第八天，校長找我過去，我一頭霧水地去了，才知道原來是四國那裡的一所中學在徵數學教師，月薪四十圓，問我有沒有興趣。

由上可知，漱石撰寫此段落的目的，是想讓讀者明白物理學校所謂「入學容易畢業難」的校訓。若非如此，經過物理學校、看到招生廣告就入學，應該也不會變成「遺傳自父母的衝動個性所造成的失策」。少爺在入學之後，才驚覺自己跟不上課業，不過他意外地充滿毅力，以好幾百分之一的機率順利「畢業」。

漱石為什麼將少爺就讀的學校設定為物理學校呢？

這很可能是因為明治十九（一八八六）年九月，物理學校被趕出共立統計學校校舍後，便轉而向神田區駿河台鈴木町的成立學舍借用校舍的關係。

如前所述，漱石在明治十六年，為了準備考大學預備門而進入成立學舍，在隔年九月順利考上大學預備門之前的這一年裡，都在這所預備校形式的中學念書。成立學舍也許是在漱石畢業一年後，便搬遷至他處或縮減規模，於是將原校舍租給當時正在尋找校舍的物理學校。

而漱石於大學預備門在學期間，從明治十八年開始，便與柴野（中村）是公等約十名同學一起住在神田猿樂町一處名為末富屋的包餐宿舍，當他路經自己的「母校」成立學舍時，想必一眼就發現原址變成了物理學校。

然而光是如此，還不能作為少爺畢業於物理學校的「關鍵證據」。我試圖尋找其他線索。我先查出二十一位物理學校創辦人的名字，再翻閱《漱石全集》的索引，竟發現出乎意料的交集。

第一個交集，是從昭和五（一九三〇）年起擔任物理學校第三任校長的中村恭平（一八五五—一九三四年）。中村恭平不只是二十一名創辦人之一，更加入了維持同盟，名符其實是物理學校「土生土長」的校友。明治三十一（一八九八）年起任職於東京帝國大學，歷經舍監、山川健次郎總長祕書等職務，於明治三十七年起擔任理學院副教授。住在本鄉的西片。

另一方面，漱石則是在明治三十六（一九〇三）年從英國留學回國後，擔任第一高等學校的講師，同時兼任東京帝國大學文科大學講師，教授英國文學。他居住在本鄉區駒込千駄木町五十七番地。

也就是說，兩者同在東京帝大任教，住得也近，因此交情匪淺；這一點從他們往來的書信也可看出。而漱石研究者當中，更有人推論中村恭平正是《我是貓》裡苦沙彌老師的原型。馬場鍊成在《物理學校 近代史中的理科學生》（中公新書 LACLEF）裡針對兩人關係的描述如下：

恭平住在本鄉西片町，經常奉山川總長之命協調各種問題。漱石也住在附近，兩人交情甚篤。恭平比漱石大一輪，習慣以漱石的本名金之助稱呼他。想必對漱石而言，他就像個老大哥吧。恭平曾在日記裡寫到「金之助今天也來了。還是一如往常地厚臉皮」。由此可知兩人平時的相處毫不拘謹。同一時期，漱石在《杜鵑》雜誌連載〈我是貓〉，廣受好評。一般認為小說主角苦沙彌老師的原型就是恭平。

當時恭平在夜間擔任物理學校的教師，又擔任幹事・主計，實質負責經營與教育。正因為漱石知道這一點，才將主角「少爺」設定為物理學校畢業的數學教師。

漱石與物理學校的另一個交集，是櫻井房記（一八五二—一九二八年）。他同樣是物理學校創辦人，也是維持同盟會員。上述《物理學校 近代史中的理科學生》一書中亦有關於此人的敘述。

此外，漱石也與櫻井房記私交甚篤。明治二十九年，櫻井擔任熊本第五高等學校的校長，而二十九歲的漱石也在同年從東京來到該校任教英語。（中略）明治三十三年，漱石奉文部省之命前往英國留學，研究英語時，也曾與櫻井商量。櫻井在創設物理學校之後便赴英國、法國留學，熟悉歐洲的環境，故能以留學生前輩的身分告訴他許多在外國生活的點滴，最後漱石在櫻井的建議下決定留學。

另外我也在網路上查到另一說：上越市關根學園的創辦人關根萬司，是漱石在二松學舍的同學，後來又在物理學校成為中村恭平和櫻井房記的學生，最後當上數學教師。根據勝山一義氏的推論（《小說《少爺》誕生秘話》），關根萬司也可有能是少爺的原型。

總而言之，唯一可以斷言的，就是漱石身邊有許多物理學校的創辦人或畢業生，漱石將從他們口中得知的狀況與自身的體驗加以混合，塑造出「少爺」這個人物的樣貌，並將他設定為物理學校的畢業生。

透過以上的整理，相信多少釐清了漱石和物理學校的關係。最後我想談談物理學校在神田地區扮演的角色。

物理學校在漱石完成《少爺》的明治三十九（一九〇六）年，遷校至牛込區神樂坂二丁目二十四番地，但在那之前，它都是明治時代人們心中熟悉的「神田的物理學校」。

而這所「神田的物理學校」，究竟位在神田的什麼地方呢？答案是法政大學前身東京佛學校在創立前的母體——佛文會名下的紅磚建築。正如前面在「法政大學」一節所述（參照二二六頁），佛文會是留法學生的友好團體。物理學校的創辦人大多畢業於東大法語物理學科，其中更不乏擁有法國留學經驗的人，因此當然都是佛文會的成員。

佛文會是明治十三年（一八八〇）以研究法語為目的而成立的組織，根據明治十四年（一八八一）的《東京佛文會姓名錄》，本校二十一名創辦人中，有十一名為其會員。（《東京理科大學百年史》）

此外，當時還有另一個組織，也就是明治十九（一八八六）年四月十七日設立的佛學會（會長為首任文部次官辻新次）。該團體也是由留法學者、政治家、官僚、軍人等組成，但其成立顯然帶有政治性目的，和以學習法語為核心的佛文會截然不同。換言之，這是因為政府在制定明治憲法過程中，逐漸偏向親德，因而出現危機感的親法人士所結集而成的團體。隸屬於此團體的物理學校相關人士，是首任校長寺尾壽。

佛文會與佛學會的會員重疊性很高，因此兩者於明治十九年十一月六日合併，創設東京佛學校（之後與東京法學校合併為和佛法律學校），並使用佛文會名下位於小川町一番地的建築物作為校舍。

幾乎就在東京佛學校誕生的同一時期，物理學校也借用小川町一番地的建築物，在十一月開始授課。也就是說，佛文會＋佛學會＝東京佛學校與物理學校兩者皆為親法派，因此共用位在小川町一番地的建築物（建築物有兩棟，並非使用同一棟建築）。

然而，兩年後，也就是明治二十二（一八八九）年，由東京佛學校與東京法學校合併而成的和佛法律學校搬遷至飯田橋，因此物理學校便以兩千兩百圓買下該建築，作為自己的校舍。這是因為當時物理學校作為進入東京職工學校的預備校，招生順利，資金變得充裕，才下定決心這麼做。

東京物理學校在明治三十九（一九〇六）年遷校至牛込區神樂坂二丁目二十四番地之前，在此地經營長達二十年，成為人們心中熟悉的「神田的物理學校」。

9. 神田的預備校、專門學校

駿台預備校

這一回我想談的，是在神田文教地區扮演著重要角色，卻在歷史上受到忽略的升大學預備校發展史。

在前面〈成立學舍的漱石〉章節（參照二四四頁）中提到夏目漱石為了準備應考大學預備門（後來的第一高等中學→第一高等學校）而進入成立學舍時，也曾簡單介紹當時的預備校。以課程內容而言，當時稱為「中學」的私立學校，全是為了進入大學預備門而設的預備校。文部省在明治十三（一八八〇）年發布的教育令第四條中收緊中學的設立標準後，不符條件的學校須將校名改為「各種學校」，其中更有不少學校為求生存，而轉型為專門準備升學考試的預備校。漱石就讀的成立學舍，就是上述由中學轉型為升學預備校的名校之一；成立學舍與高橋是清努力重建的共立學校，以及東京英語學校（由中央大學的創辦人增島六一郎與杉浦重剛設立，並非併入大學預備門的同名官立學校）並列神田地區的三大名校。舉例來說，明治二十一年第一高等中學（之後的第一高等學校）的一百五十五名錄取者中，共立學校有五十三名，東京英語學校有五十三名，緊接著便是有三十名錄取者的成立學舍，排名第三。

然而，這些明治時期的預備校，在明治二十四年尋常中學校令發布之後，便急速銳減。原因在於，全國的「尋常中學校」只要通過文部省的資格審查，皆可獲得進入高等中學的免試升學名額，對外地學生來說，比起前往東京上預備校，還不如在當地的尋常中學校拼出好成績，取得免試升學資格。於是，一些符合條件的預備校便轉型為尋常中學校。在預備校業界排名一、二的共立學校與東京英語學校，也透過這種方式，在明治二十四年分別改制為尋常中學共立學校（現在的開成高校）與尋常中學私立日本中學校（現在的日本學園高校）。

明治二十七年，再次出現變動。依據高等學校令，全國共有六所高等中學改名為高等學校，再加上日清戰爭後景氣復甦，中學的入學率提升，高等學校的入學競爭也更為激烈。

上述原因，造成明治三十—四十年代東京一帶的預備校宛如雨後春筍般陸續成立。根據關口義的《各種學校的歷史⑥ 明治後期的各種學校（4）》，明治三十年之後在神田地區及其附近設立的主要預備校如下。

研數學館（現在的研數學館）（明治三十年）／官立學校預備校（明治三十三年）／正則預備學校（明治三十五年）／開成預備學校（明治三十六年）／錦城預備學校（明治三十八年）／中央高等預備校（同年）／明治高等預備校（明治四十年）／東洋高等預備校（明治四十一年）／日本高等預備校（同年）／東京高等預備校（明治四十三年）

其中完全獨立經營的預備校包括研數學館與官立學校預備校，前者是建築物現在仍位於西神田的研數學館（參照二六五頁），後者則是向物理學校借校舍授課的預備校。

此外，正則預備學校，是以齋藤《和英辭典》、齋藤《英和中辭典》聞名的英語學者齋藤秀三郎，於明治二十九年所創立的正則英語學校（位於錦町之正則學園高等學校的前身）附設的預備校，而開成預備學校與錦城預備學校，則分別是開成中學和錦城中學為了準備重考的畢業生所設立的校內補習學校。

剩下的中央高等預備校、明治高等預備校、東洋高等預備校、日本高等預備校以及東京高等預備校，則分別是中央大學、明治大學、東洋大學、日本大學、法政大學（上述學校皆在大正七（一九一八）年頒布大學令之後才成為正式的大學）各自設置於校舍內的預備校。儘管如此，這些預備校設立的目的並非為了進入這些大學，而是為了準備應考官立高等學校。

私立大學之所以附設為了考高等學校的預備校，與各大學設立高等預科（相當於現在大學的通識學院。明治四十年以後稱為「大學預科」）的決策有密切關係。為了抗衡專為升上帝國大學而設的高等學校，各私立大學在設立高等預科並開始招生後，便為了確保足夠教室、教師與學生的問題而傷透腦筋。不過，由於高等預科的就學年數為一年半或兩年，且課程內容為通識教育，因此只要讓準備考高等學校的學生也一起來上預科的課程，便能一舉解決教室、教師和學生的問題，於是各大學便各自開設了高等預備校。

舉例而言，這就像開放附屬預備校的學生選修大學通識學院的「英文閱讀理解」或「數學」課程一樣，校方不但無須另外準備教室、另外開課，更可同時向預科學生與預備校學生收取學費，簡直可說是一門「利多生意」。相對地，對學生而言，這也是一所「利多學校」。因為私立大學的預科實質上就是預備校，在高等學校入學測驗中名落孫山，卻仍未放棄夢想的學生，只要隨便在一所私立大學的預科註冊，隔年就可以再次挑戰高等學校。更吸引人的一點，就是只要註冊就讀預科，就能獲得緩徵的特權。

這個主意非常棒，今天因為學生人數減少而煩惱的私立大學或許也可以效法。也就是說，大量聘僱被解雇的預備校教師，將通識學院完全「預備校化」，學生就等於買了一個保有大學學籍的「保險」，不用當無學籍的重考生，同時又能在預備校上課，再次挑戰心目中理想的大學。學生不必如雙重學籍一般支付兩所學校的學費，大學也可以確保收到註冊費和一年份的學費，皆大歡喜。

事實上，私立大學附設的高等預備校在當時的確相當熱門，尤其是明治高等預備校，學生人數更是與研數學舘、正則預備學校等專門預備校並駕齊驅，對學校的經營有很大的貢獻。但高等預備校不知是否被校方視為「不是親生的孩子」，《明治大學百年史》中也只有稍微點到，對其詳細狀況幾乎沒有著墨。

話雖如此，大正七年大學令發布後，大學預科的定位變得明確，課程也受到規範，無法再與高等預備校互通，因此當然也不再是「利多生意」。於是，以大正九年中央高等預備校的廢校作為開端，各私立大學附設的預備校也陸續消失；在昭和二（一九二七）年明治高等預備校廢校後，私立大學便完全退出預備校的市場。

與退出預備校市場的私立大學恰恰相反，在當時突然暴增的，則是專為準備考高等學校而設的獨立預備校。

例如，以數學家奧平浪太郎在明治三十（一八九六）年設立之數學私塾為前身的研數學館，在大正八（一九一九）年設置英語科，試圖轉型為綜合預備校。經歷關東大地震後，在昭和四（一九二九）年打造了一棟鋼筋水泥的耐震建築作為校舍，這就是今天仍在西神田二丁目的東京校舍本館。研數學館退出預備校事業後，法人總部仍設於此處。

在私立大學附設預備校廢校潮影響下急速成長的，還有在大正年間創立的新型態預備校。其中之一，就是時至今日仍居預備校龍頭的駿台預備校。

駿台預備校的前身，是昭和二年，由前明治大學教授山崎壽春借用神田駿河台的大型函授教育機關「大日本國民中學會」教室所開設的駿台高等預備學校。而山崎壽春的背景是什麼呢？

山崎壽春出生於明治十一（一八七八）年，是鳥取縣鳥取市富田町某富裕人家的三男。曾就讀東京外國語專門學校，主修英國文學，畢業後在富山縣、廣島縣擔任中學教師。明治三十九年，聽從當時身在美國的長兄建議赴美，就讀安默斯特學院，後來轉入哈佛大學，主攻英語及英國文學；畢業後進入耶魯大學研究所繼續深造，明治四十三年取得文學碩士學位，同年底歸國。明治四十四年四月進入明治大學任教。

駿台高等預備學校的誕生，很可能與山崎壽春任教於明治大學有關。由於他是以英語教師的身分受聘，任教的課程大多屬於大學預科；而如上所述，大學預科當時與明治高等預備校互通，山崎壽春當然也必須教授英語應考技巧。

下述《駿河台學園七十年史》中的段落，或許可以作為佐證。

> 壽春自美國留學返國後，在明治四十四年擔任明治大學的講師，除了教授大學的課程外，也負責指導明治高等預備校的考生。正因如此，他開始關心以準備大學入學測驗為目的的教育，最後更將其視為畢生的事業。

山崎壽春之所以開始投入應試英語教育，是因為當時他兼任明治大學與明治高等預備校講師，教授英語的應考技巧；而漸漸地，他深切體會：要讓學生正確理解英語，就必須採用新的教學方法。這個想法，最後發展為大正五年（一九一六）創刊的《應試英語》月刊。

《駿河台學園七十年史》裡介紹了《應試英語》第二卷第三號的內容，說明當時英語教育考試領導教學的現象。月刊內容中，山崎壽春先引述東京高等商業學校小谷野敬三教授的這段話：「日文英譯的重點，誠在於必須斟酌其意義再譯，不可逐字翻譯，同時應使用單純且 familiar 之字彙。」接著表示：「這正是本誌創刊以來記者大聲疾呼、極力推動之綱領。」對此，《駿河台學園七十年史》補充了以下評論：

> 壽春之所以創辦《應試英語》，無非是由於一直以來，考生總以為學會讀寫艱澀的英語才是通

過考試的唯一途徑，而不斷付出無謂的努力，因此壽春想教導他們正確且有效率的讀書方法。他想必十分贊同小谷野的觀點。（中略）發行雜誌絕非輕鬆之事。所有資金都是壽春自掏腰包，除了編輯之外，邀稿、採訪等，也幾乎全由壽春一手包辦。

或許是《應試英語》的創刊增加了他的信心，山崎壽春在大正七年，又在神田橋東京府教育會內開設了東京高等應試講習會。大正七年十一月一日發行的《應試英語》中刊載了以下的預告。

> 以中學高年級生為對象，於星期六或星期六日講授數學或英語。即所謂「日土講習會」或「日曜講習會」[55]，似有二三處，皆為單獨講授數學或英語之課程。然設立於神田橋教育會內，即將開課之高等應試講習會，則同時講授英語與數學。兩者同時講授者，在東京僅此一處。

其中，被山崎壽春視為勁敵的「日土講習會」，其實是一個專有名詞。換言之，當時的確存在一所名為「日土講習會」的預備校，而且在應試教育界引領風潮。

大正十五年畢業於府立第一商業，卻沒考上第一高等學校的植草甚一，當時就曾參加「日土講習會」。植草保留府立五中（現在的都立小石川中等教育學校）補習科的學籍，同時利用週末在「日土講習會」上課。植草在準備重考時接觸了左翼思想，憑著一股衝勁去聽了大山郁夫在錦町會館（舊稱錦輝會館）舉辦的演說。他回想入場時的狀況，並在文中如此描述「日土講習會」。

55. 譯注：「日」、「日曜」指星期日，「土」指星期六。

腦中浮現的日土講習會，經營者是創辦《思想研究》這本應試雜誌的藤森良藏。我相信一定有很多明治、大正時代出生的人，都還記得那間木造平房建築裡，彷彿倉庫般昏暗的教室。(《植草甚一自傳》，晶文社)

有關植草甚一所提及的「日土講習會」與藤森良藏的《思想研究》，津野海太郎在《不做不想做的事 植草甚一的青春》(新潮社)有更詳細的說明，引述如下：

藤森良藏在一八八二年(明治十五年)出生於長野上諏訪。在東京物理學校(現在的東京理科大學)苦讀後，克服了最不擅長的數學。為了幫助和自己一樣為數學所苦的年輕人，出版了《幾何學思考法與解法》與《代數學的學習方法》兩本考試用數學參考書，獲得考生一致熱烈好評。藤森趁勢舉辦公開講座，闡述他主張「思考主義」(學生本位，引導學生發展的教育)的教育理念，以對抗文部省式的「解題背誦萬能主義」(教師本位的填鴨式教育)。這便是所謂的日土講習會。據說是因為在星期日和星期六舉辦，故如此稱呼。

「日土講習會」的全盛期是大正到昭和初期，並持續舉辦到二次大戰之後。根據昭和二十六(一九五一)年發行的《火災保險特殊地圖》，可知當時該團體擁有一棟氣派的建築，位於今日集英社神保町大樓所在的千代田區一橋二丁目八番地。昭和二十年代基本上各方面都是戰前的延續，因此仍有許多人支持藤森的「思考主義」。

話題回到駿台預備校。如前述，山崎為了對抗日土講習會而創設東京高等應試講習會的大正七年，正是大學令公布，使私立大學附設預備校出現轉機的時期，因此山崎選在這一年開課，應可理解為他對時代趨勢的洞悉。《駿河台學園七十年史》中有以下的推測：

以下只是推測：其一，正如當時的廣告文宣所示，大正七年，新高等學校令公布，自此修畢中學四年課程者亦可報考高等學校，可想而知競爭將變得更為激烈；其二，同年公布的新大學令中，正式將包括明治大學在內的各私立大學認定為正式大學，同時必須接受文部大臣更嚴格的監督，山崎應是判斷私立大學遲早會停止經營預備校，故決定改在大學體制外繼續直接教導考生。

由此可知，大正七年大學令與高等學校令的公布，正是促使山崎決定創設東京高等應試講習會的原因。那麼，昭和二年創立的駿台高等預備學校，又是出自於什麼契機呢？

原因想必與山崎曾任教的明治高等預備校在這一年廢校，從此私立大學附設預備校完全消失有關。也就是說，仍在明治高等預備校任教的專任講師，當然不能自己私下開設預備校，但既然原先任教的學校已確定廢校，為了避免學生面臨無處可去的窘境，創立一所新的預備校，也屬合情合理。在這層意義上，山崎任教明治大學一事與創設駿台高等預備學校，可說直接相關。而「駿台」這個名稱，或許也隱含著傳承的意味。

在校舍相關問題上，明治大學與駿台高等預備學校也有密切的關係。昭和十三年，原本出借教室給駿台高等預備學校的大日本國民中學會倒閉，作為抵押品的建築物便無法再使用。「山崎壽春與曾任教的明治大學交涉，成功借用當時閒置的明治大學女子部校舍（位於神田猿樂町，現在的明治中學附近）。」

然而只要繼續借用校舍一天，就無法避免不知何時會被趕走的擔憂。於是山崎決定即使借錢也要購買自己的校舍，同時開始尋找適合的空地。「物色駿河台周邊土地後，在昭和十四年購得位於神田駿河台二丁目十二番地，鄰接東京復活大聖堂之一五二．四五坪土地，也就是現在駿河台預備校一號館的所在地。」

神田駿河台二丁目十二番地舊稱西紅梅町，明治大學在明治十九年遷校時，便將校舍設立在其南方的南甲賀町；大正五年遷校至現在自由塔（liberty tower）聳立的校舍後，相關設施仍留在南甲賀町。因此，對當時仍在明治大學任教的山崎來說，建立校舍的地點，當然是以鄰近明治大學的駿河台為首選。

然而話說回來，已是明治大學教授的山崎，為什麼對經營升學預備校如此盡心盡力呢？相信他並不是為了錢，而是出自教導考生時所感受到的喜悅。我在就讀研究所時，也曾當過升學補習班的老師，若單論教學本身，在補習班任教的樂趣確實遠高於學校。關於這一點，《駿河台學園七十年史》裡記錄了山崎曾說的話：

> 經營預備校似乎十分辛苦。某次壽春接受週刊朝日記者的採訪，針對「經營預備校能賺錢嗎？請談談經營的甘苦」這個問題，他的回答是：「賺不了錢啊。光是支付講師的模擬考閱卷費，就快吃不消了。最辛苦的是昭和八年起的那五年，我到現在還留著幾十張當時的空頭支票呢。身邊的人都很反對我的決定，認為我明明只要留在大學教書，就可以輕鬆地過生活，為什麼要去開預備校呢？但經營預備校是我的志業。」

是的，經營預備校是山崎的「天職」。

或許因為他的志向遠大，駿台高等預備學校撐過了困苦的戰爭時期，二次大戰後，更找來「應試指導會」的名師，持續蓬勃發展。昭和三十九年擔任律師的久保田英明，曾透過下文對其中一位英語名師——鈴木長十致敬。

從幼稚園到司法研修所，我受到許多教諭、教師、教授、教官的照顧，其中對教學付出最多心力的教育家，當屬駿台的諸「師」。我們森綜合法律事務所，是由九名東大法學院出身的律師所組成，而直到現在，還有人用鈴木長十老師發明的「鯨魚例句」來理解「∫ no more than ∫」的句型，老師作為教育家的舉例說明能力可見一斑。

屬於戰後嬰兒潮世代，又曾上過駿台預備校的人，想必皆會對這番話深表同感。

百科學校、東京顯微鏡院、鄄輪俱樂部自行車練習場、東京政治學校、濟生學舍

促使我動筆撰寫本文的契機之一，是因為我購買《風俗畫報增刊　新撰東京名所圖會　神田區・下谷區・淺草區篇》（東陽堂）之後，發現這本書實在太有趣，令我嘖嘖稱奇。因為這本書並非單純介紹東京的觀光景點、遺跡和設施，更刊載了東京許多學校的簡介，造福未來想前往東京一展抱負的年輕人。

或許因為大多學校皆匯集於神田區的關係，其中「神田區　上・中・下集」針對學校介紹的著力更多，從創校宗旨、學校沿革，到校舍所在地、課程規劃、教師陣容、學生人數、修業年限、校則等，極為詳實，可滿足不同讀者的需求。這本《風俗畫報增刊》很可能就是現在「大學、各種學校指南」的先驅。

接下來，我想舉出幾所以現在的觀點難以想像的特殊學校。首先是位在錦町三丁目十番地的「百科學校」。這所學校原為培養陸軍士官的「尚武學校」，設立於明治二十九（一八九六）年，（可

能是因為全國成立陸軍幼年學校的關係）後來又將教育方針與課程內容變更如下：

本校以每年十二月入營之徵兵當選者為對象，教授軍事學及練兵，作為入伍後的輔助，使其入營後較其他士卒更為卓越，成為最優良之兵士。修業期間為每年七月一日至十一月下旬之間，進行為期二個月之練習，授予成績優秀佳良者畢業證書。

這或許也反映了日清戰爭勝利後，陸海軍以抵抗俄羅斯的脅威為由擴張軍備，連帶使得被徵兵的新兵必須面臨更嚴格的訓練。換言之，這是一所專為即將入營的「徵兵當選者」所設的「軍隊預備校」！究竟有多少人想就讀這所學校呢？

接著是位在小川町一番地的「東京顯微鏡院」。這又是什麼樣的學校呢？「本校教授與顯微鏡實際應用相關之一般學說及技術，講習期限為三個月整」。原來如此，這是一所專為「顯微鏡的實際應用」所設的技術型學校。它可能也是針對下述醫師開業考試的預備校。

同為技術型學校，還有一所像是鬧著玩似的特殊學校——「郵輪俱樂部自行車練習場」。

明治三十一年十一月設立，場主條佐吉，為書肆敬文堂之主人。設立宗旨為促進自行車運動與應用。場內常設四、五十台自行車，計時出租，租金依時間長短而定。設有速成科與特別練習科，速成科收費壹圓，特別練習科收費參圓，練習期間得自由騎乘。

此外，也有乍看之下宛如正統高級學校，實質上卻是某種職業學校的預備校——明治三十一年創立，借用位於裏神保町九番地的理科預備校「數理學館」校舍授課的「東京政治學校」。這所學校是仿效法國的巴黎政治學院（Sciences Po）而設立，並表示「傳授有志青年政治相關之學術知識，培養其成為政府官吏、代議院議員、外交官、新聞記者」，以未來從事上述各種職業為目標。不過再繼續看下去，便能發現它真正的目的，其實是培養新聞記者。

> 此外，本校將本國及歐美諸國之新聞事業視為一門科學，針對有志從事國內外新聞事業之青年講述，探討日益發展之新聞學學理，不但充分授予新聞記者所應具備之有關經濟、政治、財政、法律、歷史等之教養，更培養為迅速且正確地解釋、評論當前問題所需之適當應用知識。

校長松本君平曾五度當選立憲政友會的代議士，其著作《新聞學》在明治三十二年於博文館出版，堪稱日本新聞學的開山始祖，可見這所學校也是為了培育新聞人才所設立。講師包括星亨、末松謙澄、竹越與三郎等與立憲政友會關係良好的人物，也有像島田三郎這種立憲改進黨派系的政治家，他們的共通點就是皆為報紙主筆等級的大人物。此外，講師名單中還包括朝比奈知泉、福地源一郎（《東京日日新聞》）、田口卯吉（《東京經濟雜誌》）等知名記者，可見這所學校並無特定黨派，反而比較像是培育一般新聞記者的學校，可謂今日新聞學系的先驅。不過，由於資金來源為政友會的星亨，在星亨遭到暗殺之後，該校便陷入財務困難，最後被迫廢校。

位於神保町四番地的「銀行事務員養成所」是前日銀大阪分行總經理黑岩規所創設的學校，目的為「教授銀行事業所需之相關學術及實務，培養未來從事銀行業務者，亦即銀行事務員。此外，本所將根據各銀行之委託，從畢業生中挑選適當人才，推舉其至適合之職位」。

如上所述，只要「甲方」多少擁有一些值得教授的技術與知識，而「乙方」具有透過吸收該技術與知識而獲得更佳地位與收入的欲望，便自然會出現連結「甲方」和「乙方」的「學校教育」——這就是資本主義勃興期的特徵；而這種「教育」熱忱展現得最明顯的，正是神田地區。

話說回來，對「教育」的熱忱為什麼會集中在神田地區呢？

在我不斷摸索，試圖解答這個疑問的過程中，找到了東京女子醫大的前身——東京女醫學校創辦人吉岡彌生的自傳《吉岡彌生傳》（吉岡彌生傳傳記刊行會）。

這本書實在太有意思了！可以和《高橋是清自傳》（中公文庫）並列為自傳文學的白眉。作者透過驚人的記憶力將各種細節敘述得鉅細靡遺，對嘗試了解當時學校狀況的研究者而言，是不可多得的珍貴資料。

根據其自傳，吉岡彌生出生於明治四（一八七一）年，是靜岡縣小笠郡土方村的漢醫——鷲山養齋的長女。養齋是漢醫的長男，後來入贅經營醬油店的江塚家，和江塚家的女兒久結婚，育有二男；後來久病逝，他便與松浦三世再婚。三世生了七個女兒，大女兒就是彌生。彌生小學畢業後一直抗拒嫁人，十七歲立志成為女醫。她說服原本反對的父親，前往東京；明治二十二年，十九歲的她進入位於湯島四丁目的私立醫學校——濟生學舍，她同父異母的二哥也在此就讀。在此引述《吉岡彌生傳》裡有關濟生學舍的簡要說明。

> 只要上大學，不用考試就能成為醫師，然而大學的錄取名額少之又少，無法滿足社會的需求。有鑑於此，長谷川泰醫師在明治九年四月設立了濟生學舍，專收因學歷、學費或其他原因無法上大學的學生，作為通往開業考試的階梯，成為一般考生最大的救星。明治十七年十二月，在高橋瑞子女士的推動下，該校開放女性入學，自此，以成為女醫為志者幾乎全數集中於此，在特殊情況下實現了男女共學，成為世人眼中奇特的景象。

在此補充，所謂「大學」，指的是東京大學醫學院，而「開業考試」則是指明治七年公布、八年實施的「醫術開業考試」。東京大學醫學院的畢業生得以免試，除此之外的學醫者皆須通過「醫術開業考試」才能開業。然而當時雖有考試制度，卻沒有為準備考試而設的學校，因此長谷川泰才會急忙創立這所專門準備應試的醫學校「濟生學舍」。

長谷川泰是一位什麼樣的人物呢？

長谷川泰出生於天保十三（一八四二）年，是長岡藩漢醫的長男。在故鄉學習漢醫學後，又赴江戶，向坪井為春學習英語和西洋醫學，之後師事佐倉藩的順天堂第二代堂主，也就是荷蘭醫學的權威佐藤尚中，形成「濟世救民」的思想。慶應二（一八六六）年，進入由松本良順擔任頭取的幕府西洋醫學所就讀，慶應四年戊辰戰爭爆發後，受河井繼之助聘為長岡藩的藩醫，河井過世時他也隨侍在側，但這卻埋下了日後與山縣有朋產生嫌隙的遠因。

維新後，透過順天堂時代的人脈，在大學東校（東大醫學院的前身）擔任助教，同時向穆勒（Benjamin Carl Leopold Müller）、霍夫曼（Theodor Eduard Hoffmann）學習德國醫學。之後又陸續擔任第一大學區醫學校（東大醫學院的前身）校長以及長崎醫學校校長，明治七年，因長崎醫學校遵循政府方針廢校而卸任。明治七年「醫術開業考試」公布後，為了因應此考試，在明治九年於本鄉元町一丁目六十六番地創立私立醫學校「濟生學舍」。其後，「濟生學舍」在二十八年間培育出總數超過九千人的醫師與醫學家，畢業生當中除了吉岡彌生外，更有日本第三位女醫高橋瑞子以及家喻戶曉的野口英世等名人。長谷川泰為了讓學校升格為專門學校，而與屬於山縣有朋派系的東大醫學院學閥（以森鷗外為代表）產生對立，導致明治三十六年突然被迫廢校，而日本醫學校（日本醫科大學的前身）與東京醫學校（東京醫科大學的前身）也就此誕生。

話題回到吉岡彌生。她的自傳裡清楚描述「濟生學舍」的校舍、學生，以及宛如擠沙丁魚一般的教室，因此非常值得參考。

校舍原在本鄉元町一丁目，由於遭遇祝融而搬遷到湯島四丁目，隨著開業考試愈來愈難，學生人數也逐漸增加。不過雖說是學生，當中亦不乏想從漢醫轉為西醫的醫師；有年過四十的人，也有不到二十歲的人，無法一概而論。總而言之，在國家無法全面照顧到這些人的時代，濟生學舍作為醫學校，教育了無數有志者，幫助他們通過開業考試，替社會培植許多醫師的功績，在長期偏重官學的醫學教育史上格外值得一提。

話雖如此，當時的私立學校儘管講師大多為大學教授，學校的設備卻極為老舊。（中略）對此，學校的經營方針卻是：反正醫師執照是由內務省核發，無論學不學得會，只要繳納學費就來者不拒，不斷讓學生入學，因此學生人數早已超過校舍的負荷，教室總是擠滿學生，桌椅也嚴重不足，學生甚至滿到走廊外，必須從窗戶探頭進來聽課。開放招收女學生或許是長谷川老師的好意，但目前看來，卻更像是「只要繳學費，無論男女都無所謂」的隨便心態。

在這之後，文章便切入自傳最值得一讀的部分之一，也就是描寫在男學生群體當中的小「離島」——女學生小團體，但這與本文的目的無關，故在此略過，直接跳到「濟生學舍」的課程與講師陣容的詳細介紹。

總之，學校的課程從早上六點開始，一直持續到傍晚，相當累人。為什麼會排出這麼不自然的課表呢？這是因為濟生學舍的老師大多是大學的專任老師，把在這裡兼課當作賺外快，因此他們總是一大早先把濟生學舍的課上完，再前往大學授課；或是等大學的課結束後，再繞到濟生學舍來。

簡言之，就是配合老師的時間。

原來是因為這樣。這道理正如包括明治法律學校在內的私立法律學校，由於大多聘請東大法學院的教師、司法省的官員，或其他法律學校的教師作為兼任講師，故將他們的課排在一大早或傍晚，以維持學校的營運。就像東大法學院最初位在一橋和錦町，因此私立法律學校也聚集在神田神保町附近一般，濟生學舍也是因為東大醫學院位在本鄉（最初在淡路町），考慮到講師在交通上的便利性，才將校舍設立在本鄉，之後才遷移至湯島。前述的「郵輪俱樂部自行車練習場」鎖定的目標，或許正是這種「兼任講師」。

此外，這個「道理」對學生來說也是一樣的。濟生學舍的學生如果想針對課程中自己較不拿手的部分，例如化學、物理等前期考試所需準備的基礎科目，或後期考試的顯微鏡操作等，進行補習，就必須前往教授這些科目的理科預備校；而這些預備校都「完美地」聚集在神田地區和本鄉地區。前面提到的「東京顯微鏡院」想必也是此類理科補習學校之一。此外，本鄉和神田似乎也有好幾所讀醫學所需的德語預備校或補習學校。舉例而言，吉岡彌生在明治二十五年順利通過醫術開業後期考試後，先回到故鄉開業，之後又為了留學德國而再赴東京，在本鄉元町的德語補習班「東京至誠學院」學習。

總之，既然要去德國，就必須先學德語，所以我來到東京不久，就透過報紙廣告找到一間位在本鄉元町的小型德語私塾，名叫東京至誠學院，便決定在這裡學習。

然而對求知慾旺盛的吉岡彌生而言，光是學習德語還不夠。她認為沒有就讀女學校就直接當醫師的自己，最欠缺的就是教養，因此決定去上這類的補習班。但即使如此，她仍然覺得不夠，最後也在跡見女學校選修課程。

在至誠學院學德語的同時，我之所以也在神田猿樂町的選修學舍這個小型國漢學私塾（老師的大名我已不記得）學習我所欠缺的國文學知識，應可說是出自我一心追求身而為人應具備的教養吧。老實說，只有小學畢業的我，其實也很想進入女學校，學習作為女性所需的學問；但當時東京主要的女學校，只有女高師、華族女學校、跡見女學校、明治女學校、女子學院、成立學舍女子部等等。

女高師和華族女學校的入學規定很複雜，而女子學院是基督教學校，因此一開始就不在我的考慮範圍內。後來得知跡見女學校開始實施選修制度，允許學生自由選課，於是九月暑假一結束，我就進入了跡見。

順帶一提，吉岡彌生提到的跡見女學校，創校時校址在神田猿樂町十番地，而當時（明治二十八年）已搬遷至小石川柳町。跡見女學校的創辦人跡見花蹊，文章常見於吉岡彌生所喜愛的《女鑑》雜誌；吉岡彌生進入該校，正是為了上花蹊女士的課。

因此我一早學德語，九點再到跡見上課。當時的跡見位在小石川柳町，在花蹊老師的領導下，由現任校長李子女士擔任生徒監[56]。（中略）我很想學國文學，因此離開跡見之後，又在神田三崎町的國語傳習所上課。我在這裡向上述的落合老師、小中村清矩老師學習《源氏物語》和《竹取物語》，之後因為工作繁忙而無法繼續學習，把好不容易學的源氏和竹取都忘光了，甚是可惜。

吉岡彌生想必非常忙碌。她所提及的「神田三崎町的國語傳習所」，在《風俗畫報增刊 新撰東京名所圖會 神田區．下谷區．淺草區篇》中有以下的介紹：

本所（與大八州學會相同）設於大成中學校內，明治二十二年十月起，每週日教授國文國語，修業期間為六個月，至今已有十七屆畢業生。

由此可知，「國語傳習所」正是本居豐穎、久米幹文等國文學者為了復興本居宣長的「古學」而創立之「大八州學會」的「日曜學校」。或許正是由於曾向落合直文學習《源氏》和《竹取》，才造就了吉岡彌生那自由豁達的文風。

然而，她在跡見和國語傳習所的課程，在半年後也被迫結束。

因為吉岡彌生與至誠學院的院長吉岡荒太結婚後，在父親的資助下，將至誠學院改為高等學校應試預備校，並由她負責學校的營運。最後，這間預備校因為學費和寄宿費收得太過低廉，導致學生愈多，赤字就愈嚴重，吉岡荒太也因為過勞而罹患糖尿病，只好在明治三十二年廢校。不過這段經營學校的經驗，日後竟以一種意想不到的形式令他們感到慶幸。

「濟生學舍」在明治三十三年秋天以風紀問題為藉口，停止招收女學生，於是吉岡彌生便與丈夫商量，決定利用他們執業的至誠醫院一隅創辦東京女醫學校。

根據我自己辛苦的親身經歷，當時我已覺得確實應打造一個全校都是女性，讓女學生可以安心

56. 譯注：類似台灣的訓育主任。

念書的環境；而現在，我認為有必要設立女醫專門學校的時機已然到來。

抱著難以壓抑的心情，下定決心設立女醫學校的我，立刻與良人商量。原來良人本來就有先以經營至誠學院為主，行有餘力再成立醫學校的念頭，因此當然舉雙手贊成。（中略）既然我們兩人達成了共識，俗話說「為善從速」，我們在幾乎沒有任何準備的狀況下，便以飯田町至誠醫院的一室充當教室，擺出寫有「東京女醫學校」字樣的大招牌。當時是明治三十三年即將接近尾聲的十二月五日，良人三十三歲，我三十歲。

在研究神田、本鄉、飯田橋一帶的文教區時，《吉岡彌生傳》的確是一份寶貴的資料。一般而言，女性的自傳通常會確切寫出專有名詞、地址等細節，令人感激；而《吉岡彌生傳》的層次又有所不同，是一部值得期待出版文庫版的作品。

IV

10. 神田神保町斯土斯地

神保町的大火與岩波書店

前面花了許多篇幅介紹神田這一帶各種學校的歷史，重要的書肆街考證卻暫告中斷，接下來讓我們稍微加快腳步，從明治三〇年代後半到大正初期，也就是市區改正後開始有市街電車行駛在靖國通上的時期（一九一〇年代前半）開始說起。

幾乎所有歷史書都會以大正二（一九一三）年二月二十日半夜發生的那場神田大火作為大致的時代區分。源自三崎町的燎原之火一夜之間燒遍神保町、猿樂町一帶，只有北神保町、南神保町的一部份免於延燒，災情慘重。

永井龍男在小說《石版東京圖繪》（中公文庫）中極富臨場感地描繪了這場神田大火。主角之一由太郎在本鄉新花町（現湯島一丁目）的木匠師傅手下當學徒，師傅一聽到火災消息立刻命令他去猿樂町老家看看狀況。來到湯島明神下，對岸火紅的天空映入他眼簾。

> 當地的人常說，源自三崎町的火災一旦變大，因為剛好位處北方，季風會從正對面吹向房屋稠密的猿樂町、神保町。
>
> 火災發生於晚上八點多，一直燒到隔天清晨。
>
> 遠方的火災將夜空盡頭染成一片通紅，仔細看看，彷彿在呼吸般有明有暗。（中略）來到順天堂醫院那個街角，由太郎頓時窒息。

隔著御茶水深深的壕溝，他第一次看到眼前天色宛如一片金色屏風，火舌踩著高台人家相連的屋頂熊熊吞吐、躍然上竄。（中略）

曾是由太郎地盤的電車車庫舊址，當時已經成了明治大學校址。聽說由此處之後盡是火海，由太郎忍不住雙腳打戰。（中略）早晨回本鄉的路上，由太郎繞到災後現場去探看。上了六年的學校已經不見形影，看著舊日自家殘跡，沒想到自己以前住的地方竟這麼狹小。

在這裡所謂由太郎「上了六年的學校」指的是漱石的母校錦華小學，大正元（一九一二）年十二月新校舍剛完成，不到三個月就毀於祝融，慘遭不幸。而剛進了這間錦華小學後馬上因為校舍改建工程，只能輪流利用小川小學校舍上下午班的不是別人，正是好小說的作者永井龍男。好不容易等到新校舍完成沒多久就被一場大火燒毀，只好再次回到小川小學上下午班。關於這件事永井寫下這段回憶：

因為這些原因，每天傍晚四點左右放學。白天較短的秋冬，我總是迫不及待地回家，想趁著太陽還沒下山見見鄰居朋友。學校從下午開始上課，大家或許覺得上午可以自由自在，不過早上玩耍後再上學的小孩，心情已經相當疲憊，根本無法專心上課。

在小川小學無法專心上課的理由還有一個。因為錦華小學跟小川小學的學生向來水火不容，總是互看不順眼。關於錦華小學和小川小學的對立，他是這麼描述的：

「你是錦華五年級的吧？過來一下。」

順造知道對方是誰，一被叫住他立刻心中一驚。（中略）那是小川小學的五年級生，向來把錦華的學生當作眼中釘。

錦華小學畢業的高山書店年輕店主曾經告訴我，兩校的敵對關係竟然一直持續到最近。不過平成五（一九九三）年錦華小學和小川小學、西神田小學這三校合併成為御茶水小學，這麼一來長久持續的競爭關係也終於結束了。又或者，不同母校的家長還會繼續互較長短？

言歸正傳。讓我們再回到大正二（一九一三）年那場大火。

首先，為什麼這場大火會對神田古書街的形成帶來巨大影響，因為火災之後古書街的中心從今川小路（南神保町）轉移到了神保町十字路口附近，另外也出現了許多新興店家。關於這一點，在《東京古書業公會五十年史》中曾經有如下說明：

這場大火帶給神田書店街一番新氣象，那就是店鋪的大規模移動。火災之前繁華中心聚集在神保町街角以西的南神保町一帶，當時前往通神保町還不需要權利金，不過這裡已經需要約一百八十圓的權利金，然而情況在火災後一夕劇變。

首先進行了市區改正，接著設置電車，神保町通漸漸成為繁華中心。原本靠近九段的古書店往東移動，紛紛在其他店家搬遷後的舊址上開業，例如松村書店開了門面寬四間的店，一誠堂也在此營業，書店中心逐漸集中於現在神保町一丁目附近。

在這場大火之後，有兩間知名古書店開始在神田開業。那就是岩波書店和一誠堂。

接下來本文將介紹其中的岩波書店，作為大正二（一九一三）年火災後出現的新興古書店代表。因為畢業於東京帝國大學哲學系選科、曾經擔任神田高等女學校副校長的岩波茂雄，在發生大火的大正二年這年八月開設古書店這件事，不僅對出版業帶來影響，對於古書業界也產生了不可逆的變化。

不過，儘管沒有學士學位，一個從帝大選科畢業的知識分子為什麼要投身古書業界？我們得先從這個疑問開始出發，關於這一點，岩波茂雄自一高時代至今的好友安倍能成所著的《岩波茂雄傳》（岩波書店）最近重出新裝版，以下筆者將依循本書內容，介紹如今已成為神田神保町地標的出版業界霸主「岩波書店」。

岩波茂雄在明治十四（一八八一）年出生於長野縣諏訪郡中洲村中金子一戶農家。父親義質飽讀經書、文筆出色，成為村裡的官員，甚至升到副村長，後來由於宿疾氣喘病發作，茂雄十五歲還就讀諏訪實科中學時便撒手人寰。母親阿歌顧及親戚的眼光，讓長男茂雄退學、繼承家業，不過其實這只是障眼法，其實她深知兒子一心想到東京遊學，所以藉此方法讓他去東京。

懷抱青雲之志的岩波茂雄如願轉入的中學，正是由杉浦重剛擔任校長的日本中學。

> 岩波景仰杉浦猶如崇拜神明，他熱切希望能轉入杉浦任職的日本中學，還寫了一封信給杉浦，表明自己希望成為杉浦的學僕，隨侍工作一邊學習。（安倍能成，《岩波茂雄傳》）

杉浦或許也受到岩波這封信中的懇切熱情所感，回信給他表示，雖然無法收他在身邊作為書生，不過希望他能上京接受日本中學入學考。

然而，上京後岩波並沒有通過日本中學的入學考試，原因是英文分數不合格。岩波非常絕望，

「我這麼仰慕杉浦老師還是不得其門而入，不如死了算了！」他大為沮喪打算就此放棄，杉浦也敵不過他這股執著，只好讓他重考及格。這是一段極能表現岩波茂雄人格物特質的軼事。

一年後，他在日本中學百餘位畢業生中以第二十五名畢業，報考了第一高等學校沒考上。重考一年後在明治三十四（一九〇一）年考上了。好不容易成為一高學生的岩波成績卻不見起色。一來是因為他太過熱衷於划船社團，不過更重要的原因出在明治三十六年一高學生藤村操躍下日光華嚴瀑布自殺這件事，導致他陷入「青春的苦悶」。安倍能成推測或許也跟失戀有關。無論如何，就讀一高時他經常翹課也不去考試，最後連續留級兩年，被開除學籍。

但留級之後他跟安倍能成同班，不僅結為好友，死後還由安倍執筆做傳，人生的禍福實在很難下定論。岩波人生中發生過幾次這類「塞翁失馬」的逆轉，考上一高後也是因為留級一年才得以跟阿部次郎和荻原井泉水等人同年級，他們在一高向丘宿舍締結的友誼，對於日後岩波獨立開業時的人脈網路帶來莫大助益。安倍能成也在書中指出，「岩波的一高生活結束於明治三十七年六月，然而他與一高時期結識的友人，情誼卻日益深厚」。

經過這段青春的苦悶，岩波茂雄力圖振作，決定進入帝大文學部選科。所謂選科，就相當於現在選修學分的學生，岩波深信這「實質上並無不同」，努力想獲得最低限度求職堪用的履歷。私生活方面他在學期間就跟房東的女兒、就讀共立女子職業學校的赤岩佳結婚，總算走出充滿煩惱跟迷惘的人生。

從帝大選科畢業的隔年明治四十二（一九〇九）年，他獲得神田高等女學校副校長一職，生活很穩定。擔任副校長時期的岩波是個名符其實的熱血教師，深受學生景仰，不過如同大部分的熱血教師，他看不慣學校當局的消極主義和利益取向，大正二（一九一三）年決心離職。

離開女學校教職後，他並沒有馬上決定投身經營古書店，只是隱約有從商的念頭，並不拘泥於業種。在安倍引用的《自傳》中，岩波曾有過這番表述：

雖是商人，倘能善盡社會責任，當然並不低賤。盡量廉價提供人們所需物品、滿足社會需求，並且維持自己的生活，這種買賣既不卑賤，又得以獲得不同於官吏或教師的自由獨立，更不用擔心誤人子弟，心安理得。我帶著這種想法，進入了市民生活中。

這段話的重點就在於「盡量廉價提供人們所需物品」這句話。對於從一高成為帝大選科學生、後來又成為女校教師的岩波來說，他最「需要」也最想「廉價」買到的東西當然是「書本」，因此，岩波依照這番邏輯決心要開「古書店」，或許也是必然的結果。

不過創業原因當然不只這些內發性邏輯。針對這一點安倍能成推測，應該受到神田大火不小的影響。

岩波開始經營古書店，也要歸功於時機上的巧合。大正二年（一九一三）開業這年的二月二十日，神田發生了大火，慘遭祝融的古書店尚文堂剛在自己店面旁蓋了新的出租店鋪，負責管理店面的伊東三郎經常出入神田高等女學校，是岩波的同鄉，他以前就聽說岩波對從商有興趣，便向岩波推薦了這間店。店面地點絕佳，位於神保町十字路口，屋況極新，有兩層樓高。換作現在，可不是個生手能租到的物件。

岩波緊急取消了原本計畫好的夏季旅行，在七月二十九日這天辭去神田高等女學校教職，參加退職送別會。接著他立刻前往舊書市，買進裝滿一整個人力拖車的舊書，在八月五日正式開業。店名取為「岩波書店」是因為夫人表示「不希望世人只知道店名而不知道店主是誰」。

然而，儘管遇上神田大火之後的幸運機緣，還是需要一筆保證金、禮金，以及裝修店鋪的費用和進貨資金等最低限度的資本，當時據說他賣掉了老家的田地籌得這筆費用。賣地得到的錢有八千五百圓（相當於現在貨幣價值八千五百萬圓），看來岩波家資產竟然出乎意料的豐厚。

於是，「岩波書店」終於在南神保町十六番地開業，當時岩波寄送給相關人等的開店問候信相當有趣，因為文中出現了這樣的字句：

> 鑑於以往身為買主嘗過無數痛苦經驗，今後將秉持誠實真摯的態度，盡量求取眾人方便，身為一介獨立市民，經營誠實生活。

也就是說，以往學生時代手頭緊、必須到舊書店賣書時總是只能賣得極低廉的價格，讓他心有不甘，既然自己開始從事同樣買賣，今後會盡量高價收購令賣方滿意，並且盡量低價售出令買方滿意，貫徹「誠實真摯」的精神，過著不作假不虛偽、言行如一的生活。

不過，每一間古書店都會主張自己「誠實收購」，大家都認為假如他真的這麼做，可能因為獲利稀薄遲早面臨經營不善的窘況。事實上附近的古書店都猜想這間文人舊書店「岩波書店」可能撐不過三個月。

可是最後我們發現，岩波式的「誠實真摯」確實成為他吸引顧客的利器。

究竟薄利的岩波商法，如何緊緊抓住顧客的心？

這是因為岩波開業時主張的宗旨「實價銷售」，剛好搭上了時代的潮流。

原本所謂「優秀商人」應該是能夠盡可能低價採購，再將商品盡可能高價出售，現在在中國和印度依然維持著這種傳統。相對之下，人類史上首次反其道而行的是十九世紀在巴黎開設樂蓬馬歇百貨公司（Le Bon Marché）的阿里斯蒂德・布西科（Aristide Boucicaut）。布西科採用降低商品利潤、大量銷售的「薄利多銷」商法，並且強調「誠實第一」，表示自家商店不吊高售價、皆以實價銷售，原則上接受自由退貨，開創現代商業手法之先河，而岩波在他創立的古書店中所實踐的，正是布西科倡導的「販賣誠實」商法。

不過這種「誠實才是最暢銷商品」的道理人人懂，但並非人人都有能力實行。或許只有像岩波茂雄這樣具備獨特人格的人才能夠實現。關於這一點安倍能成如此強調：

岩波確實是個有許多缺點的粗人，但是他死後，我深深覺得他的確是個了不起的罕見人物。最能表現他氣度的就是古書實價銷售這件事。執行這個制度當然需要勇氣跟果斷，而背後如果少了極度厭惡虛偽算計的個性和近乎頑固的道德信念，也不可能實現。計畫的執行需要有不容妥協的衝勁，貫徹這股衝勁的耐力，以及忍受過程中各種磨難干擾的堅毅精神。或許有人認為，不過是區區古書實價銷售、沒什麼大不了，但這其實是一項顛覆全東京、全日本商業習慣的行動。儘管如此，岩波依然在自己店內毅然決然推行，漸漸使其成為一項普遍原則。

岩波的實價銷售制度當然不是一開始就上軌道，其實正好相反。因為一般消費者都認為古書店一定會事先標高價，通常習慣都根據標價繼續往下殺價，所以頑固老實的岩波商法經常會因此跟顧客起爭執。比方說撰寫《馬丁路德傳》的學者村田勤曾經先訂了一套三省堂的百科事典送到家，事後來店裡付錢時問：「那套書你要算我多少錢？」岩波回答：「如同標價，一毛折扣都沒有。」村田大怒掉頭就走，事後岩波派車到村田家：「如果您對價錢不滿，我一本都不想賣，如果您並非心甘情願購買，就請將書退還給我。」村田一聽惶恐地道歉：「不，請照價賣給我吧。」

岩波這種「頑固老實的商法」究竟是「了不起」還是「討人厭」，想必兩派各有擁護者，不過正如安倍所說，假如沒有岩波「貫徹衝勁的耐力」，現在日本古書店的實價銷售也不會成為一種「傳統」，看來岩波確實是個「了不起」的傢伙。

一年後的大正三（一九一四）年，岩波繼續秉持「誠實真摯」的商業理念進軍出版界，最大的關鍵在於這一年他以自費出版的形式出版了夏目漱石的《心》。不僅是商法，他所販賣的書籍內容也力求吻合這個宗旨，除了古書店，作為出版社的岩波書店一樣勇於正面實踐「誠實才是最暢銷商品」之商業理念。之後百年，岩波書店一路貫徹該理念至今。無論我們對這種方向抱持肯定或者否定態度，都無法否認岩波書店已經成為一種指針。

當岩波書店喪失創業者「貫徹衝勁的耐力」時，即是岩波書店迎接終焉之時，同時也將意味著日本出版、書店文化聖地神田神保町的終焉。

近來正好聽聞經營岩波書籍中心的信山社有限公司瀕臨倒閉的消息。主因是二〇一六年一〇月該公司董事長柴田信逝世，導致難以持續經營。該公司與岩波書店並無資本上的關係，但經銷了岩波書店的大部分書籍，岩波書店乃至神田神保町的將來似乎岌岌可危。

筆者忍不住想在此為其高呼打氣，岩波書店加油！神田神保町加油！

神田的市區電車

為了調查明治三十年代到大正初期神田地區的變化，筆者閱讀了不少回憶錄或小說作品，幾乎所有資料都會不約而同地提到因為明治二十一（一八八八）年制定的市區改正條例使得幹線道路迅速擴張，明治三十年代後半起，市區電車開始行駛於幹線道路（在條例中稱之為改正道路）上這件事帶來莫大影響。神田地區因為市區電車行駛在改正道路上，出現了前所未見的大改變。

行駛於神田地區的是什麼樣的市區電車呢？我們從永井龍男《其中一隻手套》（《現代日本文學大系86》，筑摩書房，一九六九年）中找到了這段描述：

小孩喜歡電車這件事，從以前到現在都一樣。當時我們很自豪能分辨得出「街鐵」跟「外濠」的不同。

這裡的「街鐵」是「東京市街鐵道」的略稱，由「東京電車鐵道」（三井集團的中上川彥次郎、藤山雷太及澀澤榮一）、「東京電氣鐵道」（雨宮敬次郎及大倉喜八郎），以及「東京自動鐵道」（星亨及利光鶴松）這三間公司於明治三十一（一八九九）年合併誕生的市區電車，明治三十四年取得許可，於隔年動工，待三間公司預計的路線完工後即開始營業。由於合併了三間公司，因此規模極大，以須田町和日比谷為起點往東西南北延伸支線，擁有當時最龐大的路線長度。

而「外濠」則是「東京電氣鐵道外濠線」的簡稱。由實業家岡田治衛武所設立的「川崎電氣鐵道」，因前述明治三十三年三社合併後雨宮等人的「東京電氣鐵道」徒留「空殼」，他接收了該公司、變更名稱，於明治三十四年取得許可，動工興建沿著宮城外濠繞行東京一周的「外濠線」。「東京電氣鐵道」還有另一條「芝線」，這條線路完工日期較晚，遲至明治三十九年，「東京電氣鐵道」因這條主要路線「外濠」的名稱而廣為人知。

除了這兩間公司之外，另外還有簡稱「東電」的「東京電車鐵道」，成立於明治十三（一八八〇）年的「東京馬車鐵道」在明治三十三年獲得變更動力的許可，三社合併後接收成為「空殼」的「東京電車鐵道」之名再變更公司名稱，於明治三十四年開始動工。跟「街鐵」一樣擁有以須田町為起點的兩條路線。

如同前述，明治三十四（一九〇一）年市區鐵路的三間公司幾乎同時取得許可，迅速開始動工，時值日俄戰爭爆發前後，東京市區的所有地方幾乎都可以搭乘路面電車前往。可是這種「街鐵」、「外濠」、「東電」三雄鼎立的時代頂多只維持了五年。因為明治三十九年三社合併後「東京鐵道公司」誕生，後來轉為市營電車，成為大家熟悉的「東京市電」。

總之，明治三十年代後半，「街鐵」和「東電」各系統的起點車站接設於須田町，須田町路口成為繁華鬧區，鄰近的神田駿河台下和神田神保町路口也隨即成為注目焦點。

那麼市區鐵路的路線在神田地區又是如何交錯縱橫的？讓我們繼續看看《其中一隻手套》中的描述。

外濠和街鐵在駿河台下交叉，十字路的南角是入口前有一塊小廣場的紅磚造東明館。從御茶水沿坡而下的外濠通過形成井字型交叉軌道上時會發出什麼聲響？從小川町來的街鐵來到同樣地方又是如何？當朋友問起時假如不能搭配肢體動作清楚分辨說明一者是「達苦達苦、達苦達苦、打困」、另一者是「打困、達達達達、打困」，就會遭人輕蔑，開始有台車經過後聲音又有些不同，這些觀察和討論多半都聚集在東明館前進行。

從這段描述中可知，「外濠」會從御茶水走下駿河台的斜坡，發出「達苦達苦、達苦達苦、打困」的聲音通過駿河台下十字路口，而「街鐵」則從小川町駛來，在駿河台下十字路口發出「打困、達達達達、打困」的聲音通過。

不過光是這樣各位腦中或許還無法浮現路線圖全貌，下面再追加一些資訊。

「外濠」在明治三十八（一九〇五）年全線開業時路線大約如下。從現在明治大學自由之塔（Liberty Tower）所在地、昔日的駿河台車庫出發的電車，從起（終）站御茶水車站出發，經過駿河台這段下坡（明大通），過了前述的十字路口後在第一站小川町車站停車，接著在錦町河岸十字路口與外濠相接，自此轉彎沿外濠邊往神田橋車站、吳服橋車站前進。之後大約跟現在外堀環狀線（外堀通）的路線一致，繞東京一圈，從飯田橋車站來到師範學校前車站（現在的東京醫科齒科大前），再左轉過御茶水橋回到御茶水車站。[57]

可以看出有部分路線跟現在的外堀環狀線並不完全相同，現在的外堀環狀線下了駿河台坡道後並不經御茶水橋接明大通，而走昌平橋接外堀通這條路線。這一點大家最好記在腦中。

相對於此，「街鐵」的路線則是從須田町出發沿路經過小川町車站、駿河台下車站、裏（南）神保町車站、俎橋車站，來到九段坂下車站。不過要特別注意「街鐵」的小川町車站位於現在本鄉通和靖國通交叉的小川町十字路口，跟位於駿河台下「外濠」的小川町車站並非相同地點。而「外濠」在駿河台下十字路口設置的車站為駿河台下車站。

「街鐵」另外還有一條從須田町出發，在小川町左轉駛向數寄屋橋的路線，這條路線在神田橋交叉，因此神田地區有兩條市區鐵路在兩處交錯。

了解上述細節後，我們再次回到《其中一隻手套》，文中對「外濠」和「街鐵」車體外觀的差異有相當鮮明的記載，很值得參考。這些描述對鐵道迷來說想必有難以抵擋的魅力。

就電車外型來說，我堅定擁護外濠。外濠車體塗成明亮的紅褐色，其他部分塗著近白的黃，就

57. 編注：從東京醫科齒科大要過御茶水橋應為右轉，此處或為作者筆誤。

像戴了頂復古帽子。街鐵的車體上有許多條細線，總覺得有種市儈氣息，兩者在車前都裝設有金屬安全網，不過街鐵的看起來像掛了圍兜。外濠顯得優雅時尚，街鐵則粗魯隨性，彷彿一邊大吼一邊行駛。

不過關於這些「外濠」和「街鐵」的記憶，與其說是作者永井龍男自己的記憶，更可能是他的擬似記憶。因為永井龍男出生於明治三十七（一九〇四）年，三雄鼎立時代結束的明治三十九年他才兩歲，想必不可能記得「外濠」和「街鐵」，應該是從《石版東京圖繪》的角色原型、他的長兄及其友人口中聽說，然後根據他們的回憶寫下這些描述。或者是三社合併後「外濠」和「街鐵」依然以相同車體設計行駛了一陣子，所以在年幼的他腦中留下深刻印象？這也不是全然不可能。

此事暫且不提，《其中一隻手套》的敘事者之所以對「外濠」感到親近，可能是因為如同前述，「外濠」車庫正位於他老家猿樂町二丁目二番地附近的駿河台上。因為同樣在永井龍男的《石版東京圖繪》中也有這段描述：

> 由太郎最想去的就是在自家石牆房屋上的電車車庫。
>
> 入口就在從駿河台下爬上斜坡的盡頭，通往御茶水橋的軌道在此一分二，繞了一個大彎進入車庫中。
>
> 入口有守衛，沒那麼簡單進去，但假如運氣好能偷偷潛入，對電車宅少年來說，眼前就是宛如夢幻光景的樂園。

沒有車體、只見基座的電車在行駛，電車邊框下方不斷竄出藍色火花，一進入車庫的大屋頂，由太郎便是一陣陶然酣醉。被守衛逮到趕出去，接觸到外面空氣後這才回過神，但是滲入自己手上衣服上那些混合了機油和鐵氣的味道，讓由太郎覺得無比驕傲。

那麼文中「外濠」的駿河台車庫具體來說相當於現在的哪裡呢？前面也提過，正是目前明治大學自由之塔聳立之處。因為在「明治四十年一月調查 東京市神田區全圖」中，這一帶記載為「東京鐵道運輸課」。明治三十九年三社合併後「外濠」被納入「東京鐵道公司」，車庫理應也由該公司接收。

不過在明治十六年測量的陸軍參謀本部地圖中，這裡顯示為小松宮邸。小松宮逝於明治三十六年，由於沒有直系男丁，小松宮家的血脈自此斷絕，宅第收歸明治政府所有。因此「外濠」應該是借用部分邸地來建設車庫。之後直到明治四十三年，之前校舍設於南甲賀町的明治大學連同此電車車庫與舊小松宮邸一起「借用」土地。

大學理事會於明治四十三年春天，「借用」舊小松宮邸（明治大學駿河台之校舍、本館、研究大樓、紀念圖書館現址），新建校舍、全面搬遷，擬定了治本的設施擴充計畫。這個階段還僅僅獲准「借用」舊小松宮邸，之後到了大正五年九月，成功簽訂賣買契約。在這個階段這片土地正式成為明治大學的資產迄今。（《明治大學百年史》第三卷 通史篇Ⅰ》）

明治大學趁著這次搬遷，在明治四十四（一九一一）年完成了紀念創校滿三十週年的紀念館，不過這座紀念館只維持了短短半年後，即在明治四十五年三月中因失火而化為一片灰燼。關於這起

「意外」，在永井龍男的《東京横丁》（講談社）收錄的散文〈白晝的大音響〉如此寫道：

吉原大火隔年三月五日下午十一點左右，明治大學的紀念講堂起火，二哥衝到我家，當時已經入夜，大家都睡得沉靜。二哥白天在報知新聞社的商況部工作，晚上就讀明大附設商業學校，所以我們接收到的可說是熱騰騰的第一手消息。衝出橫丁奔上大馬路斜坡後不久，就可以看到那座紅磚建造的紀念講堂裹著一身猛烈火光孤單佇立在寒空中，跟附近民宅失火呈現的光景完全不同。

永井龍男的作品可說是測繪復原神田地區時不可或缺的珍貴「記憶裝置」，而在這「神田地區記憶裝置」中，與路面電車並稱的另一條重要骨幹，就是該區域的數間勸工場。神田地區內知名的勸工場有南明館和東明館。其中南明館在《明治四十（一九〇七）年一月調查 東京市神田區全圖》中看來，位於表神保町一丁目十一番地（現在的小川町三丁目十一番地這個區塊），在永井龍男記憶裝置中對其描述如下：

從小川町通彎入後巷，五十稻荷旁有所名為「南明館」的勸工場，經常在深夜失火、滅火，每當出事就會緊閉入口大門，聽說燒死了很多住在裡面的商人，小時候聽了覺得害怕，至今記憶猶新。我懂事後這裡已經改建，成為同名的出租會場，有一陣子流行琵琶，這裡夜夜都舉辦大大小小的演奏會。

這座南明館戰後成為「南明座」電影院，筆者也曾經於昭和四十四（一九六九）年冬天在這裡看了費里尼（Federico Fellini）《勾魂攝魄》（*Histoires extraordinaires*）和法蘭克海默（John Michael

Frankenheimer）《戰鬥列車》（*The Train*）的二輪片。電影院很冷，我大概是因此感冒，或者受到地靈的詛咒吧。現在這裡已經蓋起了華廈。

另外一處勸工場是東明館，之前也出現在《其中一隻手套》的引用當中，位於「外濠」和「街鐵」交會的駿河台下方。

東明館所在地差不多在現今鈴蘭通入口的倉田大樓附近，《其中一隻手套》中對於東明館還有更詳細的描述。

> 勸工場這棟建築物就好像用紅磚砌出的倒扣大蠑螺殼。（中略）這裡說的大蠑螺殼，就是電車車掌報出「駿河台下東明館前」站名時的那座東明館。

當時的勸工場多為兩層樓高，不過東明館是平房。內部結構如同永井龍男的「蠑螺」之喻，像是螺旋狀的迷宮。

> 進入紅磚門入口，館內總是亮著電燈，混和著塗料和化妝品的味道，勸工場獨特的涼冷空氣包圍著我們。長久以來自然而然被人踩實的四五尺寬泥土通道，就像風吹過外濠水面一樣，呈現平滑奇異的凹凸起伏，以角度優雅的圓弧線不斷引導來客往後方走。通道兩側牆壁是陳列櫃，其中一邊還延續有四五尺寬的展示台，不同商品後方有不同的店員坐著。印象中店員多以小椅子為台座，挺直了背點亮瓦斯網燈，看來照亮館內的或許並不是電燈。大約十五分鐘就可以繞館內一圈，回到原來的入口處，可見得這裡並不太深，如此回想，總覺得自己在那大蠑螺的螺旋中轉呀轉地繞了好幾圈。館內沒有交叉的通道，愈想愈覺得真是座不可思議的建築物。

所以說這裡並不是所謂的百貨公司形式，而是以市集形式匯集許多小賣攤商的大店鋪，以現在的店家型態來聯想，最接近的可能是巴黎克里雍故（Clignancourt）的跳蚤市場、東京上野阿美橫丁延續出來的高架橋下商店街，或者數寄屋橋在首都高速公路下方的「西銀座百貨」那種型態吧。

東明館是不是始終門庭若市？其實在永井的印象中正好相反，看店的人一整天都閒得發慌，看報、吃便當，跟克里雍故的跳蚤市場非常類似。看來客人很少上門，不過也勉強能維持收益。

說到克里雍故，大家都知道那裡的道路出了名的複雜，而東明館也有道只有各店員才知道的木門捷徑。這種木門捷徑深深吸引著少年時代的永井龍男。

> 我們怎麼可能不好好利用這個大蠑螺！玩偵探家家酒時最期待的就是躲進這裡。（中略）華燈初上、街上熱鬧漸漸起來時遊戲正式開始，我們衝下駿河台、越過電車道，反派多半會跑進東明館。因為實在闖進來太多次，比起偵探更擔心被店員喝斥，極小心地避開他們後，右轉、左轉，奮力逃竄，倏忽穿過木門隱身不見。

原則上可以自由入館的勸工場，成為永井少年這些神田當地孩子最佳的遊樂場，至於當地居民會不會來這裡購物，似乎未必。

儘管對東明館如此熟悉，我卻從來也沒在這裡買過東西。記得在中元、歲暮的折扣季，因為很想抽獎，我曾經央求母親來購物，當時母親說過，會來勸工場買東西的不是鄉下人就是支那人。這裡最大的主顧或許是中國留學生吧。神田這一帶特別多中國留學生，他們或許並沒有特別青睞東明館，但我記得確實看過輕晃著耳飾的纏足中國婦人在這裡挑選貨品、不斷殺價的情景。

「會來勸工場買東西的不是鄉下人就是支那人」，敘事者母親這句話換成現在可能會被視為一種歧視，筆者一度猶豫要不要引用，不過我想將焦點放在這段回憶中出現了「中國留學生」這個事實，將之視為一項重要歷史資料。因為在永井龍男的童年時代，也就是明治四十年代的神田地區確實已經出現大量中國留學生，神田神保町、特別是鈴蘭通幾乎成了一條中華街，最近歷史家們忽然開始關注這個事實。

因此，下一篇的暫定主題是「儼然中華街的神田神保町」。敬請期待。

11. 儼然中華街的神田神保町

夢幻中國城

神田神保町、特別是「鈴蘭通」在明治末期到大正年間一度是「中華街」這件事，筆者是在一九九〇年代初期《東京人》聚會上跟藤森照信先生站著閒聊時才第一次聽說。

「日清戰爭後，清國有大量留學生來到日本，因為日語學校和留學生會館都集中在神保町附近，所以這附近出現許多做他們生意的中菜館，自然而然多了幾分中華街風格。」

「沒錯，神保町確實有很多老字號中餐廳呢，像揚子江菜館和新世界菜館。」

「不過要定義一個地方是中華街（中國城），光靠中餐廳是不夠的。」

「喔？其他還需要什麼條件？」

「中文裡有種說法叫『三把刀』，除了餐廳還要有理髮店和裁縫店，否則算不上中國城。」

聽到藤森先生這席話，我內心靈光乍現。因為當時在共立女子大學任教的我，幾乎每天都會在現今聳立著東京公園塔的神保町後巷一帶走訪探索，也發現過這裡的理髮店和裁縫店特別多。

「原來如此！理髮店和裁縫店確實很多。不過那些店都不是中國人經營、而是日本人的店啊？」

「可能是關東大地震後中國留學生都回國了，那些經營理髮店或裁縫店的人也把結束營業回國、或者遷往他處了吧。除了已經在當地生根落地的中餐廳以外。」

「這樣啊，那神保町可以算是個『夢幻中國城』囉？嗯，這倒挺有意思。」

距離當時已經過了二十年。近年來我所任職的明治大學紀念創校一百三十週年推動了「神田、神保町中華街」計畫，《東京人》也策劃了「中國城神田神保町」特集（二〇一二年十一月號），神田神保町不再是「夢幻中國城」，舊時面容逐漸揭開神祕面紗。

實際上根據調查，神田地區除了老字號中餐廳以外，也留有若干堪稱「中國城」時代「遺跡」的建築物和紀念碑，極有可能根據這些線索復原「中國城」。而這反而讓我們得以看見神田地區的另一種歷史。

既然如此，自詡為神田地區歷史偵探的我們，遂決定嘗試重現日清戰爭結束後到關東大地震前後確實曾經存在於神田地區的「中國城」。

如同許多學者所指出，神田地區開始有中國留學生大舉聚集，是因為日清戰爭結束隔年的明治二十九（一八九六）年，清朝政府高官湖廣總督張之洞所寫的《勸學篇》在皇帝命令之下頒發至各省（地方政府），積極呼籲應派遣留學生到日本。張之洞之所以推薦前往日本留學，是因為比起歐美語言，日文因為使用了漢字能較快學會。再者旅費、生活費比歐美便宜，西歐的知識也容易透過日文翻譯吸收。

受到張之洞《勸學篇》的影響，各省高官紛紛決定派遣官費留學生，來日本的留學生年年增加。此外，沒能考取官費以私費來日留學的學生也增加不少。

那麼當時的日本又是如何「接收」這些中國留學生呢？

此時我們不能不提到時任外務大臣、文部大臣的西園寺公望。曾有留法經驗的西園寺深知，要接收留學生首先必須得有能教授日文和基礎科目的教育設施，至於誰有能力解決這個問題，最後雀屏中選的人物是當時東京高等師範學校（今筑波大學）校長，嘉納治五郎。

嘉納治五郎生於萬延元（一八六〇）年，明治十四（一八八一）年畢業於東京大學文學院哲學政治學理財系後曾在多所私塾執教鞭，之後自明治二十四年起奉職文部省，明治二十六年起擔任高等師範學校校長。

他在這段期間中提倡「柔道」，以改善虛弱體質為目的柔術的因此得以自成體系，明治十五（一八八二）年還在下谷北稻荷町設立「講道館」。

西園寺為什麼挑選嘉納做為商討解決中國留學生問題的諮商對象，或許是因為嘉納提倡互惠觀點，認為提早一步成功西歐化的日本，假如要對抗歐美諸國，更應該以各種方式提供清國（中國）援助、一同增強國力才行。當時日清戰爭剛結束，主流論調多半認為如果中國受日本之助成為強國，將來一定會侵犯日本的權益，唯獨嘉納對中國的觀點獨排眾議，足以想像在開明派西園寺的眼中並沒有其他選擇。

總之，聽了西園寺的說明後嘉納的反應相當快，他在明治二十九（一八九六）年六月於自家附近神田三崎町租借一處民宅，開設私塾接收十三名清國國費留學生和一名候補、共計十四人。最初這只是一間連名稱都沒有的私塾，不過任教的教師有高等師範學校教授本田增次郎等人，分別負責日文及普通科（數學、理科、體操），水準應該不低。這所無名的嘉納塾正是「神田中國城」的發源地，一切都由此開始。

此時的十三名留學生年齡從十八歲到二十三歲。他們都是通過清國選拔考試的菁英。不過也有人因為梳辮被日本小孩嘲笑傷了自尊，或者吃不慣日本食物等理由而中途回國。不過明治三十一（一八九九）年還是有七名學生畢業。其中三名進入東京專門學校（早稻田大學的前身）就讀，所有人之後都回到故國擔任官職或者教授。（與那原惠，〈柔道之父、留學生教育先驅 嘉納治五郎〉，《東京人》二〇一一年十一月號特集「中國城神田神保町」）

清國政府對這樣的成果堪稱滿意，之後年年派遣愈來愈多的留學生。但日本政府並沒有因此採取任何特別因應對策。包含日文教育等進入大學和專門學校必須具備的普通學科教育，政府完全放任民間辦理，並不打算設置官方機構。

由於沒有其他妥善的接收機構，嘉納塾很快就面臨超過員額的狀況，嘉納在三崎町設置新校舍，從論語中選字命名為「亦樂書院」，指派三矢重松擔任教育主任，負責監督、教育留學生。不過新校舍也轉眼就面臨收容空間的極限，他開始尋找大規模的新校舍用地，最後在牛込區西五軒町發現一處三千坪用地中有十三棟建築物的宅第，決定以每月兩百五十日圓的費用全數租用，在明治三十五（一九〇二）年一月二十九日與地主締約，同年四月十日向東京府知事申請「弘文學院」設立許可，於四月十二日獲得認可。北岡正子在《魯迅 身處異文化日本當中——從弘文學院入學至「退學」事件》（關西大學出版部）一書中，調查了東京都官方資料館館藏的官方資料，推論出上述正式的日期。

如同前述書籍的標題所示，提到弘文學院就會想到魯迅。魯迅是弘文學院的首屆學生，之後他也寫過許多相關回憶，使弘文學院不再僅是日中留學生交流史中出現在首頁的私學，更成為一所「名留世界文學史的學校」。

那麼魯迅又是在何機緣之下，進入嘉納治五郎的弘文學院就讀？關於這一點，北岡正子也翻查了官方資料，找到幾項有趣事實。以下將參照該書，介紹魯迅入學的來龍去脈。

魯迅（本名周樹人）明治十四（一八八一）年生於浙江省紹興中階地主之家，後來因祖父入獄、父親病死而家道中落。魯迅經過一番苦學，先進入張之洞仿德國軍制而創立、類似幼年學校的軍人培訓學校「江南陸師學堂」，但因對課程內容不滿而退學，轉至附設的礦山技師培育學校「礦務鐵路學堂」就讀。自該校畢業後獲選為「南洋留學生」，在江南陸師學堂校長俞明震率領下，跟其他留學生一起在明治三十五年三月二十四日離開南京，經上海前往日本。魯迅畢業自礦務鐵路學堂而非江南陸師學堂，因此他跟其他五名留學生被稱為「礦務學生」。

當初魯迅這些礦務學生本來應該跟陸師學堂學生一樣進入成城學校（進入陸軍士官學校、陸軍幼年學校之前的預校）就讀，但據說到達日本後成城學校校方拒絕接收並非立志從軍的魯迅等六名礦務學生。於是清國公使立刻在四月十一日寫信給日本外務大臣，表示希望讓這六名學生進入前一天四月十日剛提出設立申請的弘文學院就讀。外務省隨即在隔天十二日委託當天剛取得認可的弘文學院接受這六名入學，並在同一天內收到弘文學院回覆的入學許可。對於這幾個實在太過湊巧的日期，北岡正子推測其意義如下：

這場外務省、弘文學院、清國公使的聯合表演效率之高，到底意味著什麼？簡直像各方早已事前開會疏通過一樣。有一種說法是魯迅是自己選擇進入弘文學院而非成城學校，（中略）但是魯迅等六名「礦務學生」不太可能有選擇學校的自由。事實上包括他們原本安排進入成城學校，還有在抵達後改為弘文學院，一切都跟魯迅這些留學生的意志無關，早已經拍板定案。

事已至此，無論內情如何，總之魯迅就這樣成為剛設立完成的弘文學院第一屆學生，同時也是首位中國留學生。

而魯迅進入弘文學院後屬於哪個學科、都學習些什麼內容？

根據北岡正子分析的資料，弘文學院的授課內容主要有兩大系列，一是教授升大學、專門學校的基礎科目，例如日文，一般理科、社會科的三年制「正科班」，另一種是上課時有口譯隨堂的專業領域速成教育「別科班」（六個月結業），其中「別科班」又根據內容分成培育警務官的「警務學生」班和培育師範的「師範學生」班。

學生們很快就依照籍貫分成「湖南組」和「江南組」等組別上課，也在宿舍依此分組一同生活，因為同樣來自中國、也可能因為南北差異在語言和習慣上的不同導致學生無法順暢溝通，更重要的是，統治民族滿洲人和受統治民族漢人很難共同生活。

魯迅他們六人屬於「浙江組」，特別被稱呼為「礦山學生」，但是他們並沒有特別學習礦山學，只是因為來自礦務鐵路學堂才有此稱呼，實際上他們進入三年結業的「正科班」，學習普通學科。

弘文學院創立時「正科班」和兩個「別科班」加起來學生總數共有五十六人，其中寄宿在牛込區西五軒町的弘文學院本院者有魯迅他們六名、師範學校生十五名，以及來自江西的自費生一名，共二十二名，其他警務學生則住在小石川區江戶川的外塾。警務學生都是北京警務學堂派遣的滿洲八旗（清代的統治階級滿洲人的社會組織、軍事組織），身分尊貴，校方可能認為必須讓他們跟漢人集團分開。

此事暫且不提，相信大家都很好奇，魯迅當時是個什麼樣的學生。魯迅升上二年級的明治三十六（一九〇三）年四月，赴該校任教的松本龜次郎留下了一段知名的回憶。松本先提及幾個小故事，表示自己負責的普通班學生日文都已經程度不錯，反而是自己收穫良多，之後他提到跟魯迅相關的回憶。

魯迅從少年時期就喜好鑽研，日文的翻譯最為精妙，往往能忠實掌握原文語意譯出，且其譯文平穩流暢，因此同志間稱之為「魯譯」，推崇為譯文範本。（北岡正子，同前書）

由於送來的學生優秀，弘文學院算是順利地踏出了第一步，而清國當局確認了成果之後，兩個月後立刻又送來第二批留學生到弘文學院，學生數一口氣增加為三倍。

如同前述，學生們得依照籍貫分組，接二連三接收來自不同地區的學生後，只好在大塚、麴町、真島、猿樂町、巢鴨等地增設外塾。學科方面也鑒於許多學生希望速成，增設了速成普通科，還為了想白天工作、晚上學習的學生設置了各科的夜校，規模急遽擴大。

留學生如此激增的背景，與清國在明治三十八年廢除科舉，准許以留學取得的學位代替也有關係。一路以科舉為目標求學的學生紛紛轉換學習方針，來到日本留學。

於是，到了明治三十九年弘文學院已經有超過一千五百名的學生，同時擁有一百七十多位教師，規模龐大。

在迅速擴張的腳步中，該年一月十五日忽然接到文部省一紙通知，要求將校名由「弘文學院」改為「宏文學院」。

變更校名的原因，一般認為是因清朝向來有迴避名君乾隆皇的諱（生前的名字）弘曆之「弘」、改用「宏」的習慣，所以公使和學生經常寫為「宏文學院」，校方遂從善如流地配合，不過北岡正子卻推測，這突如其來的校名變更背後可能有其他內情。這番內情真相又是如何？

遠因可以追溯到早於「弘文學院」、明治三十五年三月底於神田區駿河台鈴木町十八番地開設的「清國留學生會館」，當時清國公使館和日本文部省與留學生之間因管理營運問題產生對立。留學生當中的激進派聚集至清國留學生會館，召開集會討論政治問題，公使館相當重視此事，要求文部省在明治三十八年十一月公布「清國留學生取締規則」。

弘文學院的學生也直接受到這個問題波及，陸續出現附和激進派、贊同以退學或回國表達抗議的聲浪，明治三十九年開年後，主張繼續留學的慎重派勢力抬頭，退學和回國的動向逐漸式微。校名從「弘文學院」更名為「宏文學院」，很可能是嘉納治五郎因應這種狀況的處置。順帶一提，魯迅在改名以前明治三十七年即已完成學業，因此他畢業於「弘文學院」、而非「宏文學院」。

弘文學院的改名申請在學生開始復校的一月十五日遞交。特意選在這個時機遞交「申請書」，很可能受到長達兩個月的留學生反抗運動之影響。弘文學院或許希望藉由改掉留學生不便使用的校名，稍微安撫反抗情緒。（同前書）

可能是校名變更之策奏效，「宏文學院」的學生杯葛行動漸漸收束、恢復常態，但學生人數減少的事實已經難以扭轉，不得不關閉三所分校。校名變更後三年的明治四十二（一九〇九）年，「宏文學院」也無奈關閉，結束其留學生教育先鋒的任務。

不過由嘉納治五郎開闢出的這條道路已經相當踏實，往後許多中國留學生持續經由這條路徑來到日本，其中許多人都進入集中在神田地區的大學或專門學校留學生附校就讀。「神田中國城」就這樣誕生於這般單點集中的景況當中。

松本龜次郎的東亞學校

在嘉納治五郎創立的弘文學院↓宏文學院之後，明治三十七、三十八（一九〇四、〇五）年左右法政、明治、早稻田等知名私立大學陸續於開始跨足中國留學生教育，結果在極盛期明治三十九年，中國留學生來到超過萬人的盛況。

其中腳步最快的便是校舍設於九段上的法政大學。該校總理（校長）梅謙次郎率先推動留學生教育，明治三十七年五月設置了為期一年的速成科，接收九十四名留學生，為該校留學生教育的起點（之後因應留學生的希望，修業年限延長為一年半）。課堂採雙軌方式，法律學或政治學以日文講課，再由口譯譯為中文。梅謙次郎深知速成教育的缺點，不過他自己在司法省速成科中接受的口譯隨堂課程發揮了一定效果，因此他認為速成教育對中國留學生應該也有其意義。實際上由於教師皆為一時之選，受講者也皆是中國菁英，法政大學的速成科成效極佳，諸如汪兆銘和胡漢民等畢業生都是後來辛亥革命中的鬥士，可謂人才輩出。

相對於此，同樣位於神田地區內的明治大學則揭櫫普通教育的理念，以兩年制普通科和一年制高等科的課程，自明治三十七年九月開始授課。但是不同於其他大學，明治大學選擇在錦町三丁目十八番地設置獨立於校方的法人「經緯學堂」以接收留學生。理由頗為消極，因為實際上「難以預料入學人數，以附屬機構管理係考量到經營上之風險。」（《明治大學百年史》第三卷 通史篇Ⅰ），但是駐日公使楊樞對經緯學堂的教育理念給予極高評價，還特別推薦給中國政府，因此甫開校便吸引了許多留學生，經營迅速步上軌道。信心大增的學校當局也從明治三十八年開始增設師範科、教育選科、警務科、商業科等速成科，回應期待入學者的希望。到了明治三十八年，經緯學堂的入學者已有超過千名的規模。

神田地區由於有錦町的經緯學堂和九段上的法政大學這兩大中國留學生接收機構，校舍位於小石川、巢鴨、大塚的弘文學院→宏文學院還有早稻田大學的留學生也會基於各種理由聚集至此，在明治三十七年到三十九年的極盛時期，神田地區處處可見中國留學生，尤其是速成科的留學生，轉眼形成「中華街」的風貌。

不過如同前文所述，明治三十八年十一月文部省頒布了「清國留學生取締規則」，對此激烈反彈的留學生在十二月約定同時杯葛各校課程，留學生中分為歸國派和持續留學派兩方、反覆論戰，十二月八日就讀法政大學的陳天華，為表達對朝日新聞上一篇題為〈清國人特有之放縱卑劣意志〉

報導的抗議，在品川海岸跳海自殺，事件發生後歸國派聲勢暫居上風。實際因此回國的留學生超過兩千名。

開年後，各校紛紛獎勵退學學生再次復學，部分回國學生也因此復學，大部分留學生都傾向繼續留學，不過由於這場騷動影響極大，明治三十九年之後，來自中國的留學生人數迅速下滑。

劇變背後也牽涉到清國政府的方針轉換。清國政府在明治三十九（一九〇六）年實施了歸國留學生官職錄用考試，結果八名成績優等者全都是歐美留學生，日本留學生沒有一名入選，政府開始質疑日本留學生的品質和速成教育。

日方接收留學生的學校都因為此方針的轉換而倉皇不已。因為當初原是清國政府主動提出希望日方提供速成教育以俾機構改革，各校也都因應該要求做好了短期間內接收的準備。

不過，清國政府質疑速成教育成效也並非空穴來風。一來有許多速成教育設施為了爭取大量留學生，設計出急就章的課綱，甚至有在短短幾個月就學期間中以口譯隨堂方式教授肥皂製造法，出具畢業證書的「學鋪」、「學店」等留學生教育學校。再者，也有不少「不良留學生」對這類速成教育的真實狀況心知肚明（或者刻意利用），來到日本只為靠獎學金玩樂、享受生活。再加上這裡容易從事革命活動等理由，私費到日本留學的革命派學生也絡繹不絕。

清國政府對這種狀況忍無可忍，於明治三十九年六月對各省發布通知，下令停止派遣速成科學生至日本。當然，日方的接收機關也只好變更課綱。

從事留日學生教育的各校紛紛以改訂學則的方式，因應中方對短期速成教育的批判，但依然無法阻止學生人數的減少。例如明治三十九年，主要七校（宏文學院、法政大學、早稻田大學、經緯學堂、振武學校、警監學校、東洋大學）共有七千四百三十名留日學生，到了四十一年初只有三千

一百八十五名，減少了百分之五七・一。(《明治大學百年史》第三卷 通史篇Ⅰ)

結果使得實施留學生教育的學校面臨嚴重經營危機。最早壯士斷腕的是以速成教育為主體的法政大學，決定在明治三十九年停招、四十一年關閉速成科。而著力於普通教育的早稻田大學也在四十三年九月廢止清國留學生部。三所大學中一努力到最後的明治大學經緯學堂在明治四十三年十二月廢校。至於留學生教育先驅弘文學院→宏文學院，也在明治四十二年無奈落幕。

給這種凋零趨勢帶來最後一擊的，是明治四十四（一九一一）年十月十日爆發的辛亥革命。剩下的留學生都幾乎因此回國，第一次中國留學生潮在此告終。

不過明治四十五（一九一二）年就任中華民國臨時大總統的袁世凱成立的北洋政府鎮壓了孫文的第二次革命，進入軍閥割據的混亂時代，許多暫時歸國的中國留學生再次來到日本。儘管規模縮小，大正三（一九一四）年起進入第二次留學生潮。

第二次留學潮的中心是中國留學生教育先鋒松本龜次郎在大正三（一九一四）年於神田區中猿樂町五番地所創立的東亞高等預備學校。

慶應二（一八六六）年，生於靜岡掛川附近土方村的松本畢業於靜岡師範學校，在東京的高等師範學校學習，卻因為腳氣病不得不退學回到故鄉，他先在母校靜岡師範學校任教後陸續在三重師範、佐賀師範教書，之後在東京高等師範學校校長嘉納治五郎邀請下從明治三十六（一九〇三）年起成為弘文學院的教授。

前面提過松本在弘文學院教過魯迅，值得注意的是，松本任職於弘文學院期間在嘉納建議下開始撰寫文法教科書《言文對照漢譯日本文典》。這本書也在清國發售，並數度再版，穩固確立了松本在中國人學生之間的名聲。不知不覺中，松本已在中國聲名遠播。

明治四十一年，松本受到前一年創設的北京菁英學校京師法政學堂邀請前往任教，作育英才之餘也與優秀同事為伍、彼此切磋琢磨，在如此充實生活中忽然發生了辛亥革命。松本在昭和六（一九三一）年出版的《中華留學生教育小史》（東亞書房）中回憶如下：

如同第二期尾聲所述，由於突然發生第一革命，幾乎所有在日留學生都回國了，於此同時，受到清國各省招聘的日本教習，儘管仍在應聘期間也不得不回國。（中略）余在明治四十五年（民國元年）四月應聘期滿回國，五月起暫時於東京府立第一中學任職。（《中國近現代教育文獻資料集1中華留學生教育小史中國人日本留學史稿》，日本圖書中心）

任職府立一中，是受到北京時代對他有知遇之恩的漢文學大家服部宇之吉推薦，而一年後的大正二（一九一三）年，松本做出了重大決定，辭去府立一中的工作，開始籌備東亞高等預備學校的創立。

促成他有此舉動是因為來自湖南省的留學生曾橫海到他家拜訪。曾橫海對於宏文學院等中國留學生教育學校幾乎關閉的現狀相當憂心，他表示願意準備教室，希望松本來任教。撰寫松本龜次郎傳記的武田勝彥如此揣測松本此時的心境：

漫步在樹林裡思索。想在府立一中任教的人才何幾，其中一定有比自己更適任的人。然而有能力教中國人日文的人卻並不多。日本人有強烈的歧視意識，很少人樂意成為中國人的教師。（武田勝彥，《松本龜次郎的一生——周恩來、魯迅之師》，早稻田大學出版部）

促使松本下定決心的或許正是這番心理。大正二（一九一三）年夏天，松本借用神田三崎町日本大學的校舍一隅，「獲得三矢重松（文學博士）、植木直一郎（國學院教授）、山根藤七、吉澤嘉壽之丞等諸君支持。」（松本，同前書）展開針對有志留學生的教育，其口碑迅速傳至中國，留學生大舉入學，教室立刻顯得侷促。松本的回憶錄中還有後文：

新生蜂擁而至，僅僅租用三四處教室已經無法容納，大正三年正月，余下定決心，商請杉榮三郎、吉澤嘉壽之丞兩位也列名設立者，由余擔任設立者兼校長，假神田區中猿樂町五番地新建校舍，校名訂為《日華同人共立東亞高等預備學校》，依據私立學校設置規則向東京府知事申請，於同年十二月二十五日獲得正式許可。校名冠上《日華同人共立》這六字乃為紀念曾橫海之功，他在經濟上雖無責任，卻在精神上付出莫大心力。

鑑於以往的經驗，松本希望在東亞高等預備學校實施進入大學或高等學校後依然有所助益的普通教育，成為一所名符其實的「高等預備學校」，網羅了大學教授等級的人材來擔任講師。

教學成果可謂立竿見影。或許受到《日華同人共立》這個名稱的吸引，也可能是身為教科書作者的松本之名已然有極高知名度，又或者是課綱的出色，總之陸續有大量學生期望進入東亞高等預備學校就讀，很快就面臨校舍空間不足的問題。於是松本在大正四年透過澀澤榮一居中斡旋，成功募得三井三菱等各財閥的捐款，在隔鄰六番地增建校舍，並於大正九年取得設置財團法人的許可。

當其他同類學校漸漸進入關閉狀態，唯有東亞學校盛況不減，創立之後持續維持收容千名左右學生的規模，升學後成績也極為良好，博得內外之信賴。

實際上，自大正到昭和年間，來到日本的中國留學生幾乎都進入了這所東亞高等預備學校（昭和十（一九三五）年起改稱東亞學校）。

其中有一位十九歲的留學生周恩來。周恩來在大正六（一九一七）年九月來日，起初借居朋友位於牛込的租屋處，十二月起搬到神保町的出租房兼旅館「玉津館」，準備報考東亞高等預備學校。在他留下的日記（矢吹晉編，鈴木博譯，《周恩來「十九歲的東京日記」1918.1.1～12.23》，小學館文庫）中，幾乎每天都會提及東亞高等預備學校（東亞學校）。

這幾天因為是新年，學校裡放假幾天。今天是開學的日子，早早起來，先到單人教授的地方上了一點鐘的課。（一月八日）

從今天起，我往東亞每天上四點鐘課，上午兩點鐘，下午兩點。（一月十七日）

周恩來在東亞高等預備學校上課上到七月，不過沒有考上東京高等師範學校和第一高等學校，暫時回國後再次來日，希望報考京都大學，但是隔年又回國參加五四運動。假如周恩來考上東京高師或一高、留在日本，中國共產黨的歷史以及中國歷史或許會有所不同。

不過在周恩來日記中出現了松村老師這號人物，卻沒出現過松本龜次郎的名字。所以也有人懷疑周恩來究竟有沒有就教於松本，前日本留學生、日中關係史家汪向榮的證詞可以解釋這個疑問。汪向榮在日中戰爭期間昭和十四（一九三九）年來日，由於曾祖父與北京的京師法政學堂有淵源，在東亞學校與松本交情匪淺，他如此回想當時的狀況：

中國很多名人當過他的學生，魯迅、錢稻孫全當過他的學生。「周恩來學過沒有？」我也問過松本老師，他說記不起來。而同周恩來一起的同學張某，他還記得。胡華教授當年寫《中國革命史》時，問過周恩來，周說他到日本的第一個老師，就是松本龜次郎。這個情況，是從胡華發表在《社會科學戰線》第二期的文章裡知道的。（〈教育者、松本龜次郎──汪向榮〉，竹內實監修，鍾少華編著，泉敬史、謝志宇譯，《昔時日本 回憶青春留學時》[58]，日本僑報社，二〇〇三年）

《昔時日本 回憶青春留學時》這本書主要匯集了一九三〇年代來日中國留學生的訪談紀錄，可以說是一本向松本龜次郎及東亞預備高等學校（東亞學校）致敬的書籍，書中洋溢著他們對在這所學校所受教育的感恩之意。

就先補習日語吧。我就進東亞高等預備學校，在神保町。松本龜次郎先生是校中的教員，教日本文法，寫有一本書。人胖胖的、高高的。他那時還不顯老。我聽他的課。我聽課沒有困難，全都懂。（〈我的青春日本──朱紹文憶往〉）

到東京，我開始住在小石川區，從十月中旬開始，到神田東亞日語補習學校去上學。（中略）東亞學校的老師，記得有一位穿著和服，經常面帶笑容。他用我國的普通話講解日語，他的普通話說得比我好。（〈中國古典活在「近代」日本──丘成〉）

這個學校創辦人是松本龜次郎先生，據了解，戰前中國赴日留學生有四萬人，其中兩萬多到三萬人，都是從東亞學校學習過再進大學。老師一天到晚總在學校，你有問題隨時可去問。（中略）我在東亞解決了日語的問題，會講會寫。東亞的老師的確素質高，他們幾乎全是東京大學畢業，教學認真。學校作文本子都特別，直寫間距大，老師在上面批得很仔細。（〈教育者松本龜次郎──汪向榮〉）

最後一位受訪這汪向榮接續上文還留下了下面這段話。這番批判或許依然可以套用在現今的日中交流上？

日本政府有很大的失策，它早就應該將東亞收歸國有，由國家辦就好了。日本太不重視中國留學生問題，現在的日語學校多是騙錢的。你要是辦一點像東亞那樣認真的學校，效果就會不同。

玉音放送之後大約過了一個月後，昭和二十（一九四五）年九月十二日，松本龜次郎長眠於故鄉土方村，享年八十，畢生都奉獻於中國留學生的教育。

戰後昭和五十九（一九八四）年，松本龜次郎的故鄉靜岡縣大東町（今掛川市）設置了松本龜次郎紀念館和松本公園，平成十（一九九八）年，在東亞學校舊址神田神保町二丁目神保町愛全公園，立碑銘刻「周恩來向學於此」以紀念周恩來誕生百年以及日中和平友好條約締結二十週年。

要建立一間專供留學生學習的國立日文學校並非難事，再次創立像東亞高等預備學校（東亞學校）這種機構也絕非不可能。但可以肯定的是，像松本龜次郎這樣擁有無私熱情的教育者，或許再也難尋。

中國共產黨的搖籃

前文提到日清戰爭後，接收蜂擁而來的中國留學生之設施（日語學校及大學）多半密集叢聚於神田地區，然而光是接受設施聚集在神田地區，並不能充分解釋何以會在當時的主要幹道、也就是

58. 譯注：中文原書名為《早年留日者談日本》。

現在鈴蘭通到櫻通這一帶形成中華街。

原因之一是因為類似中國留學生會館的設施，皆設於這一帶。最早的留學生會館是明治三十五（一九〇二）年設於神田區駿河台鈴木町一八番地（今神田駿河台二—三—一六）的「清國留學生會館」。地點可能位於水道橋車站沿神田川前往御茶水車站上坡途中、從前的日法會館附近。根據雜誌《東京人》（二〇一一年十一月號）在「中國城神田神保町」特集中大里浩秋〈明治～大正，神保町留學生地圖〉一文所附的地圖說明，「清國留學生會館」是以初期留學生曹汝霖和蔡鍔所創設的勵志會為母體發展出來的留學生交流組織，受清國公使館的管理，首任館長是駐日公使蔡鈞，不過實際上交由留學生自主營運，這裡有會議廳、演講廳，以及有志之士開設的日文教室和舞蹈教室。魯迅知名的〈藤野先生〉開頭描述，即是最好的證詞。

> 中國留學生會館的門房裏有幾本書買，有時還值得去一轉；倘在上午，裏面的幾間洋房裏倒也還可以坐坐的。但到傍晚，有一間的地板便常不免要咚咚咚地響得震天，兼以滿房煙塵斗亂；問問精通時事的人，答道，「那是在學跳舞。」（駒田信二譯，《阿Q正傳、藤野先生》，講談社文藝文庫）

這時約是魯迅從弘文學院畢業、進入仙台醫學專門學校就讀之前，應該是明治三十七（一九〇四）年吧。文中首先令人感覺一片祥和太平。

不過明治三十八年魯迅於仙台師事藤野老師時，清國留學生會館發生了一場大騷動。清國公使館認為一群主張推翻清朝、組織起反體制運動的留學生以此會館為根據地展開活動，因此要求日本文部省公布「清國留學生取締規則」，開始強化對留學生的監管，反對的留學生也展開了激烈的抗議活動。

這類抗議集會當然改在其他集會場所舉辦，政治冷感的留學生也因為不喜歡嚴格的使用規則，漸漸不太出入清國留學生會館。

那麼留學生選擇什麼地方來交換資訊以及倡導反對運動的新根據地？那就是明治四十五（一九一二）年創設的中華留日基督教青年會館（俗稱中華 YMCA）。明治三十九年設於東京基督教青年會館（英國建築師康德（Josiah Conder）設計的東京 YMCA 會館。舊址在今神田美土代町七，平成十五（二〇〇三）年拆除）中的中華留日基督教青年會，在明治四十五年於北神保町一〇番地（神田神保町二－四〇）覓地建設了自用會館。除了中國留學生，在日華僑也可自由使用，在前述《東京人》的大里浩秋〈明治～大正，神保町留學生地圖〉中記載如下：

前述實藤氏的書[59]提到：「這裡是籌畫反對二十一條問題、西伯利亞出兵問題等其他類似日本侵中行為之活動參謀本部。」另外根據日華學會（後述）的紀錄，中華 YMCA 有住宿設施和聚會所，「為留學生在當地唯一的社交機關，使用率極高」。

或許因為是 YMCA，所以中國留學生得以較自由地從事政治活動。

不過在地圖上調查這所中華留日基督教青年會館舊址北神保町一〇番地附近，現在有一處隸屬千代田區的設施「神保町向日葵館」，我設籍在千代田區時曾經走過這座會館旁前往千代田區辦事處辦理領取住民票等手續，當時在這座「向日葵館」斜對面有一棟掛著「東方學會」（西神田二－四－一）招牌的舊大樓，我總是好奇地想，「這裡到底是做什麼的？」

59. 作者注：實藤惠秀《增補中國人日本留學史》，黑潮出版，一九七〇年。

這次調查了一番，終於知道「東方學會」的由來，略記如下。因為這個設施也跟神田中國城大有淵源。

時間要回溯到明治四十四（一九一一）年的辛亥革命。當時許多中國留學生都受到革命感召打算回國，卻苦於沒有旅費。一群日本實業家慷慨解囊，透過文部省和清國大使館借了旅費給他們，之後中華民國在明治四十五年成立，中方歸還這筆錢，為能有效利用，設立了財團法人「日華學會」。時間是大正七（一九一八）年。當時學會的顧問是澀澤榮一，看來組織應該相當健全。事業內容包括協助中國留學生入學、退學、實技講習，還有協助斡旋宿舍、經營宿舍、發行會刊《日華學報》等等。大正十二年，在帝國議會上通過「對支文化事業特別會計法」，日本政府開始對中國留學生進行學費補助，「日華學會」遂成為支付窗口。大正十四年，「日華學會」承接在關東大地震中燒毀的松本龜次郎「東亞高等預備學校」之經營，昭和十（一九三五）年起該校改稱「東亞學校」。

但是儘管稱之為「日華學會」，這裡基本上受日本外務省管轄，中國政府完全沒有干涉，因此當日中關係惡化時，特別是蔣介石政權便會批判這是日本進行文化侵略的爪牙機關。

然而另一方面，由於汪兆銘的「中華民國南京國民政府」是親日政權，昭和十二年日中戰爭開始後依然每年送來超過千人留學生，留學生們一到日本都會經由日華學會或者東亞學校再分派到各個留學單位。整體有一成以上為女留學生。

但是昭和二十（一九四五）年八月十五日日本戰敗後，日華學會因為與「中華民國南京國民政府」有深入往來而停止活動。昭和二十二年變更組織為外務省轄下的「東方學會」，現在納入內閣府管轄。大正十五（一九二六）年竣工的日華學會大樓就是現在「東方學會」使用的舊大樓。

尋找日華學會資料時，筆者發現在鈴木洋子《日本的外國人留學生與留學生教育》（春風社，二〇一一年）中有這段記載：

時值中國國內展開抗日戰爭的時期，但一九四一年赴日留學的學生人數有兩千六百八十六人（包含來自滿洲國的一千兩百二十人），人數極多。留學目的根據一九四一年《日華學報》的調查報告顯示，在三百一十一位回答者中依照數量排序，依次為「學術研究」八十人、「推動日華親善、文化交流」三十二人、「了解日本」十一人。儘管處於戰時，依然有許多人基於原本的留學意圖前來日本。另外也有出於並非留學的特殊動機，例如左翼組織人物的留學（待下節詳述）。順帶一提，根據一九四一年該項調查中關於留學生住處的回答，住在日華學會經營的宿舍者有一百一十人、一般民間出租房五十八人、附餐包租房三〇人，由此數字看來，也可發現日華學會的存在意義之大。

如果只讀過戰後幾乎未曾提及汪兆銘「中華民國南京國民政府」歷史教科書的人，看到在日中戰爭中仍然每年有超過千人的中國留學生來日這段記載，或許會覺得驚訝。然而現在吃驚還太早，讀過「待下節詳述」所指的段落後，會發現更驚天動地的事實。

當時有許多左翼組織人物留學已經超越原本留學的範疇，動機特殊。日本在一九三一年至一九三九年間有約二十個類似「社會科學文化座談會」等在日左翼組織，這些組織在一九三六年成立了「中華留日學生連合會」。由此也可看出，部分中國留學生留學日本期間從事著政治活動。日本是學習馬克思主義理論的基地，留學日本不僅可以學習理論，也被視為肩負建設新中國的政治家必經的成長過程。當時在日本的左翼留學生學習過程主要有三種：①一邊在日本的大學或專門學校學習、一邊學習馬克思主義的政治理論，②擁有日本大學或專門學校的學籍，但並未上學，只學習政治理論，③不管學校學業，自行專注學習政治理論。（中略）這些結束留學後回國的人有許多都投入之後的抗日戰爭，也有人對成立新中國有所貢獻，據說，他們後來都成為解放後共產黨的中堅幹部，由此看來，到敵國日本留學固然出於許多不同目的，對中國而言都別具意義。

相信有不少讀者看完這段描述後都覺得意外吧？至少我就是其中之一。我不禁覺得，日本這個國家也未免太沒有警戒心，而中國人確實是個性堅韌的國民。

我對於日中戰爭期間中左翼學生依然陸續來日留學這個事實固然感到驚訝，但是前文為何以推測語氣表示「據說，他們後來都成為解放後共產黨的中堅幹部」，我倒並特別訝異，因為存疑的原因十分容易推測。在汪兆銘政權下以留學生身分來到戰時日本，遍讀馬克思主義文獻充實了理論基礎後回國的這些「左翼留學生」或許確實「對成立新中國有所貢獻」，但很可能在文化大革命期間因為曾被汪兆銘政權派赴日留學，就被斷定為「日本間諜」，再也無法出頭。就連五四運動之前的日本留學生周恩來都很危險，汪兆銘政權下的赴日留學生不管再怎麼解釋想必紅衛兵都聽不進去。由此判斷，戰時非左翼學生的汪兆銘派留學生，或許都淪為「漢奸」被判死刑或者入獄。

諸如上述，日中戰爭下刻意選擇來日留學這條艱辛道路的留學生多半都壯志未酬，只能在歷史的捉弄之下度過不幸人生，實在令人慨歎！

然而，假如將時代稍微拉前，回溯日中戰爭開始以前的留學生，當時為了學習共產主義理論而選擇留學日本的左翼學生不在少數。上篇也引用過的竹內實監修、鍾少華編著《昔時日本　回憶青春留學時》（泉敬史、謝志宇譯，日本僑報社）中，就收錄了不少這類證詞。

例如昭和九（一九三四）年留學日本的陳辛仁這位中國共產黨文化部副部長，他在「誕生於池袋公寓的革命雜誌」談話中表示，中國許多左翼分子在中國時就看過翻譯成日文的馬克思或列寧著作，藉此學習共產主義。陳辛仁表示，他是因為看了之前留學日本的學生從日本帶回來留在高中圖書館中的左翼文獻，才對共產主義覺醒。

借得最多是馬列的基本著作，日本譯的，裝有好幾個書櫥，有《左派的幼稚病》、《反杜林論》等。還不夠的話，中學校附近有一個小書店，可以從書店中訂購書，從上海日本書店定來的日文新書，馬列主義的日文書。

原來中國左翼分子就是透過上海的內山書店，以日文來接觸馬克思和列寧著作。所以當陳辛仁上了中國大學後，會以日本留學為目標也是理所當然。因為在日本不僅可以藉由翻譯讀到馬克思、列寧主義的文獻，還有左連（中國左翼作家連盟）東京支部這個穩固的組織。說到左連，這是昭和六（一九三一）年由華蒂和任鈞等人所創設的組織，遭受鎮壓後對他們帶來嚴重打擊，後於昭和八年重建。重建後跟日本無產階級運動一樣，不正面主張其思想，而隱藏在文藝活動的掩護之下。陳辛仁來東京後立刻加入左連，以位於池袋的公寓三閑莊為據點，編輯中文會刊《雜文》、《質文》，在神田的印刷廠印刷後出版。《質文》這份雜誌的命名者是隱居在千葉市川的郭沫若，他偶爾也會供稿。

不只陳辛仁，對左翼學生來說，跟有國民黨強力鎮壓的中國相比，日本簡直是天堂。當時日中往來不需要護照簽證，可以自由來去。例如在一九二六年加入中國共產黨的堅定鬥士楊凡，就曾經在受訪時這麼說：

——你是二〇年代開始參加革命運動的大前輩，一九二六年在彭湃推薦下加入共產黨，但是之後為什麼會到日本留學呢？

我一九三二年到日本。過去在上海曾經兩度被逮，出獄之後跟組織也斷了聯絡，沒辦法只好花了二〇元買船票逃到日本。

楊凡進入早稻田大學就讀後，立刻創立了共產黨留學生的合作組織。

之後我們組織了《中華留學生學生會》，設置了包含我在內三位常務委員。（中略）這個學生會是東京所有中國留學生的共同組織，我們在各大學都有分部。不過其中並沒有傀儡滿洲國的學生或者國民黨學生，實質上是一種接近共產黨的集團。

而巧妙利用了這「接近共產黨集團」的正是前面提到的「中華留日基督教青年會館（俗稱中華YMCA）」。在網上搜尋之後，找到小谷一郎寫的一篇紀要論文〈一九三〇年代後期中國留日學生之文學、藝術活動——關於《文藝同人誌》〈文海〉〉，其中有下面這段文字：

重建的東京左連在當過日本無產階級文學運動之「挫折」的江口渙等人的建議下，放棄以往不合法的活動，改以同人形式合法發行雜誌、舉辦活動。（中略）當時他們活動的「磁場」之一就是「藝術聚餐會」。

舉辦藝術聚餐會是因為「聚餐會」的名目不需要申請集會許可，所以從三五年二月起在神田的中華基督教青年會餐廳舉辦這場中國留日學生的聚會。其他地方也有類似「聚餐會」的活動，不過其中規模最大的就是在中華基督教青年會舉辦的「藝術聚餐會」。與會者除了東京左連成員，偶爾也有中國留日學生內各種團體、相關人員。

想必讀者會再次感到意外。中國共產黨的歷史多半著重於沒有日本留學經歷的毛澤東及其身邊人物，幾乎沒有關於中華留日基督教青年會館和日華學會的描述，不過實際上共產黨的思想、文學，有極大部分正是在此神田神保町孕育發芽。

我認為不妨在「向日葵館」一角立起刻有「神田神保町為中國共產黨搖籃之地」的石碑，不知各位以為如何？

古書店街是中餐廳街

神田神保町形成中華街的另一個背景，是此地陸續有做中國留學生生意的中餐廳誕生。日清戰爭後來到日本的中國留學生最大的煩惱就是「一湯一菜」的日本食物，這種飲食實在不合他們胃口，因此中餐廳可說是應運而生的「必需品」。

例如明治三十八（一九〇五）年從湖南地方來到日本的黃尊三，他進入嘉納治五郎的弘文學院就讀，在日記裡記載了剛來日本時第一次吃到的日本餐點。

十點上陸，在高野屋稍事休息，用餐。日本的食物相當簡單，一湯一菜，味道極淡。（五月二十四日，黃尊三，《清國人日本留學日記 一九〇五～一九一二年》[60]，實藤惠秀、佐藤三郎譯，東

60. 譯注：中文原書名為《黃尊三日記》。

方書店）

他對弘文學院的餐點也給了幾乎相同的評語：

> 晚餐有湯、雞蛋，飯裝在很小的盒子裡。我第一次吃，吃了覺得很不舒服。（同日）

黃尊三之後也維持這個狀態，因為日本飲食不合胃口，後來身體狀況失調，剛留學沒多久就經常缺席沒上課。他也發現周圍有不少跟自己一樣因為吃不慣日本餐點而生病的留學生。

> 來東京的學友很多都換了腳氣病。因為日本四方環海溼氣重，米也飽含濕氣，吃多會得腳氣病，很危險。朋友石聲顥就是死於此病。必須多加小心才行。（六月十七日）

關鍵在於這裡提到的腳氣病。我們現在已經之到腳氣病的原因在於缺乏維他命B1，但是隸屬陸軍的森鷗外跟海軍的高木兼寬曾經有過一番關於腳氣病的論戰，可見當時還不確定病因。然而如同這名中國留學生黃尊三的描述，在祖國沒有得過腳氣病、卻在來日本留學時罹患，因此在中國留學生之間盛傳腳氣病因在於日本白米這種說法。可是他們並不認為是因為日本米經過碾製，而覺得是因為「飽含濕氣」，確實很像中國人會有的反應。或許在弘文學院出於嘉納治五郎的「父母心」提供了碾製白米，反而使罹患腳氣病的留學生增加了？副食跟現在相比也比較簡單，應該也缺乏蛋白質。實際上黃尊三確實覺得腳痛，這種不安甚至出現在夢中。

腳痛，不知道為什麼連肚子也痛到難以忍受。（九月十日）

十點就寢。右腳腫痛，可能得了腳氣病。明天去看醫生。（九月十一日）

晚上夢見腳患重疾，醫生說是不治之症，最好趕快準備身後事，我失神茫然，因此驚醒。（九月十三日）

因為如此憂心，所以對中國留學生來說，上中餐廳吃大量豬肉、雞肉和蔬菜補充蛋白質和維他命也是一種預防腳氣病的方法，可謂醫食同源。

實際上等到黃尊三習慣日本生活，稍微能喘口氣時，開始跟朋友一起上中餐廳，也漸漸恢復了健康。

那麼神田地區的中餐廳分布狀況如何？

第一間店是明治三十一（一八九九）年承認內地雜居（外國人住在居留地以外的地方）的同時誕生於神田今川小路的「維新號」。

根據《東京人》二〇一一年十一月號的特集「中國城神田神保町」，「維新號」位於現在神田神保町二丁目的櫻通上，創業者是現在在銀座經營同名中餐廳的鄭東靜和東耀的祖父鄭余生。起初這間餐廳沒有店名，不過因為常來光顧的留學生後來都成了反清運動的要角，開始有人稱之為「維新號」，自此定名。

「維新號」之名開始廣為人知，是因為發生於大正七（一九一八）年五月六日的一起事件。當時日本因出兵西伯利亞一事與段棋瑞政權簽訂了密約，反對此事的四十多名留學生聚集在中華留日基督教青年會館後，在「維新號」用餐時遭到西神田署警官逮捕。獲釋後留學生們呼籲歸國，紛紛成為隔年五四運動的旗手。這個事件也出現在《周恩來「十九歲的東京日記」1918.1.1～

12.23》（矢吹晋編，鈴木博譯，小學館文庫）中。

昨日各省同窗會幹事代表聚議於維新號，假宴會為名，選舉歸國總機關幹事。事畢，被日警拘去，旋釋。（一九一八年五月七日）

「維新號」在昭和二十二（一九四七）年搬到銀座，現在依然持續開業，歷史其次悠久的則是明治三十四（一七〇一）年創業的「中華第一樓」。這間中餐廳也出現在《周恩來「十九歲的東京日記」1918.1.1～12.23》中。

今日為舊曆端午佳節，身居海外，遂亦無意於斯，即時懷舊心又愴然。午間往第一樓食麵，聊作小兒餡餅。（六月十三日）

「中華第一樓」面對鈴蘭通，位在東京堂左邊偶數番地區塊，不久之前這裡還是間小鋼珠店。創業者是社會運動家林文昭，跟孫文一起來日，當時帶了一名廚師同行，專為自己做菜，後來發展為中餐廳。這裡後來成為魯迅和犬養毅等「反清派」同志聚集的社交場所。戰後搬到銀座二丁目，目前休業中。

谷崎潤一郎曾經在《美食俱樂部》中提及這間「中華第一樓」，不少日本人對其並不陌生。但是如同下面這段引用文字，也不知谷崎是刻意還是不小心，他搞錯了「維新號」和「中華第一樓」的地點。

一個寒冬夜裡，將近九點，伯爵從駿河台某間宅第內的俱樂部逃出，頭戴橄欖綠的中折帽、身穿有阿斯特拉罕羔皮毛領的厚駝色大衣，拄著附象牙把手的黑檀手杖，一如往常嚥下喉嚨湧上的嗝氣，漫無目的往今川小路的方向走下坡。沿路人潮擁擠，不過伯爵對於這一帶櫛比鱗次的雜貨店、化妝百貨店、書店還有路人長相服裝等等當然不屑一顧。但不管是多麼不起眼的小飯館，只要經過飲食店家前，伯爵的鼻子就會像餓犬般瞬間變得敏銳非常。東京人或許知道，今川小路往駿河台方向走兩三町[61]距離，右邊有間叫中華第一樓的支那餐館。來到店門前，伯爵稍微停下腳步嗅了嗅。（中略）不過他馬上就放棄，繼續揮著手杖大步往九段方向走去。（收錄於《筑摩文學之森4 奇談異事》，筑摩文庫）

如果說「伯爵從駿河台某間宅第內的俱樂部逃出」然後「漫無目的往今川小路的方向走下坡」，那麼旁邊就是「中華第一樓」，至於「今川小路往駿河台方向走兩三町，右邊有間叫中華第一樓的支那餐館」，再怎麼看這都應該是「維新號」才對。

不過這位美食俱樂部核心成員G伯爵的鼻子所聞到的其實既不是「中華第一樓」也不是「維新號」飄出來的味道，只是當他「剛好穿過小徑、來到冷清城濠邊的黑暗街上」時擦身而過的兩個中國人口中發出的紹興酒味。伯爵心想，「難道這附近新開了支那餐館？」側耳靜聽，發現九段坂方向傳來胡弓的聲音。聲音來源的那棟建築物柱子上掛著「浙江會館」的招牌。於是伯爵在這裡嘗到了其他美食俱樂部會員未曾體驗的味道……

說到「浙江會館」和「紹興酒」，不得不讓人聯想起出身浙江省紹興的顧雲生開的「漢陽樓」。

61. 譯注：一町約一百零九公尺。

在「美食俱樂部」中讓G伯爵嘗到「夢幻美味」的「浙江會館」，藍本或許正是這間「漢陽樓」。當時最常造訪「漢陽樓」的熟客之一，就是跟店主一樣來自浙江省紹興的周恩來。

午飯後往漢陽樓同學會開月會，到者二十餘人。（周恩來，同前書，一月二十七日）

「漢陽樓」位在現在明治大學往駿河台下的下坡走到底後，斜向往右的那條路途中（小川町三丁目），明治四十四（一九一一）年創業時店址在北神保町（神田神保町二丁目的偶數番地區塊），因為距離東亞高等預備學校（東亞學校）近，留學生經常來光顧。《周恩來「十九歲的東京日記」1918.1.1～12.23》中題為「神田神保町一帶與留學生概況」的專欄也提過這間店，引用如下：

首任店主跟周恩來一樣是紹興人（出身浙江省紹興者）。許多留學生住在中國人經營的包餐租屋處都是因為「吃飯方便」（大正六年十二月二十二日，寫給陳頌言的信），如此記載的年輕周恩來，也為了追求故鄉懷念的熟悉口味，頻頻造訪漢陽樓。當時漢陽樓一樓是餐廳，二樓、三樓是開放給留學生聚會的場地。

這樣的構造確實與谷崎筆下的「浙江會館」極為相似。換句話說，谷崎或許是像採用類似普魯斯特的寫作手法，將「中華第一樓」、「維新號」、「漢陽樓」三者混而為一後再拆成三分，創作出虛擬的「浙江會館」。

除此之外周恩來在日記上提到的中餐廳還有「源順號」、「會芳樓」等，聚集在神田神保町一帶的中餐廳數量顯然不僅止於此，極盛時期大概有十幾間、甚至數十間。

其中昭和時期留學生印象最深刻的就是「揚子江飯店」，也就是現在依然在鈴蘭通上營業的「揚子江菜館」的前身，一九三〇年代這間店也在神田神保町開業，不過位置在二丁目的偶數番地區塊，也就是東亞高等預備學校和日華學會附近。前留學生汪向榮提起當時的回憶：

然後他又領我到日華學會，那裡有書報可以看。道中午他又領我到旁邊的揚子江飯店吃中國定食，一毛五分錢，菜有炒豬肝或豬蹄。生意好極了，現在那飯店已經是一棟大樓了。（〈教育者、松本龜次郎——汪向榮〉，竹內實監修，鍾少華編著，泉敬史、謝志宇譯，《昔時日本 回憶青春留學時》，日本僑報社）

另一位前留學生朱紹文也說起幾乎一模一樣的回憶內容。

當時在神保町，還有兩個同中國留學生關係很深的機構：一個是青年會，木頭大房子，有一些活動在那兒舉行，可以去玩玩；另一個是日華學會，就在青年會對面，一條街上，從我住地走兩分鐘就到了。在裡面沒有茶喝，就是打打乒乓、台球。旁邊有一家叫揚子江的小飯館，我們在那裡吃豬蹄子，很便宜，頂多一分五毛一個。我記得，那時溥傑也在那兒吃過，我那時看他穿軍裝，士官學校的，還有跟隨他的人。（同前書，朱紹文，〈帶著「不入虎穴」之心〉）

為什麼有這麼大量的中餐廳出現？其實是因為中國每個地方的菜式完全不同，來自不同地方的人只會去接近自己故鄉料理口味的店家。所以有多少地方出身的集團就有多少中餐廳存在。

不過就算有這麼多中餐廳匯集，中國留學生也不太可能光是因為這樣就聚集在神田神保町。背後當然有更大的原因。

第一是這裡增加了許多店家，專做寄宿在三崎町和小川町一帶的中國留學生生意。前面引用過的《周恩來「十九歲的東京日記」1918.1.1～12.23》專欄「神田神保町一帶與留學生概況」裡這樣描述：

當時神田甚至有專門為中國人服務的印刷廠和當鋪，神田菸鋪的女孩如果不會說兩句中文就無法勝任，出租房和貼著招租字樣的地方也得同時用中文寫上「有空房子」。

另外一個原因，當然就是神田神保町是古書街這個事實。前面引用過日記的黃尊三在第二次來日時，住在三崎町的菊廣館，經常造訪神保町的古書店。

我們聽聽這些中國留學生是怎麼說的。

神田的古書街　晚餐後隨意上街散步，神清氣爽。日本的神田有整條街的書店。學生都把這裡當臨時圖書館，隨意翻看書本，店主也不會責罵。沒錢買書的窮學生每天晚上都會來書店抄閱（抄寫、閱讀內容）。這裡的新刊書籍一天比一天多，雜誌也有上百種。由此可見文化的進步。（黃尊三，同前書，閏四月十四日）

這些是關於明治三十八（一九〇五）年的回憶。在這之後過了將近三十年，昭和九（一九三四）年來日的朱紹文也在回憶中寫下幾乎相同的情景。

我住在神保町這一段時間的生活，很有意思，因為門口就是舊書店，吃完晚飯走五分鐘，就逛舊書店了。那時，神保町的舊書店全是兩層樓的木頭房子，古色古香，進去隨便看，主人還介紹你要看什麼，好像不是做買賣的，很親切，非常舒服地隨便看書。另外，書店還有夜市，每天晚上在地上鋪上書刊，點個小煤油燈，什麼樣的書都有。在三省堂門前馬路上，再旁邊進去小胡同裡，每天晚上擺上書攤，一個人擺幾十本，點個燈。我就在這兒學到不少日本文化，也不需要買，站在那兒看就行了。（同前書，朱紹文，〈帶著「不入虎穴」之心〉）

其中特別在留學生們記憶中留下深刻印象的，似乎是靖國通和鈴蘭通漫無盡頭的連綿古書店風景。鍾敬文這位也曾赴日的留學生如此描述他的印象。

我是爭取時間去學習，神田街是經常去的，街兩邊身長一里多，房子也不高，我星期天常常從一頭開始走，一家家圖書看過去，那是很大的快樂。（同前書，鍾敬文，〈廢寢忘食吸收知識的日子〉）

為什麼神田神保町的古書店街會給留學生留下如此強烈的印象？魯迅的弟弟、在東京留學六年的周作人說明其中的理由：

我之所以享受在東京的日本生活，都是因為日本舊式的衣食住。除此之外還有購買新書古書的快樂，在日本橋、神田、本鄉一帶販售洋書和書的新書店和舊書店，販售雜誌的攤商夜市等，日日夜夜去白白翻看，從不厭倦。但是這些誰都喜歡，無須我特別說明。回故鄉後就無從獲得這些快

樂。北京在市場（東安市場等）裡雖有舊書店，但風情全然不同。（《周作人文藝隨筆抄》，松枝茂夫譯，富山房百科文庫）

看來神田神保町這樣特殊的古書店街，在中國任何都市都難尋。而且光看不買也無所謂的大器，更給中國留學生留下深刻印象。

假如富士山能登錄為世界遺產，那麼接下來就讓我們發起「讓神田古書店街成為世界遺產！」運動吧！神田古書店街就是如此舉世無雙的存在。

12. 法國區

兩間三才社之謎

今天走在神田神保町，已經幾乎感受不到法國元素。
與文化、教育相關的設施只有駿河台上的雅典娜法語學校（Athénée Français）。二十年左右前這附近還有日法會館那棟特別建築，但會館後來搬到惠比壽，現在原址上蓋了其他建築物。

不過比起這件事，讓親法者更心痛的是銷售新刊法國書籍的書店幾乎消失了。

我念大學的一九七〇年代前半，在東京堂二樓一角擺放著卡尼爾叢書和七星文庫，白水社舊大樓一樓商店也可以買到新刊法國書籍，我從擁有豐富書誌學知識的本田小姐身上獲益良多。記得圖特爾商會[62]也賣一些平裝書。然而現在神田地區銷售法國新刊書籍的書店只剩下雅典娜法語學校的商店，幾乎都消失了。

另外說到古書，除了現在依然健在的田村書店二樓原文書部，當時專售圖像書的老字號松村書店還有原文平裝書專賣店東京泰文社都多少可以找到一些，但現在松村書店和東京泰文社都已經不復存在。

由此可以看出，雖說四十年前神田神保町也並不是個充滿法國元素的街區，但跟現在相比還是豐富一些。

62. 譯注：美國出版商、圖書經銷商 Charles Egbert Tuttle Jr. 在日本成立的出版社。

可是假如我們搭上時光機器，回到百年前第一次大戰前夕的神田神保町，想必時間旅人一定會驚訝於這裡竟然有如此多販賣法文書的新刊書店和古書店。因為當時「中西屋書店」（後來的「丸善神田支店」）、「三才社」、「法蘭西書院」這三大字號都聚集於此。

我們之前已經提過「中西屋」（參照一四一頁），這回我們將聚焦於「三才社」探討它的根源。因為這將可以證明明治、大正時期的神田地區除了是「中國城」，同時也是「法國區」。

首先，「三才社」究竟位於哪裡？

明治三十一（一八九九）年七月二十五日發行的《風俗畫報增刊 新撰東京名所圖會 神田區篇上卷》（東陽堂）中，在錦町的項目裡可以看到「三才社 發行天地人雜誌處，位於一丁目十番地」，至少這時候應該位於錦町一丁目十番地。

不過這還無法確定「發行天地人雜誌」的「三才社」，究竟跟我們所知銷售法文新刊和古書的商店是不是同一間。總之，必須先確認發行《天地人》雜誌的「三才社」背景，於是我在網上搜尋了相關圖書館，發現明治大學圖書館裡收藏有下列「三才社」出版的書籍。

①法國公教傳教士勒馬夏爾（Lemarechal.J. M.）編譯《和法大辭典 全》明治三十七年九月十日發行

②愛彌兒・赫克（Emile Heck）《中級法語學》第五版 一九二六年發行

由此可知「三才社」在明治、大正時期是發行法文辭典和教科書的「出版社」。而且編者和作者是法國天主教教會的傳教士和司鐸（愛彌兒・赫克是曉星中學的教師、司鐸，同時也是東京帝大的法文系教師。在這裡的公教是指天主教，刻意強調其普遍性的譯法），可見「三才社」主要經手法國、天主教範疇的出版。

實際借閱法國公教傳教士勒馬夏爾編譯的《和法大辭典 全》後，發現扉頁上蓋著「中村光夫

先生舊藏書 昭和六十三年十二月受贈」的印章，可知這是文藝評論家、法國文學家，明治大學教授中村光夫先生的舊藏書。在同樣扉頁上印有「橫濱天主堂發行」。再看看奇妙的版權頁，可以發現以下的資訊：

印刷廠　福音印刷合資公司　橫濱市山下町八十一番地
發行所　三才社　東京市神田區錦町一丁目十番地
發行所　馬克斯、諾斯勒　橫濱市山下町八十番地
印刷者　村岡平吉　橫濱市太田町五丁目八十七番地
發行者兼作者　勒馬夏爾　公教傳教士　橫濱市山下町八十番地

其中一個發行所「馬克斯、諾斯勒」是Max Nössler & Co.，作者「勒馬夏爾」是指J. M. Lemarechal。這位作者「勒馬夏爾」和發行所「馬克斯、諾斯勒」的住址一樣都是橫濱市山下町八十番地，發行所「馬克斯、諾斯勒」應該是位於橫濱居留地的天主教橫濱主教座堂（橫濱天主堂）出版部門。發行所除了橫濱的「馬克斯、諾斯勒」還記載了「東京三才社」，可能是因為編纂辭典時「三才社」也幫了許多忙。

到這裡為止都還只是推測，不過我終於取得揭開「三才社」根源真相的決定性資料。神田教會百年軌跡編輯委員會《百年軌跡》（天主教神田教會創立&週年紀念祝賀委員會，一九七四年刊）。其實筆者之前已經察覺到，出版大量天主教出版品的三才社跟天主教神田教會有很深厚的關係，所以我認定解決問題的關鍵就在這資料當中，開始探索，但這本書是非賣品，並不容易取得。不僅在神田教會所在當地的明治大學圖書館或千代田區立圖書館裡沒有，國立國會圖書館裡也

找不到。我心想，既然如此，或許可以在古書店找找，但是在「日本古書店」網站上也搜尋不到。在雅虎搜尋上終於找到一家有售的古書店，我馬上發送了傳真過去，對方回答不久前剛賣出。好吧，那麼上智大學這所天主教大學一定會有，我經由明治大學圖書館詢問，對方回答那本書目前遺失。嗯……真是充滿謎團。總覺得背後似乎有類似《達文西密碼》的龐大陰謀，企圖阻止我拿到這本書。

於是我再次上OPAC搜尋，發現全日本有這本書的大學除了上智大學之外只有北海道的藤女子大學和立教大學這兩所，而且立教大學還禁止外借。這可不行，我總不能到北海道去。我再次透過明治大學圖書館詢問立教大學可否在館內閱覽，等了一天，對方終於同意，總算在今天（二〇一三年七月三十一日）拿著介紹信前往池袋。考慮到書本可能不允許影印，我還帶了高性能數位相機，但後來證明是我杞人憂天。校方准許影印，我終於有機會接觸到這「夢幻資料」。

這本書裡所記載的天主教神田教會根源，對於我們研究「法國區」的人來說相當有意義，要說起這段淵源得花上很長的篇幅，這裡僅就跟「三才社」的關係介紹。

「三才社」首次出現在天主教神田教會《百年軌跡》這本書中，是南山大學副教授青山玄在《神田教會百年史》中提及的下述部分：

> 明治二十九年一月底，帕皮諾神父（Jacques Edmond-Joseph Papinot）自行設計的耐震防火哥德式神田教會天主堂開始動工。（中略）神田教會的發展因為這座天主堂的新建，可說開創了一個新時代。以往由主任神父獨掌所有發展核心，信徒組織、教育慈善事業，都好比為了協助完成主任神父心目中的教會形像以及司牧布教計畫，不斷擴張其教勢，但是進入明治三十年代，兩個修道會管區本部、三才社、公教教友等，活動侷限於一小教區內的組織，開始依照自行發展的事業計畫展開

積極活動，小教區內的動向變得多元。

這裡的「帕皮諾神父」在立教大學圖書館館藏版中，以筆訂正為「德魯阿爾」（Lucien Drouart de Lézey）神父。可能是印刷後進行的訂正。但是這一點跟我們關注的主題無關，在此略過不提，回到「三才社」，明治二十九（一八九六）年建造神田教會天主堂之後，「三才社」雖與神田教會保持關聯，也漸漸展開自己的活動。其背景如下：

三十一年十二月，京都木鐸館發行的雜誌《聲》（發行者兼編輯為加古義一），由東京市京橋區加賀町二番地的三才社在三十二年一月接收，三才社在十二月搬到神田教會附近的錦町一丁目十番地。《聲》這之後在柳茂安神父（Clément Joseph Lemoine）（一八六九—一九四一）的指導和堀川柳助的編輯之下，漸漸發展為高水準的綜合文化雜誌，與此同時，東京各教會的信徒中也多了不少教養程度高的人，讓教會內充滿前所未有的活力。

如同這段文字所敘述，「三才社」搬到錦町一丁目的時間是明治三十一年十二月，目的是為了從隔年一月開始承接木鐸館的雜誌《聲》編輯工作。選擇這個地點的原因是離神田教會近、較為方便。

根據《神田教會百年史》的記載，「三才社」的負責人是一位佩里神父（Noël Péri）（一八六五—一九二二年），他是三十出頭的年輕神父，在他手下負責日文版編輯實務的是隸屬神田教會的信徒堀川柳助，不過在網路上搜尋後，發現南山大學紀要「Katholikos」電子版刊載了一篇由岩間潤子、笹山達成、牧野多完子執筆的共同研究〈關於明治時期天主教期刊之流變〉，發現了下面這段記述：

《聲》：天主教期刊的代表性雜誌《聲》，於一八九一（明治二十四）年以加古義一為主筆，由京都木鐸社發行。（中略）《聲》在創刊八年後的一八九九（明治三十二）年將發行所轉移至東京三才社。當時居核心角色的是巴黎外方傳教會司鐸柳茂安。他投注私財創立三才社，創刊後述的《天地人》、《教之園》，也撰寫社論、時評、科學、文藝。

由此可知創立三才社的是柳茂安神父，佩里神父則是從旁輔助的實質負責人。如同《東京名所圖會 神田區篇上卷》中的介紹，三才社在此時期發行的雜誌有知名的《天地人》，這也是柳茂安和佩里兩位神父聯手打造。在上述的紀要中後續還有以下記載：

《天地人》：天主教一般綜合雜誌，由三才社發刊於一八九八（明治三十一）年一月。創刊者為前述柳茂安師以及巴黎外方傳教會的佩里（Péeri, Noëel）。柳茂安師經手的期刊有前述的《聲》和《天地人》雙璧。《聲》是純粹的宗教雜誌，《天地人》是一般綜合雜誌，兩者性質不同。柳茂安師在《天地人》中並沒有出現在檯面上，邀集當時代表性物負責執筆，完成這本綜合性文化雜誌。不過當時坊間以有許多世俗雜誌出現，不敵競爭之下，在發刊三年六個後廢刊。

如同這裡所提，《天地人》的執筆陣容相當豪華，確實堪稱《中央公論》出現之前明治時期的代表性一般綜合雜誌，但是在網上搜尋後可以發現執筆陣容中還有易學大師、通俗小說家瀏江保（號瀏江羽化仙史。森鷗外史傳《瀏江抽齋》的嗣子）之名，令人覺得不可思議。天主教綜合雜誌上有易學相關人士，這樣的組合未免太奇妙？我帶著這份好奇繼續搜尋，發現在日本出版學會數位紀要上，歷史小組中有一篇藤元直樹發表的摘要〈澀江保的著作活動——關於博文館、大學館、三才社〉，其中記載了這個驚人事實。

（三才社）上村賣劍為了發行刊載澀江易學相關著述的雜誌《天地人》所設立的出版社。與出版同名雜誌的同名基督教系出版社不同。

實在令人困擾，原來「三才社」和「天地人」都各有兩種。但是所幸出版時期不同，天主教系統在明治三十年代前半、易學系統在昭和初期，還有辦法區分。

花了不少篇幅離題解釋書誌學線索，也該回到本章最早提出的問題：「法文新刊、古書店《三才社》和天主教系出版社《三才社》之間有何關係？」關於這一點我們在《神田教會百年史》中發現下面這段記載：

自三十二年以來，在柳茂安神父豐厚的私財資助下，經過十四年，負責發行《聲》雜誌及其他天主教雜誌的三才社也因財政困窘，自四十五年一月起將發行委讓給京橋區明石町三十五番地的教友社（社主為史泰亨神父〔Michel Steichen〕），成為銷售法文書籍及天主教圖書的書店（店主為堀川柳助），搬遷到一橋通町（今鈴蘭通）二十三番地。長年來棲息於神田教會膝下，直接間接都給了神田教會許多刺激與活力的三才社，自此與神田教會分道揚鑣，教會再次重拾明治中期的寧靜與自由。

原來明治四十五年「三才社」因為財政困境而放棄原有的天主教出版社性質，成為以銷售新舊法國書籍和天主教書籍為主的書店。當時負責在店裡銷售的，就是從三才社創立時就不斷協助神父們的堀川柳助。

關於這位堀川柳助，應該就是出現在辰野隆的隨筆〈飲茶閒話〉裡的堀川老人。

現在回想起來，偶爾到神田三才社（法國書專門書店）去跟店主堀川老人閒聊、抱幾本法文書回來，實在愉快。聽堀川老人跟到店裡的法國人說話也挺有意思。老人夾雜日文和法文的說話方式很巧妙。「好吧」、「原來如此」、「不客氣」這些他用日文說，只有對方非得聽懂才行的話才會說法文。在旁邊聽著也不禁佩服，真是一點也不含糊，聰明的方法。

這段回想應該是在辰野隆念一高時忽然想學法文開始去上曉星中學夜校、從基礎開始重學，進法學院後還是想重考法文系的時期，約略是大正初期。這麼說來辰野隆算是法文書專賣店「三才社」很初期的客人了。那麼「三才社」經營到什麼時候呢？

下一篇我們將包含這個問題在內，一併討論神田神保町「法國區」的形成。

聚集於三才社的人們

明治四十五（一九一二）年，從天主教出版社一轉成為銷售法文書籍書店的「三才社」，所在地從神田區錦町一丁目十番地搬到一橋通町，在前文引用的《神田教會百年史》中，地址為「一橋通町（今鈴蘭通）二十三番地」。其實這當中可能有些誤會。以下將根據我的調查，盡量找出正確地點。

先看看「一橋通町（今鈴蘭通）二十三番地」這住址的前半，參照「明治四十年一月調查 東京市神田區全圖」，「一橋通町」位在現在神田神保町二丁目奇數番地、包含一橋二丁目的這個區塊。具體來說是從救世軍大樓出發，直走「櫻通」，在專大通[63]這個十字路口往左轉，共立女子大學二號館（以前的共立女中校舍）再次左轉，走進共立女子大圖書館和一橋中學之間這條路後，正在拆毀的小學館大樓轉彎走進白山通回到出發點，這繞行的區塊就是明治到昭和八（一九三三）年為止的「一橋通町」。

昭和八年在現在白山通的集英社大樓旁邊的派出所旁開了一條小路，這條路的上（北）半編入神田神保町二丁目、下半編入一橋二丁目。

所以「一橋通町（今鈴蘭通）二十三番地」中所謂「今鈴蘭通」這個部分明顯是錯誤，至少應該是「今櫻通」。

然而就算做了這個訂正，還是有未解的疑問。因為如果依照字面上來看「一橋通町二十三番地」這個住址，根據「明治四十年一月調查 東京市神田區全圖」查找，會發現位置就在當時共立女子職業學校的一角（今共立女子大學二號館）。

從明治四十五年的地理狀況來看也很奇怪。以預計做一般客戶生意的書店來說，這個地點未免太偏僻。這裡人潮不多，對法文界的人來說也並不方便。再說，設在共立女子職業學校校地一角也很不自然。

因此我推測這裡的「二十三番地」很可能是現在「神田神保町二丁目」的「二十三番地」，再度進行調查，發現確實沒錯。因為「神田神保町二丁目二十三番地」相當於現在「櫻通」上

63. 譯注：此區段的路名目前應該是雉子橋通。

「Residia 九段下」這棟華廈的地址，其實這正是「三才社」的舊址。

例如大正十五（一九二六）年四月發行的愛彌兒．赫克著《中級法語學》裡曾經列出「經銷處」之一「三才社」，住址寫的是「東京市神田一橋通町十六番地」，相當於現在的神田神保町二丁目二十三番地。後述的其他文獻幾乎都寫「東京市神田一橋通町十七番地」，這也是現在「Residia 九段下」所在建地之內。

我們終於查出了「三才社」的地點，接下來必須研究到底是什麼樣的人會光顧「三才社」。要了解這件事，最有用的資料就是永井荷風的《斷腸亭日乘》。《新版 斷腸亭日乘》（全七卷，岩波書店）的最終卷索引幾乎網羅了所有出現在荷風日記中的專有名詞，當然「三才社」也列在「事項索引」內。

「三才社」從何時開始出現在《斷腸亭日乘》中？第一次登場是在大正七年二月二日的日記。

> 二月二日 立春將近，日光陡然明亮，天候溫暖，起尋梅之興。下午走到九段公園，至神田三才社買了兩三本新到的小說回來。

「三才社」在明治四十五年搬遷到一橋，但第一次出現在《斷腸亭日乘》卻是大正七年二月二日，似乎出現得有點晚，這是因為《斷腸亭日乘》從大正六年九月十六日開始。之後一直到昭和二（一九二七）年十月十一日為止，都不定期地出現「三才社」，相關的記載極其平淡，皆類似「下午繞去三才社」，沒有寫到買了什麼書。但儘管如此還是足以證明「三才社」是荷風在神田主要會去的地方之一。

我試著尋找除了荷風和辰野隆以外「三才社」還有哪些常客，在《遠在他方 山內義雄隨筆集》（每日新聞社）的〈丸善與我〉這篇隨筆中發現這樣的描述：

> 剛好當時第一次世界大戰開始，法郎開始貶值。定價三．五法郎，換算日幣本來是一日圓五十錢的書現在只要一日圓、九十錢，甚至五、六十錢。對我來說實在是個大好消息。
>
> 當時東京有間專賣法國書的三才社，店主是堀川柳助。這個人因為進口介紹法國書籍之功，在克洛岱爾先生（Paul Louis Charles Claudel）擔任駐日大使時獲得了法國榮譽軍團勳章。不過他骨子裡是個虔誠的天主教徒，店裡賣的書也多半是芬乃倫（François de Salignac de la Mothe-Fénelon）、帕斯卡（Blaise Pascal）、高乃依（Pierre Corneille）、拉辛（Jean Baptiste Racine）等艱澀的內容。我也偶爾會從三才社訂書。但是在這之後，我發現自己刻苦勉勵（？）看遍法國目錄書評找到、下單訂購的書，同一包郵件一定會多買三、四本。我質問堀川，他表示「也不知道為什麼，你訂的書都會賣得不錯。」還記得我訂的書中有馬塞勒．施沃布（Marcer Schwob）的《普賽克的油燈》（La lampe de Psyché）、古爾蒙（Remy de Gourmont）的《盧森堡的一夜》（Une Nuit au Luxembourg）、保羅．莫朗（Paul Morand）的《夜開》（Ouvert la nuit）、阿波利奈爾（Guillaume Apollinaire）的詩集。身為愛書人，總小心眼地希望自己千辛萬苦找到的書只有自己默默享受，我脾氣一拗，再也不向三才社訂書，改向丸善訂購。因為當時的丸善行事風格照章辦事，只會訂購我要的數量。

我非常了解這種心情。剛開始收集古書時，如果發現古書店主馬上將我訂購的古書放上目錄，就會非常生氣，也曾經因此再也不向那間古書店訂購。古書店不能為了賺錢而不講道義。

言歸正傳，話題再回到「三才社」上，山內義雄開始光顧這間書店是第一次世界大戰開始的時候，推算應該是一九一四（大正三）年到一九一五（大正四）年左右吧。山內在明治四十五（一九一二）年從曉星中學畢業、進入東京外國語學校法文科，大正四（一九一五）年畢業，進入京都帝國大學就讀，他初期的「三才社」時代幾乎相當於他就讀外國語學校的時代。

那麼「在這之後」指的又是什麼時代？應該相當於當山內知道克洛岱爾成為駐日大使後，轉學至東京帝國大學法文科，開始以克洛岱爾「私人口譯」身分一起行動的時期，約是一九二一年到二七年。一九二〇年代的新文學，因為山內義雄的訂購，一一輸入了「三才社」。

結果以往多半販售「芬乃倫、帕斯卡、高乃依、拉辛」等天主教認同的古典主義文學的「三才社」，書架上漸漸被二十世紀現代文學所取代。

由這層意義看來，山內義雄在法國文學移入日本的歷史上扮演了出乎意料的重要角色，一九二七（昭和二）年起山內義雄受吉江喬松教授之邀，開始於早稻田大學執教，自此「三才社」的角色愈形重要。

在跟隨吉江喬松和山內義雄學習的學生之中，出現了一群極具野心的人，他們找上經營者已經換人的「三才社」負責出版，從昭和八（一九三三）年開始發行《Variety》這本法文色彩極強的雜誌。

關於這件事，前早稻田大學教授村上菊一郎在隨筆集《七葉樹之葉》中〈野田君〉這篇回想裡詳細描述了經過：

野田君是我早大法文系的同學野田誠三，在學中他就開始玩票性地搞出版，成功之後聲名大噪。（中略）二年級時我們班自以為是地辦了一本介紹法國新文學的同人雜誌《Variety》，惹得向來嚴謹慎重的吉江喬松老師不高興，後來的編輯和經營幾乎都由野田一手負責。很快地，他開始涉足出版，《Variety》也廢止同人制，於名於實都交到他個人手中，成為野田書房的宣傳雜誌。

這段回想並沒有提到《Variety》發刊時期和發行商，幸好明治大學圖書館的生田保存書庫裡收藏了《Variety》創刊號到第七號（缺第五號），讓我得以詳細研究其出版狀況。

創刊號發行於昭和八年五月一日，版權頁寫有編輯者：野田誠三、發行者：直江義雄，發行所：三才社等名稱，發行者和發行所地址都在東京市神田區一橋通町十七番地，可見「三才社」的經營從堀川柳助轉交到直江義雄這個人手中之後依然留在同樣地點。翻開目次，封面和素描由詩人由北園克衛負責，文章幾乎是雜誌同人的早稻田法文科同學的翻譯作品。也就是馬塞爾・阿爾朗（Marcel Arland）、保羅・瓦勒里（Ambroise Paul Toussaint Jules Valéry）、波特萊爾（Charles-Pierre Baudelaire）、福樓拜（Gustave Flaubert）、考克多（Jean Cocteau）、古爾蒙、普魯斯特等法國十九世紀、二十世紀文學的現代文學。執筆、翻譯的除了野田誠三之外還有村上菊一郎、小田善一（之後成為同盟通訊特派員，戰後擔任東京時報社長）、小田仁（本名小田仁二郎。曾任都新聞記者，戰後轉身為作家，曾為芥川賞和直木賞的候選人，較廣為人知的是他是瀨戶內晴美的情人）等。在「後記」中寫到「廢除經常需要追趕稿期的月刊制，改為一年六冊的定期出版」，以及「最後，由於三才社社務繁忙，關於訂購申請、雜誌寄贈及本誌相關通訊等所有事務，請務必載明三才社內之『Variety 編輯部』」，可知「三才社」僅是發行商，提供地點及資金，實際上的編輯、銷售事務皆由「Variety 編輯部」也就是野田誠三來進行。

不過看看書末有厚生閣書店的雜誌《文學》（原名《詩與詩論》）、太陽堂的《佛英和新辭典》和《法語論文研究》全頁廣告，可見得野田誠三充分運用了「三才社」的人脈去拉廣告。「三才社」本身則在最後一頁打了自家公司的廣告：「法國書籍　進口販賣　訂購法國書籍最迅速確實。」

《Variety》第二號推出「安德烈・紀德（André Paul Guillaume Gide）研究」，於昭和八年七月一日發行。編輯、發行者、發行所都沒有變，在「後記」中記載了創刊號銷量相當好。

> 創刊號的銷售狀況實在非常好。各書店都賣得一本不剩。根據書店表示，已經快要破這類雜誌最近的紀錄了，如此銷量確實是罕見的意外佳績。這都要多虧各位支持，在此致上深深謝意。

廣告頁面的充實可以佐證其真實性。除了法國系大型出版社「第一書房」在環襯刊登了新書介紹之外，還有以首次介紹洛特雷阿蒙（Comte de Lautréamont）《馬爾多羅之歌》（*Les Chants de Maldoror*）日譯（青柳瑞穗譯）而知名的「椎之木社」預告《井伏鱒二隨筆》和瓦勒里《海濱墓園》（*Le Cimetière marin*）等新書，大型出版社金星堂、早稻田大學出版部、厚生閣書店也都買了廣告欄位。這些廣告收入的增加讓野田誠三的收入瞬間好轉。

創刊號完銷的效果對發行商「三才社」也帶來很大的影響。因為《Variety》第二號「安德烈・紀德研究」末尾附上了「三才社圖書目錄」，刊登了新到的新刊和古書書名，告知讀者除了紀德的作品之外也有以下值得注目的「新到」法國書到貨。

A. Rolland de Renéville: Rimbaud le Voyant
Jacques Rivière: Rimbaud
Ernest Delahaye: Rimbaud
Le Dr Charles Blondel: La Psychographie de Marcel Proust
Benjamin Crémieux: Du côté de Marcel Proust

Paul Valéry: Variété

這裡提到的韓波、普魯斯特、瓦勒里，日本人對這三人的偏好，可說在這個時期已經開始。反過來說，因為法文系學生和即將成為學生的預備軍們，大口吸吐從「三才社」這扇小窗進來的法國文學空氣，自此幾乎「確立」了日本人對法國文學的口味。

不過「三才社」並沒有放棄當初「天主教書店」的傾向，這一點從近作目錄中依然可見天主教書籍就可以看出來。「三才社」同時高舉著法國現代文學和天主教書籍這兩大招牌在營業。

另外，從第二號起，跟多半為同人成員（早稻田法文系學生）的創刊號相比，更值得注意的是有山內義雄、丸山薰、北園克衛、新庄嘉章、秦一郎等已經赫赫有名的文學家或詩人供稿。如同村上菊一郎所說，野田誠三企圖讓同人雜誌轉換為商業雜誌。

加速這個傾向的是在開本大了一輪的第四號（昭和九年一月一日發行）之後。此時已經沒有早稻田法文同人的名字，增加了井上究一郎、渡邊一夫等東大法國文學系學者。在這裡還可以看到青柳瑞穗的名字，可見得野田不受學閥所侷限，企圖整合他在早稻田、東大、慶應等校的法文人脈。

不過，更值得注意的是，野田終於也開始涉足出版了。這一點從卷末的「出版部通訊」也可以發現。

卷末廣告刊登的是小林秀雄的《奧菲莉亞遺文》。限量四百本，由青山二郎負責裝幀，強調「使用越前國杉原半四郎手漉古代程村紙」，詳細描述為了呈現封面的顏色如何費盡苦心。在第四號中配合《奧菲莉亞遺文》的發行，有河上徹太郎、堀辰雄、永井龍男等人供稿，可見得野田已經完全掌握了東大法文、小林秀雄的周邊人物。

近刊預告的書目中有堀辰雄《美麗村落》、保羅・瓦勒里《詩與知性》（辻野久憲譯）、安德烈・紀德《尤里安之旅》（*Le Voyage d'Urien*，山內義雄譯），另外一點值得注意的是「三才社」的住址變成東京市神田區神保町二丁目十五番地。昭和九年一月一日，現在的櫻通南側區塊被編入神保町二丁目。

至於《Variety》第五號，很遺憾明治大學圖書館並未收藏，並不清楚內容，但是第六號（昭和九年六月五日發行）又有了重大變更。發行商從「三才社」變成「野田書房」（東京市牛込區柳町二四番地）。野田誠三終於成功獨立，創立了自己的出版社。看看目次也一目瞭然，平岡昇〈福樓拜研究（*Gustave Flaubert*，保羅・布爾熱〔Paul Bourget〕）〉、中原中也〈韓波書簡〉、小林秀雄〈泰斯特先生（*Monsieur Teste*，保羅・瓦勒里）〉、三好達治〈致堀辰雄〉、河上徹太郎的書評〈美麗村落〉，《Variety》可說已完全走在時代最前線。而野田誠三的「野田書房」是否能持續引領時代？可惜的是似乎未能如此。

前面引用的村上菊一郎回想中，後面還寫了這些話：

> 畢業後，我們苦於就職、生活，但是他的事業看來卻愈來愈順利，昭和十三年五月一日，他出乎意料地服毒自殺。詳細經過我不清楚，但是在我的舊日記中貼了當時（五月三日）都新聞晚報剪貼，在此轉載全文。這可能是進了都新聞的同學小田仁二郎所寫。

因為篇幅的關係在此無法引用該篇都新聞報導，只摘錄其要。野田跟某花街藝妓墜入情網，他替藝妓贖身在鎌倉附近同居，但是野田因為出版事業急需資金的窘境藝妓的母親實在看不下去，於是讓女兒到土浦重操舊業，野田因此罹患鬱症，在四月二十八日前往土浦回程途中，在列車裡服用安眠藥，三天後不治身亡。另外有一種說法是高額限量本銷量不彰，他苦於資金籌措而自殺。無論如何，這實在不像起步於「三才社」、掀起法文風潮的一代風雲兒的人生尾聲。野田書房的告別作是堀辰雄的《起風了》。

野田離開後，「三才社」成為近藤光治編輯的法國文學雜誌《秩序》第五號（昭和八年十二月十日發行）的發行商。或許野田在昭和八年底嘗試獨立時便開始尋找能代理的雜誌、希望成為出版商。但是《秩序》從第六號開始改由三笠書房出版。

從這時候開始，「三才社」的出版品漸漸減少。可能在野田離開的同時也決定放棄出版事業。至於「三才社」什麼時候結束其主要的法文書販售事業，幾乎無法釐清時間。可能是野田留下的庫存和負債壓迫到「三才社」這間銷售公司的經營，不得不關門。

於是，大正到昭和初期在神田神保町扮演法國區中心角色的「三才社」跟野田誠三一樣，在綻放短暫的燦爛煙火之後，靜靜消失在歷史舞台上。

法英和高等女學校

如同前文「三才社」一項中曾經提過（參照三三四頁），明治末期到昭和初期形成的神田法國區，跟明治七（一八七四）年創立的天主教神田教會（現在的天主堂完工於昭和三（一九二八）年）有密切的關係。這次我們將回溯教會的歷史，觀察其與神田地區的關聯，不過在這之前，得先談談江戶末期到明治初期天主教在日本的傳教。

鎖國以來，羅馬教廷為了重啟中斷的日本傳教，在開國之前一八四四年委託巴黎外方傳教會派遣傳教士。福爾卡德司鐸（Théodore-Augustin Forcade）抵達琉球王國的那霸，停留兩年，希望取得前往日本的上陸許可，但最後未能實現，只好在一八四六年回國，當時福爾卡德以初代教區主教身分設置了日本宗座代牧區，跨出一大步。

一八五三年，美國的培里艦隊來航，隔年目睹日美和親條約簽訂的巴黎外方傳教會，從一八五五年起讓三位司鐸，梅梅特・卡雄神父（Mermet de Cachon）、吉拉爾神父（Prudence Girard）、菲雷神父（Louis Furet）前往那覇赴任，學習日文，一八五八年決定締結日法修好通商條約後，讓他們以外交使節團口譯官身分同行，梅梅特・卡雄到函館、吉拉爾到橫濱跟江戶、菲雷到長崎，派遣到各個開港地，伺機觀望到日本傳教的機會。

幕末史有個知名的小故事，搭乘俄羅斯軍艦赴函館的梅梅特・卡雄在當地認識後來的外國奉行栗本鋤雲，除了增加了他的日文知識，也加深了彼此的友情，讓幕府跟法國之間建立起穩固的關係。梅梅特・卡雄擔任羅叔亞駐日公使（Léon Roches）口譯官，在日法交涉中扮演要角、被稱為「怪僧」，在一八六七年派遣到萬博的德川昭武一行人巴黎旅途中也扮演了意外的角色。

另外，一八六五年菲雷跟珀蒂讓神父（Bernard Thadée Petitjean）一起在長崎建立了教會堂（大浦天主堂）後，出現隱藏的基督徒、堅守信仰的信徒，「發現長崎信徒」在天主教世界裡引發很大的反響，這也是廣為人知的故事。

可是日本的天主教傳教是否因此一帆風順，也未必如此。因為明治政府繼續禁止基督教信仰、鎮壓信徒。宣教團唯一的希望就是居留地，在這裡可以自由針對外國人展開活動，因此各居留地紛紛開始設置教會。

其中留在橫濱居留地的吉拉爾司鐸開始著手建立天主堂，於一八六二年舉行獻堂式，為日本傳教建立重要的基礎。

基督教禁令在岩倉使節團回國的明治六（一八七三）年解除，在這之前天主教教會的活動僅限於居留地，為了躲避禁令的壓力，傳教也只能採取在教室教授語言的形式。

然而，對於在明治四（一八七一）年的廢藩置縣中失去家祿的士族青年來說，天主教司鐸在各地開設的語學塾，可以免費學語言，是暗地裡相當受大家歡迎的地方。注意到這一點企圖以此為傳教破口的是一八六六年起赴任橫濱的馬藍司鐸（Jean Marie Marin）。明治四年馬藍神父在築地稻荷橋附近租了商家，聚集仙台藩和盛岡藩等來自東北「敗組藩」出身的年輕人，開始教授教理。

之後年東京的拉丁學校被稱為馬林學校，是因為明治之後第一次在東京開設天主教塾的就是馬藍神父。（天主教神田教會，《百年軌跡》）

馬藍神父創立的築地「馬林學校」在這之後學生數增加，必須緊急增設校舍，明治五年，八位日本人神學生從馬來半島檳城的馬來西亞浸信會神學院（Malaysia Baptist Theological Seminary）歸國，藉此機會校舍決定轉移，開始尋找用地。

同年四月，在法國公使柏爾德密（Jules François Gustave Berthemy）周旋之下，開始租用今千代田區三番町的舊旗本龜井勇之助寬闊的宅第，作為拉丁文學校使用。（中略）該房舍位於半藏門外經過英國大使館前往北方前進六百公尺左右，就在現在千鳥淵戰沒者墓苑的西南附近，得以收容七十多名學生。（中略）學校分成漢學部和拉丁部，漢學部學生可以在鋪著榻榻米的房間中免費住宿、飲食，並且在部分學長的指導下學習以清語（中文）書寫的教理書；拉丁部學生則住在木地板房中的神學生，餐飲跟衣服都由校方提供。（同前書）

從這些內容來看，俗稱「馬林學校」的這裡並非語言學校，其實是接收認真想學習基督教學生的神學校，共通語言不是法文而是拉丁文。學生對於學習已經不再使用的拉丁文有所不滿，但總之免費提供衣食住宿確實是一大誘因，持續有人期望入學。神父們的努力終於出現結晶，在學生裡也出現接受洗禮的人。

最早在這所學校天主堂受洗的日本人是米迦勒・約翰絹卷（三十歲）和約翰・瑪利亞佐久間（二十三歲）這兩名，受洗日在一八七二年九月二九日。（同前書）

前面提過基督教禁令在明治六（一八七三）年解除，其實在東京因為歐美列國的壓力處於默認狀態，俄羅斯正教會和新教各派也都開始傳教，出現不少受洗的日本人。

不過前文引用的天主教神田教會《百年軌跡》後文中，出現了一個有趣的名字。

另外在六年四月十二日的復活節中，共有大衛原敬、李奧村木正一等十六名受洗。（同前書）

這裡的「大衛原敬」，正是後來的平民宰相原敬。在前田蓮山的《原敬傳》當中也確實提到這個事實。

原敬入塾後不久就受洗了。原貢表示，當時是明治六年四月，也就是基督教解禁的兩個月後，洗禮名叫大衛。據說以色列的大衛王貌美又個性剛毅，馬林可能是因此才給原敬取了這個名字。大衛・原對殉教者的事蹟相當感動，十分熱心地研讀聖教明徵。他受洗絕非一時敷衍。

大衛原，也就是原敬，在明治七年前往新潟宣教的傳道師艾夫拉神父（Félix Evrard）招募學僕時，率先志願參加，在這段過程中跟隨神父學習法文，後來也因此走上跟神職人員不同的道路。然而這部分跟本文無關，在此割愛，再把話題拉回神田教會。

明治七年，大衛原學習的「馬林學校」，也就是三番町的拉丁學校學生人數也增加了，校舍顯得偪促，負責教育的四、五位神父再次考慮移轉。

隔年七年一月，再次委託法國公使柏爾德密居中斡旋，以兩萬法郎買下神田區猿樂町的六、七、八番地的土地三千坪（今西神田一丁目大部分）。七、八番地是依田鐘之助和大久保權右衛門（七百石）這兩位舊旗本的宅第舊址，六番地有一千五百石旗本柘植三四郎的大宅。（天主教神田教會，《百年軌跡》）

這座柘植宅第除了本宅之外，在表猿樂町通上還留有長屋門，神父們將其改造為百名學生的寢室，將天主堂設置在本宅。

天主堂是本館大玄關左邊鋪了七十多片榻榻米的大廣間，以聖方濟・沙勿略（Francisco de Xavier）為守護聖人，將另一間同樣大的木板地板房間作為教室。（同前書）

天主教神田教會《百年軌跡》將此視為神田教會的起點，然而，這個時候神田教會還只是一個隸屬於橫濱主教座堂管轄的小教區。說到日本教區，明治九（一八七六）年有教座設於橫濱的日本北緯宗座代牧區，以及教座設於長崎的日本南緯宗座代牧區，隔年前者的宗座代牧搬遷到東京築地教會。

從三番町搬到神田的「馬林學校」之後是否持續蓬勃發展，現實似乎無法盡如人意。收容將近百名學生帶來不小的負擔，再加上長崎司教區颱風和赤痢、橫濱司教區的火災等大災害，使得傳教會面臨財政上的危機。結果傳教會開始反省，過去藉由拉丁學校「由上而下」的傳教方法太過花錢，決定轉換為以孤兒院和育兒院為主，「由下而上」的傳教方式，大幅減少拉丁學校的學生數。

於是，以明治八年為界，拉丁學校和神田教會開始走下坡，明治十年拉丁學校終於關閉。由比迪亞神父（Pettier, Alfred-Eugène-Marie）擔任主任的神田教會好不容易留下，從這個時期到明治十三年受到築地教會和淺草教會發展的壓制，教勢一路衰頹。受洗者數也一路走低。

在這當中，明治十三年六月前往神田教會赴任的是勒孔特神父（LECOMTE, Dosithee-Adolphe）。

勒孔特神父不畏眼前的困難，沉著應變企圖挽回教勢。十四年春天，受邀來到神田教會建地內猿樂町七番地的查特雷斯聖保羅姐妹會（Soeurs de Saint Paul de Chartres）（明治十一年五月起設立於函館）跟修道院一起建設了療養院、孤兒院（名稱雖為「孤兒院」，實際上是受父母親之託負責養育孩子的設施，相當於日後的教養院或托育所）以及小學，於八月十五日開設。（同前書）

這裡的查特雷斯聖保羅姐妹會修女建造的女子小學及各項設施成為神田教會發展的原動力。特別是從明治十七年起日本景氣因松方通縮[64]陷入極度低迷，貧富差距逐漸擴大，一般民眾生活愈來愈困苦，有許多家庭委託修女養育孩子，受洗人數也激增。另一方面，時值鹿鳴館時代[65]，富裕階層渴望西化，開始有許多家長讓女兒學法文或英文以及西方禮儀。發現這些趨勢後查特雷斯聖保羅姐妹會下了一大決定。

本會於二十年在既有小學和設施之外，另在猿樂町八番地新建紅磚女校和宿舍，於七月開校。校名為《女子法英學校》，入學者包含寄宿生和通學生共四十名，多為家境較佳之子弟。起初在學校教授法文及裁縫，因應期望另外可修習英文、音樂、繪畫。校名自二十三年春天改稱《高等女子法和學校》，但一般社會慣稱《童貞女學校》或者《女子法學校》。（同前書）

這所「女子法英學校」→「高等女子法和學校」根據明治二十八（一八九五）年公布的「高等女學校規程」變更校名，於明治三十一年九月或文部大臣認可，成為「高等女子英法和學校」，又於明治四十三年更名為「法英和高等女學校」。

這就是明治到大正時期經常出現在神田文獻中的「法英和」之正確名稱。「法英和高等女學校」在大正十二（一九二三）年的關東大地震中校舍全毀，昭和二（一九二七）年搬遷至九段，更名為白百合高等女學校（白百合學園中學、高等學校的前身），在這之前大家都暱稱為「神田的『法英和』」。對於這所高等女校留有許多回憶的不是別人，正是森鷗外之女森茉莉。

森茉莉起初跟其他菁英子弟一樣就讀東京女子高等師範學校附屬小學，但小學五年級時覺得受到裁縫科市橋老師侮辱、拒絕上學，森鷗外就讓茉莉轉學到法英和高等女學校的小學部。

當時法英和高等女學校位於神田三崎町市電車站前，一座紅磚本館在正中央，左右兩棟相對

---

64. 譯注：為了解決西南戰爭時籌措軍資產生的通膨，當時的大藏卿（財政部長）松方正義施行的財政緊縮政策。又稱「松方財政」。

65. 譯注：一八八三至一八八七年期間。興建於一八八三年的鹿鳴館乃用於接待外賓的西式建築，為此時期親歐美外交政策之象徵。

的建築右是小學、左是女校，我轉學一年後，當時七歲的妹妹進了這裡的幼稚園，她說這裡叫做「法英和小學校」。（中略）進玄關後面對右邊這扇門有間帶窗的鋼琴房，偷看著馬斯歐久斯汀、蘇魯．歐久斯奇努淡玫瑰色的鼻孔上完課，五點左右走出玄關，亮晶晶的走廊漂著類似築地精養軒的西洋料理香味。（〈法英和高等女學校〉，《記憶之圖》，筑摩文庫）

森茉莉說的「馬斯歐久斯汀」是小孩子念 Ma Sœur Augustine 的發音，Ma Sœur 是對修女的稱呼，英文是 My Sister。日本人的耳朵幾乎聽不出 Ma Sœur 的 r 發音，所以小孩只記得是「馬斯」或「麻斯」。「法英和高等女學校」似乎通常都稱呼 Ma Sœur，我的恩師山田爵先生（森茉莉和山田珠樹夫妻的長男）也說過，她上「法英和高等女學校」幼稚園時都叫修女「馬斯」、「麻斯」。

森茉莉也留下一段文字證明了「法英和高等女學校」裡在修女之間存在著特殊的階級，並且會在某些時機外顯。

進了法英和之後外文課有法文跟英文，必須選一科。當時社會上只有英文說得通（現在也一樣、但是比起現在英文的風氣更盛），幾乎有一半學生都選英文。我家因為父親一開始就想讓我學法文才讓我轉過來，當然選了法文。沒想到可憐的是那些一無所知選了英文的學生。雖然知道校長是法國人、這是所法國學校，但是家長們都沒發現在學校裡法國勢力如此根深蒂固，法英和高等女學校裡法國修女的優勢和英國修女的劣勢幾乎難以相比，學生們入學後不久也都不得不體會到這一點。（〈續、法英和高等女學校〉，同前書）

修女之間這種「英法格差」直接反映在選擇法文和選擇英文的學生之間，也呈現出同樣的階級差異。

法文組學生忽然產生了菁英意識，看不起英文組學生，英文組學生愈來愈畏縮。法國組和英文組學生同時來到雨天體操場，跟修女道別。這時法國組的先生和學生都意氣風發，學生們高聲反覆唱起「Merci, Ma Sœur. Au revoir, Ma Sœur.」，英文組則縮在一角，小聲地說：「Thank you sister. Goodbye sister.」(〈續、法英和高等女學校〉，同前書)

諸如上述，神田地區直到大正末期左右即使在學校內部也存在著法文組氣焰高於英文組的空間。而這種氣氛或許也稍微瀰漫到街上，促成法國區的形成。

今日在神田地區已經一點也感覺不到當年這種氣氛。走在古書店街，除了田村書店之外幾乎連一本法文書都看不見。

「『法英和』，明治大正已遠去。」

約瑟夫．柯特和雅典娜法語學校

巴黎外方傳教會採取「由上而下的傳教」企圖教育前途有望的青年以滲入政府高層，但這種方式在明治十（一八七七）年左右挫敗，因此改弦易轍，開始建設療養院、孤兒院（育兒院）、小學，改採「由下而上的傳教」，但教勢並沒有因此恢復。

不過明治十四年起在神田教會內經營小學的查特雷斯聖保羅姐妹會，在明治二十年於教會建地內設立了「法英和高等女學校」的前身「女子法英學校」，許多新興階級的家長紛紛送女兒入學，天主教傳教會的教勢看似有急遽回升之勢。

注意到這種傾向的巴黎外方傳教會東京總主教皮埃爾・奧塞主教（Pierre Marie Osouf），認為這是大好機會，可以趁機再次挑戰一度放棄的「由上而下的傳教」，於是要求擅長海外教育普及的瑪利亞勵志社（Marian Sodality）西姆勒爾總長（Joseph Simler）派遣教員。當時是明治二十年七月。

瑪利亞勵志社決定派遣五位修道士前來。於是在明治二十一年一月二日，阿方索・海因里希（Alphonse Heinrich）跟其他兩位從法國抵達神戶港，與兩位已經從美國抵達的修道士會合一起前往東京。瑪利亞勵志社的五位修道士在奧塞主教的指示下，暫由神田教會的勒孔特神父照顧，在主教館共同生活、一邊尋找可以租界來講學房子，但是沒能找到，最後決定借用築地教會一角，從二月開始授課。他們在這裡待了四個月，六月時找到了麴町區元薗町二丁目四番地（今千代田區麴町三丁目）的住處，八月取得私立學校設立申請許可，得以開校。這就是曉星中學、高等學校的前身，曉星學校。

> 當時向知事提出的私立學校設立申請上，除了本科之外還申請了私立外文專修學校（夜校）。該專修學校也同時獲得認可，作家永井荷風、畫家藤田嗣治等人年輕時也都曾在此就學。該校的營運持續到一九二三（大正十二）年九月關東大地震之後不久的十一月二十五日。（《曉星百年史》）

這所曉星學校對於日本的法文教育留下特別值得一提的影響，對親法派的形成也有推波助瀾之效，不過本連載的目的僅限於神田地區的地區研究，超出此範疇的討論暫且割愛，以下將焦點拉回神田地區「法國區」另一所重要的語言學校。

那就是至今仍然佇立於駿河台山丘上的雅典娜法語學校。

以一所民間法語教育機關來說，雅典娜法語學校在日本文化史上留下了極為龐大的影響。在維基百科上搜尋「雅典娜法語學校」項目，可以看到「著名受講學生」的名單中光是作家、文學家、畫家就有堀田善衛、山本有三、佐藤春夫、吉屋信子、谷崎潤一郎、坂口安吾、木田實、澀澤龍彥、中原中也、竹久夢二、日影丈吉等人。

那麼「雅典娜法語學校」是如何在神田地區扎下根基的？

根據昭和二十五（一九五〇）年發行的《HISTOIRE DE L'ATHENE FRANCAIS》，雅典娜法語學校的創立年份可以回溯到大正二（一九一三）年一月。創立者是在東京帝國大學文學院教授古典希臘文和拉丁文以及希臘文學、具有大學教授資格（Agrégé）的約瑟夫．柯特（Joseph Cotte，一八七五－一九四九）。

之後站上雅典娜法語學校教壇的木田實，曾經對於在東京帝國大學任教時代的柯特留下了為數不多的回憶錄。就讀開成中學的木田實嚮往禁欲的生活，他離家拜訪函館的特拉比斯修道院時認識了柯特。

> 用餐後，外國人來問住址和姓名，寫在筆記上，遞出他自己的名片。名片上寫著「柯特」。「柯特」對我的人生帶來了莫大影響。（《人生逃亡者的記錄》，中公新書）

木田表示，柯特是法國共和國總統盧貝（Émile François Loubet）的外甥，來日本之前曾經擔任過波斯王子的老師。他對日俄戰爭中戰勝大國俄羅斯的日本很感興趣，應東京帝大之邀來日擔任古典文學的教師，不過潮濕的氣候讓他患上神經疾病，進入聖路加醫院住院，但是跟院長起了衝突出院，因此來到跟故鄉風土類似的北海道，順便靜養。

> 病中無法講課，因此向大學提出年俸減半，月薪只剩一半。等到他重新開課，大學並沒有恢復原有的月薪，他只好另外再教外文，同時創立了高等法語（Athénée Français）。（同前書）

柯特創立雅典娜法語學校當然不只是因為經濟上的理由。他對於當時日本沒有以直接教學法（Direct method）教授法文的教育機關深感遺憾，一直希望能設立新型態的私立學校。他跟東京外國語學校的校長商量之後，獲得使用校舍一角的許可，立刻開設了夜校法文塾「高等法語 Cours Supérieur」。

> 當時並不是個適合開校的季節。時節正值嚴冬，而且柯特選擇開始教授「高等法語」的一九一三年一月二十一日，不幸剛好是個颱風下雨的日子。沒想到儘管在這種天候中，還是有五位學生響應柯特的呼籲而出席。這是偉大事業的謹慎的第一步。（拙譯，《HISTOIRE DE L'ATHENE FRANCAIS》〔以下同〕）

可是不到兩個月，柯特就遭逢不幸。神田神保町歷史上大正二（一九一三）年那場著名的大火燒毀了他借用的東京外國語學校，剛開校就面臨火災。然而柯特並沒有灰心，他在上野公園附近的自家重新開設「高等法語」課。開課後僅有一名學生出現，他決定繼續上課。

過了一陣子，他在神田橋附近找到「Wakyo-Gakudo 和協學堂？」這間音樂教室兼音樂廳設施，成功搬遷了教室，但是這裡在上課時偶爾會聽到鋼琴聲，算不上理想的授課環境，一年後的大正三年，他租用神田美土代町三丁目三番地 YMCA（東京基督教青年會館）的教室搬了過去。

YMCA 裡有很多來學英文的青年男女，因此入學者也增加了。此時，柯特結識了日本法國文學先驅，以編纂《簡明法和辭典》（三省堂）知名的丸山順太郎。丸山順太郎給了他相當中肯的建議：「高等法語固然好，但要不要也開設中級法語和初級法語課呢？」柯特聽從他的建議，借用了第二、第三間教室，吸引學生蜂擁而來、大排長龍等候入學，此時不得不另外想一個校名代替原有的「高等法語」。

當時身為堅定古典學家的柯特決定採用《雅典娜法語學校》這個名稱。因為他知道雅典娜（Athénée; Athenaeum）這個字的語源指智慧女神「密涅瓦」（Minerva）的神殿，是古希臘詩人或辯士聚集朗讀自己作品的公共建築。到了現代，這個字指稱不屬於官方機構的教育設施。身為學者的同時，也充滿獨立精神的柯特認為，「雅典娜」這個字很能代表自己跳脫各種束縛的課程本質。（同前書）

於是「高等法語」從大正三（一九一四）年起改稱「雅典娜法語學校」，原本寄望可以從此大展鴻圖，不過更名之後開始不滿於借居 YMCA 的狀況，希望能夠找到獨立校舍。幸運地，他很快就找到適合的物件。位於一橋通町上東京高等商業學校（一橋大學的前身）和救世軍總司令部之間（大約是今集英社附近）有一棟三層樓高的細長木造建築，當時是間中餐廳，看起來生意不怎麼樣，他大膽前往與房東交涉，對方意外地一口答應。

柯特和學生們當然都相當高興。他們打掃建築、重新粉刷成明亮的顏色，終於可以在東京大街首次掛上「雅典娜法語學校」這個寫著法文的招牌。時間是一九一六年。法國的第一次世界大戰烽火未歇。雅典娜法語學校在法國戰勝之前，先贏得了一場大勝。（同前書）

《HISTOIRE DE L'ATHENE FRANCAIS》裡轉載了當時學生的回憶。根據這些回憶，建築物內部不比外觀，所謂暖氣其實只放了一個大火盆，但是直接教學法很新鮮，學校自由又開放的氣氛也深受學生喜愛。

取得新校舍後，柯特更加大膽，在丸山順太郎的幫助之下增加課程，回應學生各種要求。除了初級、初中級、中級課程之外，也新增了柯特負責的古典希臘文和拉丁文課。值得注意的是，此時增設的英文課，挽救了之後雅典娜法語學校的財政危機。

當時雅典娜法語學校的學生中有一位是經常在東映和日活電影中扮演右翼黑幕的演員佐佐木孝丸。明治三十一（一八九八）年出生的佐佐木在大正六（一九一七）年從神戶來到東京，一邊在赤坂葵町的電信局工作、一邊認真到雅典娜法語學校上課學法文。

佐佐木在回憶錄《風雪新劇志》（現代社）中提到，之前因為工作時間不好安排，只能每個月花八日圓聘請個人家教，但是「在雅典娜的課一週三堂、每個月的學費是二圓（也可能是三圓）左右，真的覺得撿回了一條命」。佐佐木活用在雅典娜法語學校學會的法文，在日本最早翻譯了司湯達（Stendhal）的《紅與黑》（*Le Rouge et le Noir*），大正十年參加小牧近江等人的《播種者》活動，因為這個機緣，大正十一年竟然翻譯了歐仁・鮑狄埃（Eugène Pottier）作詞的「國際歌」歌詞。

大正七（一九一八）年第一次大戰結束後，也因為法國為戰勝國之一，迅速引發了一波法國風潮。當時法郎暴跌、日圓升值，前往法國變得容易，許多人在出國之前都會來到雅典娜法語學校學習初階法文。

法國大使館也對雅典娜法語學校釋出善意，每當法國知名人士來日時，依照慣例一定會在雅典娜法語學校演講。例如第一次大戰的英雄約瑟夫・霞飛元帥（Joseph Jacques Césaire Joffre）便是其一。學生數增加之後，當然會希望擁有自己的校舍。改造中餐廳而成的校舍顯然漸漸不敷使用，相當於目前白山通的大馬路上電車行經的噪音也是一大困擾。到底哪裡有適當的土地呢？

幸運地，在三崎町找到了一塊適合土地。建設資金來自日法友好協會、日法兩國的個人捐贈，還有法國政府的補助款。大正十一年四月，柯特長久以來夢想的自家校舍終於矗立在三崎町三番地九號，迎接前所未有的兩百名學生。

沒想到就在新校舍完成後一年半後，大正十二（一九二三）年九月一日，一場悲劇降臨在雅典娜法語學校。關東大地震讓整個神田地區陷入一片火海，剛剛新建完成的雅典娜法語學校校舍也化為灰燼。

向來不懂得絕望的柯特，這時也不免對將來感到憂心。當時局勢相當混亂，這座廢墟在一切層面上都呈現出悲劇的樣貌。（《HISTOIRE DE L'ATHENE FRANCAIS》）

可是堅忍不拔的柯特很快就從絕望中重新站起來，震災三週之後，他借用牛込一處逃過火舌的中學教室，立刻重啟課程。這裡的交通雖然不夠方便，但還是有一百五十人位學生前來聽課。兩個月，清理完廢墟後他在三崎町舊址重建雅典娜法語學校的臨時校舍，積極釋放復校的訊息。

可是考驗還沒有結束。大正十三年晚秋拂曉，附近發生的火災延燒，雅典娜法語學校的校舍再次毀於一旦。

當天傍晚不知道發生火災前來學校的學生們，站在化為一片灰燼的校舍前紛紛啞然失語。廢墟中只有百代公司（Pathé）的放映機沒有燒毀、留下悽慘的身影。過去曾經放映過那麼多有趣影片的放映機，竟然落得如此悲涼的下場！（同前書）

而柯特跟聖經中的約伯一樣，並沒有因此詛咒上帝，他耐住了這多次的考驗。十二月他借用大妻高等女學校校舍一角重新開課，同時嘗試在三崎町舊址重建校舍，在火災四個月後的大正十四年四月，完成了木造砂漿三層樓校舍。另外為了因應增加的學生人數，又增建了四樓的部分。許多戰前關於雅典娜法語學校的回憶，說的都是這棟重建後的三崎町校舍。

這個時期來雅典娜法語學校上課的學生中最有名的應該就是中原中也和坂口安吾了吧。

首先是中原中也，由於大正十四（一九二五）十一月女友長谷川泰子離開他投入小林秀雄的懷抱，為了從打擊中振作，他在大正十五（一九二六）年下定決心開始學習法文，從秋季班開始上課。十一月二十九日寫給小林秀雄的信上寫道：「這週在 Français 有聽寫。所以我等週六再過去吧。」輟學多次的中原，唯有雅典娜法語學校的課程上得挺積極認真。

另外說到坂口安吾，他當時一邊就讀東洋大學印度哲學系，昭和三（一九二八）年四月起來到雅典娜法語學校，目的是希望集中在語言這種目的性明確的學問上，以克服自己的神經衰弱。

> 四月，為了克服自我意識的分裂，我到神田三崎町的雅典娜法語學校就讀，「但是剛開始上課時聽不見老師的聲音」。（〈出社會之前〉）等到攤開字典才根治了神經衰弱，開始想要成為小說家。（中略）他在雅典娜法語學校學習非常認真，據說高等科一年的學年期末考試還得了「獎」。（關井光男，〈傳記式年譜〉，《定本 坂口安吾全集》第十三卷，冬樹社）

坂口安吾前後在雅典娜法語學校三年，期間中跟雅典娜的同學一起創刊了同人雜誌《言葉》。在這群同人雜誌成員中有後來成為拉迪蓋（Raymond Radiguet）翻譯的江口清、撰寫幻想推理小說擁有一群忠實粉絲的日影丈吉（本名片岡十一）、芥川龍之介外甥葛卷義敏、法國文學家若園清太郎，還有以教師身分特別參加的山田吉彥（木田實）等人。《言葉》在刊載了安吾〈寒風中的酒倉〉的第二號後即告終，由岩波書店發行的《青馬》接手，安吾在《青馬》上發表了他翻譯考克多、瓦勒里、紀德的作品，同時也發表了〈風博士〉，瞬間成為新銳作家，雅典娜法語學校對於促成他結識同人成員來說具有重大意義。

若園清太郎之後在《我與坂口安吾》（昭和出版）上回憶起當時雅典娜法語學校的氣氛。

> 雅典娜法語學校是男女合校，徹底貫徹自由主義，校風輕鬆自在，學生也五花八門。有大學教授、上班族、新聞記者、畫家、實業家、外交官、文學青年、大學生，女性中有貴婦人、外交官夫人、閨秀畫家、女大學生、法英和女學生、双葉女學生、津田英學塾生、文化學院學生，其他在出嫁前為了增添教養來學法文的年輕女性……形形色色的人都有。

由此可見，昭和初期的日本文學界的主角，多是在雅典娜法語學校學習法文的年輕詩人或作家，他們在此呼吸著法國吹來的新鮮氣息，之後的雅典娜法語學校，再次面臨了一連串的考驗。

大正十四（一九二五）年重建校舍後一直持續上課，直到日美開戰後、東京頻遭空襲，昭和十九（一九四四）年十一月不得不封鎖校舍，到了昭和二十年五月，三崎町地區遭到空襲，雅典娜法語學校以及校內藏書第四度毀於祝融。然而，這次柯特依然沒有退卻。他因為營養失調身體狀況欠佳，在輕井澤療養，不過一聽到八月十五日的玉音放送，便立刻開始著手雅典娜法語學校的重建工作。

柯特某一天知道神田駿河台山丘上有棟私學校舍未遭空襲，借用了面對中庭的該校部分校舍，之後買下了那片土地。柯特十月一日回到東京，一九四五年十二月一日起在聚集昔日校舍極近的這個地方重新開始雅典娜法語學校的課程。（《HISTOIRE DE L'ATHENE FRANCAIS》）

當時的反響極熱烈。在大戰中渴求文化滋養的日本人不分老少，紛紛來到雅典娜法語學校。

柯特再次能夠外出，也就是他再次能親自站上雅典娜法語學校教壇（依舊無帽、持手杖）時，幸福的他得以親眼確認自己培育的作品再次茁壯開花。（同前書）

不過戰時生病的身體並沒有復原。昭和二十四年五月二十三日，走過無數試煉的柯特，從容赴死，享年七十四。假如柯特在途中放棄雅典娜法語學校，神田想必不會成為法國區。不、日本的文學和藝術或許都會呈現與現在不同的面貌吧。

現在駿河台山丘上那棟獨特的校舍是昭和三十七（一九六二）年新建的建築。由早稻田大學教授吉阪隆正設計，塔屋上高聳的不是風向雞、而是密涅瓦的貓頭鷹，提醒我們柯特命名為「雅典娜法語學校」的起源。

今年（二〇一三年），雅典娜法語學校歡欣迎接創校一百週年。

13. 御茶水的尼古拉堂

奇特的建築

不久之前（大約到一九七〇年代前半為止），一走出ＪＲ御茶水車站的聖橋出口就會看到眼前高聳的尼古拉堂。「看得到尼古拉堂」的感覺給御茶水周邊帶來一種「來到異質空間」的印象。從尼古拉堂完工的明治二十四（一八九一）年一直到一九七〇年代前半，或許造訪御茶水和神田的所有人都曾經共享過這種印象。

具體的例子可說不勝枚舉。

比方說，除了橫濱也喜歡描繪御茶水周邊風景的松本竣介。對他來說，描繪「看得見尼古拉堂」的風景，就像是一種虛擬體驗實際上未能成行的西洋之旅。這種感覺在戰後好一陣子之間，都是一種不言自明的「記號」。

比方說，小津安二郎的《麥秋》。原節子跟戰死兄長的朋友二本柳寬相約在御茶水的老咖啡館，來到二樓坐位坐定後，窗外映著尼古拉堂。光是這樣就足以想像連接這兩人的戰死兄長，應該是一位對西方抱持憧憬的青年。果然，對話中斷的瞬間，他們同時望向窗外的尼古拉堂。兩人對嚮往西洋文化卻遺憾戰死的兄長那份思念，以及藉由兄長彼此滋長的思慕，都投影在尼古拉堂上。

更直接讓尼古拉堂入歌的，是門田豐作詞、古關裕而作曲，由藤山一郎演唱的〈尼古拉之鐘〉。「蔚藍天空、狹小山谷……今天也要為了都成的天空而唱　啊，尼古拉之鐘，響徹雲霄。」作詞的門田豐早稻田法文科中輟，師事於西條八十，果然在這裡同樣洋溢著「對西洋的憧憬」。

讓御茶水周邊轉變為異質空間的這座尼古拉堂，為什麼會矗立於此？

根據長縄光男的《尼古拉堂遺聞》（成文社），尼古拉堂的冠名創建者正教大主教尼古拉俗名為依旺・多米托力維奇・卡薩拖津（Ivan Dimitrovich Kasatkin），來自俄羅斯中部斯摩棱斯克州貝育扎（Beryoza），出生於一八三六年。他就讀於聖彼得堡神學校時擔任函館駐在領事館專任司鐸，立志要在日本推廣正教，立誓修道改名為尼古拉，於一八六一（文久元）年來日。

說到正教，我們向來把基督教中一大教派正教會（英文 Orthodox Church）毫無原則地時稱俄羅斯正教、時稱希臘正教，但實際上正教會跟羅馬天主教不同，並非由教廷一元性、金字塔式統治全世界的天主教，基本上是前面冠上國名或地區名的「〇〇正教會」之非強制性聯合體組織，主要有四個古代宗主教區（君士坦丁堡普世牧首、亞歷山大和全非洲牧首、安條克牧首、耶路撒冷牧首），但是對其他獨立正教會（俄羅斯正教會、希臘正教會、塞爾維亞正教會等）和自治正教會並沒有類似梵諦岡的命令、指導權。可以想像成一種總部強制力弱的加盟組織。因此尼古拉堂是「日本正教會」的首座主教座堂，正式名稱為「東京復活主教座堂」。希臘正教這個通俗的教派名據說是相對於將拉丁譯文聖經視為正典的羅馬天主教，強調該教派以希臘譯文聖經為正典，但此說法未獲得確證。

話題再回到尼古拉，文久元年他到函館赴任之後，雖然當時日本已經下了基督教禁令，還是積極開始傳教，獲得土佐藩士澤邊琢磨等許多使徒。明治五（一八七二）年一月，他將傳教根據地轉移到東京築地，九月起以神田駿河台為據點。在這段期間尼古拉發憤研讀日文和日本的歷史文化，驚訝於日本人的高識字率，決心以出版活動做為傳教核心。他在明治十一年出版了傳教用的會刊《教會報知》（明治十三年起改稱《正教新報》），設立出版社「愛愛社」，主要經營翻譯出版，在這過程中他深切體驗到俄羅斯文教育的必要性，遂開設俄羅斯文塾（後改稱傳教學校），培養俄羅斯文獻的翻譯者。這就是平成八（一九九六）年閉校之前、東京俄羅斯文教育據點之一尼古拉學院的起源。

當然，教育活動的目的在於傳教，因此也設立了培育日本神職人員的神學校。

整頓傳道機關也成為燃眉之急。因此除了既有的傳教學校，他另行開設了正教神學校。由於認為信仰的涵養與家庭教育有深厚關係，尼古拉又開設了正教女子神學校（明治十五年）。這裡的許多畢業生都成為傳道人之妻、輔助丈夫。聖詠隊在雅各夫・奇亥（Jakov Tikhai）等來自俄羅斯的教師鍛鍊之下，達到凌駕官方音樂學校的高水準。另外還有聖像畫家依莉娜山下凜。（《尼古拉堂遺聞》）

這裡提及的正教神學校和正教女子神學校對於俄羅斯語文教育和俄羅斯文學在日本的普及帶來出乎意料的龐大影響。畢業生赴俄羅斯的神學大學留學，回國後成為各種學校的教師，大力促成了俄羅斯文學在日本的深入。

回國後他們除了在母校教壇上負責神學相關課程，也各自在陸軍等各種學校和早稻田、同志社等大學中教授俄羅斯語，跟早稻田和外語畢業生們一起組織起人稱「尼古拉派」的人脈。有像關竹三郎這樣翻譯索洛維約夫（Vladimir Solovyov）等哲學書籍，也有像昇曙夢和瀨沼夏葉等翻譯俄羅斯文學的人材。（同前書）

可是說到尼古拉留給日本的影響，最重要的還是這座尼古拉堂的建設。

「主教座堂」是指教團總部「東京基督復活主教座堂」，總共耗費七年光陰、二十四萬日圓鉅款，在明治二十四年（一八九一年）於現在地神田駿河台完工。這座有著拜占庭風異國風貌的天主堂，分成本堂和鐘塔兩大部分，本堂高度從地面到十字架尖端有三十五公尺，鐘塔超過四十公尺，威風凜凜，高高聳立於駿河台高地睥睨首都，可惜在大正十二年（一九二三年）九月毀壞於關東大地震中。進入昭和後雖然重建，卻因為財政問題不得不縮小規模，不復往日威嚴。儘管如此，天主堂至今仍是市民熟悉的「尼古拉堂」，也是尼古拉留至今日的遺產。（同前書）

這裡補充一些關於尼古拉堂建設的資訊，原本負責設計的是俄羅斯工科大學教授米亥爾．史秋波夫（Michael A. Shchurupov），負責現場實施設計的是喬賽亞．康德。由清水組（今清水建設）負責施工。

當時的幣值二十四萬日圓這筆鉅額建設資金，是明治十三（一八八〇）年尼古拉暫時回俄羅斯時，想方設法籌到的捐款。在《尼古拉日記——俄羅斯傳教士的明治日本》（中村健之介編譯，岩波文庫）中描述了當時的辛苦：

「募款時我經常覺得心煩。比方說昨天去敲別人家門時就是，對方非常提防，名符其實地吃了閉門羹。我不知道這到底能帶來什麼結果。我只知道一定要在日本蓋一座天主堂。」（一八八〇年一月一二日）

尼古拉的確信終於化為現實。歷經種種困難，尼古拉堂如奇蹟般地在明治二十四（一八九一）年二月落成。

各位請試著想像，明治二十四年完成時，駿河台山丘頂上聳立著比現在更高大的尼古拉堂那幅光景。駿河台上只有零星二層樓高的民宅，這座天主堂的醒目可謂非比尋常。或許可以聯想一下建於巴黎蒙馬特山丘上的聖心堂。當時從東京任何一處都能「看見」尼古拉堂。

尼古拉也很清楚地意識到這件事，他在日記上提及即將完工的天主堂威容。

「主教座堂太雄偉了。從東京任何地方都能看見它！」（一八九〇年一月一〇日）

尼古拉這裡寫道「從東京任何地方都能看見」尼古拉堂，絕不是一種比 ，我試著尋找足以佐證的文獻，結果發現了與謝野晶子〈尼古拉和小文〉這篇童話。

小文在鄉下時聽人說，東京有個叫尼古拉的大東西。

「大？有多大？」

「就是很大啊，形容不出來的大啦。」

「真想看看。」

「去東京後記得馬上去看看，不過就算不特地去，若是塔頂，從新橋或者其他地方都看得到。」

「光看塔頂多無聊，要看到正面才行啊。去了東京我一定馬上去看。」

他這麼說過。後來小文來了東京，搭車到下谷親戚家時問車夫。

「尼古拉先生在哪裡？」

車夫告訴他。

「往那個方向就可以看到塔頂。」

「哪裡哪裡？」

「看，有沒有一個黑色的屋頂？」

「看到了看到了！」

小文開心地回答。小文看著尼古拉先生的屋頂，覺得尼古拉先生就像披著一件黑色甲冑。他心想，尼古拉先生看起來好像是坐著，假如站起來會怎麼樣呢？會不會在天空穿破一個洞呢？（松平盟子編著，《母愛與謝野晶子的童話——養育十一個孩子的熱情歌人》，婦人畫報社）

是不是一篇充分表達出尼古拉堂之巨大的童話呢？之後故事中的小文實際去了一趟駿河台，發現有穹頂和鐘塔並列，開始好奇到底哪個才是尼古拉先生。這時他問了從門走出來的女孩：「那一邊才是尼古拉先生？」女孩沒想到小文口中的尼古拉先生是指主教座堂，答得牛頭不對馬嘴。之後小文每天都會來駿河台詢問穹頂跟鐘塔哪一邊是尼古拉先生，但是聽到的只有「噹～噹～噹～」的鐘聲。

鐘聲漸漸停了下來。

「咦？尼古拉先生怎麼了？」

鐘不再響了。小文聽到較瘦的那一邊在說話，心想，應該是這邊吧。（同前書）

結尾收得真好。據說這是與謝野晶子將她哄孩子們睡時即興創作的童話記錄下來的作品，這裡所提到的時期（明治四十二—四十三年）與謝野鐵幹、晶子夫妻確實從千駄谷搬到駿河台東紅梅街二番地，每天聽著尼古拉堂的鐘聲。在明治四十二年刊的歌集《佐保姬》中，就有這樣一首歌：

隔鄰南蠻寺　鐘聲惹人垂淚　春天黃昏時

說到短歌，這本歌集出版的明治四十二年，任職於朝日新聞的石川啄木經常出入與謝野家，石川啄木在詩集《憧憬》中有一首詩〈睡都〉。

鐘聲響，
無比莊嚴
夜深沉，眼下是市街。
眾聲皆眠之都
低頭俯瞰，不覺心驚
宛如垂死野獅。

在詩的自注裡也明白指出，這裡的「鐘聲響」指的是尼古拉堂的鐘。

來京之後不久住進駿河台新居，開窗可見竹林崖下，眼前比屋連甍。秋天每夜屋瓦上濃霧深沉，月光照在霧上，久居山村僻壤的我，看來實為罕見光景（以下略）。（《現代日本文學全集15與謝野寬、石川啄木、與謝野晶子、北原白秋集》，筑摩書房）

從啄木的年譜可以知道他在明治三十七年上京時，曾寄宿於神田區駿河台袋町八番地的養精館，這應該是在歌詠當時的印象吧。這首詩也充分描寫出尼古拉堂鐘聲帶來的強烈印象。

說到尼古拉堂經常出現的文學作品，還有夏目漱石的《從此以後》，在這個段落中竟意外地描寫到在尼古拉堂復活節的儀式見聞。

代助提議：「久沒見了，到附近吃個飯吧。」平岡再三推辭，說改天有空慢慢再敘，而代助硬是拉他進了附近的西餐廳。

兩人喝了不少。「喝酒吃飯這些事，倒跟以前沒兩樣呢。」一起了頭，僵硬的舌頭漸漸放鬆。代助興致勃勃地說起兩三天前去尼古拉看復活節的樣子。祭典以晚上十二點為信號，等世間都沉睡後才開始。參拜者繞過長廊回到本堂，不知何時幾千根蠟燭已經同時點亮。身穿法衣的神父領著隊走過對面時，黑影大大地映在素面牆上。——平岡杵著臉，眼鏡後方的雙眼皮發紅，靜靜聽著。(《漱石全集第四卷》，岩波書店)

這段珍貴的文字提及尼古拉堂的內部而非外部，而且還描述了正教最重要的復活節儀式。不愧是漱石，留下了寶貴的紀錄。尼古拉大主教明治四十五年時還健在，《從此以後》主角代助看到的那個走在隊伍前方「身穿法衣的神父」，一定就是尼古拉大主教本人。

由上述可知，尼古拉堂曾經登場的文學作品出奇地多，然而我個人覺得最有意思的則是一本完全虛構的作品，山田風太郎的《拉斯普丁來了》(文藝春秋，後收入文春文庫)。

當時——神田駿河台山丘上正在興建一棟詭異的建築物。

那是大約五年前、明治十七年就開始動工的俄羅斯耶穌教教會，最近在縱橫無數的腳架木棒木板中，漸漸浮現出兩個奇怪的輪廓。(中略)從建設中的主教座堂正下方，一個二十四、五歲書生模樣的青年牽著個大約三歲男孩的手，從斜架的鷹架木板慢慢爬上來。

青年的名字叫長谷川辰之助，是當時已經出版《浮雲》的二葉亭四迷。讓他牽著手的是名叫「小潤」的三歲胖小伙，小潤的爺爺是在日本橋蠣殼町經營「谷崎活版所」印刷廠的「熱烈尼古拉派信徒」谷崎久右衛門。長谷川辰之助知道尼古拉大主教深愛這個老人，於是利用老人接近大主教，心想藉機學習俄羅斯會話、找機會去俄羅斯，在這個晴朗的日子裡，他佯稱：「這孩子說什麼都想看看工地。」爬上了鷹架。

這時一位青年將校來訪，說有事要找正在跟尼古拉大主教談話的乃木少將，他不聽工頭勸阻爬上鷹架，硬是抱走讓長谷川辰之助牽著的男孩。

「小子，你幾歲？」

這胖嘟嘟的小子不太確定地彎下一隻小姆指、張開其他四根指頭。

「叫什麼名字？」

「谷吉潤一郎。」

「喔，是嗎，好名字。那我們爬到最上面，讓你用望遠鏡看看東京。好嗎？」

孩子馬上點頭。（中略）

他們終於爬上最高處。

那裡站著三個人，看著他們。其中一個個子高得驚人、身穿黑色僧衣，頭戴附有吊穗黑色土耳其帽般的帽子，胸前掛著銀色十字架，是個年約五十多歲的外國人，這一定就是尼古拉大主教了。其他兩人當然就是乃木少將和他的馬伕。

明石元二郎立刻敬禮。

「在下是陸軍中尉，陸軍大學生，明石元二郎！」

他先自報名號。（中略）

尼古拉大主教不太高興。因為官拜近衛步兵第二旅團長的陸軍少將乃木希典突然來訪，命令他一起前往還在施工中的主教座堂上，乃木提出抗議，認為這個高度會俯瞰宮城，兩人此時正在爭論。

以施工中的尼古拉堂為故事場景，出場角色有尼古拉大主教、乃木少將、長谷川辰之助（二葉亭四迷）、明石元二郎，還有幼時的谷崎潤一郎，確實是強烈的山田風太郎世界。之後還會加上從俄羅斯來到日本的怪僧拉斯普丁（Grigori Rasputin），引發一樁驚天動地的大事件。

V

14. 古書肆街的形成

大火前後

前面花了太多篇幅介紹神田中國城和神田法國區，疏忽了關於古書店的記載，接下來將修正方向，重新將話題拉回古書肆街的變遷。

那麼該從歷史上的哪個時間點重新開始呢？

我想不妨以明治三十九（一九〇六）年，一誠堂的前身酒井書店在神田猿樂町開店，作為神田古書肆街史的中間點。不過為什麼非選擇一誠堂不可呢？

因為越後長岡的人脈以一誠堂為破口，一口氣流入神田，打下了神田古書肆街為長岡人之街的基礎。

這段歷史可以從明治二十（一八八七）年，之後成為一誠堂店主的酒井宇吉在越後長岡出生說起。實歲十三歲上京的宇吉拜託在博文館工作的哥哥福次介紹，進入表神保町的東京堂工作，以書店員身分開始他的職涯。前面介紹過，博文館是由長岡人大橋佐平創立的出版社，而東京堂則是佐平的次男省吾為了經銷業務經營的店，因此長岡有志青年都很崇拜這些光耀鄉土的成功人士，陸續投身出版業和書店業。

明治三十六（一九八三）年，宇吉離開東京堂，跟哥哥一起回鄉開設了以出租書籍、經銷雜誌文具為業的酒井書店，但是經過三年在明治三十九年，他們再次胸懷大志前往東京，來到神田猿樂町開店。在《古書肆百年　一誠堂書店》的年譜中寫道：「當初獲得東京堂的協助開始經銷新書、雜誌，但業績並不理想，遂改營古書店。之後弟弟助治（酒井家五男）也上京，兄弟三人一起重振經營。」

《古書肆百年 一誠堂書店》年譜在這之後話鋒一轉，開始講述一般古書業界的概論，說明包含一誠堂在內的神田古書街如何發展，而根據其中的記載，明治末期到大正初期神田古書店蓬勃發展的原因之一是中國留學生的增加。在《東京古書業公會五十年史》中說明如下：

這個年代（明治末期、大正初期）發展最蓬勃的就屬神田地區。除了受到日俄戰爭後產業顯著發展和學術進步的影響，最直接的就是支那派遣來的官費、私費留學生數量大增，使得舊書需求增加。再加上這些學生幾乎都住在神田附近，必然給神田古書店帶來繁盛業績。政治、法律、財政經濟、鐵路、郵政、交通、產業等相關書籍，幾乎只要冠上相關書名，無論舊版、等同報廢的書都賣得極好，將上課記錄裝訂成冊也能賣光，可說是一股熱烈的留學生風潮。

酒井兄弟的書店也是受惠於這種留學生風潮的新店家之一，因此累積了店的資本和經營知識後，三兄弟分配所得財產，開始走向各自不同的道路。

酒井宇吉獨立後選擇在神保町開設古書店。之後福次開了芳文堂、助治開了十字屋，其他兄弟也都開了各自的書店。（《古書肆百年 一誠堂書店》年譜）

其中芳文堂現在已經不存在，不過十字屋書店還在營業中。神田神保町的大型書店霸主之一「書泉」也是酒井宇吉的次男正敏開的新刊書店，酒井家族在神田神保町的占有率實在不小。

然而，看似有幸運起步的酒井兄弟，卻也因大正二（一九一三）年二月二十日半夜那場神田大火不得不面臨嚴酷考驗。

宇吉的店也不例外，幾乎完全燒毀，能拿到的保險金沒多少，共損失了四千八百圓，再加上還有借款八百圓。不過宇吉沒有失意太久，馬上借用本鄉一間中餐廳燕樂軒的店面開始營業。五月二十八日在神田裏神保町（現在店鋪所在的神保町一丁目）開設新店鋪，從這個時候開始掛上「一誠堂」招牌。店名取自軍人勅諭中「珍視一顆赤誠之心」。（同前書）

原來一誠堂店名取自軍人勅諭，這倒是令人意外，但是店主酒井宇吉在明治四十一（一九〇八）年進入近衛第一連隊度過兩年軍旅生活，難怪會對軍人勅諭留下深刻印象。

這一點暫且不提，如同許多介紹神田歷史的書本所示，這場大正二（一九一三）年的大火除了北神保町、南神保町的一小部分，幾乎毀滅了所有古書店，當地業態也因此發生了劇烈變動。

首先是神田原本的主流和裝書[66]古書店多半不得不關門，但銷售西式裝幀書[67]（並非原文洋書）的古書店卻馬上能重新起步、開始營業。雖然兩者同樣庫存完全燒毀，可是西式裝幀書店在市面上有大量潛在庫存，馬上就能補貨，但和裝書店可就沒那麼容易了。明治十年代起，和裝書漸漸轉換為西式裝幀書，直到明治二十年代轉換完成後，和裝書的庫存已經逐漸枯竭。

另一個原因是這場大正二年大火不僅燒毀了許多古書店，連聚集在神田的大學、專門學校等各種學校也都付之一炬。有些學校自此廢校，不過也有許多學校為了重新出發，向古書店訂購圖書館需要的書籍，兼具企圖心和資金的西式裝幀書古書店訂單可說應接不暇。

一誠堂就是其中的典型，堪稱為因這場大火而擴展迅速的古書店之首。然而如同前面所述，就算有足夠的「企圖心」，「資金」方面又該如何解決？

當時的銀行不可能融資給古書店，但是跟放高利的地下錢莊借錢風險又太高。那到底該去哪裡籌措重新出發的資金呢？根據當時的常識，很可能是跟親戚，或者透過鄉里人脈借款吧。這固然只是我自己的推測，但是擁有長岡人脈，又跟東京堂和博文館有良好關係的一誠堂，比起其他店家一定更容易籌到資金。

於是，有企圖心和資金為後盾的新興店家陸續進駐，神田古書肆街的勢力地圖完全改頭換面，不過變動更加劇烈的是「古書肆街地圖」。《古書肆百年 一誠堂書店》年譜中關於神田大火有這段記載：

> 這場大火也重新改寫了神田古書店街的地圖。大火之前的神保町繁華中心為鈴蘭通，不過因為市區改正和鋪設市電，轉移到現在的靖國通，古書店開始以現在的神保町一丁目、二丁目為中心，形成嶄新樣貌。

我試著尋找有沒有資料能佐證這裡所謂的改寫地圖，結果在明治大學圖書館發現了一份珍貴的地圖。這是昭和十一（一九三七）年發行的《神田書籍商同志會史》附上的神田古書店分布圖（明治三十六、七年左右）。共有「其一 小川町一帶」和「其二 神保町一帶」兩頁，後者尤為重要，在此刊載複印本（參照三八三頁）。不過小川町和錦町以及駿河台的位置關係不怎麼明確，這一點需

66. 譯注：傳統日式裝幀書，有線裝、折頁、卷軸等裝訂方式。
67. 譯注：將裝訂線藏於書皮內的裝訂法。

要納入考量。

首先，由這份大火前地圖可以清楚知道，現在的鈴蘭通兩側當時都是書店。尤其是三省堂所在的北側多達九間，東京堂所在的南側也有六間。現在的鈴蘭通兩側書店加起來不過五、六間，可見大火之前數量相當多。另一方面現在的櫻通兩側僅僅四間，跟現在沒有太大差別。

至於靖國通兩側，大火前東西南北呈現明顯對照。假如以神保町十字路口為中心依逆時鐘方向分成第一象限（東北）、第二象限（西北）、第三象限（西南）、第四象限（東南）等四個象限，那麼第一象限有三間、第二象限有四間、第三象限有十四間、第四象限為零。第一象限和第二象限（靖國通北側）也只有少數書店，不在討論範圍內。問題是第三象限和第四象限（靖國通南側）為什麼形成如此明顯的對照。

根據明治二十一（一八八八）年公布的東京市區改正條例，進行了靖國通、也就是裏神保町的道路擴寬工程，而製作這份地圖的明治三十六、七年左右工程只達前述的第四象限，這或許就是造成上述落差的原因。拓寬道路幅員時可能並非往道路兩側均等拓寬，施工對象也許只針對單邊（可能是南側、也就是第四象限）。因此第四象限在施工前禁止大興土木，施工後可能也因為有電車行駛，商店因此卻步不敢開店？第四象限連一間古書店都沒有，或許是出於這種「新開地的猶豫」。

相對之下，書店密集於第三象限，可能是因為在決定市區改正之前已經進駐的店家持續在此營業到開始施工前吧？第二、第三象限（現在白山通以西的靖國通）因為有挖鑿九段坂這項困難工程，很長一段時間都遲遲無法動工。換句話說，我們可以把第三象限視為「施工前」的狀態，第四象限則是「施工中」或「施工後」的狀態。

這種狀態是不是一直持續到大正二（一九一三）年的大火？一般來說一個店家周圍最好能群聚起相同業種，因此自然而然就形成了往第三象限集中的現象。

但是大正二年的大火，除了少數例外幾乎燒毀了所有象限，出現重新布局的可能。

> 這場大火帶給神田書店街一番新氣象，那就是店鋪的大規模移動。火災之前繁華中心聚集在神保町街角以西的南神保町一帶，當時前往通神保町還不需要權利金，不過據說（在南神保町）已經需要約一百八十圓的權利金，然而情況在火災後一夕劇變。（中略）原本靠近九段的古書店往東移動，紛紛在其他店家搬遷後的（通神保町）舊址上開業，例如松村書店開了門面寬四間的店，一誠堂也在此營業，書店中心逐漸集中於現在神保町一丁目附近。（《東京古書業公會五十年史》）

大火後古書店往第四象限（通神保町，也就是舊裏神保町）的大規模移

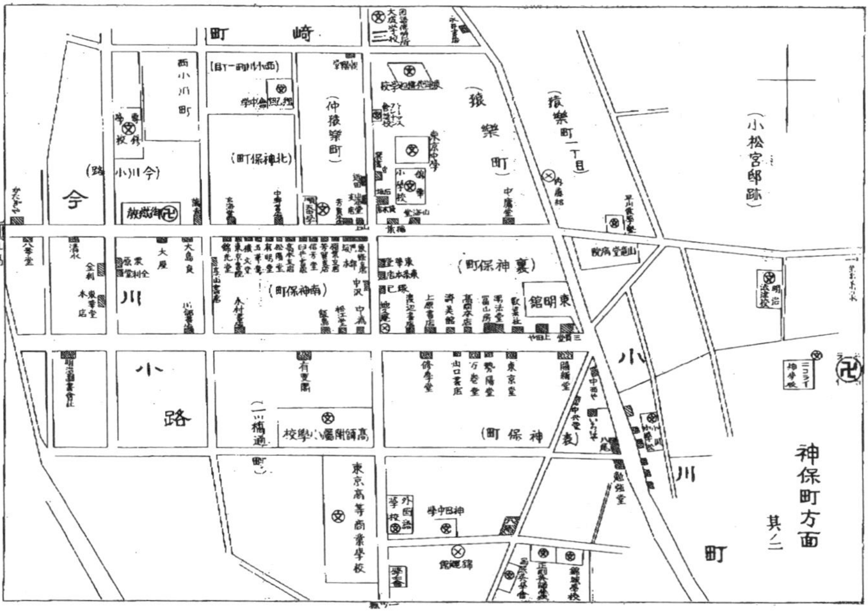

神田古書店分布圖（明治 36、37 年左右）擴大圖

動，可以從《東京古書業公會五十年史》的附錄「神田古書店街配置圖 大正十年左右」（參照三八七頁）中看到如實記載。根據這份資料可以發現，大火前連一間古書店都沒有的第四象限此時有多達二十六間古書店。第三象限的古書店依然健在，因此在大正十年時就已經形成目前靖國通古書店幾乎全部集中在南側（第三象限和第四象限）的有趣狀況。

可是為什麼古書店只集中在靖國通南側呢？到過神田神保町的人或許都會有這個疑問。我以前也一直覺得很不可思議，距今六年左右前，我有機會採訪熟悉神田神保町歷史的大屋書房纈纈公夫，當時我問了這個問題，他是這麼回答我的。

理由之一——靖國通北側受到靖國通擴寬影響較少，所以店家的移動不大，但南側屬於靖國通擴寬出現的「新開地」，起初沒有店家願意來，租金也便宜。古書店都是小資本，必然會選擇南側。

理由之二——對古書店來說太陽直射的北邊（朝南）容易傷書，所以必然會挑選南側（朝北）。

理由之三——古書店已經聚集在南側，之後開店的店家也都跟著選擇南側。

原來是這樣啊！同業種的店家群聚在同一個區塊的現象並不罕見。稀奇的是神田神保町只聚集了討厭朝南的古書店，才會產生這種奇妙現象。

因此，在大正二（一九一三）年這場大火之後短短八年，古書店往靖國通南側的大規模移動完成，形成世界罕見的龐大古書街，然而在短短兩年後的大正十二（一九二三）年，神田神保町再次遭逢一場大災害，讓一切努力化為泡影。大正十二年九月一日的關東大地震以及之後的大火，讓神田古書店街化為一片灰燼。

大地震最早開始搖晃時，剛好在神田十字路口西南端帽子屋跟嫂子一起購物的反町茂雄留下這些第一手描述。

改變命運的那天上午十一點五十七分，突然一陣天搖地動，大地開始激烈搖晃，擺掛著許多帽子的佸大櫥窗玻璃瞬間發出唧唧的尖銳短聲，應聲碎裂。(《一介古書肆的回憶1》，平凡社)

反町先帶著嫂子到神保町十字路口正中央避難，之後花了一個半小時回到牛込喜久井町自家，九月四日再次來到市中心，神田已是一片不忍卒睹的慘況。

神田成了一片焦野。為了看看災後的狀況，九月四日我到這附近走了一圈，已經沒有任何一間書店倖存。駿河台下靠小川町的右側、現在的崇文莊書店附近有間叫中西屋的原文書店，這裡可以看到還沒燒完的原文書殘骸，冒著小小的白煙。(同前書)

我們的一誠堂狀況如何呢？

東京瞬間化為廢墟，一誠堂也全毀。幸好家人和員工都平安無事，家人在上野公園過夜後，走到田端、川口，由此搭上火車在九月五日回到夫妻的故鄉長岡。(中略)另一方面酒井宇吉一心想重振事業，於是隻身回到東京，災後第十六天，他在已成一片焦土的神田搭起天幕開店，為古書店業界中最早重啟買賣的店家，被譽為「灰燼中的古書店帳篷」，廣受新聞雜誌報導。(《古書肆百年一誠堂書店》年譜)

關於「灰燼中的古書店帳篷」反町也留下了證詞：

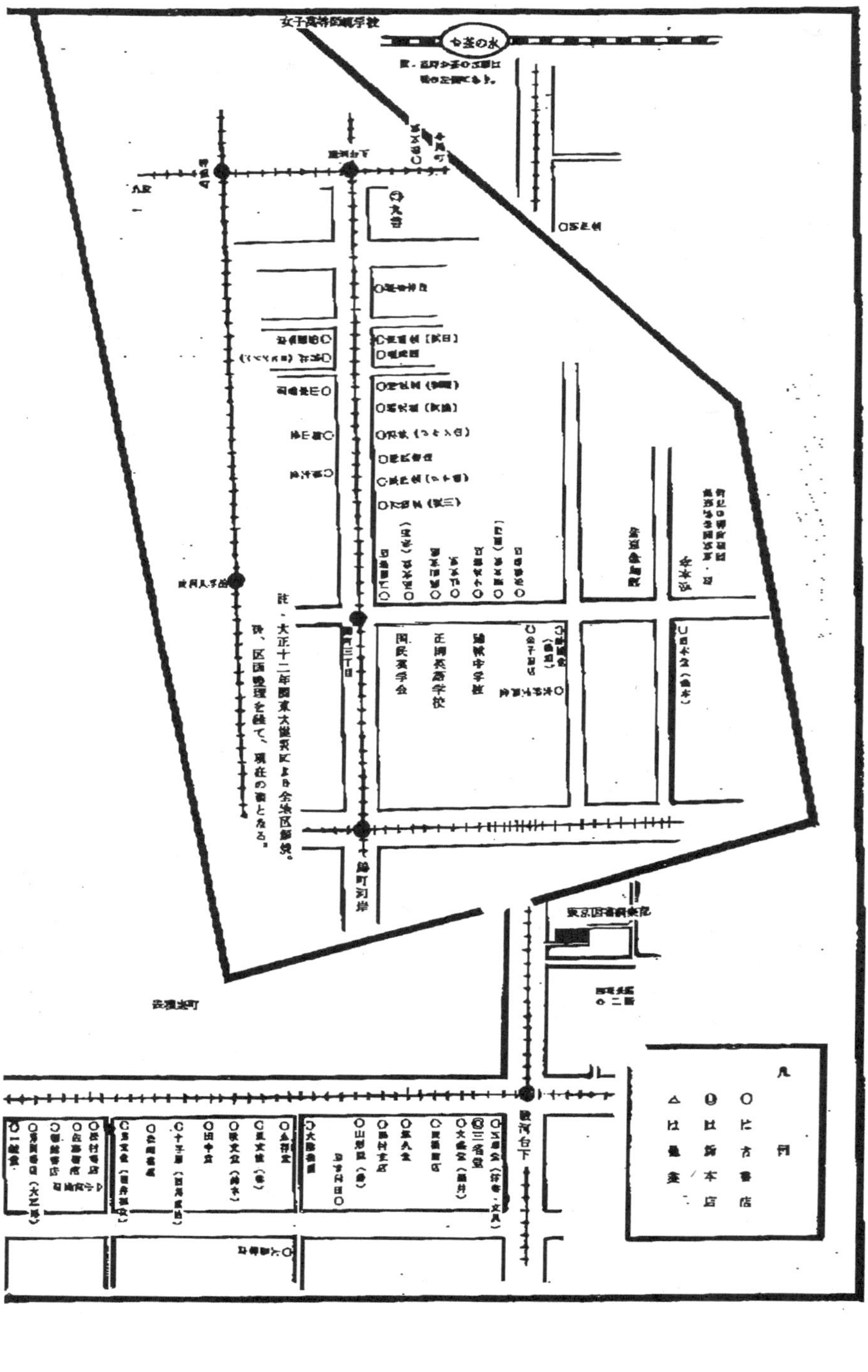
女子高等師範学校
お茶の水
駿河台下
錦町河岸
東京図書倶楽部
国民英学会
正則英語学校
錦城中学校
註、大正十二年関東大震災により全焼区域。
後、区画整理を経て、現在の通となる。
凡例
○は古書店
◎は新本店

神田古書店街配置圖 大正 10 年左右

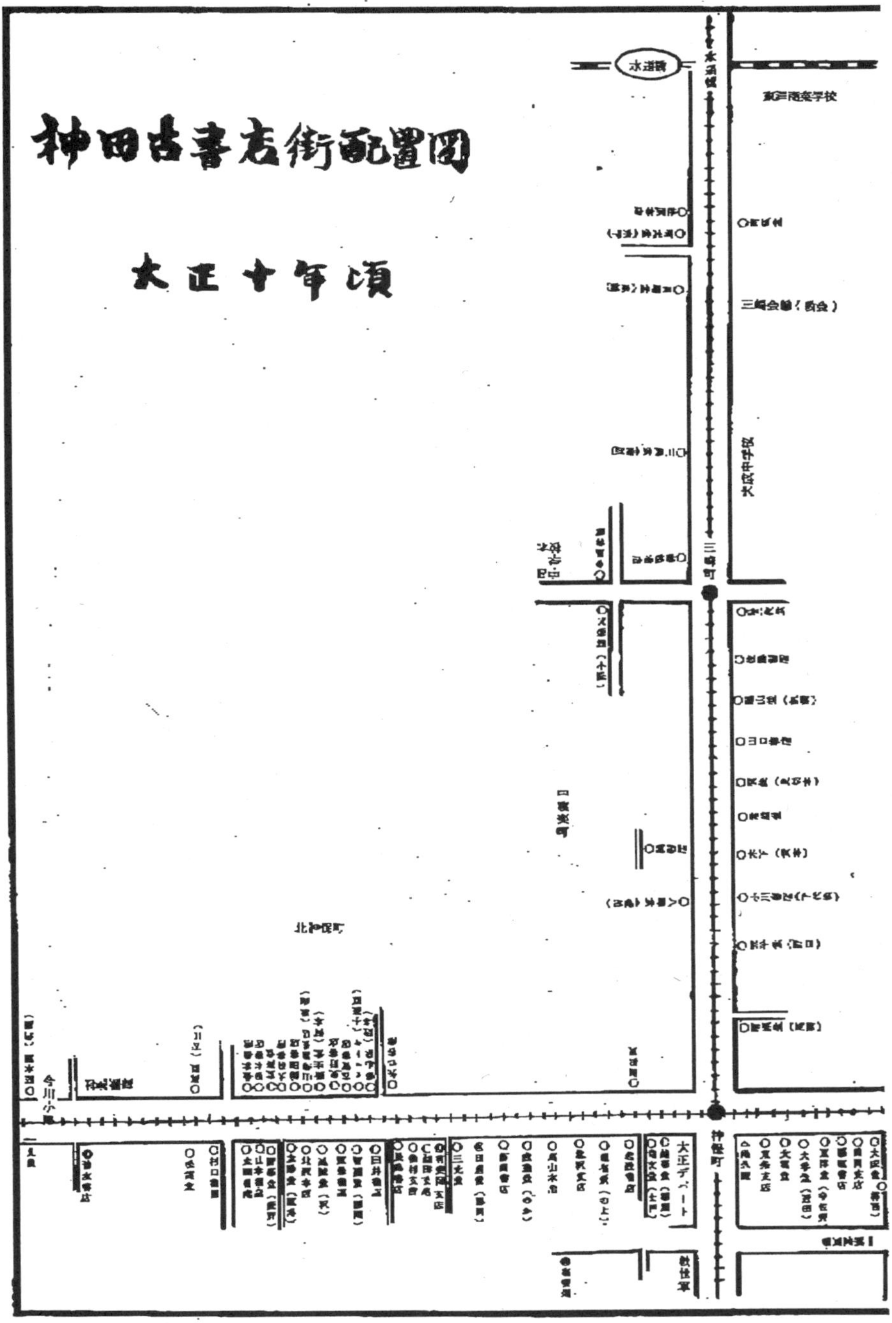

愛書的神代種亮評之為「灰燼中的古書店帳篷」。報紙上也有報導，我看了報導後去現場看了。當時還有很多店家還沒整理完燒毀的殘骸，廣大原野中只有一間店張起三公尺見方左右的白帳篷，上面寫著粗大的文字「一誠堂書店」，三、四人影頻頻出入。舊書數量並不多，看似客人的人影有時也只是零星可見。我記得當時只覺得「這種混亂局面還賣什麼舊書？」（中略）不過這著棋確實下對了，一誠堂成為古書店復興的先驅。很快地，在這座帳篷之後出現了數量多達十倍的木造臨時店鋪。神保町一丁目、二丁目大馬路及其附近一帶應該是當時最早營業的區域。（反町茂雄，同前書）

不過當時反町大概沒料想到，關東大地震會成為促使古書業界一舉現代化的一大動因。當然，他一定更沒想到四年後昭和二（一九二七）年，自己會成為一誠堂的店員，成為推動現代化的核心人物。

關東大地震後的古書泡沫時期

大正十二（一九二三）年的關東大地震給古書業界帶來莫大打擊，其中尤以神田古書街受害極深，店鋪、庫存全數化為烏有。不僅如此，還有三名神田古書籍商公會成員也在災害中罹難。

然而，受害的不只是古書業界。出版社、印刷廠、紙張廠商也都同樣遭受了致命打擊。再加上擁有大量書籍的大學、高等學校、專門學校圖書館也同樣受災，一旦政府開始實施復興計畫，神田古書街最先受惠於這些特需，掀起一波空前的古書潮。

《東京古書業公會五十年史》中說明了緣由：

加速復興的外因，有政府實施復興計畫掀起的復興景氣，以及印刷廠燒毀導致新書中斷的時期對古書的需求急遽增加，這些顧客都蜂擁到古書店來。

因此神田的公會成員許多都出差到關西地方，甚至遠赴中國地方、九州去採購古書。書市行情也因此高漲。

不過行情一旦上漲，市場上立刻出現採購資金充裕與否之別，以及認為風潮還會持續一段時間的積極派跟認為風潮即將告終的消極派之分，從此，採購必須具備投機式的直覺。反町茂雄在《一介古書肆的回憶1》中如此分析這樣的現象，記載一誠堂何以成為其中一枝獨秀的勝者。

那可說是明治初期以來，不、應該是日本空前的舊書熱潮。對於積極進軍者來說極為有利的時期。在這個時代裡，積極、不畏空前高價，敢於買進賣出的業者能奪得勝利。一誠堂運用這次機會，持續推出店面銷售、進貨收購、古書展售等五花八門形形色色的活動，屢獲佳績，在神保町通博取到第一等的名聲。

這波關東大地震後的古書熱潮，說得極端一點，是由積極派勝出、成為古書業界霸主。反町茂雄在收錄於《蠹魚昔話 昭和篇》的〈昭和六十年代的古書業界〉這篇文章開頭，回答後進古書店主提問時提到這次泡沫期的動向，根據他的說法，大正十二年九月一日這一天之後，連「平凡的舊書」都成了「絕版書」，以前定價為一圓的東西頂多只能賣八十錢，而這些「平凡的舊書」現在就算賣一圓五十錢，也沒有人抱怨，有些書的價格甚至還翻了好幾倍。

> 腦筋動得快的業者馬上就帶著所有現金飛奔到其他城市。（中略）拜訪各地一流新書店，看到店面特別的學術書、字典類，直接以定價掃貨。（中略）在各地訂購的大量書籍整理打包後以船運送回東京。當時還火車還沒復駛。一到貨就馬上放到市場上出售。不管什麼書、不管多少錢，都能賣出好價錢。行情一天天攀升，每天都在更新高點，所以先買先贏。要是覺得貴、稍有猶豫，貨馬上就會被旁人搶走。就算進貨價稍微買貴了，大約半個月左右行情也會追上來。

原來這就是所謂的泡沫景氣。雖說關東大地震帶來了莫大災害，價錢高漲到這個地步照理來說顧客理該會吃不消、導致泡沫瓦解，可是當時的情況又不太一樣。除了一般顧客之外，還有所謂的「法人投資者」，也就是政府機關、大學、高中、專門學校這些大量買主，支撐著泡沫景氣。

另外，愛好古書的知識分子、例如內田魯庵等人紛紛在報章雜誌上以東大圖書館全燒為例，感嘆明治以前的書幾乎都燒毀了，受到這些報導的刺激，以往不太光顧古書店的人也紛紛湧入。這波古書泡沫的極盛時期在大正十三年，隔年十四年，出版社開始再版，古書熱潮開始出現退燒，但是泡沫時期還沒有完全結束。幾十冊、幾百冊的全集和叢書的再版優先順序較晚，因此這方面還有相當高的需要。

但震災過後了三年，來到大正十五年時古書的泡沫景氣終見平緩，市況恢復平穩，銷量成長也稍微下滑。而泡沫瓦解是否意味著古書的價格下滑？根據反町的說法倒也未必。出版社並不會再版所有缺貨的古書，因此儘管需求減少，一度上漲的古書價格在這之後並沒有回跌。八木書店的八木壯一問道：「大正大地震給古書業界帶來的是正面影響還是負面影響？」反町當時明快地回答：

> 絕對是龐大的正面影響。這些古書店，特別是神田、本鄉這一帶的一流、二流書店在之後三

年內受惠許多。（中略）古書店的營業範圍在大地震之後也擴大不少，而且走向高級化方向。諸如《古事類苑》、《大正新脩大藏經》、《東洋美術大觀》等日本生產的世界級重要出版品，能夠回應消費者需求的只有古書店，這個事實也提高了一般社會對古書店的評價。（同前書）

最後一句「也提高了一般社會對古書店的評價」很重要。反町表示，關東大地震前，大家都認為古書店是以較低廉價錢販賣別人讀過書籍的中古業者，往往以輕蔑眼光看待，但是關東大地震之後，古書業界「面目一新，成為經銷文化性高、具備稀有性商品的商人」，也開始有穩固的經濟基礎，這可說是一種「業態變更」，意義重大。也難怪他會感嘆「震災是古書業界的成人式」。

可是，終於獲得社會認同後沒多久，大正時期結束，昭和二（一九二七）年時古書業界又面臨了新的威脅。

那就是昭和恐慌和圓本的出現。尤其後者，給古書業界帶來了相當大的打擊。

這對古書業界來說可說是一大打擊。過去的古書多半以一冊八十錢、一日圓、一日圓五十錢、兩日圓等價格在銷售，但是現在卻出現將三冊、五冊的分量納為一冊，推出「定價一圓」的大廣告大肆宣傳，明顯地對古書業界帶來巨大損害。每當出現圓本全集的廣告、商品擺上店面，就會有等量的舊書賣不出去。（同前書）

這種圓本攻勢讓古書業界頓時由暖春跌入寒冬，剛畢業於東京帝國大學法學院政治系的反町茂雄卻在此時投身古書業界。當時是昭和二年的四月。

反町茂雄這個人物是什麼來歷？

他的父母親是從事米穀批發仲介業的反町茂平和樋，他出生於明治三十四（一九〇一）年八月，是家中十一個兄弟姊妹中第九個孩子。巧的是他出生地點在新潟長岡的神田二丁目。老家經濟狀況寬裕，上中學時增購周圍土地，坐擁約一千七百坪的大宅，可見家境之富裕。

小學三年級時他跟著企圖進軍東京的父親一起搬到日本橋蠣殼町，父親在附近的書店至誠堂買了《一千零一夜》給他。

這是我第一本稱得上書的書。

在那之後七十多年，我的人生再也離不開書。（《一介古書肆的回憶1》）

不過他的小學時代幾乎每天都沉溺在去租書店借來的講談本[68]中。

說來慚愧，掌管我所有人生的讀書活動，似乎是藉由閱讀講談本而打下基礎的。講談內容大部分都是日本歷史。（中略）不知不覺中，我透過大量講談本在幼小的腦袋中種下了對歷史的偏好。直到今天都還控制著我的生活。（同前書）

提到反町茂雄時總會強調他是東大畢業的古書店員這一面，但其實他的背景還混合了故鄉長岡屈居「敗組」後將「百袋米」用於獎勵向學的風土，以及東京老街區講談文化這層基底。疏忽了這些面向，就無法真正了解這位希代罕有的古典書肆人格特質。

中學時他報考府立一中沒考上，進了日大中學。在這裡受到許多獨樹一格的師長們在日本史和西洋史方面的薰陶。反町家跟學問的緣分淺，親戚中學歷最高的也只讀到中學，不過長兄看反町愛讀書，建議他繼續升學。結果反町重考一年後進了仙台第二高等學校，在這裡他的閱讀興趣從歷史轉移到哲學、思想，靠著老家送來的豐厚生活費，天天徜徉在閱讀之樂中。

大學時長兄對他說：「你讀了這麼多書，就像百科全書一樣博學多聞，很適合當新聞記者。」受到這番鼓勵，他進了東大法學院政治系。

在當時的時代風潮下，他也加入了東大新人會，但發現自己跟主流共產主義傾向調性不太合，漸漸疏遠。反而更加熱衷於之前培養的歷史愛好，遍讀德富蘇峰、竹越與三郎、內藤湖南等人的作品，當吉野作造和尾佐竹猛等人登高一呼成立了明治文化研究會後，他也涉獵維新史、明治史，極其自然地沉浸在古書的世界中。

> 我終於也有了常去的熟悉古書店。（中略）比方在神田神保町中心地帶的十字屋酒井嘉七先生，他是新潟縣長岡人，跟我同鄉也同輩，同為年輕人也自然而然變得親近。這個人有點怪脾氣，不過是位個性老實、相當親切的人。（同前書）

認識這位十字屋酒井嘉七（十字屋是酒井三兄弟中助治開的店，但這時候好像是由弟弟嘉七擔任店主），改變了反町的人生。當時他畢業將近、必須決定將來方向，因為對出版業有興趣，所以陸續拜訪了岩波書店、第一書房、古今書店、誠文堂新光社等，類似現在求職前的企業參訪，一天，他聽了酒井一席話後立刻對古書業界產生濃厚的興趣。

68. 譯注：說書人的劇本或故事集。

我三月底畢業，希望找個地方實務實習工作個半年或一年。十字屋建議我，進古書店不僅可以了解出版業動向，也可以學會判斷具有永久生命的書籍和讀完就丟的書籍之間有何差別，非常值得參考。他親切地提供建議，還表示如果有這個意思願意關照我。我本來就不討厭古書，他的提議可說是求之不得，我馬上一口答應。

我原本天真地以為，如果對月薪沒有太高期望，當個實習店員應該不難，但實際上大大出我所料。東大畢業的學歷反而讓人敬而遠之。其中也有人看穿了我只想待個半年一年的企圖。十字屋歷經一番努力，終於說服了自己的哥哥一誠堂酒井宇吉先生，將我丟給他們。昭和二年四月三日，我身穿深藍和服、深藍圍裙，牢牢繫上棉質腰帶，成為一誠堂同寢同食的店員。（同前書）

他本來打算實習個半年或一年（也就是短暫過個水），所以一開始就沒打算領薪水，工作時間沒有限制（早上八點到晚上十一點或十二點），對工作條件（住在店裡的宿舍、供餐，月休一天）也不要求。然而一誠堂店主卻提出至少得工作三年的條件。這些他都是事後才知道，反町就在帶著一點不安的狀況下開始任職。

剛進店裡時店員人數總共大約十人。以古書店來說算是規模不小。包含反町在內總共有四位新人，其他三人尋常小學剛畢業。六、七位前輩中年紀最大的十八歲，大部分是尋常小學畢業，高等小學畢業有一兩人。別說大學了，就連一個上過中學的人都沒有。古書店是還保留有學徒習慣的老式職場。

反町一開始負責看店，工作內容是隱身站在店裡的書櫃之間，假如顧客需要幫忙則馬上應對，基本上跟現在也沒什麼兩樣。但是對於以往從來沒有站立這麼長時間勞動的反町來說，可說相當吃力。店裡包吃包住，在衣食住當中，過去他學生時代在「食」方面過得很寬裕，相較之下不免覺得難受。但是畢竟已經沒有後路可退，他決定無論任何事都當作是學習、積極體驗。多虧這樣的心態轉換，起初連初「謝謝光臨」的招呼也喊不出來的他，也漸漸能叫出口。

另外還有一件難事，當時送貨多半得騎自行車，但是他不會騎，這一點也在前輩的指導下終於學會，還學會了原本不擅長的布巾包法。

那最關鍵的「古書道」修習又如何呢？

> 現在的一誠堂不僅有氣派的建築，內容也一樣體面。（中略）一誠堂是日本引以為傲的世界性古書肆之一。老實說，昭和二年左右時我們還沒有發展成現在這樣的大型綜合古書店。當時我們的主力是古書。古典籍在業界中居中等位置，原文書則還有很多不足之處。
>
> 店員們（都很年輕）將目標放在絕版本上，僅專注於此。沒有人對古典籍感興趣，對看不懂的原文書大家更是興趣缺缺。店員們都在較量誰能正確掌握最多絕版本的行情。（中略）後來的我拚命想追趕上前輩們，一心努力學習絕版本的行情。店裡每一本書都附有標示賣價的腰紙，一眼就能認出高額絕版本。看店之餘我也一一檢查，記住書名和價格再記住作者的姓名。我還沒空閒去思考這本書為什麼會如此昂貴，只能先強記書名和價格（中略）學習古書時，過去豐富的讀書經驗派上了用場，發揮極大功效。（中略）尤其是念二高和東大時代，比起上學，我更加專注在閱讀上，隨心所欲地（儘管都與我學習領域沒有相去太遠）讀了不分和洋相當廣泛的種類。除了閱讀，我也買了許多書，甚至開始收集。我也有過幾次賣書到古書店的經驗。我海綿般的腦袋中不知不覺累積了許多領域的繁雜知識，堆疊著宛如小百科全書般的素養。這些都百分之百地發揮在現在的職場上。（同前書）

簡單地說，反町在一誠堂裡以「東大畢業的學徒」身分度過的所有歲月，不僅對他的古書道修煉有益，更讓他過去培養的潛在知識和教養能力化為外顯的力量，進一步對「偉大古書肆反町茂雄」的誕生做出貢獻。

但是幾個後，結束以實習身分在古書店的培訓，反町卻嘗到了墮入絕望深淵的滋味。那就是古書競標會這個修羅場。

競標會的修練

一誠堂的店主酒井宇吉在古書店主中是個例外，他並不喜歡古書市場（競標會）。因此一聽到認為自己已經大致吸收了古書知識的反町茂雄表示想去競標會，他很乾脆地答應了。

競標會是指從一般人手上買來古書的古書店主們，拿出非自己專業領域（也就是不知道價值或價格）的書，讓專業領域（了解其價值或價格）的業者競標的業界市場，只有古書公會的成員可以參加競標會。競標方法有兩種，一是口頭對拿出來競標的書籍報價的「喊價競標」，這種方法適合價格較低的商品；另一種針對珍罕本進行，要提出寫了價格的標牌後繳交。反町第一次參加的是喊價競標。

當時（昭和二（一九二七）年）舉辦神田競標會的地點是東京圖書俱樂部，跟現在東京古書會館所在地為同一地點。在這裡共舉辦六種市會，幾乎天天都辦。其中最勢力最大的是神田、本鄉部分業者會以買主身分參加的「聯合會」，賣方是本鄉、小石川、早稻田等山手地區的業者。反町第一次參加競標就是在「聯合會」這天。

會場是大約二十張榻榻米大的和式房間，正面中央有業界稱之為「競賣師」的競標手，書籍堆在他面前。競標手的右邊或左邊有一張小桌，帳房會將得標古書的書名、得標價格，以其買主姓名寫在一張和紙上，旁邊的兩人分不同店家書寫，留下空欄（空白處）。買方包圍著這些競標手坐在座墊上，喊出價錢。

> 第一次見到的競標會簡直是劍拔弩張的戰場。聯合會應該是當時日本數一數二的競標會。競標手（競賣師）從放在眼前的古書中迅速抽出一冊，當他舉到胸前左右時忽然高聲快速地說「鳩山的《債權》！」。此時間不容髮，立刻有六、七人高喊「二圓五十！」幾乎是同一時間。我根本聽不出誰最早出聲、哪個是誰的聲音。能夠正確判斷這五分之一秒、或者八分之一的差別，還得從六、七個人的聲音中瞬間判斷是誰發出來的感覺和智力，對我這個外行人來說簡直神乎其技。（反町茂雄，《一介古書肆的回憶1》）

當時的競標手永森良茂，大家都叫他阿茂，聲音宏亮、發音清楚。他記憶力非常好，不僅熟知行情，也很清楚買賣雙方在意的重點，競標總是進行得節奏明快。

> 當這個人坐在中間座位，競標氣氛就會頓時熱烈非凡，出價莫名愈來愈高。「原來還有這種天才。」我忍不住湧現這種感想。我一整天都站在十字屋身後看，這裡完全沒有新人出聲的餘地。三、四小時的競標會，我只能空用眼睛觀看。傍晚五點半多，我抱著空空如也的包袱，悄然回到店裡。

日後的「偉大古書肆反町茂雄」，第一天參加競標會連一句話也沒機會說，敗退下陣，可是堅毅的反町並沒有因此退縮，隔天，他決定去參加另一場知名的競標會「一心會」。在這裡他一樣直到最後都沒能出聲，但是卻學到了投標方法，獲得珍貴經驗。當三省堂《日本百科大辭典》登場時，競標手說：「請把《百科》放進這碗裡。」工作人員取出投標用的碗（形狀類似湯碗的碗蓋，木頭製的特殊投標道具，內側塗有紅漆）。碗外側底部用黑漆寫著各家店名，每個人挑好自己的碗，在碗內寫好買價後丟回競賣師面前。沒有碗的人則折起手邊舊書頁面丟過去。一百五十八頁代表一百五十八圓。競標手確認完收集到的碗和古書後會喊出：「決定了，一百九十六日圓，北澤先生。」

反町在競標會上總覺得很奇怪，每個競標會都會將得標的書由競賣師像丟球一樣丟給買方。不只位置近的買方，位置遠的買方也一樣，重量重的書同樣丟擲。反町很擔心如果沒接穩書本可能會受損，但他的擔心都是杞人憂天。無論投手或捕手人人都能靈巧拋接。

去了幾次競標會，反町也終於習慣，能夠喊得出競標價。假如是喊價競標，只要跟上別人的喊價就能買到，也不用擔心買貴。習慣了喊價競標之後，反町發現對他來說最容易取勝的就是原文書。當時古書業界的人幾乎都是尋常小學畢業，很多人都念不出英文書名，根本敵不過帝國大學畢業的反町。

說得好聽叫「鶴立雞群」，其實只是「井底之蛙」。就算姿勢奇怪，也只有我能游泳。

一開始他買到的多是大眾圖書館（Everyman's Library）和雷克拉姆文庫（Reclams Universal-Bibliothek）等平凡的書，但是都賣得不錯，他漸漸有自信，開始涉足昂貴的書籍。這時他遇見了夏德（Friedrich Hirth）《中國文明的西方起源》這本原文書。經常出入東京高商知名教授、藏書家三浦新七、吸收不少原文書知識的同業原廣告訴他，這本書是珍本，價值二、三十日圓，他加入喊價競標，以一圓八十錢買下。

這下我開心得不得了。今天是我有生以來第一次挖到寶！（中略）我急忙去找原先生請他看。是這本書沒錯！「什麼，你去了聯合會的競標會？」他非常驚訝。翻著頁面，仔細沉思了一會兒，「反町，這本書請讓給我。」看來他心中已經有了買主。我想了想，畢竟書是他告訴我、也替我做了鑑定，實在不好拒絕。「你多少錢買的？」又過了三、四秒，他對我說：「我出你買價的十倍，十八日圓如何？」我沒把握自己能賣到這麼好的價錢，馬上就答應了。

這些話傳到店主耳中。「夫人晚餐後看店時笑著對我說：『聽說你買到了原文書的珍本？』」反町在一誠堂的地位瞬間提升，贏得更多信賴。

我開始保管大保險箱的鑰匙。可以隨意支用現金。有店主名的支票和印章也隨時都能拿到，獲准可以任意開支票。

然而這麼一來當然會希望回應店主的信賴，讓店裡賺更多錢。當時剛好遇上昭和恐慌，業績下滑，他聽到店主感嘆，希望店裡單月業績可以有一萬圓左右，立刻開始思考提升業績的方法。其中一個方法是為了導正自己從學生時代開始就經常聽到的「一誠堂很貴」這種印象，在店主允許的範圍內盡量壓低賣價。另一個方法是開始自己跑業務以增加業績。前者很成功，但後者卻不怎麼順利。

比方說當他來到母校東大圖書館推銷時，負責司書的國文學者植松安無情地將他趕回去，上野的國立圖書館也一樣。

出來應對的年輕人一聽說是賣古書的一誠堂，馬上以公事公辦的口吻冷淡回答：「古書我們只跟經常往來的淺倉屋書店購買。」雖然態度平和，但是也不容爭辯，我連話都接不下去。

一高和上野的美術學校還有駒込的東洋文庫也都一樣。不過東洋文庫接待他的主事、日後的東洋學權威石田幹之助，告訴他許多書誌學方面的知識，令他相當感激。

之前就聽說這個人博學多才，沒想到他還是宏辭雄辯之士。不管我問什麼都能馬上回答。（中略）業務上雖然一無所獲，但是我卻帶著極為滿足的心情，離開這棟跟東大圖書館一樣氣派、卻有著完全不同風格的東洋文庫。我暗自期待：「將來如果找到難得的原文珍本，一定要帶到這裡來。」

儘管成績未如理想，卻因為某件事讓他的業務活動忽然忙碌了起來。原因是向他們買了百科事典的宮崎延岡市立高等女學校校長，因為新設學校手邊有筆預算，想請反町到延岡一趟。他帶在身上那本多達八百五十頁的大目錄「一誠堂古書目錄」成功發揮了威力，接到五、六百圓的訂單。受到這個刺激，一誠堂其他店員也紛紛在自己營業範圍內積極展開推銷活動，結果陸續獲得東大史料編纂所、東大經濟學院研究室、上野的科學博物館、日比谷圖書館等幾張大量訂單。

大家團結一致，充滿緊張和活力。每天吃完早餐、完成開店準備後，主要幾個店員多半會交代

「我去○○一趟」，將包著書的大小包袱堆在自行車後外出銷售。（中略）經過眾人這番努力，店裡的業績迅速提升，成長幅度超乎想像。昭和二年十二月的結算數字，遠比老闆理想中單月一萬圓的平均業績還要更好。

昭和三（一九二八）年十一月舉行的昭和天皇即位典禮「御大禮」更加推動了這波成長。因為藉此機會日本圖書館協會開始推動全國圖書館振興運動，議會也通過「圖書館普及相關建議案」，全國都開始新設、擴充圖書館的行動。此時圖書館協會製作了參考購買書籍的「邦文參考書目錄」，反町從實際的目錄作者波多野賢一手中取得了這份資料，他深信：「這太方便了！假如在刊載的每一本書上都寫上我們的交貨價格發送到全日本，那麼每間圖書館一定都會跟我們訂購。」他取得波多野的許可之後，將這份目錄印製千份發到各大新舊圖書館。

很快地，全國各地都傳來回響，其中反應最大的就是決定在京橋、神田、深川建設市立圖書館的東京市。深川圖書館由野崎源三負責，反町負責神田圖書館。

商業之神再次眷顧了一誠堂。（中略）跟深川的案例幾乎一樣，我們接到各種領域的大量古書訂單，有將近兩年時間，每個月都從東京市公所收到高額貨款。

由於來自其他城市地方的訂單瞬間蜂擁而至，因此還增設了地方部門以因應需求。反町成為掌管店務的負責人，幾乎不跑其他城市，唯一的例外是天理圖書館。因為天理教的第二代真柱[69]中山

69. 譯注：天理教對其統領的稱呼，指其首領、教長。

正善（當時名叫管長）不僅相當喜愛古書，又有充沛的資金，除了過期學術雜誌，他也喜歡收集昂貴原文古書。

> 年輕氣盛的中山管長並不是圖書館館長，而是「超級館長」。他強勢主導館內的蒐集方針，同時如果認為有必要，就會傾注私財大手筆購買，捐贈給圖書館。購買資金之大當然不用說。（中略）這位大收藏家跟我之間不可思議地意氣投合。或許因為我們兩人都個性嚴謹，也都熱中於古書。（中略）我們一見面就不斷聊古書。（中略）好顧客就是最好的老師。多虧如此，我認識了各種各樣的古書珍籍。他自終至始都給予我深厚的信賴，回想起來，說得誇張一點，我當時也不斷「憨直」地服務他。一誠堂時代是我跟他緣分的開端。

如上所述，反町不僅對一誠堂的業績增加有龐大貢獻，對其現代化也奉獻不少心力，其中之一便是目錄的製作。一誠堂在反町入店之前就已經領先業界發行了厚達八百五十頁的「一誠堂古書目錄」，內容之充實，在當時也叫人另眼相看。儘管反町一直深具熱情、想做出一本更完美的目錄，可惜遲遲抽不出時間。但是在他進入店裡的第二年，昭和四年夏天，終於發行了由他自行編輯的目錄。首先是美術書目錄。

> 因為美術書單價高，目錄製作費用容易回收，獲益可能性很高。（中略）如同前述，此時期一誠堂的商品有九成都是西式裝幀書和美術書。美術書庫存之多為東京之冠，大幅領先楠林南陽堂、北澤等其他店家。光靠庫存就可以製作出相當充實的目錄。

實際上這個時期很盛行出版大部頭美術書。但並非西洋名畫，而是以優秀木版技術複製日本美術、中國、朝鮮、西域等美術品的豪華、昂貴美術書，這些書陸續問世，對古書店來說是能夠產生莫大利益的商品。

回顧明治二十年至今大約百年的舊書、古書業界，昭和前十年可說是美術古書的黃金時期。而我們就在毫無意識之間搭上了這波浪潮。

事實上寄送出目錄後訂單接二連三，確實奏效。受到鼓舞後反町繼續祭出第二波、第三波，銷售業績也都一路暢旺，十二月發行的「歐文日本、支那相關書籍目錄」，附上了幸田成友收藏的「日歐關係史文獻目錄」以英文記載。在當時是前所未見的創舉，大受好評，甚至有人專程打長途電話來訂購。

如果對古書多少有些認識，看到一誠堂推出如此積極的攻勢，勢必會認為他們的進貨採購能力一定非常強大。假如是新刊書籍，只要出版社有庫存想進多少貨都不成問題，但古書可不一樣。不管接到再多訂單，如果沒能收集到要賣的書，買賣自然也無法成立。大家都說舊書這一行買比賣更難，就是這個道理。而一誠堂為了應付日漸增加的訂單，是如何充實進貨品項的呢？

關於進貨，一誠堂向來不太依靠市場。這不但是店的方針，也是老闆的偏好。他傾向直接從顧客手中收購。平常一有機會就會靠口耳相傳探聽消息，同時也勤於在大報上刊登收購廣告。

但是仔細想想也不難發現，就算有人看了登在大報上的廣告表明想賣舊書，也不代表馬上就能完成收購。客人要將書帶到店裡來，由精通舊書鑑定的人負責應對，但是這種願意帶書上門的狀況並不多。古書店多半都採取出差鑑定的方式，即使像一誠堂這種大店，有能力鑑定的資深店員人數也極其有限，光是依靠少數店員無法擴大商業規模。那該如何是好呢？

反町做出的結論是，唯有靠教育。

那麼教育又該怎麼進行？

下一篇我們將聚焦在這個問題上，繼續追尋反町的軌跡。因為釐清今天神田古書店街形成歷史的關鍵，就隱藏在這當中。

一誠堂的舊書教育

在這本神田古書店街專書中，我放了特別多篇幅介紹大正、昭和時期的代表店家一誠堂，是因為想要證明因為一誠堂發揮了「舊書店學校」的功能，結果使得神田古書店街成為一種「世界文化遺產」這個事實。這間「舊書店學校」的畢業生們，後來都成為世界罕見的神田古書街之主要店鋪經營者，締造出今日榮景。

那麼來自「舊書店學校」一誠堂的人，後來都開設了哪些古書店？

光看神田地區，現在依然營業中的有悠久堂書店、一心堂書店、東陽堂書店、山田書店、八木書店、小宮山書店、崇文莊書店、三茶書房、沙羅書房、櫸木書店，多達十間。

再看看神田以外的地區，假如不問古今，約有東靜堂（名古屋）、誠和堂（橫濱）、大學堂（本鄉東大前）、大山堂（本鄉東大前）、成匠堂（長岡）、棚橋書店（名古屋）、木本書店（滝野川）、憩書房（早稻田）、如月文庫（石神井）、阿卡迪亞書房（本鄉）、古書里艸（千葉），還有反町茂雄的弘文莊（本鄉）。

一誠堂成為「舊書店學校」的來龍去脈，在《古書肆百年　一誠堂書店》（一誠堂書店）中磯野佳世子的專欄〈走出一誠堂，成為好敵手〉中說明如下。

昭和九年發行的《致富故事集》（實業之日本社）中介紹了一誠堂，其中提到這麼一句話。「店員二十五人，店員中後來在神田古書店街開業者多達十人，足以顯現他（＝初代店主宇吉）的人品。」

這裡固然是在讚頌一誠堂，但反過來看，也可以知道戰前的古書店一般並不樂見店員在神田獨立開業。這也是當然，畢竟這等於增加了商場上的敵人。不過初代宇吉並不拘泥於此事，一誠堂是其中的例外。因此神田自然而然地多了許多店主出身一誠堂的店。

一誠堂是「舊書店學校」的原因之一，是出於初代店主酒井宇吉允許店員在神田地區獨立開業的寬容方針，然而光是這樣或許還無法孕育出這麼豐富的人材。要成為「舊書店學校」，就得進行「舊書教育」。而一誠堂正是一所對店員們進行了「舊書教育」的機構。

一誠堂是怎麼成為這種「舊書教育」的機構呢？

其實機緣完全出於偶然。

昭和二（一九二七）年四月進入一誠堂的反町茂雄，不到一年時間就成長為等同總管、實力深厚的店員，一次，他在新店員的協助下進行店裡舊書配置變更和標價改寫時，其中一名店員提出疑問：「這兩本是一樣的書，為什麼價錢不同呢？」反町確認過後發現正如店員所說，同樣的書一本標價三圓、另一本標價兩圓。後來也接連發現幾本書都有類似現象。反町認為這應該是進貨時資深店員給收購書籍定價時，每個人都各自根據自己的基準來處理而產生的現象。他開始思考，有沒有辦法統一收購的價格，於是開始「考核」負責採購者的收購價格。

晚上十一點，店裡的工作結束後，他聚集了所有店員在別棟樓上三十張榻榻米大的房間裡圍坐成一圈，當天負責收購的人各自把買來的書放在面前。

我坐在中央，小夥子們將白天收購的商品一一放在我面前，亮出書背。擺完之後我喊一聲：「開始。」，從最旁邊開始一本一本拿起來，看了書名和作者名後立刻高聲訂價：「一圓五十錢」、「三圓八十錢」、「九十錢」、「十五圓」，一一丟給圍坐的每個人。接到的人馬上要將這個價格以暗碼寫在標籤上「進」（指進貨價）的欄目中。旁邊的人是「接收員」、「紀錄員」。訂價過程很快速，不容許一、兩秒的猶豫，所以二十件、三十件只消兩、三分鐘就能結束。另外有一個人單手持算盤統計價格，每一批訂價結束就簡潔地公布總計，例如「十二圓」、「三十八圓五十錢」。當我問「買價多少？」負責收購的人會回答：「三十日圓。」我會回應：「對，差不多這個數字。」意思是算算來回車資、出差費（勞務費）等等，差不多值得這個收購價，算是一種點評。偶爾打算盤的報告：「二十五圓五十錢」之後，會聽到略為小聲的收購價報告：「二十八圓。」「是哪一本估錯了呢？」「岩城（準太郎）的《日本文學史》，估太高了。」「這樣啊。那本書確實不錯，但是最近出了很多不錯的新日本文學史，行情掉下來了。」（反町茂雄，《一介古書肆的回憶1 修業時代》，平凡社。以下若未特別說明，皆引用自同書）

這段引用不熟悉的讀者看了可能一頭霧水，且讓我稍微補充。

首先，眾人圍成一圈、反町坐在中央，負責採購的店員將當天各自收購的舊書整理成古書店俗稱的「一批」，一一排在反町面前。接著反町從最旁邊逐冊拿起，說出他認為妥當的收購價格，然後將書丟給圍坐在外圈的店員。為什麼要這麼做，其實是為競標會預做練習。目的除了讓年輕店員習慣接住拋來的書，也讓他們透過以暗碼寫下接到的書價，牢牢記住價格。當負責記錄的人公布反町估算的金額總計後，就可以知道這個反町認為的「妥當價格」跟負責採購者的收購價格差多少，決定進價是否「妥當」。但並非估價比反町價格低就表示「妥當」、較高則不妥當。如果收購價太過便宜就等於有違店裡標榜「高價收購」的招牌，這也不行。也就是說，最好不要低於、也不要高於反町所訂價格，跟妥當價格的誤差愈小愈好。

不過，進行這麼嚴格的「查核」，不免擔心負責收購的資深店員會反彈，關於這一點，反町回憶如下所述：

> 資深收購的店員們看到自己的成績當場一件一件記分，有些人會頻頻點頭、有人暗自竊笑，也有的懊悔不甘，有時也會覺得訝異，他們深知行情，看來都能接納、了解。無論成績好壞一切都非常公平，在大家眼前、在老闆夫人眼前大方公布，或許有時會覺得緊張。跟以往全靠自己收購、照自己想法訂價放上店面銷售相比，儘管多了許多限制，但工作也一定更有價值。大家自然會更投入工作。

反町加入之後一誠堂得以開始發揮「舊書店學校」的功能，是因為他很明顯具備了「教育」的意圖。以往的徒弟修行必須自行觀察師傅一舉一動、從旁模仿，等到徒弟能獨當一面。但他的做法不同，他希望一個師傅能夠「同時」教會十多個徒弟「同一件事」，提高效率，反町將這種現代教育方法導入古書的世界。用現在的詞彙來說，反町讓舊書學習「系統化」，他非常有意識地要讓一誠堂成為「舊書店學校」。

開始「夜間鑑價」的目的之一是為了教育店員。當時進入舊書店的小夥子們主要目的都是學會古書、舊書的行情，希望將來能獨立開店。光是每天看店，學習市場行情的機會非常有限，進步也慢。站在老闆的立場，如果店員對書本更熟悉、更了解行情，對店裡也是件好事，也直接有助於提高業績。我建議夫人「店裡所有人都能盡快學習舊書行情」，獲得贊成。所以在我快速的「訂價」過程中只要出現較為高額的絕版書，我就會暫停下來說明：「這是珍本，現在在市場上大約多少錢。」讓大家都看過一次實物。只要有人提問，絕不吝於回答，偶爾老闆也會回答。小島先生們有時也會提出不同看法。時間延長也無所謂，這是我們大家共同學習的機會。

反町如此回憶「夜間鑑價」，又一一講評之後獨立開業的店員們不同的「個性」。

大家都是還不到二十歲的年輕人，個性相當鮮明。「夜間鑑價」時也可以明顯看出每個人的個性。有人買價總是偏高、有人總是偏低，也有人永遠走在安全線上。具個明顯的例子，現在八木書店的會長，事業相當成功的八木敏夫先生，他就屬於第一類。他的個性對工作態度積極，也很善於跟人打交道。

「敏哥（當時稱呼店員都會加個「哥」字）總是容易買貴呢。」我跟八木先生一開始就很談得來，覺得很親切，偶爾我會在人前毫不顧忌地提醒他。Y屬於第二類，個性謹慎小心。可能非常擔心買貴了會給店裡添麻煩吧。有時在「夜間鑑價」的總計，會是他收購價的兩倍。「太便宜了呢。價格太低也不太好。」我這麼一說他總是露出苦笑，看了我也有些同情。他本來就是個不多話的人。

昭和五十八年五月，一誠堂正對面九層樓高的大樓完工，這間山田書店的社長山田朝一先生小名叫朝哥。他收購的方法大致來說總是很安全保守。之後在橫濱獨立開業的金澤健先生、健哥很能幹，但有時會買過頭。我曾經聽他發過自己牢騷：「我太膽小了，這樣不行。」神保町和駿河台下剛好位於中間的絕佳位置，距今七、八年之前就蓋了座七層樓高的氣派小宮山書店大樓，所有樓層都供自家使用，這間的老闆小宮山慶一先生（宮哥）年齡上比較年輕，當時沒讓他太常去收購。不過偶爾出門，總是表現得相當穩當。

根據反町這些回憶來分析，「夜間鑑價」除了「教育」目的，似乎還有另外一個潛在的目標。他以匿名「Y」來稱呼時暗含指責之意，指的是買得太便宜的店員而非買貴的人。也就是說，對反町而言比起買「太貴」，買「太便宜」才是個問題。

這代表什麼意思呢？

反町透過這種「夜間鑑價」希望實現的「教育」，或許最終的目標是讓古書業界擺脫老式商業形態吧？在這裡所謂老式商業形態，指的是被「能盡量廉價收購、盡量高價賣出的才叫好商人」的觀念控制的世界。反町想必認為，如果不打破這種「買者欺人、賣者詐人」的慣習，給舊書訂定符合價值的妥當價格，舊書店就無法真正擺脫舊態。在舊書買賣這個大家向來以為都是憑直覺來下一切判斷的世界中，他努力地想導入「公正」這種現代價值觀。

當然，既然是買賣，不可能有所謂絕對的妥當價格。舊書的價值會根據當時的時代狀況有所變動。因此古書店主和店員必須了解所謂的市場行情，然而更重要的是發現古書的潛在價值，並且自覺到將其作為一種歷史資料、文學資料，納入文化資料庫中的這番文化使命，因此千萬不可仗著顧客的無知，只顧著賤價收買。反町想要帶進古書店業界的，正是化身為「文化存在」的舊書店（更正確地說，應該稱呼為古書店）這種概念。

關於這一點我們往後有機會再詳述，接下來我們繼續看看反町如何說到「舊書店學校」裡的「夜間鑑價」帶來的副產物。

實行新方法後，店裡的人就寢時間都比以前晚了一點，但是或許因為當時店裡上下一心都力圖革新、前進，並沒有聽到太多抱怨不滿的聲音。反而在此時期成立了「一誠堂自治會」這個組織。夜間鑑價和收購原價之間一定會有若干金額的差距，有時差距還相當高。我們開始每天記錄這個差額，每個月做出統計，年底計算總額。歷來每年十二月三十一日，所有店員都徹夜計算店裡的業績、寫成明細跟老闆夫妻報告，這時候也會順便報告前述的差額總計。「喔喔，差這麼多！」聽到夫人這樣的感嘆，大家也試著開口請求，將差額的百分之二作為慰勞店員的費用，納入自治會。老闆馬上一口答應。之後這成為每年的慣例，還記得一開始拿到的金額有兩百多圓。

不愧是曾在東大法學院政治系念過書的反町。他或許是受到在學時讀過的查爾斯．紀德（Charles Gide）合作社理論影響，員工努力替企業帶來利益，企業也將其中一定百分比還原給員工自治組織，這可不是只會讀死書的人能想出來的點子。

問題是這些累積下來的獎勵金該用在什麼地方，反町開始著手一項當時神田沒有任何人想過的計畫。

我們以自治會名義把錢存入銀行，在那一年我記得是五月左右吧，獲得老闆的許可後在店門貼了張「員工旅遊、臨時休業」的告示，去了一趟兩天一夜的熱海之旅。當時的熱海是高級溫泉區，不是一介小店員隨隨便便能去的地方。神保町古書店街舉辦店員自治的員工旅行是前所未有的罕事，大家紛紛開始議論。我們住進接近熱海銀座通和海邊的一間中等旅館，雖然沒有找來漂亮的女性，不過大家一起喝酒，啤酒、蘇打，熱鬧了一陣。（中略）費用包含來回火車票大約一百三十多圓。這張是當時圍著知名景點宮之松拍的紀念照（上段靠右、戴中折帽的就是半世紀多前的我）。

介紹神田神保町歷史的書中，經常會出現這張一誠堂店員自治會員工旅行紀念照，原來就是這樣拍下來的。當時是昭和四（一九二九）年五月。

於是，強化向心力、懷抱革命情感的誠堂店員們，隔年結成了古典籍學習會「玉屑會」，在這年十一月發行了「全無商業氣息的研究雜誌《玉屑》」第一號。

雜誌中刊載了山田朝一、八木敏夫（之後的八木書店）、小宮山慶一（之後的小宮山書店）等店員十一人的力作，發給顧客及各位老師、同業先進。這本雜誌一直發行到昭和八年的第六號。（《古書肆百年 一誠堂書店》年譜）

《玉屑》創刊的契機是因為昭和四年林忠正和裝書收藏和九條家古抄本藏書的投標會後，反町的興趣瞬間轉向和裝書（古典籍）。在這之前反町和一誠堂都幾乎沒有經手古典籍，也不甚了解，但是受到這兩場投標會中藏家高度熱情的刺激，反町和一誠堂馬上改弦易轍切換到古典籍的軌道上，而《玉屑》的創刊正是為了研究古典籍。

下篇我們開始將談談這兩大投標會跟《玉屑》創刊的故事。

九條家藏書收購始末

前面已經提過，舊書店難在收購。再好賣的商品，舊書也無法愛進多少就進多少貨。那該怎麼確保貨源呢？

進一誠堂沒多久，反町茂雄就面臨了這個問題，他在昭和三（一九二八）年十二月想出了一個前所未有的點子。通常為五行的「舊書高價收購」報紙廣告，他大膽買下橫條廣告，而且還明確刊載了收購價格。

起因是《朝日新聞》的經銷商（現在所謂的廣告代理店）主動來詢問，要不要試著買下一段橫跨整版的橫條廣告欄。行數算起來有一百二十五行，原本一行九十錢、總共一百十二圓五十錢，打個折扣算九十五圓。他問了店主酒井宇吉，店主豪爽地回答：「你想試就試吧。反正失敗了不過一百圓，很快就能賺回來。」於是反町馬上開始構思文案，最後想出的是「古事類苑四百圓／三省堂日本百科大辭典一百四十圓……」業界空前明確標示收購價格的創舉。

上面寫的都是真實無偽、實際收購的價格。最後還用哥德體打上那句招牌標語『一誠堂歡迎各種舊書』。（反町茂雄，《一介古書肆的回憶1 修業時代》，平凡社，以下同）

這篇橫條廣告確實奏效。一開店，電話就響個不停，隔天明信片更是如雪片般湧來。九十五圓的廣告費馬上回收，一誠堂再次成功躍上新階段。這麼一來最大的競爭對手北澤書店當然也不能坐以待斃，立刻在《每日新聞》上也刊登了同形式的廣告。業界自此進入空前的收購競賽。

一天，書店桌上的電話響了，電話那頭的聲音是個年輕男人，他表示：「我姓林、住在麻布，有些舊書想賣，想請你們過來看一下。」反町派了負責和裝書的店員橫川精一（之後大學堂書店的店主）過去，一個半小時後接到電話，橫川表示：「這戶林家就是《Collection Hayashi》的林忠正家！這裡有很多和裝書，還有珍本在內。我一個人應付不來，請馬上過來。」於是反町拿走保險箱裡所有現金，留下口信要外出的店主一回來馬上到林家，自己先行前往。「這是我第一次收購大批和裝書。」

堪稱「日本主義之父」的林忠正，一八七八年巴黎萬博時前往法國，成為成功的美術商人，與龔固爾（Edmond de Goncourt）和塞繆爾・賓（Samuel Bing）等人都有往來，之後在明治三十八（一九〇五）年帶著豐富的印象派收藏回國，不幸在隔年病倒，自此撒手人寰。他的藏品紛紛散逸，但是倉庫裡還留有和裝書，長大後的兩個兒子看到廣告，打電話給一誠堂。

反町前往麻布永坂占地應有四、五百坪的林家大宅，發現藏書大部分是和裝書，多為繪本或者附圖的書。原文書則有拿破崙的《埃及記行》（*Description de l'Égypte*）。但是當時反町幾乎沒有關於和裝書的知識，更不用說法文文獻了。

> 當時我對和裝書的知識可說近乎零，我完全沒有把握。我有的只是天生的直覺和漸漸熟悉買賣的商人嗅覺。我內心一直在等待老闆快來。可是已經沒有時間了，我只好先進行美術書的鑑價，接著從看似比較容易地和裝書著手。不同於全文字的古抄本、古版本，這些都是江戶中期左右之後附圖的書，發揮嗅覺也不至於全無頭緒。

就這樣時間過了六點半，林家端出鰻魚便當，他們正吃得津津有味，店主酒井宇吉終於到了。三人就這樣繼續工作，到八點半完成所有鑑價，反町亮出算盤給酒井宇吉看，酒井回答：「好，你去談談看。」他遂將鑑價總額告訴林家兩個兒子。

年輕二人稍微看了彼此一眼，用法文交談兩三句，接著哥哥回答：「是嗎，那就這個價錢吧。」

反町並沒有記錄下當時鑑定的和裝書總價，不過他記得給《埃及記行》的鑑價是五百圓。反町曾經在其他地方提過，昭和四（一九二九）年的一圓以昭和六十一（一九八六）年的貨幣價值換算大約是四千圓，再經過四分之一世紀，大約是現在的五千圓吧。也就是說五百圓約等於兩百五十萬圓。上網在古書市場中搜尋《埃及記行》，發現如果完整全套的交易價格是二十七萬歐元（三千八百萬圓），雖說是戰前，反町的鑑價仍舊過低。反町自己也寫道：「五百圓以當時貨幣價值來說其實並非高估、而是低估了。這就是一本讓我感到如此歉疚的偉大書籍。」

那麼一誠堂和反町怎麼處理這些林忠正的藏書？首先他們跟和裝書業界資深老手，井上書店的井上喜多郎商量，決定舉辦投標會，先製作了簡單目錄、只發給同業。投標會意外地反應不錯，投標金額也高達五千幾百圓（《埃及記行》並未在投標會中推出），「短期間帶來十分、十二分實際收益」。

然而這些成功也引發了同業的忌妒。特別受到攻擊的就是收購價格的標示，昭和四年九月，參加公會評議會的店主回來後表示，要終止刊登標示收購價格的廣告。

昭和四年九月二十一日這天，一誠堂的橫條收購廣告畫下句點。深感遺憾。我有種被強行拔掉佩刀的感覺。

但是在那兩個月後，再次有大批收購的機會到來。五攝家[70]之一，九條家的和裝書藏書。我們對後來被稱為「世紀競賣」的這樁九條家藏書購買經過相當感興趣，在此引用部分重要細節。

能夠接到此等名家委託處理物品，可說是前所未有的大事。為求慎重，一開始就由老闆、我，還有横川精一先生三人一起前往。九條家住處在赤坂區福吉町，現在美國大使館斜後方一帶的寧靜住宅區。宅第占地廣，是棟木造古樸典雅的房屋。玄關也一片寂寥。我們被帶到十張榻榻米和十二張榻榻米相連的面庭院房間。紙門上有太陽曬過的痕跡，每一扇都牢牢關上，看來尋常的舊書箱密密麻麻地沿著紙門邊擺滿整個房間四周。掌管邸內大小事的總管大約五十來歲，穿著袴褲，身材纖瘦，他向我們打了招呼：「這些請各位慢慢研究。」然後就退下了。周圍鴉雀無聲，凜然肅靜，一點聲響都沒有。我們也不覺壓低了話聲。

說到這批藏書的內容，都是和歌和古物語、公家日記，大部分都是抄本。另外還有漢詩漢文的江戶時代版本，以及經籍、史書、詩文的中國版。但是前來鑑價的一誠堂和反町對每個領域都不擅長，藏書中也沒有繪本或者附插圖的書籍，只能舉白旗投降。但他們還是設法想爭取到這筆生意，試著逐一訂價。

我們在每張格紙上小計，結算出全部的總計為兩千七百多圓（現在拿出當時留的副本一看，有些鑑價看了自己都冷汗直流）。（中略）隔兩天傍晚，店內正要點起電燈時，期待以久的電話終於打來了。是那位總是穿著袴褲的管家：「主人點頭了，明天請來取書吧。」（中略）我們收到的書籍數量比麻布林忠正家更多，全部都放在書箱裡，卡車取貨時很輕鬆。店的別棟二樓放了六、七十個

70. 譯注：日本鎌倉時代握有攝政實權的藤原氏，其嫡派近衛家、一條家、九條家、二條家和鷹司家等五個家族，為公家中最高的家格。

舊書箱。啊，真是開心、真是感激。這是一誠堂開店以來，第一次購買到這麼大量的古抄本、古版本。

那天晚上他們請井上書店的井上喜多郎過來，一看之下發現裡面有許多驚人的書籍。其中最讓井上驚訝的就是《皇朝類苑》。

「等等，這是後水尾天皇的敕版啊！」他拿出大型十五冊本告訴老闆。外面題的是《皇朝類苑》。「啊？敕版？」老闆伸長了脖子。我還不懂敕版到底是什麼，不過聽起來似乎是很了不起的東西。

其實這時候反町內心很焦急。因為三天前反町跟橫川商量之下訂的價錢是二十圓。至於這《皇朝類苑》到底在投標會上以多少錢成交，我們暫且留待最後公布，先繼續往下看。

他們製作目錄，僅發給古書店同業這些古書迷，而九條家釋出的這批書風評極佳。最先出現的是日後的《源氏物語》大權威——池田龜鑑。

「竟然有這種好東西。聽說是九條家的書？」當時還年輕的池田龜鑑博士一到店裡就瞪大了眼睛靠過來。「預覽那天我一定會過來，但是在那之前能不能通融一下，讓我看看幾本我感興趣的書？」他總是非常客氣有禮。我心裡暗自得意，答道：「請便請便，您要看什麼都方便。」之後陸續有幾位年輕老師們登門拜訪。

說到學者，有早稻田的佐佐木信綱和國學院的金子元臣等人，其他就不再列舉，但是各位或許對外行人也熟知的知名藏家感興趣。例如大阪每日新聞社專務董事高木利太，和前國民新聞社社長德富蘇峰。德富蘇峰在昭和四年這年由於跟共同經營者根津嘉一郎不和，離開國民新聞社，成為大阪每日新聞社的社賓。兩人因為這層關係連袂出現在店裡。德富蘇峰表示想看看敕版，拿出敕版後他說：「我也有這敕版，市面上很難看到。再說又是大家舊藏品，保存狀態很好呢。」最後希望投標的是高木利太。不過當時高木卻拿出要法寺版的《論語》、《大學》、《中庸》等表示：「那投標時你們能不能接收這些。」店主酒井非常為難。因為過去沒有經手過這類書籍，不清楚行情。這時高木想了想，說出下列指定價格：

那《皇朝類苑》一千兩百圓，《論語》大概一百圓到一百五十圓左右，《大學》、《中庸》七、八十圓吧。

反町聽到《皇朝類苑》一千兩百圓，驚訝到一陣暈眩。「光這一本就值一千兩百圓！……」在這之後他繼續收到大量訂單，其中最熱心訂購的還是池田龜鑑。

每次來訪都會追加訂單，不過他最重視的是古抄本《79 追尋身世的公主》，他對我們說：「這本書我務必要買到手，價格我再最後告訴你。」要求保留這本書，預覽結束那天的傍晚，他指定價格為七十日圓到八十日圓。看他如此大手筆，我們也了解他的熱忱。

其實不了解古抄本的反町他們將《79 追尋身世的公主》誤為「古抄本五冊」，其實《追尋身世的公主》只有四冊，剩下的一冊是《尋覓戀路的大將》，描繪現在所謂蘿莉控之愛的故事。過了很久之後才知道下述事實。

在這之後的半世紀內發現，在宮內廳書陵部和前田家各有一部《追尋身世的公主》的抄本，但《尋覓戀路的大將》在反町於昭和六十一（一九八六）年撰寫《一介古書肆的回憶》時為「天下一品大珍本」。說個題外話，平成二十二（二〇一〇）年度的統一入學考題中出現了這個作品，讓考生們叫苦連天，因此一躍成名。看來出題委員中有研究《尋覓戀路的大將》的學者，誤以為這些其實只有自己知道的冷僻知識考生「當然也知道」而出了這道題。

那麼這兩個抄本是否幸運地交到池田龜鑑手上，很遺憾，結果並非如此。池田走後，店主帶回國學院金子元臣的訂單，對方的指定價格為一百圓。另外投標當天，又接到以出版法國翻譯而知名的第一書房長谷川巳之吉來電：「請你們看狀況處理。」希望能買下，不過之後金子再次來電，慎重交代：「昨天晚上指定《追尋身世的公主》為百圓，但是不管價格多少都行。務必拿下。」

池田和金子的心情我非常能體會。因為比起單純的收藏家，對學者兼藏家來說，能不能得標可說是攸關生死的重大問題。無論池田或金子都相當清楚《追尋身世的公主》和《尋覓戀路的大將》是多麼罕見的稀世珍本，才會展開如此猛烈的搶購戰。

接收到他們熱切期盼的反町該如何抉擇？

我下定了決心。「不管價格多少都行，務必拿下」這種指令，以撲克牌來說就是黑桃一。完全無敵。「我們替金子先生買下，你去向長谷川先生道歉，池田先生那裡我去。」一點整，投標準時開始，六點之前結束。完全是一場激戰，火熱的激戰。

這眾人注目的得標結果如何？在揭曉結果之前，讓我們先解釋一下何謂投標會。

一般來說，日本很少舉行古書的公開拍賣。也就是說，直到現在依然很少有顧客憑藉自己的意志跟風險參加的機會。無論現在或過去，唯一可能的方式，是將自己的指定價格告訴熟悉的古書店、代為投標。這時訂購人並不能出現在現場。九條家投標會也一樣，顧客首先要承擔在自己所委託的古書店「內部初選」中被淘汰的風險。另外，現在參加投標的古書店可以設定「第二標」、「第三標」，例如十萬圓標、二十萬圓標、三十萬圓標等兩三種投標價格，不過在當時，似乎只有唯一標的機會。

> 《追尋身世的公主》和《尋覓戀路的大將》這批書投標開標時簡直座無虛席，投向中座（負責開標者）的堅硬木質投標碗數量明顯多於其他，碗上疊碗、鏗鏗作響。我受到刺激後更加亢奮，寫了超過原先估計的高價，悄悄給老闆看。老闆輕輕點了頭，我士氣大增，將碗投入。「南無大師遍照金剛，請賜我幸運。」我平常投標手腳很快，但這時我是最晚投標的人。
>
> 「兩百六十五日圓，一誠。」中座的井上先生也略帶亢奮地讀出價格。這時底下暗暗湧起一片鼓譟。坐在最上座的老勇將村口半次郎先生咧嘴一笑，將中座蓋著丟回來的碗用力拉回手邊打開，讓臨席的細川智淵堂（東京）看了內側的數字。細川先生看了哈哈大笑。

這段描寫是不是很能傳達當時的熱烈呢？

順帶一提，《皇朝類苑》這本書高木利太給一誠堂的指定價格是一千兩百圓，最後以一千兩百九十六圓得標，另外《源氏物語 傳嵯峨本 慶長古活字版 缺兩冊》為八百九十六圓、《源氏物語 里村紹巴自筆天正古抄本》為八百三十五日圓、德富蘇峰委託的《官職便覽》和《薩戒記》各為兩百八十八圓、七十三日圓，不過也有很多沒標到的書。

至於前面提到的池田龜鑑，他總共針對四十九件提出指定價格，但最後只買到五件。假如想知道是哪些書，建議讀者可以前往千代田圖書館一探。館中保存了當時反町的報告書簡，可供閱覽。

對於這樁「九條家本購入始末」，反町作出了以下的結論：

九條家本日後對我個人也帶來了相當深遠、強烈的影響。林家藏書只是碰巧遇上的幸運。處理九條家書籍時，我了解到市場上對古抄本需求極高這個事實。也學會了這些需求並非扎根於心情或興趣，而是實際需要的這個事實。這成為左右我經營古書生涯的重要方針。也可以說預先決定了我獨立後的方向。

促使反町在昭和七年九月獨立開設弘文莊的原因，正是這批九條家藏書。

《玉屑》和反町茂雄

九條家藏書投標會對一誠堂以及反町茂雄個人來說，都是一大轉捩點，同時，這也象徵著古書店勢力版圖的改寫。

最能代表這些變化的，就是在九條家本投標會中村口書店、淺倉屋、齋藤琳琅閣等古典籍專賣店因為誤判投標價格而紛紛敗退這個現象。假如是拍賣，或許還會為了展現專賣店的骨氣而奮戰，但是在投標會上答案揭曉之前誰也不知道結果，深知古典籍的價格和價值等「古書常識」，反而成為這些老字號的絆腳石。相較之下一誠堂（反町）交出近乎完勝的成績單，是因為他們有投標會發起人這項優勢，得以親眼目睹潛在有力顧客之間的激烈競爭。

一誠堂在九條家投標會上的買勢完全出於衝動。簡直是出人意表地的黑馬。之所以能有這種出人意表的表現，直接原因是因為剛好有德富先生、金子元臣老師、高木利太先生、池田龜鑑先生等其他有力的主顧支持，同時也要歸功於身為舊書業者長年以來建立起的信譽跟知名度。（《一介古書肆的回憶1 修業時代》，平凡社）

然而，一誠堂和反町的勝利並不只是源於這些巧合。反町能出於直覺掌握古書市潮流，並且大膽決戰，或許才是真正的勝因。

在九條家藏書出現之前，古典籍業界的主力商品多為江戶版本，古抄本並非熱門商品。投標會上古抄本的得標價格也偏低，主要顧客的學者們對古抄本多半不怎麼感興趣。

但是在新進學者之間，研究的風向已經開始轉變。在佐佐木信綱、橋本進吉、武田祐吉等人完成了《校本萬葉集》（大正十三〔一九二四〕年）後，年輕學者的興趣（或者說野心）開始漸漸轉移到古抄本的調查、校本之製作上。

為此，必須搶先拿到古老質精的抄本。過去已知的材料多半已經研究得差不多。因此在國文學界中，對新資料的需求呼聲愈來愈高。（同前書）

池田龜鑑在這些年輕學者中顯得特別出色。池田從大正十三年左右開始著手研究平安朝物語相關的文本調查，進入昭和時代後以搜尋宮廷女流文學之傳本、異本而聞名。

反町很可能是透過從池田那裡聽來的知識，察覺到這些潮流的變化，因此在九條家藏書投標會上早在投標開始之前就已經理解到趨勢的轉變。否則就算再怎麼受到學者們的熱情煽動，可能也不會如此大膽地以高於他們指定價格更高的金額投標，只求能確實得標。

無疑地，這股研究熱潮來到前所未有的高峰。（中略）在熱潮的餘波下，九條家藏書投標時一誠堂收到超過兩百件的大量訂單，而村口、淺倉屋、文行堂、琳琅閣、竹苞樓等已有信譽的老牌和裝書屋，很可能也接到同樣數量的訂單。我相信這就是促成高價的根本原因。（中略）學問的進展、研究的深入都會提高好書的價格。古抄本的價值理應跟國文、國語學界的急遽成長、深化有著類似的步調。九條家藏書出現在市場上，算是一個起點。那批年輕有活力的學者們對學問的熱情，衝破了過往行情的堤防。在這之後，價格只有一路攀升。古抄本的價值逐年上昇。說得誇張一點，這可以說是古書價的一大革命。（同前書）

一誠堂和反町在九條家藏書的競標上大獲全勝，但實際上這項勝利中也有些初出茅廬者的幸運，內心想必也有幾分彆扭。因為一誠堂店主來自專精經銷和新刊本的東京堂，並沒有學習過和裝書的相關知識。當時誰都能經營西式裝幀書的古書店，可是想賣和裝書至少也得有三、四年學習經驗才能勝任，一誠堂只不過是靠著嘗試跟摸索在銷售跟西式裝幀書一起收購的和裝書，因此後來許多和裝書都沒賣出去，成為店裡不小的負擔。

這些似乎成了長期庫存，陳列在店裡的東西銷路不佳，堆積如山的書完全乏人問津。甚至有些布滿塵埃、書況極差。店員很明顯地對這些書漠不關心，沒有人翻動。經常看店的夫人也不喜歡這些書。

「和裝書真麻煩。精哥，你拿去和裝書市賣賣看吧？」

橫川先生把劣品長物裝在箱車裡，搬到和裝書市去賣。但是應該賣不了幾個錢。（同前書）

但是在林忠正藏書之後，九條家藏書的大盛況讓整間店和店員忽然開始關注和裝書。畢竟獲利的幅度跟過去天差地別，資金回轉也快，又增加了許多高級顧客。但儘管如此，他們還是意識到自己所具備的知識還是太過貧乏，必須加緊充實和裝書的知識才行。

有了這個念頭之後，我們在四年十二月九條家藏書的投標會後開始學習古版本，跟年輕人一起嘗試發放稀本的單張。獲得老闆的許可後，我們在店內組織聚會，實費自費照價買下偶爾入庫的古活字版和元祿前後的附圖古版本散本，一張一張附上印刷的解說單張，發給會員，一起閱讀鑑賞。這個組織取名為玉屑會，由我負責解說和執筆。我希望以此會為基礎，孕育出類似《書物春秋》的產物。大家一起提筆，一定能學到許多，也可以記住這些古書知識，更能提高幹勁。（同前書）

於是，在昭和五（一九三〇）年十一月，這本在「一誠堂的舊書教育」中（參照四一一頁）提過的空前店員、學徒雜誌《玉屑》終於問世。上文中提到的《書物春秋》是指以稻垣書店、大雲堂書店、松村書店、東陽堂書店、明治堂書店、十字屋等神田古書街年輕古書店主為中心，在昭和五年十月創刊的書誌學研究誌，反町一方面在心裡暗叫「被搶先了！」同時也刺激了他的競爭心：「好，那我們也馬上跟進！」

可是一誠堂的店員並非所有人都馬上贊同反町的提議開始動筆。除了反町之外，其他店員都是平均年齡二十歲左右的年輕人，其中八木敏夫（後來八木書店的會長）和小宮山慶一（後來小宮山書店的社長）畢業於商業學校，其他多半是尋常小學或者高等小學畢業。對他們來說這還是第一次得在稿紙上寫字，反町告訴他們：「各自找喜歡的題目自行研究，每個人都得交、每一篇都會刊登。」大家也只是面面相覷地裹足不前。等到其中有一位店員本多德次雄心壯志地表示要寫切支丹版，在這之後大家才終於提起興致。

於是，《玉屑》的會員確定有十二人（其中十一人為一誠堂店員），每個人撰寫的十二篇書誌學研究集結為共六十二頁的冊子，以會員們支付的一人一圓會費來印刷，發行百本，皆為非賣品，贈送給顧客、同業前輩、朋友。內容不含販賣目錄，是一本純粹的書誌學研究雜誌。《玉屑》一直出版到昭和七年三月、共出了五號，在這一年九月，反町離開一誠堂獨立後暫時休刊，昭和八年十二月出版終刊號，以此第六號正式劃下句點。

六冊加起來刊載的文章共六十一篇，其中五十九篇除了筆者以外皆為二十歲左右的店員，他們每天在下班後挑燈夜戰提筆撰寫。假如在此將所有題目一一列舉，各位一定會大為震驚。因為儘管每個題目都稚嫩青澀，可是不管是研究題目或者記述的態度，文章內容都極其真摯，沒有半點輕佻隨便。回顧過往，不禁驚訝竟然能持續這麼長時間。（同前書）

反町供稿給《玉屑》的文章後來幾乎都收錄在他的著作中，其中一篇〈古書的價格〉重錄於《反町茂雄文集 下 論古書業界》（文車會刊、八木書店發售）中，在此稍加介紹。因為我認為他在昭和五、六年左右發現的問題，至今仍然存在。

反町在開頭第一句便點出：「日本的珍籍稀書實在太過廉價，叫人頭痛。如此一來我們古書店的地位將無法提升。」他斷定理由出於「沒有買主願意投注高額。」接著繼續論述：

為什麼沒有買主，理由有二。一是日文只有七千萬人口讀得懂，但相對之下英文和支那語則有數億人能閱讀。二是日本的富豪不買舊書。（中略）現在日本的富豪多半都生於明治之前，頂多到明治十年左右。許多人都是白手起家搭上明治維新以來的產業革命，累積起今日財富的一代富豪。因此他們多半教育程度不高，也不喜讀書。他們成長過程中不讀書、現在也不閱讀，因此對圖書館等事業不夠理解，對書籍也不感興趣。（中略）因此現在日本古書店的顧客不是學者就是圖書館或學校。所以日本舊書的價格就等於這些人荷包的份量。再怎麼珍貴的書、有價值的書，也不能高於這些人的購買能力。

「學者皆貧」這個道理我國彷彿定理。不幸的是「圖書館亦貧」，似乎也漸漸成為一種常識。（中略）

只能以沒有錢的學者和圖書館為顧客，日本古書店委實不幸。

反町這番感嘆正是現在神田古書店主的感嘆，事態從昭和初期到平成二十年代來，一點都沒有改變。

不過反町所謂「日本的珍籍稀書實在太過廉價，叫人頭痛」這種國內外差異，到了泡沫時期多少有些改善。在這個時期我寫了一篇跟反町意見正好相反的散文〈日本古書價格過高〉，所以非常了解，由於大幅度的金融寬鬆導致泡沫到來，地價和股價上升，每個人都沈醉在自己致富的錯覺中，古書價格也跟著地價和股價翻倍。

不過並不是因為泡沫時期所以富豪們開始購買古書，當然也不是因為學者變得富有。這個時期突然手頭闊綽、得以成為古書店上賓的是因為員額和志願者增加、預算瞬間充裕許多的大學圖書館。這些「法人投資家」炒高了價錢，所以古書行情也暫時高漲。

但是之後泡沫瓦解、通貨緊縮持續二十多年，面臨少子高齡化社會，每間大學都面臨經營危機，購買古書的預算也遭大幅刪減。於是古書價格再次回到反町所謂「太過廉價、叫人頭痛」的狀態。甚至連唯一潛在顧客的學者，都把個人研究費花在購置電腦周邊機材和軟體上，完全不再買古書了。

於是，平成二〇年代的狀況比反町感嘆的昭和五、六年更加惡化。現在會買古書的只有少數古書迷，而這些極少數的重度讀者也開始邁入高齡化。反町在文末所寫的下面這句話，看來今後也永遠無法實現了。「喂！日本的古書，快點漲價啊！」

言歸正傳。

話題再回到昭和五、六年時的神田神保町，當時反町等一誠堂店員熱衷於《玉屑》的撰寫、編輯。

其實這個時期神田神保町的古書店街正逐漸迎接巨大的變化。由於關東大地震之後建造的臨時建築已達耐用年限，當時的政府下令改建。

鑒於大地震的慘狀，果斷執行市內行政區重劃的政府制定了一套法律，認為災後倉促建造的臨時建築持續存在很危險，遂定下期限要求廢棄、撤除，另訂一套基準，配合該基準追加改建增補者認定為中間建築，可繼續保存十五年。另一方面也大加獎勵建設防火新建大樓，提供低利融資以及長期年繳還款。興建中間建築或新建建築的申報期限我記得是到昭和四年度為止。昭和五年三月底之前，每一間店都得向區公所提出申報。（《一介古書肆的回憶1 修業時代》，平凡社）

起初每間店都興致勃勃，認為既然要全面改建，乾脆新蓋一棟真正的防火大樓，但是隨著申報日期的接近，大家漸漸退縮，一心堂、悠久堂、東陽堂、松村書店，還有現金營業額最高的稻垣書店也都表示選擇「中間」。

結果靖國通上排滿了緊密相鄰的中間建築，當時所謂的「基準」，就是使用不燃性材質（砂漿、銅板）打造外牆，這也就是日後藤森照信命名為「招牌建築」類別中常見的型態。外牆上有日式裝飾藝術風格的裝飾，呈現出現代風格。

距今三十年左右前，走進靖國通對面的啤酒館「Luncheon」望向馬路對面，可以看到從小宮山書店起共有六間左右的「招牌建築」一字排開，令人不禁大嘆：「這就是昭和建築！」而現在的靖國通上，只剩下「書與街的導覽所」這間還留有招牌建築。昭和已成遙遠昔日！

正當靖國通上各大古書店幾乎都選擇中間建築之時，一誠堂店主卻做出了一項深具歷史意義的決定。

（昭和五年）三月三十一日下午一點半左右，老闆外出回來，夫人正在書店後方中央收銀台前，身邊是正跟其他兩個年輕人並排著桌子正在工作的我，他罕見地停下闊步行走的腳步，對我們說：「『中間』的申報期限就到今天！」夫人微笑地瞥了我一眼。儘管我思慮淺薄，心中還是有所期待，只是安靜地低著頭。老闆咧嘴一笑，就這樣急匆匆地走向店旁的住家。

那一年七月左右起，一棟地上四樓、地下一樓的大樓開始動工，這不僅是神保町大馬路上唯一一棟，同時也是全國古書專業者唯一一棟新式大樓，俯瞰著周圍的木造兩層樓房。

這個決定左右了一誠堂之後約四十年的部分命運。（同前書）

沒錯，假如靖國通上沒有一誠堂大樓，現在的神田神保町將完全看不見任何一棟值得驕傲的昭和時代的現代鋼筋建築。一誠堂大樓撐起了戰前、戰後的昭和時代，以及平成時代的神田古書街。

聚集兩百間古書店的街區

反町茂雄在《古書月報》昭和三十五（一九六〇）年十一月號所刊載的演講記錄〈洋本業界的未來〉中，如下回顧了他昭和二年四月進入一誠堂後到昭和七年九月十五日獨立開業為止的古書業界。

這段期間中整個業界除了全球性的不景氣，也有業界獨特的不景氣因素。震災後古書風潮的反動、圓本頻出帶來的打擊、岩波文庫和改造文庫等新書出現導致賣價下跌等等因素，使得昭和五、六年期間業界可說墮入了景氣谷底。店面銷量差、沒有買氣，市場行情低，競標會上價格每況愈下，情況不能再糟。之後比一般的景氣回升稍晚、約在昭和八、九年左右才漸漸好轉。所以現在回頭看，我在洋本界的經驗是始於不景氣的起始、結束於尾聲，自己也覺得很不可思議。（《反町茂雄文集下 論古書業界》，文車會）

如同過去數次連載中所述，反町從昭和二年到七年期間在一誠堂主導的改革，不僅大幅提升了業績，也成功地改變了業態，從以往用新刊定價折扣價來販賣中古書的「舊書店」，轉換成以高於定價的價格來販賣稀有書籍的「古書店」，但是看看外界，除了一誠堂以外的古書店又是如何？整個古書業界不僅苦於金融恐慌誘發的極度不景氣，更因為圓本風潮和岩波文庫創刊，陷入前所未有的結構性不景氣谷底。此時「舊書不景氣」之慘烈，反町是這麼描述的：

出了新版、出了圓本。暴跌、降價，但還是賣不出去，遲遲賣不出去。來到競標會上只聽到「不惜虧損終於賣出」、「今天從早到現在還沒開過口」等對話。同一本書可能「昨天兩圓啊？那今天一圓八十錢！」。當時某位資深神田前輩（現在還很健朗）在競標會上大聲叫著：「哪有笨蛋會用昨天的價錢買！」讓我印象深刻。（同前書）

舊書市場低迷終於探底回溫，是因為昭和六年底政友會的犬養毅內閣成立，大藏省大臣高橋是清接連祭出再次禁止黃金出口、停止日銀券兌換黃金等擺脫通縮政策，進入昭和七年後終於出現止跌趨勢，不過在這場舊書不景氣當中，古書業界也逐漸開始出現大變化。

一是加入東京古書籍商公會的成員數明顯增加。不景氣起始的昭和二年底，公會成員有五百七十五人，到了不景氣結束的昭和七年底已經增加為一千兩百零七人，五年增加了一倍以上。這跟持續二十多年的平成不景氣之間神田神保町古書店暴增的原因一樣。因為通貨緊縮而失去工作的上班族，還有大學畢業了卻找不到固定工作的高學歷者，可以投入小本資金開業，因而有許多人都用退職金或者由父母親出資，開了古書店。

另外一個變化是古書店集中於神田神保町。反町在《書物展望》昭和七年五月號中〈我國古書店的過去、現在、未來〉一文中，詳細剖析了這種現象。

全日本古書店勢力年年以極快的腳步匯聚於神田神保町。這個職業在本質上具備同業者共聚為集團的傾向，觀察全國各都市，也可以發現逐漸有這種集團化的演變，而這種情形在東京最為明顯，以前在神田以外的地區也有經營得不錯的古書店，但現在這些店的勢力逐漸減弱，明顯感受到日益增加的神田人帶來的壓力。（中略）同樣在東京，以本鄉、小石川、芝、牛込為主的山手方面店家，相較於聚集在神田的一百幾十間，整體來說業績更為低迷。說得直白一些，神田古書店在日本一片不景氣中受到影響最少，勢力反而逐漸增加，最終席捲了全日本的古書店界。

古書店集中於神田的趨勢，可說受到了不景氣時代的推波助瀾，反町在《日本古書通訊》昭和十一年十一月十五日號的文章〈同業者的增加率〉中提到，昭和十一年載於東京古書籍商公會成員名簿上的神田分部公會成員數為兩百零七。其中也包含類似有斐閣、岩波書店這些創業時為古書店，但實際上已經不再經銷舊書的業者，但是考慮也有些書店並沒有加入公會，推測實際數量加加減減之後大約兩百左右。這個時期很可能是高峰，昭和十二年日中戰爭開始後，也有古書店店主和員工應召入伍，約略在昭和十四年左右從極盛時期開始持平、轉為下滑，這個時期的詳細地圖載於《東京古書業公會五十年史》（東京都古書籍商業同業公會）中，轉載如下（參照四三二頁）。看著這張地圖再搭配反町下文的描寫，或許可以感受到些許極盛時期的神田古書店街風貌。

> 我雖然住在本鄉，但位置偏西方町這一帶，要到神田最近的路徑是從春日町到水道橋、三崎町，大約每兩天會有一次走這條路。經過這裡我也發現一個顯著的新現象，那就是書店數量大量增加。神保町和三崎町之間這一站之隔，靠九段這裡十年前只有三、四間書店，但現在竟然有十九間，書店櫛比鱗次，高聲攬客。概算起來約為以前的五、六倍吧。

兩百間古書店沿著靖國通和白山通一字排開的光景，確實很壯觀，但是當然並非每一間店都能獲利。在逐漸縮小的市場中，新加入業者和既有業者無情爭奪大餅的這場大逃殺，很類似平成不景氣時的計程車業界。持續觀察這種通貨緊縮經濟，會發現必然會出現勝組和負組的兩極分解。

勝組龍頭是以逐漸增加的大學生為生意對象、主要販賣教科書、參考書的古書店。反町在收錄於《蠹魚昔話 昭和篇》（八木書店）的座談會〈昭和六十年代的古書業界〉中這麼說道：

當時並非每一間古書業界都不景氣。（中略）古書店當中也有沒受到圓本不良影響的群體。其中之一就是群聚於神田神保町，主要販賣大學教科書、參考書的古書店。

中古教科書店這種業態可以說是神保町古書店的原點，進入昭和時代後，大學生、專門學校生的增加與以往不可同日而語，儘管每本書的利潤低，還是能夠賣出不少量。就像是現在折扣票券行或者 Sofmap[71]，雖然只有百分之幾的利潤，但還是確實能賺錢。

神田地區這類店家的翹楚就是稻垣書店、三光堂書店、東陽堂書店等。尤其是稻垣書店，店面營業額為神保町第一。四月的學年初，學生出入特別多，據說營業額多達一天一千圓，實在令人羨慕。教科書、參考書絕對不會變成圓本。這些人位於圓本之災的範圍外。（同前書）

另一群勝組是大型古書店，主要經銷不受圓本或文庫本等影響的高額全集和叢書。這些大型古書店幾乎沒有受到昭和不景氣的影響，甚至擴大了銷售品項，徹底壓制住小規模古書店。

沒有受到圓本不景氣波及的第二群書店有一誠堂、北澤書店、巖松堂書店等。這些是主要銷售

71. 譯注：折扣家電連鎖店。

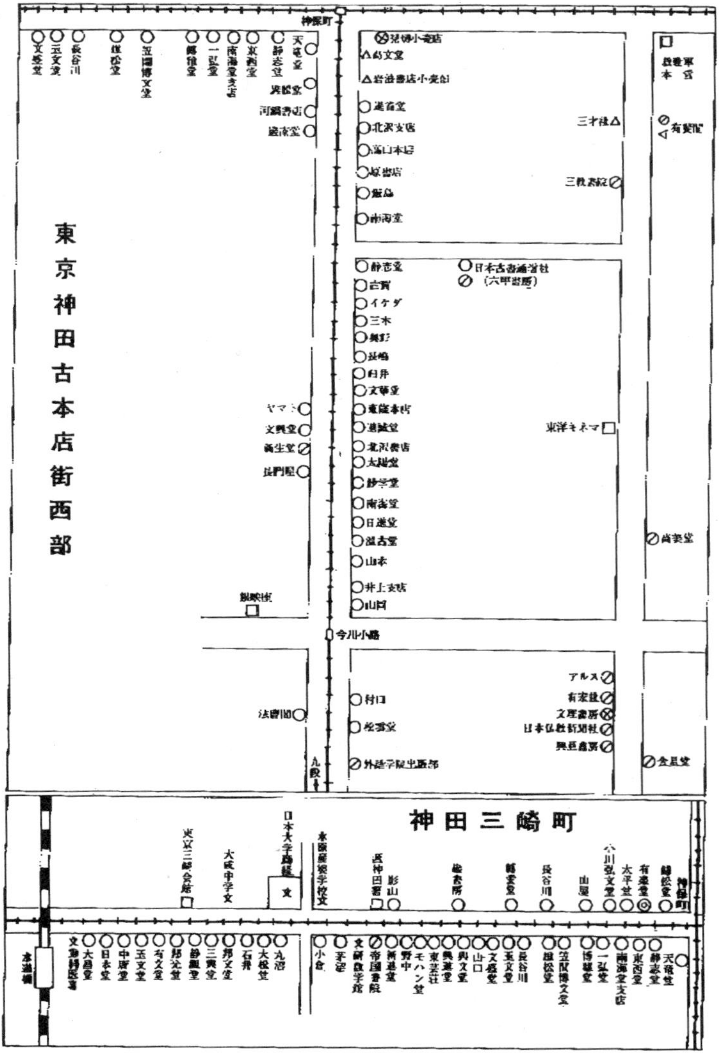
東京神田古本店街西部
神田三崎町
神保町
今川小路
九段
東洋キネマ
日本大学商経
大成中学
水道橋

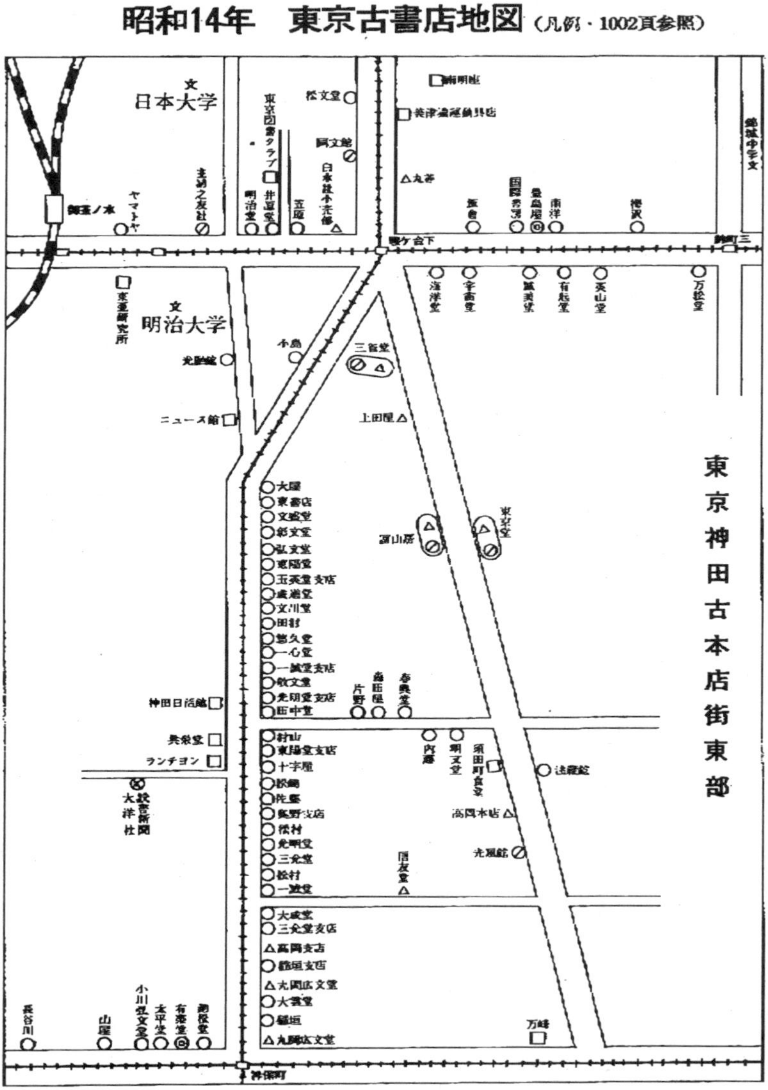

昭和 14 年 東京古書店地圖

全集、叢書、基本圖書以及高級美術圖錄類的古書店。《古事類苑》、《大日本史料》、《大日本佛教全集》等只有大圖書館、學校，或者極少數的專業學者會購買。過期人類學雜誌、史學雜誌也是。圓本的《日本美術全集》當然不可能代替《東洋美術大觀》或《光琳派畫集》。此外大多基本圖書都很專業，需求侷限，因此本質上並不適合轉為以量取勝的圓本、文庫本。因此這些古書俯瞰著圓本洪流，依舊能超然維持著高價。（同前書）

在這段談話中特別重要的是「大圖書館、學校」向「主要銷售全集、叢書、基本圖書以及高級美術圖錄類的古書店」訂購這個部分。因為大正末期到昭和初年，一九二〇年代日本正值學歷通貨膨脹的第一期，大正七（一九一八）年頒布高等學校令後，陸續設立了國立、公立、私立高等學校，同時也創設了許多以升學為目的的國公私立中學，另外大學也紛紛新設科系，希望轉型為綜合大學，專售學校圖書館基本圖書的大型古書店此時受惠不少。

另外還有一點不能忘記，那就是在介紹一誠堂的章節中曾經提到的昭和三年十一月紀念昭和天皇御大禮，以此為機開始了全國圖書館振興運動，全國各地興起一番圖書館建設熱潮。當時的圖書館跟現在不同，理想相當高遠，所以擁有全集和叢書、基本圖書豐富庫存的大型書店可說無畏於昭和通貨緊縮，業績大好。關於這一點我們也在前述座談會〈昭和六十年代的古書業界〉中聽到這些珍貴的佐證。

八木（正）：昭和第一個十年，業界一般的古書店苦於圓本之災，經歷了昭和五、六年的嚴重不景氣。然而大規模古書店很少受到圓本的不良影響，反而因為廣設大學及圖書館，受到全面性正面影響，業務發展得更佳順利，可以這麼說嗎？

反町：大致上確實如此。大學賣教科書的也在這段期間增長了不少實力。其中有跳躍式成長的大概是其中的三、四間大店。

由此可以確認，古書店也無法自外於經濟原則，當通貨緊縮時，一樣會出現淘汰現象。昭和前十年的通貨緊縮，就連在有將近兩百間古書店聚集的神田古書店街也出現了「格差」，那麼勝組的成員除了一誠堂和巖松堂之外還有哪些？反町表示，北澤書店和水道橋的楠林南陽堂也在此列。

反町：直到大正末期為止，古書業界實力多半大同小異、沒什麼可比，但是到昭和六、七年前已經形成了相當清楚的階級。上層階級的人已經超越舊書、古書，也跨足和裝書、古典籍領域，甚至開始企劃、實行進軍海外的嘗試。這在大正時代根本沒有人想像過。

八木（壯）：具體來說有哪些書店呢？

反町：除了那兩間（一誠堂和巖松堂）以外，還有神田的北澤書店和水道橋的楠林南陽堂。北澤書店的全盛時期在昭和二年左右，出現在市場上的大型套書幾乎全都讓他們獨占式地掃光，一誠堂和巖松堂當時也不是他的對手。

齋藤：楠林南陽堂當時氣勢也很盛嗎？

反町：是啊。但是他們主要靠目錄銷售。其他三家店除了印製目錄，還會派遣員工、店員，積極搶訂單，但是楠林他們只印製目錄，也沒有跑外務的銷售員。不過相對地，他們印製的目錄以當時來說相當特殊，大量發送到全日本。（同前書）

在這裡提到的北澤書店和楠林南陽堂都早於一誠堂、在昭和四、五年左右就已經新建店鋪，儘管是木造建築，氣派的店面依然睥睨其他店家。來到昭和七、八年，當古書業界漸漸擺脫困境，松村書店、大雲堂、稻垣書店也紛紛迎頭趕上這些先行店家，企圖進軍黃金地段。

據說昭和九年時，松村書店以兩萬四千日圓的高價買下一誠堂隔壁的藥行（現在的松村書店所在地），震驚業界。現在的一誠堂建築耗資不到五萬圓，而且還是能靠補助款年繳還款的時代，（中略）門面兩間半多，縱深七、八間左右的臨時建築竟然值這個高價，聞者無不驚訝，松村書店有如此深厚實力能大手筆買下並且改建為分店，大家都瞠目結舌。差不多時期大雲堂也買下隔壁的東條分店、擴大門面，隔年稻垣書店從蕎麥麵店地久庵手中買下現在所在地門面三間、縱深十間的權利，新建本店，將既有的本店改為分店。（同前書）

神田神保町的古書店依序巧妙地擺脫了舊書不景氣風潮，陸續新建或改建店鋪，或者買下出售的店鋪作為本店、分店，走上擴張路線，這很可能是源自昭和六年爆發的滿洲事變，使得大陸的軍需提高，出現所謂軍需通貨膨脹的緣故。但是擺脫通貨緊縮的同時出現的舊書景氣，不僅反映著社會的經濟狀態。其背後也有神田神保町年輕店主們竭盡心力的努力，關於這一點本次篇幅已盡，敬請期待下回分曉。

在百貨公司賣古書

說到昭和六（一九三一）年，剛好是濱口雄幸內閣實施黃金出口解禁政策使得通貨緊縮更加嚴重、日本經濟陷入低迷谷底的時期，同時，這一年對神田古書業界來說，也是面臨巨大轉捩點的重要年份。

現在我們依然經常看到在百貨公司或活動會場舉辦古書展，而其嚆矢則是昭和六年五月二十三日起舉辦三天、人潮洶湧的「丸大樓展覽會」，之後同樣的展售會開始在東京都內各地出現。

八木（壯）：到了昭和六、七年左右，古書展開始盛行。

反町：對，古書展售會的發展可以說是昭和第一個十年的顯著事件之一。（中略）

齋藤：為什麼會在昭和六年突然蓬勃起來呢？

反町：現在回顧過去，或許可以這樣解釋。考慮當時的外在局勢，從大正三年第一次世界大戰爆發以來到昭和五、六年左右，大約有十六、七年時間累積在業界內部的能量在此找到一個引爆點，在此爆發。（中略）

八木（壯）：這個引爆點就是明治堂的三橋猛雄先生等人主導的書物春秋會在丸大樓舉辦的古書展嗎？

反町：對，書物春秋會在丸大樓成功舉辦了古書展售會，可說是古書展史上一樁劃時代的大事。從此，主要古書展的面貌與以往大不相同。（反町茂雄編，《蠹魚昔話 昭和篇》，八木書店）

為什麼丸大樓古書展售會能創下反町所說「古書展史上劃時代的大事」的熱賣佳績呢？在說明這一點之前，讓我們先概略認識一下古書展售會的前史。

在《東京古書業公會五十年史》（東京都古書籍商業同業公會）中有〈古書展售會〉這麼一章，講述古書展售會的歷史，根據其中的內容，這類古書展售會始於明治四十二（一九〇九）年十一月，舉辦地點不在東京、而在橫濱的濱港館，《橫濱貿易新報》（《神奈川新聞》的前身）上有這樣一篇報導：

橫濱市古書肆　前所未有之創舉。以往若欲購得和漢珍奇古書，只能前往東京。有鑑於此，本部將於二十日、二十一日週六週日兩天，於港町五丁目舊濱港館樓上舉辦古書展覽會。參展者皆為東都知名古書肆，例如淺草東仲町淺倉屋、中橋松山堂等，網羅和漢珍本、古版本、美裝本等珍奇古書於一堂供愛書人遍覽，以特別訂定的低廉定價滿足所需，竭誠歡迎愛好閱讀的諸君相偕蒞臨。

我這個出身橫濱的人看到這篇預告的開頭真是心有戚戚焉。我之所以會認為「古書店象徵一座城市的民度指標」，正是因為一九六〇年代的橫濱沒什麼像樣的古書店，我不得不老遠前往神田神保町。

我猜想《橫濱貿易新報》記者也一樣是懷抱這種苦惱的古書難民，才會有這種想法。〈古書展售會〉作者引用的《古書月報》（昭和三十二年九月號）中，刊載了一場題為「暢談初期和裝書展」的座談會內容，其中木內書店的木內誠曾經提到，儘管參加這類展售會不需繳交會場費，住宿費和宣傳也都由報社負責支付，可謂條件極佳，但一開始還是相當不安，若不是因為時值日俄戰爭後的不景氣，他也不會下定決心，每間店的參展品也只有兩個柳條行李箱左右。

此外在這篇「預告」中特別強調了「定價」，因為橫濱這個地方向來外國人多，所以標上價格。否則當時多半不會明確顯示賣價，只標示暗碼。

這些暫不詳述，回到這場橫濱古書展售會，舉辦之後大獲好評，因此神田神保町的古書店主們開始有了信心，既然如此在東京都心舉辦這類活動應該也能成功。

於是松山堂、淺倉屋、磯部屋於明治四十三年或四十四年假日本橋常盤俱樂部舉辦了第一屆展覽會，成效不錯，到明治四十五年之前總共辦了三次。在〈古書展售會〉中也刊載了照片，在一間偌大和室裡擺滿了數不清的和裝書。西式裝幀書在古書展覽會中銷量並不好。

進入大正時代後，直到大地震發生之前都陸續在美術俱樂部（兩國）、開化樓（神田明神內）、南明俱樂部（神田錦町）、相互俱樂部（蠣殼町）、西神田俱樂部（神田神保町）、讀賣新聞講堂等地舉辦古書展覽會，地震後也曾在夜來俱樂部等倖免於火災的會場舉辦，但是客層很類似現在在古書會館舉辦的古書市，多以特定書迷為主，還沒有滲透到一般的古書愛好者中。

但是在丸大樓的古書販賣展後，情勢一變。籌辦人之一明治堂的三橋猛雄在《書物春秋》二十五號（昭和十年二月）刊載的一篇〈古書展雜感〉裡這麼提到：

> 過去的展售會往往會場費便宜，當然地點也偏僻，只以忠實老客戶為對象寄出少量邀請函，而現在則在東京知識分子經常出沒的丸之內，不惜鉅資買下報紙廣告、海報（以前使用立式招牌）、傳單等其他費用大加宣傳，吸引一般大眾，轉變為吸引各式各樣愛書人的古書展。（中略）在神田能賣的書有限。說得極端一點，只要賣賣法學通論和英語教科書《神田首要讀本》就行了，但是期待成長的古書店年輕店主實在很難接受這種方式。因此大家紛紛在不捨棄根據地的前提下，憑藉餘力、或者說擠出餘力試圖站上更大的舞台，這正象徵了古書店生命的躍動。（《東京古書業公會五十年史》）

會場費、廣告費、運費這些問題容後再敘，其實這是使用市中心大會場舉辦古書展售會的一大風險，即便是神田的大型古書店也沒有勇氣承擔這些風險。丸大樓的古書販賣展是因為聚集了一群敢於承擔風險的年輕店主才終得實現。

反町：參加的都是神田神保町的年輕店主。稻垣書店、大雲堂書店、東條書店、松村書店（少老闆）、東陽堂書店、明治堂書店（少老闆）等，意氣風發的九位古書店店主再加上淺倉屋少東。年紀從二十七、八到三十六、七左右，都是年輕面孔。古書展舉辦期間是昭和六年五月下旬，二十三日到二十五日共三天。這項活動創下了史無前例的成功。首先主顧的動員人數堪稱空前。總營業額高達一萬兩千多圓，寫下當時的新記錄。參展商品賣出約四成，姑且不看山手地區的小型古書展，以一流古書展來說算是罕見的佳績。另外值得一提的是，有許多過去很少出現在古書展的朝野名人都前來觀展。開拓了實業界重量級人物以及高級上班族這些新主顧，也是展售會的一大收穫。（《蠹魚昔話 昭和篇》）

反町又繼續分析勝因，他認為由於會場位處商業區黃金地段，還是日本首屈一指的丸大樓活動會場，這絕佳的地點確實是極大的關鍵，他同時也坦承，當初並沒有想到將丸大樓作為展售會會場的念頭。

就連在一誠堂拚命工作、充滿野心的我們，也做夢都沒想過這個點子。我聽說要在丸大樓辦，嚇了一大跳，馬上詢問是透過什麼門路。聽說是東條書店的東條英次先生認識三菱相關單位的負責人，才促成了這次的活動。（同前書）

反町舉出的另一個理由是展售會的書籍跟以往以和裝書為主的古書展不同，只有西式裝幀書的舊書、古書。沒想到光靠洋裝舊書、古書就能創下一萬兩千圓的業績，這個事實帶給古書業界極大的震撼：「原來還有這麼大的市場！」

首先受到刺激的就是水道橋的楠林南陽堂。

八木（壯）：（笑著說）是不是馬上就有人開始模仿？
反町：是啊，很快。水道橋的楠林南陽堂。
八木（壯）：喔，楠林嗎？應該已經上了年紀吧？
反町：年紀大做起生意來照樣俐落，執行力相當迅速，也不知是透過什麼關係，他跟三菱交涉，成功借到了會場。（中略）安三郎老人愛氣派，不吝費用大肆宣傳了一番。結果這個決定非常正確，業績一萬圓左右、風評相當好。（同前書）

於是大家食髓知味，神田、本鄉等知名店家也陸續借用銀座伊東屋、日本橋白木屋等鬧區、商業區會場，舉辦古書展。其中白木屋的東西聯合古書展（一誠堂也參加）是持續到現在的百貨公司展之先鋒，值得一筆。但是前面提到的丸大樓卻再也沒有答應出借會場。

八木（壯）：大家都想在丸大樓舉辦古書展嗎？
反町：丸大樓後來不再出借了，因為實在來了太多男客，丸大樓商店街其他高級服裝店紛紛表示不滿。（同前書）

不過就算丸大樓不歡迎，流行起來的風潮已經勢不可擋，為了尋求出處往四方奔瀉，開始流向銀座、京橋、日本橋，以及新興鬧區新宿等地。

八木（正）：好比一場古書展革命呢。
反町：說得誇張一點確實是這樣。主辦者變了、會場變了、企畫規模變了。
八木：最重要的營業額也變了（眾人爆笑）。（同前書）

昭和六年的丸大樓古書展覽會帶來了巨大的轉向，甚至讓神田古書店的經營形態本身都出現改變，不過身為歷史家不得不萌生一個疑問，那就是古書展覽會為什麼能獲利這麼多？或者反過來說，為什麼有的沒有如同預期地賺錢。對於這個問題，反町茂雄在《日本古書通訊》昭和九年十一月十五日號刊載的〈展覽會經濟學——昭和九年百貨公司展的收支——〉（《反町茂雄文集 下 論古書業界》文車會）中清楚地做出了回答。

當時（昭和九年）幾個主要古書展覽會的地點，第一古書聯合會在銀座松坂屋或高島屋，書物春秋會在新宿三越，書物展望社長辦的三都連合展在白木屋，一誠堂主辦的活動在日本橋三越，但是說到關鍵的會場費，百貨公司事先扣除的抽成比例最高兩成、最低一成五，平均一成八。這就表示大家甘冒這樣的風險去嘗試。

可是古書展覽會跟在店面銷售不同，需要可觀的宣傳廣告費。這筆費用可不容小覷。雖然有些地方會由百貨公司負擔，但是也有些地方需要由古書店來負擔。無論如何，免費發送給參觀者的參展目錄一律都是由古書店自行負擔。費用根據印刷數量的不同，可能是一百五十到三百圓之間。新聞廣告費分成全由百貨公司負擔和全由古書店負擔兩種，但如果是部分負擔也需要兩百五十圓左右的費用。再加上運費、交通費、便當費等其他雜費，這些當然都是古書店的成本，總計大約一百圓左右。以上的經費總計不含會場費就已經需要五百到六百五十圓。

那麼花了這麼多經費，到底可以期待多少營業額呢？在東京大約四千圓到一萬圓，平均七千圓左右。算起來總經費大概是營業額的大約八分五厘（八．五%）。

這八分五厘再加上百貨公司扣除的業績抽成一割八分，也就是二割六分五厘。但這還只是保守的估計，可能是目前最低的數字，只需要支付這些經費的會大概不到整體的一半，很多都要比上述數字再多加兩、三分或四、五分。（同前書）

換句話說，在百貨公司舉辦古書展時，必須預想業績大約有三成左右都要花在經費上，對一般商品來說這個比例是相當高的負擔。

具體來說，假如某個商品以一百圓進貨，然後加倍用兩百圓賣出時，利潤有五成，但是從這裡還要扣除三成經費，淨利只有兩成。假如在店面銷售可以拿到五成利潤，在百貨公司的古書展裡卻只能賺到兩成。

既然只有兩成利潤，為什麼大家還要競相在百貨公司舉辦古書展？完全是因為能銷售的數量不同。在店裡被動等待顧客，或許一個月只能賣掉一本利潤五成的書，可是在百貨公司展裡只要短短三天賣掉幾本利潤五成（扣除經費後實質利潤兩成）的書就足以支付相關費用。也就是一種衝數量、薄利多銷的方式。

可是這種算法成立的前提是參展商品皆為高利潤的古書。假如原本的利潤就低於三成那還是會虧損，賣得再多也無法轉虧為盈。可是要網羅利潤五成的珍罕本並不容易，必須要混入一些利潤三成五或者四成的書籍，所以扣除經費之後的實質利潤往往不到兩成，通常大約是一成八左右。

或許有人會懷疑，古書店會不會把店面販賣的書籍先拉高為有五成利潤的售價再來參展，原則上似乎沒有這種狀況。關於這一點，日本古書店、特別是神田古書店相當誠實。

既然如此，該如何確保五成利潤？只好事先精心挑選利潤高的書籍來參展。以古書來說，利潤高就表示為珍罕本的機率高，因此競爭對手少、可以獨占市場。

然而另一方面，這當中也存在龐大的矛盾。利潤（珍罕本率）高的古書並不常見，就算發現，也需要極高的資本來收購。因此在此一樣可以看到資本主義的第一原理，也就是要承擔風險就需要先有足夠資本，而承擔風險的機會愈多，大手寡占的現象也愈嚴重。

但是姑且不管大書店，中小書店又如何？大家似乎認為假如在古書展覽會中能確實有實質兩成的獲利，不、就算一成五分也好，最好積極參與。

反町在〈展覽會經濟學——昭和九年百貨公司展的收支——〉中用一段話來總結：

「辦這些展覽會真的划算嗎？」「真的能賺這麼多錢嗎？」針對這些問題，相信以上的數字已經可以明確地回答。也就是「看來划算是划算，不過也賺不了太多」。（同前書）

從巖松堂到巖南堂

昭和的第一個十年（昭和元〔一九二六〕至十年）後半起，因為舉辦百貨公司展的努力使得神田古書店街景況一度蓬勃看好，但是進入第二個十年（昭和十一至二十年）後，受到戰爭的影響不再能夠沿襲以往的營業形態。其中格外特別的是出現了專賣資料籍冊這種新類別的店家。

（此類別）誕生於昭和初年左右，終於在第一個十年內奠定了形式。為了準備太平洋戰爭，政府主導新設了各種資源調查會、研究所，接收到這些大量的官方需求，一時間有了長足發展。（《蠹魚昔話 昭和篇》，以下引用同前書）

眼光獨到的古書店發現了對一般讀書人來說幾乎沒有價值、被視為報廢品的資料之潛在價值，收購後出售給戰時體制下創設的調查會、研究所，因此資料籍冊這個新類別，開始在競標會獲得地位。

究竟是神田古書街的哪間店家發現了資料籍冊的價值？

那就是之前也數度出現的巖松堂書店。

根據「巖松堂出版股份有限公司」網頁中「公司沿革」的記載，巖松堂書店始於一九〇一（明治三十四）年波多野重太郎在麻布十番開設了個人經營的古書店，一九〇四年進軍神田神保町後主要經銷新刊和古書，由於這一年（明治三十七年）明治天皇在年度首次歌會上出的御題為「巖上之松」，因此將書店命名為「巖松堂書店」，一九〇八（明治四十一）年開始也涉足出版，以法律、經濟等社會科學類為主，推出範圍廣泛的學術書籍，在朝鮮的京城[72]和東京、本鄉、大阪、滿洲等地也都有分店，展店積極。

大正十（一九二一）年，這一年十二歲的西塚定一進入了發展如日中天的巖松堂書店，成為之後巖南堂書店股份有限公司的社長。

反町茂雄編纂的《蠹魚昔話 昭和篇》中收錄了一篇訪談〈法經關係與資料籍冊二三事 巖南堂

72. 譯注：今首爾。

書店 西塚定一〉，對於了解巖松堂書店的歷史以及後來建立由此獨立的巖南堂書店之店主生涯而言，都是相當有趣的內容。西塚定一是三重縣桑名藩下級武士的後代，明治四十三（一九一〇）年出生，十二歲時喪父，上京進入巖松堂書店，同時開始就讀於西神田小學。

店主（波多野重太郎）很照顧我，他說「最好學學英文或德文」，念完小學後馬上送我去唸神田的正則英語學校。直到大正十二年六月，我念了一年左右。後來因為那年九月一日的大地震而中斷，現在還覺得很遺憾。

學業因為關東大地震而中斷，是因為神田古書街在震災後忽然進入蓬勃盛況。特別是巖松堂書店，因為印刷廠位於本鄉和大阪，所以紙型幾乎平安無損，得以在震災特需中獲得龐大利益。另外巖松堂也搭上了震災復興後的古書熱潮充實其古書部門，憑藉著豐沛資金在競標會上積極大批網羅收購法學、經濟學相關古書。當時的收購尖兵就是這位年僅十六、七的西塚少年。反町回想當時的狀況。

當時的市場是激烈的喊價競標。西塚先生不會常買，但是如果遇上他想要的就相當堅持。不管對手是誰，他都會充滿自信地高聲逐漸拉高喊價，務求到手。買完之後一臉若無其事，從不後悔。態度相當強勢。

十六、七歲的店員這麼強勢的買法，在競標會上當然也引來大家注意。反町還記得，很少誇讚人的十字屋店主就曾經讚美過：「巖松堂那小子長相有點可怕，但為人很穩重。」訪談時他將這件事告訴西塚，西塚是這樣回答的。

反町先生說得沒錯，我之所以會強勢競標，都是因為看到非常想要的東西。店裡很多人在外跑業務，沒有商品就無從工作。比方說明明馬上得出發去仙台，手邊卻沒有能帶去仙台的書單，我承受很大的壓力，不買東西回來不行，也只好擺出強勢的態度。（中略）有好幾年時間巖松堂的老闆也一直提醒我，我這買法買得太少、得多買一些。

這些證詞相當珍貴。因為在黃金出口解禁、通貨緊縮下一片哀鴻遍野的神田古書街，巖松堂書店卻依然能不斷推升業績，祕密就在於此。

其中一個重點是巖松堂書店也經手法律、經濟相關的出版事宜，因此牽起了國立大學的人脈。大正十一（一九二二）年、十三（一九二四）年東北帝國大學和九州帝國大學分別新設了文法學院，對法律、經濟關係的古書需求瞬間提高，而巖松堂書店要打進這個市場非常容易。再加上大正十三年設立了京城帝國大學、昭和三（一九二八）年設立了台北帝國大學，法律、經濟書籍的需求更加高漲。

另外還有一個關鍵，那就是巖松堂書店波多野社長積極果敢（例如即使借錢也要大量收購）的攻勢經營策略。最典型的象徵就是他們大量發行目錄。讓我們來看看反町是怎麼說的：

聽說巖松堂在古書全盛時代昭和四、五年左右印了兩萬份（目錄），我們都非常驚訝。波多野社長是個格局很大的人，無論做什麼事規模都相當大。他也是個點子王，總是接二連三有新想法。再加上個性果決，一想到什麼就會馬上付諸實行。

當時即使是一誠堂目錄也以千份為標準，少的約五百、三百份，兩萬份目錄別說是積極了，已經是超乎常識的份數。由此看來巖松堂波多野社長可以說是最早將資本主義原理帶入保守神田村的人物。這位波多野重太郎社長的次男是知名心理學家、御茶水女子大學的前校長波多野完治，他的妻子是兒童心理學家波多野勤子。這個名字稍後還會再次出現。

回到主題。不管巖松堂再怎麼積極經營，新設國立大學、科系購買古書這門生意還是有北澤書店等競爭對手存在，必須得下一番功夫才能勝過這些對手。巖松堂書店如何製造出跟這些競爭對手之間的差異？再換個說法，此時的他們注意到哪些新領域呢？

這就是本文開頭提到的「資料籍冊」這個類別。當事人西塚定一留下了珍貴的證詞：

若槻內閣、大正十五年時廢止了全國的郡公所。郡公所內保存的古書和帳簿等都得廢棄。（中略）東海道富士宮旁有十二、三間製紙原料店。全國的書本碎紙都聚集在此。這裡有三間廢紙選別所，紙張會在此進行篩選。在那裡產出最多廢紙的就是《大日本帝國統計年鑑》等等，還有《法令全書》、《官報》等全冊或部分。這些長久以來由郡公所持有保管的資料，都以報廢品價錢賣出。我們再到選別所去挑選，只從中挑好東西買。用比報廢品價錢稍微高一點的費用就能大批大批地買。現在在荒川區開店的塚本當年是負責人，我記得大概有兩年多左右，他還買了二宮到富士之間的定期車票，每天都去收購，背著回到巖松堂在二宮的倉庫（社長家旁邊）。老闆（波多野社長）從神田回二宮時，塚本就會告訴他今天買了些什麼東西，讓他開心。（中略）這方面可說是巖松堂一家獨占，沒有其他競爭對手。靠著老闆這一個點子，每天都能買到便宜又大量的貨源。當時如果能湊齊成套的《統計年鑑》價格可不低，大約能賣三百圓左右，我們買下時卻只要幾圓，那種滋味實在令人難忘啊。

巖松堂的波多野社長到底打算把這些形同報廢品的廢棄資料賣到哪裡，才能這樣持續地大量購買呢？

再來聽聽西塚怎麼說。

對於研究經濟史等學問的各大學老師們來說，這些資料深具吸引力。比方說本庄（榮次郎）老師就曾經住在倉庫旁老闆家中好幾晚，每天進倉庫調查那堆積如山的庫存、大量購買。土屋（喬雄）老師好像是自掏腰包買的，不過剛好當時京都大學新設了日本經濟史研究所，所以本庄老師用這筆預算買了很多資料。

本庄榮次郎建立的日本經濟史研究所現在是大阪經濟大學的附屬機構，書庫當中現在一定還大量收藏著當初巖松堂所收集的廢棄資料。

另外土屋喬雄曾經在日本資本主義論戰中站在勞農派論點跟服部之總有過一番激烈論辯，當時他自費從巖松堂購買的各種資料，一定也派上了用場。

根據維基百科的資料顯示，土屋喬雄在明治維新以前的舊藏書目前收藏於東大經濟學院，之後的藏書則由一橋大學收藏。

經由巖松堂成為學者藏書或者圖書館館藏的資料多不勝數，當然巖松堂也獲利不少，然而，比賺錢更重要的是，多虧了巖松堂社長的敏銳直覺，拯救了這批原本可能成為再生紙的珍貴資料。對於這一點反町給予極高的肯定。

我也以一誠堂總管的身分每天前往市場、收購許多舊書，但是卻完全沒有接觸到這方面。波多野先生很早就注意到這一點，直接從集貨處大量進貨，也聰明地吸引了最適合的客層來銷售。他大規模推動了這椿高利潤的生意。我想公司一定獲利不少，但假如當初沒有這麼做，這些學術資料將會被當作單純的製紙材料毀損，我想對其拯救資料的功績更應該給予高度肯定。

反町接著表示，巖松堂的這些舉動在業界中確立了「資料籍冊」這個類別，也成立了資料競標、投標會，波多野重太郎是「資料籍冊（業界）的先驅，也是最有影響力的開拓者之一」，他將波多野評為「不可遺忘的貢獻者」。確實如此。

昭和三年台北帝國大學成立後，巖松堂幾乎獨占了該校的圖書訂單，原因是前往台北帝國大學赴任的法學家安平政吉（後來的最高法院法官）著作由巖松堂出版，由於這層關係有了聯絡管道。一誠堂也企圖從後追趕，但始終未能動搖巖松堂的地盤。現在一定有許多當時透過巖松堂購買的各領域珍貴資料沉眠於台灣大學圖書館中，或許是有志書誌學者值得一訪的祕密寶庫。

在台灣嚐到甜頭的巖松堂，想當然，在昭和六年滿洲事變後日本開始進軍滿洲時，也將目光轉向當地。

昭和九年左右開始到終戰為止，新京巖松堂在大陸相當活躍，這段期間在那邊的事業應該也發展得很順利。滿洲國是一個政府，包括滿鐵在內各個機關圖書的新需求都相當龐大。再加上昭和十三年成立了建國大學。瀧川政次郎這位法制史專家擔任校長，各學院都有龐大的圖書需求，我記得大部分都從巖松堂購買。

然而，就如同其他進軍滿洲國而風光一時的企業，巖松堂也不例外，進軍滿洲成為之後的致命傷。並不是因為滿洲國於終戰同時消滅的關係，而是因為他們將進軍滿洲國定位為迴避國內貧困的方策。

巖松堂從昭和十三年起創立了總公司設在大連的經銷商春明書莊，以兩年保證、一年付款這種破天荒的條件跟滿洲國書店簽約，有一段時期確實生意不錯，因此除了滿洲之外也擴大到日本本土，但是最後出現呆帳，不得不縮小版圖。

而戰後的發展則如同前面所引用的「公司沿革」後文所述：

一九四七年　由於出版品中有支持戰爭的著作，波多野一社長（重太郎的長男）被放逐，由波多野重太郎重新擔任社長。這一年開始單獨以全國書店為對象發展經銷業務。

一九四九年　由於未能回收書款，經銷業務負債倒閉。

一九五〇年　在創業者的要求下，由波多野勤子（次男波多野完治〈御茶水女子大名譽教授，2001 年 5/3 過世〉之妻、日本女子大學教授，1978 年 9/5 過世）擔任重建公司的負責人（現在持續以巖松堂股份有限公司東京總公司存在）。

一九五五年　加藤美智承接巖松堂出版部門，設立巖松堂出版股份有限公司。

說到巖松堂，我們總會先想到直到平成二十二（二〇一〇）年十一月為止都在神田神保町一丁目七番地巖松堂大樓一樓營業的巖松堂圖書，但是巖松堂書店這間古書店、出版社已經在一九四九年倒閉，巖松堂圖書可能是承繼上述沿革中巖松堂股份有限公司東京總公司的古書店。這間巖松堂圖書繼承了戰前巖松堂的傳統，以社會科學為中心，也網羅了理工學類的書籍，可惜已經關門。現在這裡進駐的是神田澤口書店。

對了，前文中還沒有提過倒閉之前的巖松堂書店位於神田神保町何處，在此應該稍加說明。因為其地點很明顯地與巖松堂圖書不同。我們可以從西塚定一提到昭和三年三月發生的巖松堂店員罷工這段話裡特定出地點。

> 店員要求的內容有廢止以○○哥來稱呼店員的方式，同時也廢止從月薪中預先扣除公積金的制度，要求增加原本每月只有一天的公休日等等。（中略）我記不太清楚是孰先孰後了，記得在同月十五日開始，正對面的岩波書店店員開始罷工要求改善待遇，自此聲勢大漲。

既然就在岩波書店的正對面，巖松堂書店想必不在現在的櫻通上，岩波書店也就是現在的信山社，那麼巖松堂書店應該就在隔著靖國通的正前方。從反町回應西塚的話裡也可以證明這一點。

> 這件事身為一誠堂店員的我印象也很深刻。因為實在太罕見了。巖松堂和當時的岩波書店正好面對面，跟一誠堂只相距一條大馬路，距離很近，馬上就能看到。

綜合這些描述，巖松堂書店應該位於現在東京三菱ＵＦＪ銀行神保町分公司那棟大樓的一樓。大樓的正式名稱叫波多野大樓，我想應該沒有錯。

以上介紹的是昭和第一個十年到第二個十年之間，帶給神田神保町新氣息的巖松堂，在此或許也有需要提及主述者西塚定一在昭和十三年獨立創立的巖南堂書店。因為當巖松堂做著五族共和的大夢、奔向滿洲時，承接其資料籍冊傳統的正是巖南堂。在翼贊體制確立、高呼大東亞共榮　時，舊書的流通也隨之愈形困難，此時巖南堂這間資料籍冊專賣店的實力終於發揮，穩定交貨給昭和十三年設立的企畫院外圍團體，負責國策調查、研究所的「東亞研究所」。

駿河台現在的明治大學之上，設立了由近衛文麿總理擔任所長的東亞研究所這間大型研究機關。由戰前擔任內務次官、戰後成為長野縣的代議士，又擔任過法務大臣的唐澤俊樹扮演核心角色，創立了研究所。昭和十五年，當時包含丸善還有我在內，大約有十名左右業者被叫到位於四谷的研究所。唐澤先生懇切地指示，將要大舉收集關於「大東亞共榮圈」的資料，希望大家能盡力幫助。資料課長是後藤貞治。從四谷搬到駿河台，大手筆買了很多東西。我也交了很多書。

這間東亞研究所也任用了講座派的山田盛太郎，還有以翻譯亞當·史密斯知名的經濟學者水田洋，以及經濟學者內田義彥等人，研究水準相當高，因此收集到的文獻水準也很高。現在收集的資料由財團法人政治經濟研究所承接。這應該也是一批值得文獻學者仔細研究的藏書吧？

說到這間巖南堂開店的地點，值得注意的是位置並不在現在巖南堂所在的櫻通。關於一開始巖南堂開店的地點，反町這麼說明。

現在西塚先生的店以古書店的地理條件來說並不算差。可是當時跟現在不同，坦白說，地點相當糟。附近完全沒有書店。靠九段那邊有長門屋，不過是專售舊雜誌的店。靠神保町十字路口有巖松堂，但就這麼一間。從這裡再往前走四、五戶才有新開的店。我們心裡都不禁想，店開在這裡行嗎？以書街來，這裡算相當偏僻。

這段訪談進行的時間是在昭和五十四（一九七九）年左右，所以反町提到的巖南堂是指創業當時的那棟建築。位置就在新世界大樓隔壁、現在的共同大樓神保町。看看昭和二十六（一九五一）年發行的火災保險特殊地圖，在「新世界」旁邊確實可以看到「舊書S 西塚定一」這些標示，不會有錯。

巖南堂的西塚定一為了克服先天地理條件的不良，徹底執行在巖松堂學會的目錄銷售制度，才得以在戰後大學新設產生的特需中快速成長。

從巖松堂到巖南堂，資料籍冊這個類別的傳統確確實實地承襲了下來。

古書街拯救的生命

昭和十二（一九三七）年七月，日中戰爭爆發，起初曾經出現一波軍需景氣，不過隨著戰況陷入膠著，日本開始進行統制經濟，全國物流出現極端遲滯現象。這樣的影響也波及到神田古書街。

在反町茂雄編纂的《蠹魚昔話 昭和篇》中所收錄的座談會〈昭和六十年代的古書業界〉，曾經討論過這個問題。

八木（正）：那麼公定價格的問題呢？

反町：可以算是這個十年中最大的事件吧。

剛剛也提過，正當古書業界處於安穩平靜的狀況中，突然冒出了公定價格的問題，引發一場大騷動。昭和十五年公布、十六年三月開始施行的公定價格讓舊書的流通瞬間惡化。機械性統一決定的公定價格制度下，愈是好書、暢銷書，價格就愈是相對便宜。因此想賣的人不免猶豫。市場上看不見好書，只有壞書在流通。每間古書店的店面塞在書架上的都淨是些沒有價值的書。業者無不哀聲連連，要求修改公定價格的規定。公會向商工省請願，在十七年、十八年、十九年，逐年修訂了價格。然而效果僅止於一時。

我想，現在的我們或許不太了解「公定價格」帶來的問題，以下稍加解說。

起因要回溯到昭和十五年六月二十四日商工省和農林省公告的「暴利行為等取締規則改訂」。日中戰爭期間利用物資不足和通貨膨脹，惡德業者橫行，這是政府忍無可忍下終於祭出的對策之一，古書業界萬萬沒想到自己竟然會成為政府「指導」的對象，沒有任何因應措施，於是七月底時東京古書公會幹部被警視廳傳喚，要求「提出經過調查評定的昭和十四年九月十八日當時銷售價格表，取得承認後需嚴守該價格表販售」。

這個消息猶如晴天霹靂，但畢竟是人人聞之色變的警視廳通告，也不得不遵從。公會緊急命令各競標會開始調查，製作了一份「古書籍基準販賣價格表」提交給商工省。之後這份價格表中所訂定的公定價格稱之為「九一八價格」。

反町茂雄也是製作這份「古書籍基準販賣價格表」的公會幹部之一，他負責在短期間內計算出公定價格，幸運的是當時負責官員是訂購《日本古書通訊》的讀者，了解古書這個行業。

> 時間是昭和十五年到十六年吧。商工省官員前田福太郎是當時的負責人，是個做事穩重的好人。（中略）這個問題對業界來說至關重大，我跟前田先生有過相當多討論。巧的是，前田先生是《古書通訊》的忠實讀者，是個愛書人。八木先生當時還不是公會的幹部，我想盡辦法利用前田先生對八木先生的善意、也樂於被他利用，希望既不要對業者帶來太大打擊，也能讓前田先生在省裡交代得過去，彼此都費了很大心力。決定最初公定價格的時間應該是在昭和十六年初。（反町，同前書，日本古書通訊、明治珍本、特價書〈八木書店 八木敏夫〉）

然而，不管反町再怎麼努力，公定價格制度本身的問題並沒有消失。不過話說回來，公定價格到底會帶來什麼問題呢？答案清楚地顯示在公會的市場科委員會審議通過的通達第二項、第三項。

一、廢止競標會用語，更名為交換會。
二、自此，在交換會上以九一八價格為標準，在其九成以下價格成交。高於此價的出價視為無效，實行權限委交競標手。若得標價格高於停止價格，應降至低於該價格。
三、未載於價格表者，應降至九一八以下，不可高於價格表重新出價。指定價格相同時以抽籤決定。
四、學生用教科書參考書等尤應以自肅價格買賣。（《東京古書業公會五十年史》五）

以下條文在此省略，重點是違者將以警察權力加以取締。

可能有些讀者看了上文的通達依然不太了解其中的邏輯，以下舉一個具體例子。假設《日本史籍年表》在昭和十四年九月十八日的價格為二十圓。在公定價格制下，昭和十六年三月以後改稱交換會的競標會上，必須提出高於十八圓的投標價。

對於參加交換會的業者或者得標的業者來說，這種規定當然相當荒謬。因為當時由於紙張不足頒布了出版統制令，使得新刊發行日漸縮減，所以古書價格逐年攀昇，可是政府卻禁止價格往上加，這樣根本做不成買賣。

假如有一間業者手邊剛好有《日本史籍年表》這本書，最多也只能賣到十八圓，那麼他可能不會想參加交換會。另一方面，就算有些業者受到顧客委託，即使價錢貴一點也要買到《日本史籍年表》，業者在交換會上也無法出高價，無從收購貨源。在通達的第六項中還有罰則，場外交易將被視為地下交易行為，得在公會的月報上公布姓名，所以沒有人敢冒險。

過去的古書業界在業者之間、或者說在顧客和業者之間的自由市場中自然而然決定價格，因此導入公定價格之後，等於實質上已經無法繼續進行買賣。

因此就像反町所說，「市場上看不見好書，只有壞書在流通。每間古書店的店面塞在書架上的都淨是些沒有價值的書。」哀鴻遍野的公會要求改訂，但是決定了新的改訂價格之後還是很快又回到原狀。再加上太平洋戰爭的白熱化，店主和店員陸續收到徵兵令，免於出征的人也被工廠徵用，神田古書店街也有很多店家不得不停業，或者陷入開店休業的狀態。這種狀態一直持續到昭和二十年的八月十五日。當時的神田古書街書店陷入何種狀態，巖南堂書店的西塚定一有如下的描述：

> 昭和十八年二月，收到徵召紅紙，進入了千葉的東部第十九部隊。直到終戰那年八月三十日復員之前，接連受到徵召，前前後後共有三次，沒有時間處理店裡的工作。這段時間因為健康適齡男子幾乎都收到紅紙進了軍隊或者被徵用，在店裡工作的只有我岳父、妹妹，小姨子等，還有當時的韓國等老人和女人，我不在的時候依然持續開店。但是並沒有接到任何大生意。（反町，同前書，法經關係與資料籍冊二三事〈巖南堂書店 西塚定一〉）

可能每一間店的狀況都差不多。所以戰時的神田古書街沒有什麼值得寫的。

既然如此，被徵召到各地的店主或店員當時體驗了什麼？關於這一點我發現了一個精彩的「感人故事」，在此介紹給各位。

以「下町古書店」的身分發表過許多著作的青木正美，在他主理的同人雜誌《古書店——其生活、興趣、研究——》第六號中發表了一篇由吉祥寺藤井書店的藤井正氏撰寫的散文〈古書街拯救的生命〉。

開頭這段描述相當具有象徵性。

「喂！番兵！你從哪裡來的？」

「是！從東京來。」

「東京那麼大，東京的哪裡？」

「是！我從神田的神保町來的。」

「什麼？神保町。這地方還真令人懷念呢。」

對話中的「番兵」是隸屬山口縣岩國海軍航空隊的藤井正海軍整備上等兵。對「番兵」說話的是年約二十四歲、容姿俊美的海軍飛行中尉。兩人在昭和十九年年底在基地值深夜勤務的寒冷小屋相遇，一個是時鐘番兵、一個是值班將校，開始交談。我們繼續聽聽看他們聊了些什麼。

「神保町是書店街，那裡有很多古書店呢。你在神保町的哪裡？」

「是！我在巖松堂書店。」

「巖松堂書店啊。原來是轉角那間店。我記得那間店很大，右邊是新刊、左邊是古書。後巷左邊還有歐文古書部對吧？那裡我很熟，買了不少書呢。」

聽了這些話藤井上等兵相當驚訝。對方不但對神田古書街很熟，甚至還知道走進巖松堂書店跟下倉樂器店之間的窄巷（現在蓋了波多野大樓、後巷已經不存在），在極東貿易大樓前有一間小小的巖松堂歐文古書部，看來是相當道地的「神保町通」。

第一次交談只聊了這些，勤務每週輪流，他們再次見面時對話更加親密。跟將校聊著聊著，心情不覺鬆懈、放鬆了姿勢，結果瞬間吃了一記耳光，因此他始終沒有卸下警戒，但他還是感覺到這位文青中尉並不是真心要懲罰他，因此第二次交談時藤井上等兵主動開了話匣子。

「您都逛神保町哪些地方？」

「沒有特定什麼地方，那裡我每個角落都摸透了。我會一間一間逛，只要身上還有錢就會不斷買。我老媽笑我，都要上戰場了怎麼還買這麼多書，但是沒有阻止我。所以我房間裡堆滿了書。」

兩人交談這天晚上下著雪，安靜得嚇人。敵機往往也害怕這種天候，因此不用擔心會接到非常警報的發布。一陣沉默之後，中尉突然開口。

他突然說：「怎麼樣，我試試依照順序說出從三省堂開始到九段的古書店店名吧？開始囉。」

「第一間應該是大屋書房，然後是東書店吧。接著是東陽堂、玉英堂……」

我打斷了他：「不，這中間還有三間左右。」

根據之前轉載的「昭和十四年 東京古書店地圖 東京神田舊書店街東部」（參照三九三頁）中尉跳過的三間應該是文盛堂、彰文堂、弘文堂。

中尉繼續往下念。

「沒錯，接著是文川、村山、悠久堂，還有一誠堂分店，轉角是島崎、小宮山。」聽到他真的開始說，我很驚訝。反倒是我蹣跚地在腦中拉近了神保町的光景。中尉的記憶雖然有些不清晰，但他還是竭力依序回想著直到九段下的店名。田村、松崎、光明、松村、一誠堂，偶爾跳過幾間持續往前進，最後終於來到井上美術部和終點山岡書店，他笑得很開心。我們輪流說著書店名，忘記將校和小兵的階級之分，彼此都很久沒能這樣大聲笑了。

但是談笑間中尉卻突然安靜了下來，四小時的勤務結束後：「喂，我們下次再見吧。」跟藤井上等兵道了別。

又過了一星期後，輪到第三次值夜班，藤井上等兵第三次跟中尉一起值班。

那天晚上，年輕的中尉似乎暫時忘記了自己是軍人，彷彿在向我這個年長的番兵撒嬌一樣，說起自己家裡的事。他生長在一個沒有父親的家，大學唸到一半就參加學徒出陣，成為海軍飛行預備學生接受嚴格訓練，升到中尉。他還大聲憤憤地說：「你應該會懂吧，我好想再讀一次那些走遍神保町一間一間收集來的書。母親和妹妹的事我已經放棄了，至少希望能再讀一次那些書。只有這件事我還放不下。」

在那之後又過了一星期，第四次值夜勤，中尉出現的時候頭戴飛行帽、繫著純白領巾，威風凜凜。海軍在大西瀧治郎中將的提議下，組織了神風特別攻擊隊，昭和十九年十月二十一日即將首次飛行。昭和二十年一月，向天皇上奏全軍特攻化，從這段回憶始於昭和十九年年底來推算，四週以後指的應該是為了沖繩決戰海軍航空隊從岩國基地移動到鹿兒島、宮崎或者沖繩特攻基地移動的時期吧。

我直覺覺得，今晚應該是最後的值班，也是我們最後一次見面。中尉的表情充滿著前所未有的緊張。

「藤井上整（藤井上等整備兵），告別的時候來了。過去跟你一起執勤三次，真的非常愉快。我本來已經忘了從神保町收集的書，但是見到你後我再次回想起來，有兩、三天都覺得心裡很難受。神保町就等於我的青春時代。藤井上整，我昨天告訴上司我唯一的心願。假如有一天你能回故鄉，請務必要回到神保町，今後也繼續用便宜的價錢提供好書給年輕學子。我們都不知道明天在哪裏，但我很確定已經沒有明天了。」

他百感交集地對我說了這番話。我什麼也不懂，只是不斷發抖。身為長官的中尉，最後主動舉手敬禮，然後毅然離開小屋。那就是我跟中尉的永別。

隔天接到緊急集合令，同年兵一百八十名正在整隊，只有藤井上等兵被叫到名字命令原地待命，其他人都接到移動命令。當時大家都覺得岩國基地是地獄，所以同年兵都很同情藤井上等兵，不過，其實這就是中尉要求上司的「唯一的心願」。後來藤井上等兵被調到大阪海兵團，那裡是天堂般的輕鬆部隊，他還昇到兵長，迎接終戰。

仔細想想，告別時中尉對上司說的「唯一的心願」一定就是讓我調到大阪。中尉將赴死前可以向上司要求的唯一特權給了我。我的後半生光想都覺得不可思議。人家說軍隊裡靠的是運氣，每當想起中尉我就會覺得心痛。我這條命可以說是神保町這個古書街救回來的。

藤井上等兵在昭和二十年復員後重回古書業界，歷經一番「惡戰苦鬥」，雖然沒能如願在神保町開店，但還是在中央線的吉祥寺這一站開了藤井書店。藤井書店現在傳到第三代，持續營業中。

文章最後是這麼做結的：

在我三十多年販賣古書的生涯中，再也沒看過能比得過中尉的愛書人。直到現在，我依然沒見過有誰能像他這樣訴說自己對書籍賭命的熱愛。每到年底，我就會想起這位「K中尉」。

以上大篇幅引用的藤井氏文章，收錄於他的著作《我的舊書人生》（古通豆本103，日本古書通訊社）中，有興趣的讀者歡迎一讀！

15. 神田與電影院

三崎三座

神田古書店街的歷史終於來到昭和二十（一九四五）年，進入戰後篇之前我想稍微來個中場休息，觀察一下劇場和電影院等影劇觀覽的世界。因為明治、大正時期的神田是知名劇場街，進入昭和時期則以電影院之多而著稱。

明治時期最早出現以影劇觀覽為主的繁華鬧區是連雀町。不過現在已經沒有連雀町這個稱呼，改為須田町一丁目和淡路町二丁目。町名變更的時間在大正十二（一九二三）年關東大地震後的行政區重劃時，所以連雀町在戰前就已經不存在。

儘管如此，連雀町這個名稱還是在池波正太郎等神田通的記憶中留下深刻印象，因為連雀町十八番地還保留有「須田町食堂街」這個傳遞戰前風情的復古街區。當池波正太郎提到「連雀町」時，他所指的就是這須田町食堂街附近。

說到連雀町，對東京地名稍微熟悉的人可能會聯想到三鷹市的上連雀跟下連雀，而上連雀跟下連雀確實與神田連雀町有關。在網路上搜尋連雀町，可以在千代田區官方網頁上「千代田區町名由來板：連雀町、佐柄木町」欄位中發現下面這篇文章：

> 架設於神田川上方的筋違橋可以通到中山道，來往人馬頻繁，江戶時代初期就設置了筋違御門。門內側後來被稱為八小路之地住著很多製作連尺（背東西時使用的細繩，或者綁了細繩的背

籃）的工匠，所以有了「連尺町」這個地名。連尺町後來改為日文中同音的連雀町這幾個字，廣為人知。

明曆三年（一六五七年）那場大火「振袖火災」之後，連雀町的土地被徵用為防止延燒的火除地，移轉到筋違橋南方。當時經營連尺買賣的二十五戶，被安排搬遷到遙遠的武藏野。這就是現在三鷹市上連雀、下連雀地名的由來。

原來是這麼一回事啊。不過上連雀、下連雀地名的由來竟然是明曆年間連雀町集團搬遷的結果，沒想到有這麼長的歷史。

此話暫且不提，說到連雀町、尤其是十八番地忽然演變為盛行表演活動的鬧區，時間約在明治六（一八七三）年到八年之間。筋違橋橋墩的筋違廣小路（可能是以前的火除地）南側自幕末時期即存在的丹波篠山藩青山家上宅第，到了明治時期被賜給華族酒井忠寶，之後成為林留右衛門這間日本橋化妝百貨盤商所有，最後作為借款擔保讓渡給三井組。

因為當時連雀町十八番地重新開發為商業區，以當時的用語來說叫做「新開町」，隔著萬世橋延長線上的石橋通，西北方（靠昌平橋）為偶數號地（面對萬世橋的二、四、六番地），東南方（靠筋違橋）為奇數號地（面對萬世橋的一、三、五番地），逐漸轉變為有許多戲館的鬧區。

關於連雀町十八番地的「新開町」，松山惠在《江戶、東京都市史——現代轉換期的都市、建築、社會》（東京大學出版會）中進行了詳細的研究。

圖3中占了4號地幾乎東半邊的區域，當時也有「房舍」，但多半是「庭地空地」，不過兩者都借給同一個人。在後來明治十三年的圖中，這裡記載為「新泉樓後明地」，明治初期轉為望樓，算

是招攬顧客的地方。

連雀町十八番地還有其他的表演場地。在同樣大範圍的區畫6號地中，東南一角為「戲館」，後方的「空地」也顯示為「租予戲館」。這裡的「戲館」馬場孤蝶在《明治的東京》中提到：「記得是明治十二年左右，白梅（後述的白梅亭——引用者注）右後方，有間固定表演短劇狂言的小屋。」應為同一處。

重新開發這片原為武家用地的業主，並非土地持有人三井組，而是獲得土地和建築物租借權、將面對道路的外圍部份再轉租的神田青物市場有力商人。當時不允許擅自占領公道或廣場（廣小路）設置小屋這種江戶時代的方式，所以出現了將面對道路的建築和空地短期出借給公演業者的商法。

不過本以為連雀町十八番地這條演藝街能順利發展，但是明治十年之後風向開始變得奇怪，根據馬場孤蝶留下的證詞，在明治十二年左右就已經面臨存亡危機。松山惠指出，頻頻失火讓當局加強了對簡陋表演場地的管制。

連雀町十八番地演藝街的急遽衰退，也記載於明治三十三年一月二十五日發行的《風俗畫報增刊新撰東京名所圖會神田區篇下卷》（東陽堂）的「連雀町」中。

明治二十年左右觀場眾多，現今僅剩下已拆毀的橋畔旁一塊「迷途路標」的石碑，以及與時事新報設立相關的東京地方天氣預報告示牌。

到了明治三十三年這裡已經是個讓人覺得「難以想像過去曾是繁華演藝街」的地段。

然而，連雀町鬧區本身並沒有消滅。在這本書的「連雀町 公司、事務所、商業、營業等」項目中提到了金清樓（高級日本料理）、藪蕎麥麵（現存）、三好亭（以天婦羅聞名的餐廳）、伊呂波（木村莊平經營的連鎖牛鍋店）、日出（家庭小餐館）、鯛魚飯（家庭小餐館）、牡丹（現存）、奇峰（餐廳）等店名，由此可見熱鬧景況已經有「須田町食堂街」的雛形。

另外同樣是十八番地，與「新開町」這個區塊相隔一條街，位於廣瀨中佐銅像正前方的「白梅亭」，是明治三十年代東京最熱門的寄席之一。簡單地說，連雀町十八番地的「新開町」雖然不再是演藝街，卻是條生意還不錯的餐飲街。再加上路面電車開通之後，須田町也成為東京幾個重要十字路口之一，有了迅速的發展。

那麼神田地區是不是自此不再有演藝街的出現？其實不然。明治二十年代起，在跟連雀町不同方位的另一角，有個忽然興起的演藝街，那就是三崎町。

三崎町的語源來自同音的「岬」[73]，因為江戶時代之前這附近還是日比谷這淺灘海口時，曾經有突出的岬角。到了江戶時代這裡成為武士房舍，叫做「小川町」（不同於神田小川町）。萬延元（一八六〇）年左右，幕府的講武所遷移到現在日本大學法學院圖書館所在的三崎町三丁目，成為後來於慶應二（一八六六）年廢止的砲術訓練所，進入明治時期後水戶藩後樂園一帶成為陸軍省的東京砲兵工廠，砲術訓練所舊址也同時成為陸軍練兵場。

因此三崎町即使在白天也是個人間稀少的冷清地方，但是明治二十三（一八九〇）年三菱從陸軍手中承接廢棄練兵場用地決定開發為市區後，這裡突然搖身一變，成為大家口中「三崎三座」的劇場街。說到這時候的三菱，除了三崎町之外，還一併接收了丸之內的陸軍用地，持續開發為商業區迄今。

首先在三崎町劇場街登場的是明治二十四年六月二十七日開幕的三崎座。地點在現在日大法學院三號館（三崎町二—十一—十五）附近。《風俗畫報增刊 新撰東京名所圖會 神田區篇上卷》（明治三十二年七月二十五日號）中有這樣的介紹：

三崎座是三崎町三座之一，這座小劇場之所以反而比其他兩座繁盛，是因為除了排練休館日之外全年皆有表演，以及全團皆為專屬女演員，殷勤可愛。

也就是說，三崎座的表演節目雖然以歌舞伎為主，可是扮演女角的是真正的女性演員，這一點相當罕見，在當時蔚為話題。不過聽說並不是一開始就起用女演員。因為開幕首演《大和國當麻緣起》和《若葉梅浮名橫櫛》時的演員陣容為澤村源之助、大谷馬十、尾上幸藏、澤村田之助、尾上梅藏、尾上菊三郎、坂東玉三郎、市川八百三郎、嵐鱗昇等人。雖然有不少大劇場演員參與演出，但是因為地理位置差，票房可能不盡理想，應該是不得已之下才想到起用女性演員這個方法。

二十六年二月到十一月之間，女演員市川粂八領銜。（中略）同（二十七）年六月至今約六年間，女演員市川鯉昇領銜。列舉曾經領銜的女演員，有市川鯉昇、松本錦糸、岩井米花、中村愛子、市川崎升、中村千升、市川鯉藏、市川桂升、鈴木和歌子等人。（同前書）

三崎座在關東大地震中燒燬，後來改為電影院「神田劇場」重新出發，經營直到昭和十年代左右，後來劇場也毀於戰災。

73. 譯注：「三崎」與「岬」發音皆為Misaki。

三崎三座中第二個出現的是明治二十九（一八九六）年七月二日開幕的川上音二郎劇場「川上座」。

文久四（一八六四）年出生的黑田藩鄉士之子川上音二郎，來到東京後輾轉換了許多職業，之後在增上寺當小僧時認識了福澤諭吉，成為學僕。之後他成為自由民權運動的壯士，在大阪推展抨擊政府的所謂「改良戲劇」，稱之為壯士劇，他集結了書生和壯士組成川上座。由於在寄席上唱的「Oppekepe 節」大受好評，決意上京，明治二十四年在中村座上演了《板垣君遭難實記》，博得熱烈支持。明治二十六年在巴黎視察戲劇兩個月後，於明治二十七年跟伊藤博文偏愛的藝妓貞奴結婚。取材自日清戰爭的戰爭劇《川上音二郎戰地見聞日記》口碑極佳，他因此充滿信心，進軍歌舞伎座，聽說市川團十郎對此相當憤怒，還用刨刀削了一遍舞台，說是要去除髒污。

風靡一時的點子王川上音二郎，一心作著巴黎劇場夢，終於在明治二十九年於現在三崎町二丁目十五番地十六號蓋了「川上座」。秋庭太郎在《東都明治戲劇史》（鳳出版）中如此記載：

> 川上音二郎在神田三崎町建設一座適合上演新戲劇的劇場，最近終於落成，稱之為川上座，由川上自己經營，於這個七月首次開場，上演《日本姑娘》，風評極佳，氣勢看好。

川上之前在巴黎參觀劇場時，看了朱爾．凡爾納（Jules Gabriel Verne）的《環遊世界八十天》（*Le tour du monde en quatre-vingts jours*）相當感動，很希望在川上座開幕首演時能上演這齣戲，可惜腳本、設備、演員都尚未齊備，最後只能妥協演出和洋折衷的原創劇《日本姑娘》。之後川上座陸續演出了改編自《皇帝的密使》（*Michel Strogoff*）的《警使者》、《環遊世界八十天》、《鐵世界》（改編自《印度王妃遺產》〔*Les Cinq Cents Millions de la Bégum*〕）等凡爾納新作。

值得注意的是，開幕首演之前在六月六日舉辦的劇場發布會上，面對上千位賓客，川上偕同新婚妻子貞奴，發表了一場戲劇改良的滔滔演說。在萊斯利・多納（Lesley Downer）《貞奴夫人——舞向世界的藝者》（*Madame Sadayakko: The Geisha who Seduced the West*，木村英明譯，集英社）中描寫了當時的情景。

劇場的幕不是橫拉，而是西式往上昇的布幕。最讓觀眾驚訝的是，舞台上貞奴竟然身穿有華麗裝飾的和服，靜靜地站在丈夫身邊。（中略）她環視周圍，看見許多熟面孔。以往在茶屋工作時的主顧老爺們都出席了。音二郎在她身邊講起在法國觀看戲劇的印象，滔滔不絕，在彼岸劇場已經如何如何進化發展，因此日本的戲劇也應該效法西方劇場，乘上新浪頭發展才是。

不過參加了這場劇場發布活動的同志高田實表示，川上座的規模未若預期，讓他有些失望。渡邊保在《明治演劇史》（講談社）中如此分析。

川上在巴黎除了專門上演《皇帝的密使》、《北京占領》這些影劇的夏特雷劇院之外，應該也同時參觀了一般劇場。當然，可能也跟預算有關，川上一定是先以這類小劇場為目標。

總工程費是當時幣值的兩萬五千圓，大多是貞奴從金主那裡募來的，不過儘管「川上座」這座劇場老闆懷抱改良戲劇的雄心壯志，最後還是因為地理位置不佳等緣故，半年後在明治二十九年十二月被拍賣。川上無法死心，四處籌錢自己買下，但是到了明治三十一年終於走投無路，不得不放棄這座冠上自己名字的劇場。川上這個個性格外積極的人一度試圖參選眾議院議員選舉，不幸落選，讓他的負債金額愈來愈高。川上和貞奴在明治三十二年巡迴歐美演出，也是為了逃債。

前面提到的《風俗畫報增刊 新撰東京名所圖會 神田區篇上卷》關於川上座有如下簡明扼要的評語。

川上座與東京座斜向相對，也算是一座中劇場，其內部構造與其他劇場大異其趣，處處可見模仿法蘭西劇場的痕跡。明治二十六年大倉喜八郎為了壯士演員川上音二郎而新建，同年二十九年七月二日落成開幕。音二郎長期據以展現其技藝，現為股份公司組織。

川上座脫離川上之手後，在明治三十四年改稱為「改良座」，但是明治三十六年三月因火災全毀，自此消失於三崎町的地圖上。

而加速川上座賣座清淡慘況的，正是明治三十年在斜對面（現在的三崎町二丁目三番）開幕的大劇場「東京座」。讓我們來看看前述《風俗畫報增刊》的介紹。

東京座為東京五大劇場之一，跟歌舞伎座、明治座並稱。建築屬西式，規模甚為雄偉。還有數間專屬茶屋。明治三十年三月九日開幕，首演狂言為國性爺及二人袴，由市川團十郎演出。之後因種種意外阻礙盛況，實在可惜。

其實「東京座」以當時劇場的規模來說，是一座「幾乎直衝雲霄的建築」（同前書），起出除了團十郎之外市川左團次也在此演出，起步順利。明治三十年十一月起中村芝翫在此進行第一次公演，之後芝翫陸續以此為據點上演了《不如歸》（原著德富蘆花）、《乳姐妹》（原著菊池幽芳）、《桐一葉》（坪內逍遙作）等作品，明治四十一年這裡也是「新派大合同」的舞台。

然而，明治末期歌舞伎座經過大規模改裝，有樂座、帝國劇場等道地西式劇場也陸續完工，此時就連規模不小的東京座也相形見絀，再加上地理位置不佳更如同雪上加霜，大正五（一九一六）年終於閉幕，自此關門。

三崎三座中的西式劇場「川上座」和「東京座」先消失，只留下以女歌舞伎為賣點的小劇場「三崎座」，迎接了極其諷刺的下場。

神田環景館、新聲館、錦輝館、東洋電影院……

如同上篇所述，現在日大法學院和圖書館附近就是三崎座、川上座、東京座等所謂「三崎三座」聚集的劇場街，川上座斜對面、東京座旁另有一座獨具明治特色的影劇觀覽設施「神田環景館」。

「神田環景館」是明治三十（一八九七）年十二月井上言信這位公演業者所建設、開館的圓筒形建築。開館前曾以「帝國環景館」之名在報上打廣告，不過開館後則慣稱「神田環景館」。圓形環景圖所描繪的是文永、弘安之役中蒙古襲來及日蓮上人的鎌倉龍口法難等事件，負責畫家為五姓田芳柳、東城鉦太郎、小林習古這三位。在《風俗畫報增刊 新撰東京名所圖會 神田區篇上卷》（東陽堂，明治三十二年刊）中這樣提到：

> 偕數名助手共往筑豐二國及龍口地方詳查，以元寇古戰場博多西公園為基點，求證古書舊記考察事實，配置今昔實景實狀，各自發揮得意繪筆，結果彷彿親臨目睹現場。井上之創意係寄寓征清大捷後所謂勝者不驕之微意，應謹慎戒備。此番心志值得讚賞。

換句話說，「神田環景館」中蒙古襲來這幅圖其實是政令宣導，隱含著對日清戰爭後俄德法三國干涉還遼，使日本忽然開始推演假想敵俄羅斯的侵略，認為應抱持警戒，確實在開館七年後、明治三十七年，日本發動日俄戰爭，可能真有一定的宣導效果。

但是「神田環景館」跟淺草或上野的環景館一樣，開業時雖然天天座無虛席、熱鬧喧騰，兩年後卻忽然冷清蕭條。因為環景圖一旦畫上去就不容易更換。於是井上在明治三十二年十二月更換了新的環景圖，改為北白川宮率領近衛師團遠征台灣的曉天圖，但是依然沒能吸引太多顧客，隔年三十三年，這棟建築遭拍賣，其後命運不詳。

諸如上述，說到神田的影劇觀覽街，似乎立刻就會聯想到三崎町，但是在其他地帶也並非完全沒有影劇觀覽設施。

例如神保町十字路口附近的小川町和錦町，就有幾處起初定位為多目的活動會場（外租）、之後轉為電影院使用的設施。

其中之一便是知名的勸工場「南明館」（現在改為公寓）後方（地圖上為旁邊）的「新聲館」。地點在表神保町一番地（現在的神田小川町三丁目十一番地），入口在J-city後巷朝美土代町方向的商店街上。江戶時代這裡曾經是戶田長門守的宅第。興建的時間是明治二十四年，根據前述《風俗畫報增刊 新撰東京名所圖會 神田區篇上卷》，這是一棟全紅磚的建築，入口左右設有柵欄，掛著題有「新聲館」的匾額。原本預計當作能劇舞台，可是途中受到三遊亭日圓朝的建議改為落語的固定表演場，最後邀來吉田國五郎，以人偶戲劇場的名義開幕。操偶師除了國五郎之外還有西川伊三郎，大夫有播磨大夫、綾瀨大夫等，水準堪稱東京一流，實際上開館之後幾年都持續著高堂滿座的盛況。座位共有八百席，算是相當寬敞的演舞場。之後這裡成為外租的活動會場，但除了舞台和休息室，這裡還兼設備有浴室、廁所的住宿設施，所以從地方前來巡演的各類劇團公演期間可以直接住宿在此。岡本綺堂的《明治劇談於燈下》（岩波文庫）中提及了這些回憶。

漸漸地，隨著義太夫的蓬勃，明治二十六年神田錦町新建了新聲館。現在已經成了活動寫真館，不過本來的目的是人偶戲館，帶著企圖與大阪文樂東西抗衡的野心，東京的主要大夫紛紛出動。操偶者動員了國五郎和伊三郎一門。在東京其他地方不可能看到更好的人偶戲，開場當時盛況空前。我也每次都去看，大夫精湛、人偶巧妙，比起看那些無聊小戲確實有趣多了。（中略）二十七年左右正是其全盛時代，接著流行漸漸退燒，好不容易撐了四、五年後終於解散。（中略）我經常去新聲館那陣子，還沒看過塗了鮮豔顏料的活動寫真招牌。當然，附近沒有電車經過。那一帶算是神田很安靜的區域。轉向新聲館的橫町街角，有幾幅旗幟在春風中搖曳，附近人家的庭院裡開著白色木蓮和櫻花。我帶著那時候剛開始流行的狩獵帽，信步走在旗幟下。就這樣靜靜觀賞著人形舞動的舞台。現在想想，那簡直像個夢幻世界。不只是我，四十年前的所有人，都曾經住在這個夢幻世界裡。

如同這段精彩的回憶，當活動寫真輸入日本後，新聲館成為神田最早期的常設館之一，極受歡迎，不過附近另有一座成為常設館的活動空間。那就是從新聲館來到現在的明大通（千代田通）後左轉，位於第一個十字路口右轉處（現在的神田錦町三丁目三番）的錦輝館。

錦輝館開場於明治二十四（一八九一）年十月。這棟木造兩樓建築物起初的目的是出租會場，用於演講和各種活動，二樓為餐廳、一樓是演講會場。

錦輝館歷史上第一場活動是開館後不久十月二十日舉辦的自由黨大演講會，此時黨魁板垣退助遭到暴徒襲擊。但是千萬別把這件事跟知名的「即使殺死板垣」[74]的岐阜事件混為一談。岐阜事件發生於明治十五年。

明治四十一年六月二十二日發生的「錦輝館事件」，名稱來自於案發地點的此租借會場，又名「赤旗事件」。因《平民新聞》筆禍遭逮捕的山口孤劍出獄歡迎會上，由於參加者揭舉「無政府共產」的赤旗，堺利彥、山川均、大杉榮、荒畑寒村等負責人同時遭到逮捕，這是最早對社會主義的鎮壓。

然而，錦輝館之名流傳至今，最主要的原因應該是明治三十年三月六日新居商會使用維太放映機[75]舉辦的「電氣活動大寫真會」。有人會將此視為是日本第一次公開播映電影，不過正確來說，稻畑產業的創業者稻畑勝太郎在更早的明治三十年二月十五日就已經在大阪南地演舞場採盧米埃式電影機舉辦了日本第一次公開播映，錦輝館此次應該算是「東京第一次電影公開上映」。上映的影片有尼加拉瀑布、紐約火災、瑪麗一世遭斬首的舞台場景、女性的舞蹈等五花八門的內容，都不到三分鐘，不過這種照片會動的影像深受好評。之後偶爾會舉辦電影的短期上映，但是錦輝館成為常設館，要等到稻畑勝太郎的留學同窗橫田萬壽之助之弟橫田永之助獲得稻畑讓渡電影機的公演權、成立橫田商會（之後的日活），在明治四十年簽訂特約之後。

在永井荷風的《墨東綺譚》開頭，也出現了他觀看錦輝館這場東京首次「電氣活動大寫真會」的紀錄。

我幾乎沒看過活動寫真。回溯我模糊的記憶，大約在明治三十年左右吧，曾經在神田錦町的會場錦輝館看過一段舊金山市區風景的活動寫真，「活動寫真」這個詞彙應該也是在那時期出現的。（《現代日本文學全集6　永井荷風集》，筑摩書房）

當時永井荷風十九歲，應考準備不順利，跟父親關係也出現摩擦，可能是為了散心，出門看看當時熱門的活動吧。無論如何，這都是一段珍貴的證詞。

另外還有一位，雖然沒有永井荷風這麼早，但也是從輸入初期就開始接觸活動寫真，那就是之後成為知名活動辯士，還在NHK廣播中朗讀《宮本武藏》、大受歡迎的德川夢聲。他在《夢聲自傳、明治篇 明治日已遠》（早川圖書館）中提到神田最早的電影常設館就是新聲館跟錦輝館。

之後我成為電影解說者，開始「暗室二十年」的生活，我很想說自己從少年時代就是電影迷，但其實直到我以電影為業之前，幾乎很少看電影（當時稱為活動大寫真）。就讀完全中學時代的五年，看過的電影屈指可數，說來實在心虛。

我去過神田錦町新聲館（現已不存在）兩三次，牛込通寺町文明館（位於狹窄橫町）一次，淺草公園電氣館兩三次，同三友館兩三次（中略）當時常設館的數量比現在少很多，我中學一年級的時候就連淺草公園除了明治三十六年創業的電氣館，其他富士館、三友館都還剛開業沒多久，（中略）市內有神田的新聲館、牛込的文明館、麻布的第二文明館，大致這幾間吧。神田小川町的天下堂這間雜貨店二樓曾經有一段時期類似是常設館。錦輝館是東京第一個上演活動寫真的地方，但是成為常設館的時間我記得比新聲館晚。

夢聲的記憶力實在驚人。

74. 譯注：自由黨黨魁板垣退助在岐阜遭襲擊，留下「即使殺死板垣、也殺不死自由」名言，又稱「板垣退助遇難事件」。

75. 譯注：Vitascope，最早的電影放映機。

無論如何，神田地區先有新聲館、稍晚有錦輝館開始以電影常設館的型態營業，時代進入大正時期後，活動寫真常設館有了爆發性增長。

這個時代德川夢聲開始成為活動辯士參與神田地區多間電影院的演出。在他自傳的後續《夢聲自傳、大正篇 美好友人美好時代》（早川圖書館）中，出現了跟夢聲有關的三座神田地區的電影院，分別是萬世館、東洋電影院、皇宮電影院。

首先是萬世館。

德川夢聲就讀府立一中時報考一高失敗，師從芝的櫻田本鄉町第二福寶館主任辯士清水靈山，在大正二（一九一三）年以月薪十圓開始擔任辯士，大正三年起受聘於神田萬世館。

萬萬沒想到，葵館的主任辯士古川祿水前來交涉，詢問我要不要在神田萬世館演出。（萬世館就是之後神田館的前身）他表示要辭去葵館的工作，前往萬世館，需要有個擅長洋片、也能幫忙日本片的人，向我提了月薪十七圓的條件。我二話不說答應了。（中略）萬世館的客群很雜，我開始說前言時觀眾總是一片喧鬧，完全沒讓我有說話機會。有一天我站上舞台鞠躬後，客人實在太吵鬧，所以我一句話也不說，五分鐘時間只是張口閉口做著動作，最後用震天價響的聲音大叫：「還請各位多多指教，不吝給予掌聲鼓勵！」下了台，接著觀眾席傳來：「說得好！」贏得滿堂彩——當然這是誇張了些，不過確實跟我平時說得面紅耳赤時的效果沒兩樣。

關於這間萬世館的位置，除了夢聲自傳之外沒有其他證詞，很難指出特定地點，不過夢聲出人頭地、成為赤坂葵館的當紅辯士後，歷經在松竹電影院的工作後以主任辯士身分進入了東洋電影院，關於這一段則留有詳細記錄。我任職於共立女子大學文藝學院時，每週都會經過櫻通上這間東洋電影院的建築（現在的神田神保町二丁目十一番地）前。

但是我們還是先來聽聽夢聲的回憶吧。

> 神田的東洋電影院從大正十一年一月初春公映開始，盛大開館。打著本邦最早的耐震耐火鋼筋水泥大常設館這些宣傳詞，（在此之前東京市內完全沒有鋼筋水泥的影院，皆為木頭骨架。但是這座東洋電影院的鋼筋水泥在隔年的大地震中確實發揮了驚人實力，令人失笑）。資本金二十五萬圓的股份公司（新宿武藏野館當時是資本金十五萬圓的公司），播放的電影是當時最受知識分子歡迎的大正活映首映片，音樂是在納入松竹之前的金春館演奏、日本首屈一指的波多野交響樂團，說明也網羅來業界最高權威。如此陣容難怪會掀起一陣觀影熱潮。

儘管如此大張旗鼓地開張，實際營業之後賣座狀況卻差強人意。不過自從上演了大衛・格里菲斯（David Llewelyn Wark Griffith）的《賴婚》（*Way Down East*）後，形勢開始逆轉。

> 之後陸續上映《暴風雨中的孤兒們》（*Orphans Of The Storm*）、《夢想街》（*Dream Street*）、《愛之花》（*The Love Flower*）等大導演格里菲斯全盛時代的傑作，以及費爾班克斯（Douglas Fairbanks）主演的《羅賓漢》（*Robin Hood*）等聯美公司（United Artists Corporations）的大片，東洋電影院來到座無虛席的燦爛黃金時代。

黃金時代因為范倫鐵諾（Rudolph Valentino）的出現又掀起一波熱潮，不過一切都瓦解於大正十二年九月一日的關東大地震中。因為本來應該是「本邦最早的耐震耐火鋼筋水泥」這棟東洋電影院，不僅脆弱地全毀，還因為倒塌而壓死許多近鄰居民。

九月一日的第一震，讓這棟耐震大建築宛如積木高塔，或者說像屏風般朝四敞開，沙沙應聲瓦解。如此輕而易舉地瓦解，宛如奇蹟，連帶著鄰近的破房老屋也率先崩塌。如果只有這樣還不至於有太大問題。這棟耐震耐火鋼筋水泥四層樓（只有正面）最先倒塌也只不過是成為大家茶餘飯後的話題，最糟的是這精彩的崩塌造成了大量犧牲者。

而且犧牲的並不是東洋電影院的員工。員工全都平安無事，但由於鋼筋水泥牆壁往四方崩裂，壓死了人多住在周圍建築中的居民。

當地震來臨時，德川夢聲自己剛好在愛宕警察署為了活動辯士的執照重新申請手續被巡查部長盤問，逃過一劫。

再回到正題，電影公演業者這種人個性實在不屈不撓，慘遭祝融的新宿武藏野館和目黑電影院在震災後兩個月重新開始營業，創下電影界有史以來連日滿席的新記錄，於是業主也開始考慮在東洋電影院這知名臨時建築建築重啟營業，當然引發了鄰近居民的反彈。

去參觀完工一半的臨時建築時，我也感受到周圍凌厲的眼光。不過到了災後約第四個月，年底公演以《莎樂美》（*Salome*）《武士道燦爛時光》這兩部片聯映，終於開幕。

鄰近居民的反感也漸漸減少，所幸沒有什麼意外。（中略）七十錢、一圓五十錢、兩圓的入場費，連日售罄。隔週是正月，上演福斯電影的《席巴女王》（*The Queen Of Sheba*）。入場費竟然高達一圓、兩圓、三圓。約有三天每天都大約有四千日圓票房。有人願意出三圓在臨時建築小屋搖搖晃晃的小椅子上看電影，現在真是難以想像。

這是描述關東大地震後復興景氣的珍貴證詞。

而德川夢聲也順應著時代風潮，從大正十三年三月一日起接手東洋電影院的經營。

——我心裡確實也暗自期待，說不定我鴻運當頭，自此將成為日本富豪之一。

他打著如意算盤，反正就算失敗，自己既沒有能失去的財產，也不至於因為欠錢而喪命，於是夢聲在《中央公論》和《改造》上刊登廣告，這可能也是因為他很有把握東洋電影院的片單很對知識分子的胃口。當時發行了二十四頁「空前絕後」的豪華節目單，也是搭上了這波銳不可當的時代浪潮。

此外還祭出許多空前手法，正當我志得意滿時，附近出現了神田日活館這座壯麗的臨時建築。起初為了對抗對方上映的波拉．尼格里（Pola Negri）主演《美女》（*Bella Donna*），我們也推出娜塔莉．科萬科（Nathalie Kovanko）的《一千零一夜》，精彩迎戰，但畢竟敵人可是大日活，我們這種靠每天入場費經營的地方根本不是他們的敵手。敵方跟武藏野館聯手，丟下范倫鐵諾和納茲莫娃（Alla Nazimova）主演的《茶花女》（*Camille*）這顆巨彈之後，東洋電影院終於無力招架。

於是夢聲開始每天苦於籌資，最後因為勞心和腎臟而住院。期間因為對美國排斥日系移民的運動的反動，日本各地發生了抵制美國電影運動，不過這卻給東洋電影院帶來意料之外的福音。

六月二十九、三十日兩天打著「美國電影懷舊上映」宣傳詞，推出兩部格里菲斯的作品《暴風雨中的孤兒們》和《愛之花》，結果相當賣座，靠這兩天的營業額得以支付員工的薪水（約四千圓）。而且寫真費用只要兩百圓，正是所謂的本小利多。

夢聲也隨之高唱「美國排斥運動大明神」，但是在這之後，賣座再次墜入破記錄的冷清谷底。就在進退維谷之際，東亞電影院重獲一線生機，以夢聲卸下經營者之位為條件，全額免除債務，夢聲終於在大正十三年夏天重新回到活動辯士的角色。

不及格的經營者夢聲以辯士身分重新回歸的電影院，就在昌平橋畔淡路町的皇宮電影院。不過任職於皇宮電影院時，夢聲因為在開始公共廣播的ＮＨＫ朗讀，大大改變了他的命運，但這段奇妙經歷跟本文較無關係。

關於夢聲的電影院回憶就在此打住，接下來讓我們聊聊神田其他的電影院。

皇宮電影院與銀映座

上一次提到成為神田神保町二丁目「東洋電影院」總經理的德川夢聲，在大正十三（一九二四）年夏天宣告經營失敗，這年年底他以辯士身分回歸神田淡路町的皇宮電影院這座電影院，關於皇宮電影院，夢聲在自傳中提及的段落跟其他人的回想有所重疊，在此引用夢聲的段落。

> 東洋電影院的經營移交到東亞之手後不久，就出現希望專精於日本片的意見，再加上東亞跟東洋電影院社之間的大小糾紛，於是我辭職了。
>
> 這年年底開始，神田淡路町的皇宮電影院開館。經營者是小原源一，他在電影界完全是個外行

人——正因為是外行人所以理想極高，見面聊過之後覺得很有趣，所以我也決定參加。（中略）

在這樣的人物經營之下，皇宮也有了極大的轉變。他自稱這裡是「異端的電影殿堂」，幾乎每週都上映一些其他地方無法接受的小眾電影。另外一般電影院不太可能播放的歐洲奇特作品，他也積極上映。

而這種策略意外奏效，皇宮有一段時間享有極高的名聲。特別是沃納．克勞斯（Werner Krauss）演出的《回憶》（*Old Heidelberg*）首映，更是相當賣座。（中略）

（中略）

不過，皇宮的全盛時期並沒有持續太長時間。那一年的盆蘭盆節上演了格里菲斯的《白玫瑰》（*That Summer of White Roses*），寫下慘重赤字，自此劃下句點。（《夢聲自傳．大正篇 美好友人美好時代》，早川圖書館）

這裡的「劃下句點」到底是指「結束營業」還是指經營者更迭，正確的含義不太清楚，總之，大正十四年時皇宮電影院確實陷入了經營不善的狀況。不過比對了許多資料後發現，皇宮電影院之後再次復活，一直存續到戰後。可是當初集中上映前衛電影的時代在大正十四年即告終，讓德川夢聲冠上了「掃把星」這個不太討喜的綽號。

這一點暫且不說，在《植草甚一自傳》（晶文社）中曾經提到他聽過德川夢聲在皇宮電影院時代的辯士。植草甚一上澀谷區鉢山町的府立一商（現在的都立第一商業高中）時，成績很優秀，父母親買了德國製埃姆爾卡公司（Emelka）的手札型折疊蛇腹相機給他，他回想起這件事時，想到當年曾經看過埃姆爾卡社製作的表現派電影《天火焚城錄》（*Sodom and Gomorrha*）。

我當時很沈迷於《卡里加利博士的小屋》（*Das Cabinet des Doktor Caligari*）和《清晨至深夜》（*Von morgens bis mitternachts*）等德國表現派電影。可是這齣《天火焚城錄》並沒有出現在德國專家所寫的表現派電影歷史中。看來可能是齣三流電影。

一個星期日早晨，我在每週必定造訪的萬世橋「皇宮電影院」看了這齣電影，當時的辯士德川夢聲出現在左側台的辯士台上說道：「只有三個客人呢，要不算了吧？」當時其他的預告電影來不及，只好換成《天火焚城錄》墊檔，可能三天左右就下片了吧。

就時間上看來，大正十四年植草甚一正在就讀府立一商，剛好符合。中學時代就沈迷於德國表現派的甚一少年，在皇宮電影院聽著夢聲辯士觀賞的《天火焚城錄》，一定給他留下極為強烈的印象吧。

但是在這裡有一件事必須仔細確認，那就是皇宮電影院的正確地點。德川夢聲說是神田淡路町、植草甚一卻說在萬世橋，但是根據資料可以確認，地點應該在現在有 7-11 的「Waterras Annex」（神田淡路町二丁目一〇五）。也就是外堀通過昌平橋之前、神田郵便局左斜前方那片土地。

確認地點的證據是佐藤洋一、武揚堂編輯部《地圖物語 那一天的神田、神保町》（株式公司武揚堂）的附錄「火災保險特殊地圖」，作者表示，這張地圖是沼尻長治這位繪製地圖名人在昭和二十六年替火災保險公司製作，出於火災保險業務目的，上面詳細記載了該建築是耐火建築（水泥建造、磚造）或者木造，電影院等「娛樂設施」塗成黃色，一目瞭然。塗上還描繪了進駐軍的設施，由此判斷可能是舊金山和約締結前，電影院不太可能有太大的移動，可以研判皇宮電影院戰前也在同一個地點。

那麼植草甚一說在「萬世橋」，難道是記錯了？其實不然。因為這個時代的交通方式主要為市電（之後為都電），從上野搭乘市電二十號系統前往皇宮電影院時，最近的車站就是萬世橋。甚一家住在日本橋小網町。

皇宮電影院可說是日本電影接收史上極為重要的一座電影院，東大法文跟渡邊一夫同期的電影評論家飯島正也在跟植草的對談中，確認這是日本最早的影院。

植草：皇宮電影院的歷史相當重要呢。

飯島：就相當於當時的影院。這裡經常收集經典名片，也上映老片。就像現在的二輪片影院一樣。（《對談 植草甚一》，晶文社）

根據津野海太郎在《不做不想做的事 植草甚一的青春》（新潮社）中引用的這段對談，曾為東京外國語學校學生、日後的匈牙利文學家德永康元也曾經天天到皇宮電影院報到，這裡過去是我們團塊世代熟悉的戰前派電影迷們經常拜訪的地方。

植草甚一和德永康元這兩個完全生活在不同世界，甚至儼然處於對極的兩個人物，其實在半世紀前竟然同樣是神田皇宮電影院的年輕「活動狂」。由此也可以明顯感受到當時電影迷社會有多麼高的知性熱度。

好，以上已經確認了皇宮電影院的地點，那麼戰後依然存在的皇宮電影院都上映些什麼樣的電影？我們可以參考跟上述地圖發行相同時期的岩動景爾編著《東京風物名物誌》（東京系列刊行會，昭和二十六年初版）這本書的〈神田〉項目中的記載：

電影院除了有日活直營的神田日活館（首映美國電影）、三和興業系列的東洋電影院（首映大映電影）、千代田興業經營的神田銀映座（首映東寶電影），還有同系列皇宮電影院（上映特選洋片特選）以及同系列的角座。

原來皇宮電影院是千代田興業系列的二輪戲院。順帶一提，根據前述的「火災保險特殊地圖」，這裡出現的「角座」位置就在小川町二丁目十二番這個區塊，登上尼古拉堂的本鄉通跟靖國通交叉的小川町十字路口附近（現在的晴花大樓）。在「火災保險特殊地圖」上記載為「KADOZA」。

然而對我們神田研究家來說，重要的不是「角座」而是「神田銀映座」。因為前面引用的植草甚一在戰前任職的就是「神田銀映座」，我們可以找到不少有趣的描述。

不過我們還是先來確定地點吧。「神田銀映座」所在地應該是神田神保町二丁目六番地四號，從專大前十字路口走有今川小路之稱的專大通往水道橋方面一個街區，現在是「九段廣場大樓」。如果說瑞穗銀行後巷說不定大家更好懂。

被早稻田大學建築科開除學籍的植草甚一，從昭和八年起便在這座昭和七（一九三二）年開館的「神田銀映座」擔任副主任。

昭和八年左右的電影公演業界有專門上映二輪洋片館的「六館聯盟」。芝園館、道玄坂電影院、橫濱歐狄翁座、銀映座，算起來只有四館，但儘管如此還是稱為「六館聯盟」。我在銀映座領月薪三十五圓擔任副主任，從那一天起，好像整個人都變了，因為老實說，我已經很久沒這麼放鬆了。（《植草甚一自傳》）

植草甚一會這麼寫，是因為他之前經營的老咖啡館「Mistigri」（植草表示店名取自馬賽・阿夏爾（Marcel Achard）的獨幕劇「Mistigri」，但我們法國掛的卻會想到《高老頭》（*Le Père Goriot*）中伏蓋夫人愛貓的名字，還有漫畫家班雅明・哈比耶（Benjamin Rabier）作品中以貓為主角的*Mistigri*）因為經營不振，為了付房租，他明明在針織工廠中領月薪制負責時尚報導的翻譯，卻被迫做些圖案美工（現在所謂設計師）的工作，一直悶悶不樂。一天，熟識的神田關東煮店「呑喜」的「小武」要他「別幹了」，還介紹他「聽說神田『銀映座』有更好的工作」。所以他換了工作。

> 快到九段下往右轉的小川町通上那間老字號「桔梗屋」洋服店老闆蓋了銀映座。當時神田神保町一帶影迷常去的電影院，有東洋電影院、南明座、神田日活館，新加入的摩登銀映座特色令人難忘。當時我還在二樓座位觀影。（同前書）

昭和八年，也就是一九三三年，這個時代終於進入日本的裝飾藝術風格的現代主義來到全盛期，神田神保町附近也陸續興建了現代風的建築。下面讓我們再看看植草甚一自己筆下如何重現銀映座的特色。

> 銀幕尺寸跟觀眾席的距離恰到好處，而且視線剛好水平，我幾乎想斷定這是天下第一等的理想小電影院。二樓走廊對面有一間通往放映室的細長辦公室，日照很好，隔窗可以看見「今川軒」這間西餐廳。我總是點三十五錢的蛋包飯請他們外送。看看放映室吧。這裡也充滿我許多回憶。
>
> 這裡設置著兩台手動放映機，有兩位放映技師。其中一位負責左邊的放映機，以正確速度轉動播映到第三卷左右。應該是膠卷播完了吧，他喊了聲「好！」，另一位技師從椅子上起身，握住

右邊放映機的把手，接著又是一聲「好！」，示意後就順暢無縫地開始旋轉，手法純熟到毫無接縫。（同前書）

這種以兩台放映機播映電影的方式，直到變成電動播映的放映機應該暫時都沒有改變。我們小時候在市郊冷清的電影院裡，大概因為放映技師技術還不夠熟練，連接總是不太順暢，有時看到播到一半畫面會突然中斷。

另外，裝了電影膠卷的鋁罐，會由負責運送的「送片人」在電影院之間傳送膠卷，這一點應該也沒有太大改變吧。植草甚一對於「送片人」也略有著墨。

騎自行車運送膠卷罐的「送片人」，是只有年輕人才能勝任的特殊職業，自行車比任何交通工具都能快速奔馳在街上。電影膠卷只有一份，卻得在兩間劇場使用時，就得調動新電影和短篇電影的順序、製作時間表，讓送片人知道，否則放映就會開天窗，製作這份時間表是相當要求嚴謹的工作，也很有意思。（同前書）

看來他充分享受在銀映座擔任副主任這份工作，漸漸地，植草甚一也迎來了轉機。他從副主任昇格為主任。

從昭和八年底到昭和十年初，一個因為遲繳學費而被開除學籍的落第生就這樣在銀映座工作，設計海報、製作節目單，領到的月薪有四十圓。一年左右因為主任辭職，由我昇上來當主任。但我現在才想到，其實月薪還是一樣。唸書時每天的花費是電車費、午餐費、香菸錢，每天五十

錢，所以手裡有四十圓時，真的覺得眼前一片光明。（《我的東京導覽》，晶文社）

擔任銀映座主任的半年左右，可說是植草甚一戰前的黃金時代，他可以不管賣不賣座，全憑自己的興趣來決定片單。

記得是昭和九年初吧，「六館聯盟」解散，銀映座成為單獨電影院時，「桔梗屋」的老闆給我月薪四十圓，職掛主任。但是光靠我們一館，上映作品的水準難免降低，這讓我很頭痛。就在這時候，我發現兩年前錯過的金・維多爾（King Vidor）《街頭慘劇》（*Street Scene*）還能用。我因為自己想看，所以壓低了價錢，連映三片。（《植草甚一自傳》）

但是這段黃金時代也很快地迎接尾聲。成為「單獨電影院」的銀映座經營很快就出了問題，被當時為了對抗松竹而進軍東京的小林一三的東京寶塚劇場（之後的東寶）公司所收購。因此植草甚一也成為東寶的員工。

我進入（東寶）時是公司創立第三年，在日劇[76]和日比谷上映洋片和砧攝影棚的PCL電影。PCL電影就是後來的東寶電影，面對松竹和日活這樣的對手，不得不增加直營館，而我任職的銀映座便雀屏中選。對場館主人來說，可以從東寶手中拿到租金當然比較划算，於是雙方以包含七名員工和劇院在內、薪水照舊的條件談妥。我本來的月薪是四十圓，場館主人對我說，就告訴對方是四十五圓吧。

因此，我破例在沒有經過入社考試的情況下進了公司，其實在這之前的東寶員工多半都是靠關

76. 編注：「日本劇場」的通稱。一九三三年於東京都千代田區有樂町開幕，一九八一年閉館。

係進公司，所以是小林一三社長故鄉甲州人占多數。（《我的東京導覽》）

成為東寶員工對植草甚一來說似乎不見得是件好事，在《植草甚一自傳》中他回憶當時：「多虧如此，我成為月薪四十五圓的東寶員工，但我還是覺得當銀映座主任時比較自由。」不過在東寶他上面有秦豐吉（筆名丸木砂土）這位上司，公司氣氛還算不錯。

無論如何，神田神保町電影院中皇宮電影院和銀映座這兩間都跟植草甚一有密切的關係，這也都是因為他是神田古書店街的重度使用者，實在耐人尋味。

東洋電影院的後來

上一回我們引用了植草甚一和飯島正關於「皇宮電影院」的對談，當時我試圖在書庫裡找飯島正的《我的明治、大正、昭和》（青蛙房）這本回憶錄，但是沒找到。飯島正年紀比植草甚一大六歲，是影評的先驅，關於初期電影院有相當正確的記憶，本來很想參考，很遺憾之前沒能找到這本書。現在這本書終於從書架後方現身，儘管順序有些前後顛倒，還是容我在此與大家分享關於關東大地震後以臨時建築建築之姿復活的「東洋電影院」珍貴紀錄。

> 神田的東洋電影院以臨時建築狀態復活的詳細時間我已經記不太清楚，不過我想這裡作為東京第一間外國電影首映館，取悅全東京的外國影迷並沒有等太久。東洋電影院的員工也相當優秀。說明者有德川夢聲和松井翠聲。總經理是電影旬報的撰稿成員鈴木冷人（列寧），我也能自由出入，書寫每次的稿子。我幾乎每天放學都會到東洋電影院。這是東洋電影院的全盛時代。

飯島正在明治三十五（一九〇二）年出生於軍人家庭，就讀府立一中之後上了京都第三高等學校，大正十一（一九二二）年進入東京帝國大學文學院法文系。

進入法文科的包含我在內還有渡邊一夫、櫻田佐、小松清、岡田弘、伊吹武彥、小方庸正共七人。前一年只有木村太郎一個人，相較之下人數增加幅度非比尋常。（中略）我之前也寫過，當時聽說法文科來了七個人，辰野隆、鈴木信太郎兩位老師都很高興。

府立一中時代起就是「活動狂」的飯島正，除了開始上法文系之外，同時也瘋狂開始上電影院，而知道他有多瘋狂的小松清（跟安德烈・馬爾羅〔André Malraux〕的介紹者小松清為不同人，後來成為東大教授。音樂評論先驅小松耕輔之弟）把已經是《電影旬報》撰稿成員的內田胖（筆名內田重郎或岐三雄）介紹給他，所以飯島正也成了《電影旬報》的撰稿成員。

飯島正在東大法文最好的朋友是渡邊一夫。飯島與渡邊家有親密往來、頻繁出入，後來愛上了渡邊的妹妹向她求婚，但是卻因為「母親一定會反對」這個理由被拒絕了。但是這並沒有影響到他跟渡邊一夫的友情，依然繼續跟渡邊一起到東洋電影院。

我經常會帶著渡邊一起去東洋電影院。看完電影後我們總會繞到旁邊的田澤畫房這間牆面上掛著畫的咖啡店，暢聊電影與文學。我們跟田澤畫房的老闆交情也漸漸變好，能偶爾偷看田澤先生美麗的女兒，也是那間店的吸引力之一。可惜的是我現在已經記不太清楚那女兒的名字，好像是千代子之的名字吧。她在駿河台的文化學院念完書後成為知名舞者，我想應該有人會認識她。

這位田澤畫房的招牌姑娘千代子似乎是神田神保町一代的有名人，當時就讀一橋的東京外語法語科、日後成為幽默作家的玉川一郎也在《大正・本鄉之子》（青蛙房）中聊到這段回憶：

東洋電影院旁有間叫「田澤畫房」的老咖啡館。店主是西畫家，有個年約十七、八的女兒千代子，正在學舞。現在我們稱之為西洋舞蹈，但當時只要說舞蹈就一定是指西洋舞蹈。戴著貝雷帽，踩著木板草履的父親總是跟在身後，相當引人注意，這位招牌姑娘在神保町一帶的學生之間風評極佳，說得誇張一點，明大、商大、外語的男孩們就為了喝這十錢附花生的紅茶蜂擁而至。

寫到這裡，儘管現在距離當時已經將近九十年，我也不禁好奇舞蹈家田澤千代子之後發展如何。於是我上網搜尋，在「神保町系宅宅日記」（神保町系オタオタ日記」）這個網站的 2011-05-03 中發現了下列報導和引用：

（咖啡廳）田澤千代子的經歷

神保町的名曲喫茶田澤畫房的招牌姑娘田澤千代子，經歷載於《昭和二十七年版日本婦人錄》（綜合文化協會，昭和二十六年十二月）中。

田澤千代子　明治四十四年十一月三日生／東京都板橋區板橋町二丁目一二六番地

文化學院畢業、東京音樂學校修畢。赴美師事於阿道夫・波林（Adolph Bolm），露絲・聖・丹尼斯（Ruth St. Denis）後，前往英國進入威爾斯芭蕾學校，接著到巴黎從特雷蒂納，多利安那德魯畢娜學習西班牙舞蹈。後又於美國研究所深造後暫時歸國，前後共計赴美三次，也至歐洲各國巡演。回國後致力於西班牙舞蹈的研究以及培育後進，戰後舉辦三次公演。喜愛音樂、西洋電影。

原來之後成了赫赫有名的人物呢。調查之後確實在日本西洋舞蹈史上看見了這位田澤千代子的名字，不過本文的目的著眼於神田神保町的地理、歷史研究，在此不再深究田澤千代子的生平，讓我們將話題拉回田澤畫房，關於「田澤畫房」，前面提到的「神保町系宅宅日記」2009-03-10，也引用了部分草野心平載於《小說新潮》昭和二十六（一九五一）年十二月號的〈除夕物語〉部分內容。為了正確引用，我去了一趟圖書館借來《草野心平全集》（筑摩書房），發現草野心平似乎經常去田澤畫房，留下了不少提及當時回憶的散文。

心平留學美國基督教團在廣東經營的嶺南大學時，在日本《詩聖》這本雜誌上投稿了〈無題〉這首詩，因此跟中國日文詩人黃瀛結為至交，他紀錄這段回憶寫下了散文〈我與黃瀛之今昔〉。兩人相識的過程很戲劇化。《詩聖》刊載心平的詩時，同時也刊載了黃瀛的作品，編輯後記中並列這兩個人物，誤以為兩人都是日本人，過了一陣子之後，人在嶺南大學的心平收到來自青島日本人中學的學生黃瀛來信。素未謀面的兩人就這樣意氣投合，一起創立了同人雜誌《銅鑼》。後來宮澤賢治也加入了《銅鑼》，結果心平扮演了讓賢治廣為人知的協調者角色。

在〈我與黃瀛之今昔〉中記錄了黃瀛和心平初次相遇的經過。大正十四（一九二五）年五月三十日，由於在上海發生了反日暴動，心平急忙逃離中國、從神戶上陸返日，投靠當時住在東京九段坂下中國人經營出租房的黃瀛。

到東京時我身上只有三錢。從抵達的列車車窗探出頭，看到一個戴巴馬帽、襯衫，腳踏厚齒高木屐的少年走來，「你、你，草野？」這就是我跟他初次見面的情景。我們拎著行李箱，沒搭電車走回神田，途中進了田澤畫房。一進門聽到的是藍色多瑙河圓舞曲。我受到韻律感動掉下眼淚。在那之後大約一個月，我都待在他的下宿。（《草野心平全集第五卷》）

黃瀛辜負了日籍母親的期待，沒有上一高、進了文化學院之後進入士官學校成為軍人。日中戰爭開始後兩人失去聯絡。傳聞黃瀛在戰爭中戰死，不過昭和二十（一九四五）年九月，跟日軍一同滯留南京的心平聽說已經當上中華民國軍少將的黃瀛人就在附近熟人張君家中。心平不管三七二十七匆匆前往。

對他來說，我是個沒打一聲招呼就冒然前來的不速之客，再加上光線昏暗的關係，他一時沒認出我，臉上寫滿狐疑，之後才終於發現：「你、你，是你啊。」兩人緊緊互握雙手。（中略）張君從二樓匆匆下來，跟平時一樣急性子開始說話，然後放了唱片。（中略）

聽著圓舞曲，心一酸掉下了眼淚。跟黃瀛第一次見面那天，神田神保町田澤的藍色多瑙河圓舞曲。二十多年的今昔歲月翻湧沸騰攪得我心裡難受，但是我竟也漸漸習慣了黃瀛活在這裡的事實……（同前書）

兩人互相問起熟人的消息，當時黃瀛口中第一個出現的是高村光太郎的名字。心平在黃瀛介紹下拜訪了高村家，第一眼就被對方的器量給折服，成為至交。他在〈除夕物語〉中記載了與高村光太郎來往的經過。

從中國回來後不久，大概二十三、四歲左右吧，也可能是隔年。除夕傍晚，我在神田田澤畫房跟高村先生相約見。當時田澤畫房是少數知名的唱片咖啡館之一。身穿黑斗篷的高村先生現身。從Luncheon附近開始，往銀座那走，之後就記不得了。（《草野心平全集 第九卷》）

位於東洋電影院旁的田澤畫房，也是草野心平和黃瀛等《銅鑼》撰稿成員經常光顧的早期名曲喫茶之一，當然，大正十五年主動辭掉花卷農學校工作於十二月三日來到東京，租屋在神田錦町三丁目十九番旅館「上州屋」的宮澤賢治也是個重度音樂迷，很有可能也曾來過，遺憾的是並沒有留下相關紀錄。不過在宮澤賢治〈神田之夜〉這首詩的最後，卻意外留下了一個珍貴的固有名詞。

過十二點，閃電亮起
辛勞的電車
一同回到遙遠的車庫
在雲的彼端或者遙遠南方
嘴上抵著巨型喇叭
硬橡膠獅子
大叫著賣出了四樽啤酒
（中略）
湯屋似乎被施了
阿拉伯風的巨大魔法
夜裡冉冉冒出的蒸氣覓不著去處
襯衫都是窄柚子

田中在日活館揮著指揮棒。(《新校本宮澤賢治全集第六卷》,筑摩書房)

標題是〈神田之夜〉又提到「日活館」,那應該就是指「神田日活館」了。可能是宮澤賢治在大正十五年十二月上京住在錦町時,或者是昭和三(一九二八)年六月上京時,去過表猿樂町(今神田神保町一丁目六番)的「神田日活館」吧。那他看過「田中在日活館揮著指揮棒。」是哪一次上京的時候呢?還有,這裡的「田中」又是指誰?

根據平成七(一九九五)年在宮澤賢治紀念館舉辦的「企畫展示『東京』筆記中的『東京』」(栗原敦監修、解說),「田中」是出身海軍軍樂隊出身、當時在日活管弦樂團執指揮棒的田中豐明。這個時期田中曾經在神田日活館從昭和三年六月十五日到二十一日指揮過〈綜合曲 謎之行李箱〉,由此可知時間應該是昭和三年、第八次上京時。

那麼來到東京的宮澤賢治曾經造訪的這座神田日活館,又是什麼樣的電影院呢?如同前面引用過的德川夢聲證詞(參照四七八頁),大正十三年五月,這裡曾經是日活直營的洋片上映館,但是大正十五年五月起則成為上影日活新片的電影院。負責設計的建築師吉川清作曾經協助「MAVO」的村山知義。不過大概因為屬於臨時建築,在昭和四年已經改建。

昭和四年完工的「神田日活館」建築,後來成為昭和七年名留電影史的事發現場。因有聲電影的出現而失業的活動辯士和樂士們占據了這裡,與企圖驅趕的警隊發生衝突,多人重輕傷,也有多人遭逮捕,稱之為「神田日活館」事件,結果有聲電影因此普及全國,活動辯士則像德川夢聲一樣,紛紛試圖轉換跑道至廣播或者文筆業。

時代終於來到了有聲電影的全盛時期,神田的電影院因為有幾條市電(都電)系統在此交錯,交通上的地利之便,使得這裡大為繁盛。跟神田有深厚淵源的小林信彥,也強調了市電在此換乘的事實。

不過我們不得不好奇，為什麼有這麼多年輕人聚集（在神田）。答案只有一個，那就是因為這裡是市電（後來的都電）換乘的地點。昭和三十年代中期為止，大眾最常利用的交通工具就是都電，看看舊都電系統圖（區分地圖帖一定會附上這張圖）就知道，神保町跟須田町並列為都內最大的轉乘點。

不管我住在青山或兩國，要去大塚、早稻田這些文教區一定得在神保町換車，這麼一來不管去程回程都勢必經過此處。可以逛古書店、可以上電影院——稍微走遠一點還有雅典娜法語學校、尼古拉堂等所謂「都內小巴黎」，儼然像是今日下北澤，是個能穿著輕便服裝閒逛的熱鬧街區。（小林信彥、荒木經惟，《私說東京繁昌記》，筑摩文庫）

確實，像小林信彥或植草甚一他們要從東京東邊到早稻田大學，或者像飯島正要從高輪或白金前往東大，都得在神保町換車，回程一定會經過。

這些電影院之首，就是「神田日活館」（戰後的「神田日活」）。小林信彥在《世界的喜劇人》（新潮文庫）中如此描述了他看到《馬克思捕物帖》（原題「卡城間諜戰」〔*Noches de Casablanca*〕）時的衝擊：

工作人員名單跑完後，整個銀幕滿滿都映著卡薩布蘭卡的街道。其中有一棟巨大高樓，還有一個小小人影靠在大樓下方。

一名警官靠近那個人影。這男人是哈波・馬克思。

「你這傢伙一副神氣的樣子，以為是自己在支撐這棟建築嗎？」

警官這麼一問，哈波笑著點點頭。

「我看你有點可疑，跟我過來！」

警官搭著他一隻手，哈波的手只好離開建築物。這時巨大的建築物喀啦喀啦應聲倒塌。昭和二十三年（一九四八年）秋天，在神田日活看到這驚人橋段的高中一年級的我茫然自失。現在回想起來，依然覺得那是戰後最好最精彩的橋段。

小林信彥在之前提過的《私說東京繁昌記》裡也描述了關於神田日活的回憶。

從神保町十字路口往駿河台下的左手邊有間被譽為名門的神田日活，戰後，我的月薪在這裡花了不少，《俠骨柔情》（*My Darling Clementine*）、《和平聯盟》（*Union Pacific*）、《意亂情迷》（*Spellbound*）等，最後隨著日活的復活，這裡開始上映日活動作片、成為日活直營館。從館名看來這也是理所當然的。

這棟建築一直到幾年前都還在，位於馬路稍微往內縮的地方，那個地方現在放了種苗公司的盆栽。現在已經經過「重新開發」，不見舊日形跡。

小林信彥宛如攝影般的記憶力實在驚人。實際上神田日活在昭和四十三年（也有一說是四十四年）以一億六千萬日圓賣給瀧井種苗株式公司，不再經營電影院。回溯我個人的記憶，我頻繁去神保町是昭和四十四年秋天去雅典娜法語學校報名之後，當時這裡已經歸瀧井種苗所有，如同小林信彥所述，在「馬路稍微往內縮的地方」擺有盆栽。不過我明明知道這個事實，卻沒發現電影院已經歸瀧井種苗所有。因為每次經過神田日活前，我一定會聽到「小鋼珠人生劇場」這不斷重複播放的宣傳卡帶，下意識地以為神田日活成為附近小鋼珠店的別館。之後神田日活解體、改建為現代式大樓，我住在神田神保町時也經常在這間瀧井種苗購買觀葉植物。現在店鋪部分由石井運動進駐。

既然如此，曾是「電影街」神田神保町一方霸主的東洋電影院，營業到什麼時候？至少到昭和四十三年四月為止應該都上映著東寶系列的電影。推測的根據來自林順信《東京路上細見》（平凡社）裡所收錄昭和四十三年拍攝的東洋電影院照片。照片中可以看到電影院窗口旁的櫥窗裡，拍到了昭和四十三年四月公開的坪島孝導演、植木等主演的東寶電影《瘋狂墨西哥大作戰》海報。

那麼為什麼維基百科的「東洋電影院」這一項中，寫著這裡持續到一九七〇年代呢？我在昭和四十四年開始漫步神田街區時，這裡似乎已經不再經營電影院活動。假如仍在營業，對電影院比人更感興趣的我不可能沒進去過。

可以肯定的是，昭和五十三（一九七八）年，當我開始在神田神保町三丁目的共立女子大學文藝學院工作時，這裡已經是一座複合式大樓。每週有三天我都會經過這前方去大學，再也沒有比這更確實的證詞了。但我對東洋電影院的建築也稱不上特別感興趣。因為我並不認為以電影院建築來說這裡有什麼特別之處。小時候常去的電影院，幾乎每一間都帶有跟東洋電影院很類似的媚俗裝飾藝術風格，例如橫濱白樂的「白鳥座」和戶塚的「戶塚劇場」，這些電影院在我印象中比東洋電影院更美。

讓我開始改觀，是讀了昭和六十一年出版的藤森照信《建築偵探的冒險（東京篇）》（筑摩書房）之後。根據這本書，昭和四十九年跟堀勇良組織了建築偵探團的藤森照信在朝日新聞上將「東洋電影院」列舉為「不為人知的名建築」之一，後來有兩位自稱設計者的人物找上他。一是電影院業務員中根寅雄。他表示自己基於業務經驗，畫了簡單的圖面後交給建築公司西村組，可是過了不久，又有一位名為小湊健二的電氣技師出現，表示自己才是設計者，還帶了設計圖來。這段詳細經過還請各位再去翻閱《建築偵探的冒險（東京篇）》，這裡只交代結論。「東洋電影院」震災後的臨時建築解體之後，在昭和三年新館完工，設計者為小湊健二。這棟建築一直耐受風雪，留存到平成七（一九九五）年。

走向重新開發的過程，在這位宮崎學的《突破者》中有詳細的描述。泡沫全盛期昭和六十二年，宮崎學認識了前中央大學共產主義者同盟的領袖、三派全學連的國際部長K這個人。K借用「東洋電影院」的舞台，經營照相館，後來「東洋電影院」的土地成為土地開發的對象，他找上宮崎學商量。宮崎學建議他創立帳篷會、成為領袖，在那一個月後，有泡沫帝王之稱的早坂太吉夥伴A提議，要他幫忙以五反田中古機械販賣公司「東洋機工」的下包身分，協助收購土地。宮崎學因此開始收購「東洋電影院」的土地，在這個過程中魑魅魍魎般的人物接二連三出現，土地開發過程發展為一場大騷動。

我還記得這個時期每當走過「東洋電影院」前，都會津津有味地讀著開發當事人主張對方買賣契約無效的告示。最後宮崎學成功地收購土地，寫道「東洋電影院的土地賺了一億圓左右」。有興趣的人不妨一讀。這是一本相當有趣的讀物。

16. 神保町的地靈

駿河台的屋敷町

最了解神田這個地方的人，當然就是出生在這裡的人。

其中再也沒有誰比在明治三十七（一九〇四）年、日俄戰爭爆發那年出生於東京市神田區猿樂町一丁目二番地的永井龍男對神田更熟悉的文學家。永井龍男在《東京橫丁》（講談社）裡回憶明治末期到大正時期的神田。本書開頭（參照九頁）也引用了這段文字，其中意外地描寫了重要的神田特徵。那就是同樣是神田又分成「山手的神田」和「下町的神田」，而對永井龍男這種當地人來說，這「兩個神田」是完全不同的街區，甚至是完全不同的世界。那麼到底哪裡、如何不同，永井龍男自己這麼描述：

說到特徵，當時這一帶的學生人數就很多，所以有各種學校、書商、下宿屋，書商中尤以連綿不斷的古書店更是神田知名的風景，直到今日依然享有盛名。另外還有牛奶食堂[77]、賣炸肉排和咖哩飯的簡便西餐廳、紅豆湯店、蕎麥麵店等，而且每天晚上古書店前還有三錢五錢價格均一的露天古書店，用舊報紙包著有油耗味今川燒賣的店，都在街邊成排柳樹下點著昏暗的街燈，另外駿河台上有數間全國著名的各科醫院，也有許多學者、政治家的宅第，還有不少大規模的建築，背襯著小

77. 譯注：明治四十年之後出現，提供牛奶、麵包、點心等輕食的食堂。

松宮家古典洋館和西園寺公望大宅第的綠樹植栽，門裡有各家自費要求的巡查守著。這種地方我們稱呼為「屋敷町」。

「下町的神田」除了露天古書店之外，跟現在基本上沒有什麼兩樣。相對的「山手的神田」雖然一樣有很多醫院，不過已經沒有「屋敷町」的元素了。這一次我將試著復原這個被遺忘的「屋敷町」。

現在稱為駿河台的區域，正式名稱為神田駿河台，從一丁目到四丁目。北邊界線是神田川（舊神田上水），很好分辨，南邊界線看平面地圖出奇地複雜。不過如果有張東京等高線地圖，應該很快就能看出南邊的界線。

從西邊（水道橋端）走的話，雅典娜法語學校所在的地方是神田駿河台二丁目，在有男坂、女坂之稱的崖上蓋的建築（例如舊明大附屬明治高中等）大概不算在丘陵之內，不屬於駿河台、而是猿樂町二丁目。同樣的，山上飯店在丘陵上所以屬於神田駿河台一丁目，但錦華公園、御茶水小學（舊錦華小學）位於崖下的平地，算是猿樂町一丁目。另外東邊（淡路町側）並沒有因為隔著本鄉通而改變町名，一樣用丘陵或崖下來區分。所以同樣是新建的巨大高樓，丘陵上的 Sola City 是神田駿河台四丁目，但崖下平地的 Waterras Annex 則是淡路町二丁目。

簡而言之，走在神田這一帶如果有明顯往上坡的感覺，那就是神田駿河台，假如覺得走在平地上，那就是猿樂町、神田小川町、神田淡路町。

那麼駿河台這個名稱又是從何而來？這就要回溯到慶長八（一六〇三）年江戶幕府開府了。幕府開府之際將之前被稱為神田山或神田台的險峻丘陵削平，移土去填埋現在中央區和千代田區的海口來造地，不過丘陵在江戶時代還是遠勝於其他地方的突出高地，能夠遠望富士山和駿河國。

根據北原進監修的《大江戶透繪圖 從千代田可望見江戶》（江戶開府四百年紀念事業實行委員會），「有一說是由於丘上可以清楚望見位於駿河國的富士山，另外一說是因為在元和二（一六一六）年德川家康死後，家康身邊的幕臣回到江戶、獲賜宅第，也有人說是因為三代將軍德川家光之弟、駿河大納言德川忠長之宅第在此之故。」地名的語源眾說紛紜、未有定論，但無論如何舊神田山和駿河國都因為江戶開府有所連結。從這個事實可以知道，江戶時代的駿河台為武家之地，有許多大名和旗本的宅第。以下列舉幾位歷史上的知名人物。

神田駿河台一丁目——寬永年間以築城、造園、花道、茶道大家聞名的近江小室藩主小堀遠江守政一（小堀遠州）曾經居住在此。文化年間時代小說裡也曾描寫的名町奉行、閒話集《耳嚢》作者根岸肥前守鎮衛。文久年間有喜愛法國文化的勘定奉行、主戰派小栗豐前守忠順（小栗上野介）等。

神田駿河台二丁目——延寶以前有旗本鈴木九大夫的宅第，之後他的家族有多人居住於此，故有鈴木町之名。

神田駿河台四丁目——文化、文政年間的學者、狂歌作家、劇作家大田南畝（蜀山人）。

曾經是這些大名和旗本武家屋敷町的駿河台，開始出現巨大改變是在明治四（一八七一）年宣布廢藩置縣後，明治五年大名一舉回鄉，旗本也返回駿府。武士房舍幾乎都成了無人空屋，於是東京府開始整理武家土地，規劃出駿河台袋町、駿河台南甲賀町、駿河台北甲賀町、駿河台東紅梅町、駿河台西紅梅町，以及駿河台鈴木町等六個町。

而這六個町又如何對應到現在神田駿河台的四個丁目，要說明起來有些困難。因為規劃這六個町時，明大通以及與其相連的御茶水橋，還有本鄉通以及相連的聖橋都還沒有出現，而是根據江戶時代的街區來劃定，所以很難看出跟現在地形圖之間的對應。不過如果暫且不管對應關係光看位置的話，大致如下。

站在之後被併入明大通的狹窄坡道起始處，往北望向神田川方面的丘陵，右邊（東邊）由下依序是駿河台南甲賀町→駿河台北甲賀町→（駿河台東紅梅町）→駿河台西紅梅町。駿河台東紅梅町用括號標示是因為如果只看明大通這條窄坡，右邊這塊會由駿河台北甲賀町直接進入駿河台西紅梅町的區塊。

另外左邊（西邊）則是依照駿河台南甲賀町→駿河台北甲賀町→駿河台袋町→駿河台鈴木町這個順序往丘陵上走。

如果將之與昭和八（一九三三）年行政區重劃後誕生的神田駿河台的四個丁目重疊，結果如下（參照五〇三頁）。①神田駿河台一丁目——駿河台南甲賀町和駿河台北甲賀町兩者的西側、駿河台袋町南側。②神田駿河台二丁目——駿河台西紅梅町、駿河台袋町北側，駿河台鈴木町大部分以及裏猿樂町的一部分。③神田駿河台三丁目——駿河台南甲賀町和駿河台北甲賀町東側以及淡路町一丁目的一部分。④神田駿河台四丁目——駿河台東紅梅町及淡路町二丁目的一部分。

經過以上的說明各位應該可以理解昭和八年之前與之後的對應關係，接下來就讓我們正式開始探訪「屋敷町」吧。

這時候很值得參考的是在正井泰夫監修的《江戸東京大地圖 從地圖看江戶東京之今昔》（平凡社）中「御茶水」一項所列明治十六（一八八三）年參謀本部陸軍部測量局的地圖。這張地圖以彷彿空中攝影般的俯瞰方法來製作，我們可以由上方來看看駿河台的這些舊宅第（塗成綠色的部分）。

首先我們會注意到的是包含了現在明治大學自由之塔、紀念圖書館、研究大樓、學術藝廊（Academy Common），還有山上飯店以及日大理工學院二號館等，腹地廣大（但不含創立百週

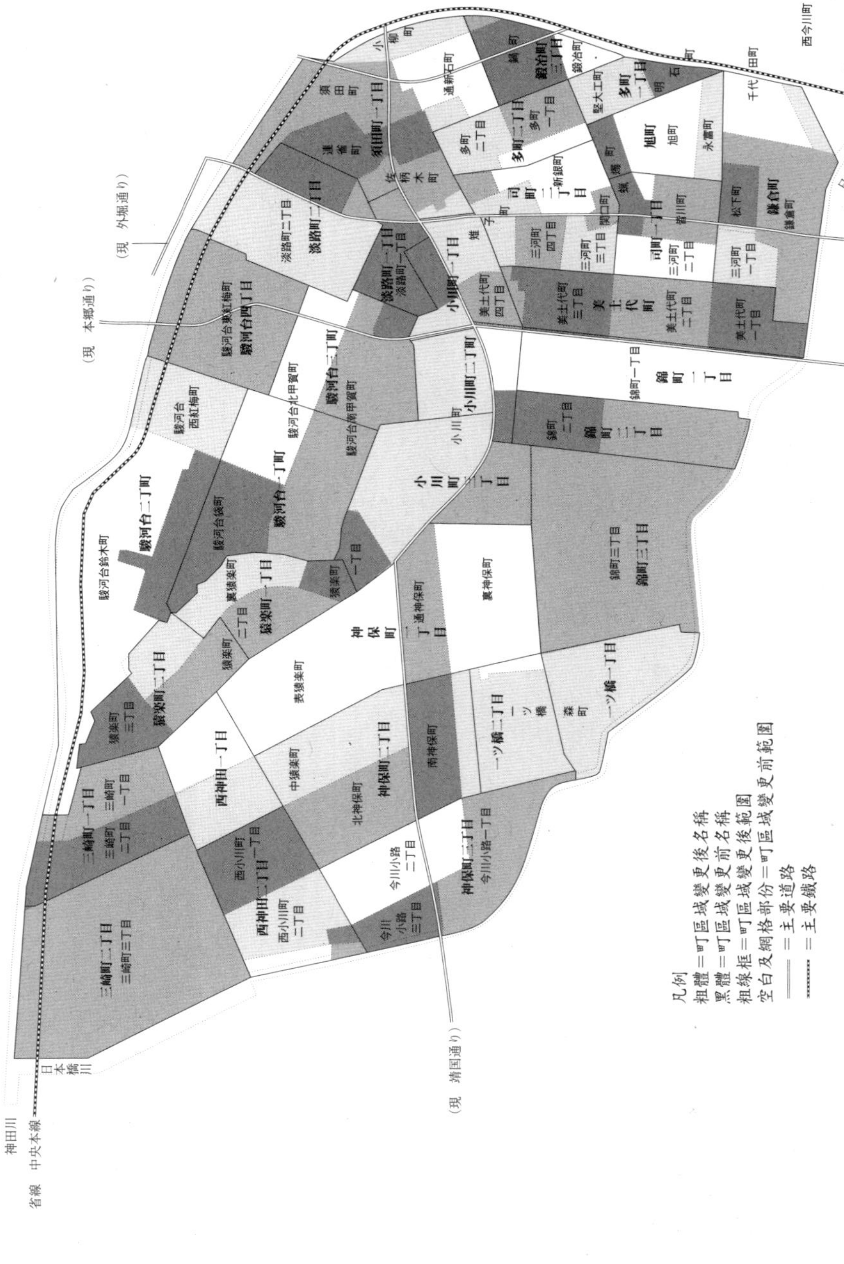

昭和8（1933）年時點町區域的新設與變更對照圖（東京市神田區、局部）（參考wikipedia「神田（千代田區）」地圖製作）

年紀念大學會館和明大商店）的小松宮邸。《風俗畫報增刊 新撰東京名所圖會 神田區篇中卷》（明治三十二年刊）中關於小松宮邸有如下描述：

小松宮邸位於駿河台袋町五番地，殿下起初居於麴町區富士見町的東伏見宮，因在此營造宮殿、搬遷至此，宏大西式建築美輪美奐，駿河台之地享殿下德澤，妄言宮中之事實為惶恐，數年前殿下即在赤坂溜池畔葵町營造宮殿，日前已搬遷至此，駿河台府邸自此疏於修繕整理，僅有外圍仍見舊日風貌，美麗洋房裹於雲中，已不復見。

如同這段文字所述，小松宮於明治三十二年搬遷至赤坂溜池葵町的宅第，駿河台的大宅已經空無一人，明治四十四年起這裡成為明治大學的校舍用地。《明治大學百年史》中如此記載：

大學在明治三十八年財團法人化後，增建了錦町分校、駿河台南甲賀町本校校舍，又於舊小松宮邸馬場設置了運動場（中略），力圖完備教育條件，（中略）然而狹窄用地已不敷增建，此外，儘管只需徒步數分，本校與分校分離獨立將成為妨礙組織整合性的龐大障礙。大學理事會於明治四十三年春天，「借用」舊小松宮邸（明治大學駿河台之校舍、本館、研究大樓、紀念圖書館現址），新建校舍、全面搬遷，擬定了治本的設施擴充計畫。這個階段還僅僅獲准「借用」舊小松宮邸，之後到了大正五年九月，成功簽訂賣買契約。在這個階段這片土地正式成為明治大學的資產迄今。

這可以說是理事會的睿智決斷。假如當時明治大學沒有買下舊小松宮邸，很難保證是否能有之後的蓬勃發展。或許會像後述的中央大學一樣，因為校舍太過狹小不得不搬到郊外。

《江戶東京大地圖 從地圖看江戶東京之今昔》中，在小松宮邸之後，值得注意的是位於駿河台南甲賀町東側的戶田伯爵邸。讓我們來看看《風俗畫報增刊 新撰東京名所圖會 神田區篇中卷》中的描述。

伯爵戶田氏共邸 同町六番地至八番地皆為邸地，屬舊美濃大垣藩主。洋館聳立空中，正門面對小川町通。進入石門低頭可見綠松岩，鋪滿小石。庭園之美令人眩目。

熟悉明治小道傳聞的人，聽到戶田伯爵，可能會聯想到好色的伊藤博文於明治二十年在自己主辦的化裝舞會（也有人說是明治二十四年的舞會）上，將知名美女戶田伯爵夫人極子（岩倉具視的次女）關在房裡侵犯她的醜聞。民權派的八卦新聞甚至還找到將從永田町宅第赤腳奔出的年輕女性送回駿河台宅第的人力車夫證詞，民眾都相信戶田伯爵夫人跟伊藤博文之間一定發生了什麼。

回到戶田伯爵宅第，這裡後來成為中央大學校舍，在以一代浪蕩子薩摩治郎八為藍本的獅子文六小說《但馬太郎治傳》中，也出現了這座宅第。戰後疏散到四國後就此隱居的小說家第一人稱「我」，上京後借用主婦之友社社長所有的駿河台宅第一部份，「我」一聽到駿河台馬上想起明治末期朋友住過將舊大名長屋改為包餐出租房，以及經營出租的「松平婆婆」，並且想起了在那條路底的戶田伯爵宅第。

戶田這位不知是子爵還是伯爵，聽說是松平婆婆的舊主。以前戶田宅第也是由名家所建，當時明治風格的西式石門石牆，還有兩根門柱上的裝飾電燈，看來都相當氣派。

戶田宅第在駿河台丘陵上蓋了一片雄偉的屋舍，寬廣的道路延伸至門前，沿著圍牆邊是蜿蜒的

狹窄坡道。為什麼會記得這麼清楚，因為我出於某些原因，非常在意戶田宅第的存在。（講談社文藝文庫）

獅子文六在意戶田宅第的原因，是因為戶田伯爵夫人是華族界數一數二的美人，經常可以在雜誌上看到她的照片，所以知道她的長相，有一次還從友人租屋處的格柵窗目睹了這位美麗夫人乘著馬車經過。

一輛雙頭馬車拖著車篷，裡面很暗，看不太清楚那身穿洋裝女性的長相，但肯定是個美女。甚至覺得馬車後面曳著一股餘香。（同前書）

獅子文六目擊到的這位戶田伯爵夫人，跟與伊藤博文有醜聞的戶田伯爵夫人極子是不是同一個人物呢？極子十四歲時嫁給嘉永七（一八五四）年出生、當時十七歲就讀大學南校的大垣藩主戶田氏共，算起來應該是安政四（一八五七）年出生。發生醜聞的時間是明治二十（一八八七）年，而獅子文六目擊到伯爵夫人則是在明治末期，也就是極子五十歲左右時，就算極子是現在所謂的「美魔女」，看來也不太自然。

這麼說來，獅子文六仰慕的戶田伯爵夫人應該是少夫人。那麼這位少夫人又是什麼樣的人物呢，調查之下發現了一段相當精彩的證詞。出自德川元子《遙遠的歌 七十五年備忘》（講談社）。這本書的作者是田安德川家、德川達成的夫人，養在戶田伯爵宅第深閨的千金戶田元子，而她的母親戶田米子正是獅子文六偷看到的戶田伯爵夫人。

根據《遙遠的歌 七十五年備忘》，戶田氏共、極子夫妻育有一男三女，長男十四歲時因染上白喉而早逝，次女米子招了高崎藩大河內子爵家的四男輝勳入贅。輝勳進入養家時改名為氏秀，跟米子之間育有一男二女，但米子在三十六歲時過世，之後他再婚。因此長女愛子和次女元子住在外祖父母，也就是戶田氏共、極子夫妻位於駿河台的宅第。

姊姊和我帶著可能再也無法回到父親兄弟所在的加賀町家這種淒涼心情，從鎌倉別墅前往神田區駿河台南甲賀町六番地外祖父母家，外祖母替我們準備了兩間洋房和附廊道的八疊大日本館。（中略）

二樓洋房其中一間是面東書房，秋天的滿月夜，我們總是坐在窗邊等待月亮現身。鋼琴也搬到這裡來，後來還在這裡替哥哥的小提琴伴奏。（同前書）

根據這本書，戶田家在氏共和極子結婚時經濟狀況已經不太寬裕，氏共擔任奧地利公使出國赴任期間，因為擅長巧妙運用資產，回國後才能在駿河台蓋起如此氣派的洋館和日本館。讀者們可以從以下描寫，詳實地了解戰前真正豪宅的風貌。

洋館由外國人設計，紅磚建造、相當氣派。內部裝飾著路易十六世風格的家具，約有十五間寬敞房間，每間都鋪著圖案不同的波斯地毯，還有亮燦燦的水晶吊燈。跟之前提到的巴伐利亞新天鵝堡相比，豪華程度毫不遜色。到了冬天，房間四個角落有暖氣流入，大暖爐裡瓦斯火焰從石綿蓋的柴灶吐著點點火舌。連日本館也都有熱水設備。

大廣間裡放著一台大音樂盒，轉緊發條後，蝶形的美麗音梳就會慢慢輪流敲擊緩緩轉動的黃銅大音筒上的凸點，奏出美麗的旋律。二樓書房圍繞著高至天花板的書架，皮製封面的書背上寫著金

色的書名。(同前書)

豪華到令人嘆息的豪邸，也因為大正十二（一九二三）年九月一日的關東大地震後發生的神田大火，瞬間付之一炬。當時在避暑地鎌倉接獲通知的元子和姊姊，之後寄居在父親市谷加賀町的家中。

駿河台南甲賀町的大宅第後來在大正十四年六月賣給中央大學。《中央大學百年史年表、索引篇》在這一年的項中寫道「6. 購買神田區南甲賀町舊戶田氏共伯爵邸地約一千九百七十坪作為校地」。繼續翻看該書，大正十五年寫道「1.1 與東京電機學校締結錦町校舍讓渡契約締結（四十二萬五千圓）」，可以知道應該是賣掉中央大學發源地錦町的土地，作為購買資金。於是中央大學繼明治大學之後也成為駿河台的大學，但是隨著大學規模擴大，漸漸苦於校地不足，每當附近有土地出售就逐一收購。

在昭和八（一九三三）年五月買下秋元春朝子爵所有宅地（神田區駿河台三丁目十一番地五）之後，又在昭和十五年三月購買相鄰的西園寺公望公爵宅第。明治大學為宮家舊址，中央大學則是舊華族的舊址，現在回想起來，相較於在校地爭奪戰中搶得先機的明治大學，腳步較慢的中央所收購的戶田伯爵、秋元子爵、西園寺公爵土地加起來都明顯比舊小松宮邸土地小。昭和後期中央大學之所以將大學遷至郊外、把校地賣給三井住友海上火災（舊大正海上火災）到八王子尋求新天地，就是因為這樣的背景。

於是，駿河台的屋敷町之後幾乎都成了大學用地，而直到戰後都避開大學擴大影響的，就是位於駿河台頂上的駿河台鈴木町（現在的駿河台二丁目大部分）。

前面引用的《但馬太郎治傳》中，敘事者「我」（獅子文六）在雜誌社（主婦之友社）員工開車帶領下來到了位於駿河台鈴木町的員工宿舍。

車子爬上坡，在御茶水橋前往左轉。那附近沒有在空襲中受災，還是保留昔日風貌的閑靜街道，有棟高大醫院建築聳立。醫院對面有一道長長高聳的水泥牆，就像以前的戶田伯爵宅第一樣，有座高大的石門。（同前書）

「我」很驚訝：「啊，就是這裡？」開始以小說家的眼神觀察這棟屋子。

門裡約占地兩千坪（中略）左右吧，左邊可以看見一棟老舊洋館的屋頂，宛如森林般樹木繁茂的小山下，地面幾乎都是農田。當時都會的空地都化為農地，看到成排的青菜我並不覺得驚訝，但明明免於空襲，卻留下這麼大一片土地，讓我怎麼也想不通。之後我才知道，原來那裡之前是一片大草地。（中略）中間有一座兩層樓高的砂漿洋館。有石造露台，兩座石造花台之間還有半圓型石階。是一座帶有外國風情的奇妙房屋，露台上石造欄杆柱的形狀也不太像日本、有些法國味道。

後來「我」才知道這裡就是薩摩治郎八留下的 Villa de mon caprice（無常莊），而薩摩治郎八自己又是如何描寫他出生長大的鈴木町宅第呢？

駿河台自宅，是一座被一町多石牆包圍的名門宅第，老樹鬱蒼，值夜班的老爺至今還蓄著小鬍子。庭院內的稻荷山裡有大貉子棲息，暗夜裡會化為妖怪從女傭房的鐵柵窗出現，女傭們尖聲慘叫，連老管家都嚇得腿軟，在這浪漫氣氛中，我身為「少爺」極盡任性之能事，日日恣意活在天馬

行空的幻想中。（薩摩治郎八，《C'est si bon 我的半生夢》改訂新版，山文社）

薩摩治郎八被稱為「薩摩男爵」，他也這麼自稱，其實他家並非華族，而是祖父薩摩治兵衛一手打造的木綿批發商，傳到他已是第三代。關於他豪奢揮霍的人生可以參照拙作《蕩盡王遠赴巴黎薩摩治郎八傳》（新潮選書），在這裡僅就宅第正確位置加以說明。

在《風俗畫報增刊 新撰東京名所圖會 神田區篇中卷》中解釋如下：

薩摩治兵衛邸　位於二十一番地，有數十間石牆包圍。庭園極為寬闊，房舍宏偉幽雅。

地名地番換成現在的住址，約略是駿河台二丁目三番地之八到十一這一帶。無論如何都是一片相當廣闊的土地。

駿河台鈴木町在駿河台中也是一塊特別的區域，另外還有曾我子爵邸（十四番地）、坊城伯爵府邸、芝山子爵府邸、芝小路男爵府邸（皆為十六番地）、加藤高明府邸（二十三番地）等華族或政府高官宅第。

現在駿河台二丁目幾乎都是企業或法人所有的大樓，儘管如此，還是隱約留有往日氣息，讓人回憶起過去在神田、御茶水曾經是屋敷町。

看來所謂的地靈（Genius loci）似乎依然健在。

VI

17. 戰後的神田神保町

《植草甚一日記》

本篇開始，再次將脫軌電車拉回原先軌道，繼續講述古書店街、神田神保町的歷史，也就是戰後史。在這之前，我們得先看看昭和二十（一九四五）年的神保町處於什麼樣的狀態。

要重現當時狀況最有幫助的就是《植草甚一剪貼簿39 植草甚一日記》（晶文社）。在這之前從來沒寫過像樣日記的植草甚一，因為自家遭遇空襲失火，所有藏書都付之一炬，昭和二十年元旦起開始每天寫日記，日記裡描寫了他從銀座東寶總公司回來路上經常到神田神保町散步的日常。

三月十四日（水）陰
去銀映座附近勘查火災後狀況。（後略）

植草以前擔任主任的神田神保町二丁目銀映座在二月一日解散，已經不再上映電影，但三月十日東京大空襲這附近都燒毀了，所以他才說要前往調查吧。

六月一日（金）
清晨起床，處理完部分事務。想到神田買書，（中略）到神保町買了七本原文書。（後略）

六月十七日（日）
又想買書，到神保町買了三本原文書。
六月二十一日（木）
到神保町買了七本原文書。
八月十四日（火）晴
到映配、總公司，在神保町買了一邦三洋。去了八州亭。在總公司喝了很多生啤酒。明天要發表休戰消息。九點的廣播聽說明天正午有重大發表。

根據這些證詞可以知道，即使在美軍猛烈轟炸下神保町的古書店街依然持續營業，甚至八月十四日當天都還把古書賣給植草甚一這種奇怪的客人。而且如同植草所說，當時賣出的多半是英法德等原文書。自從昭和十六年施行公定價格制度以來，市場上幾乎看不到好的日文書，店面只能看到沒有價值的書，在這種狀況下許多書店開始將沒有公定價格的原文書作為主力商品。空襲之下只有原文書持續買賣也是挺奇怪的狀況，不過事實上確實如此。這也表示戰前有如此多閱讀原文書的知識分子。

不過了解神田神保町古書店街在美軍空襲之下依然能存活的事實之後，實在不覺得這是單純的巧合。我們難免要猜想，到底這背後有誰的意志力在發揮作用？也因為如此，流傳著夏目漱石的弟子、在索邦大學和哈佛大學開設日本學講座的「赤俄人質」葉理綏（Sergei Grigorievich Eliseev）向麥克阿瑟進言，刻意讓爆擊目標避開此地的傳言，根據倉田保雄《夏目漱石和日本學傳說》（近代文藝社），流言出處是葉理綏的弟子、巴黎的日本學家。

我的好友、葉理綏的弟子法國記者阿爾佛瑞德．斯穆拉（Alfred Smoular）告訴我，在巴黎的日本學者之間盛傳：「雖然本人沒有承認，但不只神保町，讓奈良、京都倖免於爆擊的其實就是葉理綏。」

另外前面提到的評論家野田（宇太郎），也在《日本古書通訊》（昭和五十一年八月號）雜誌上表示，熟識的法國籍東洋學者埃米爾．加斯帕東（Emile Gaspardone）（前法蘭西公學院教授）說過：「聽說神保町逃過美軍轟炸，是因為麥克阿瑟將軍聽從了葉理綏的建言。」

這些傳聞真偽不明，至少葉理綏並沒有自己親口說出這種話，也可能是其他人的建議。當然也可能是單純的巧合。

神田神保町能免於空襲，確實是極其珍貴的奇蹟，不過從一個僅根據事實來判斷歷史的人看來，就算神保町古書店街真的遭遇空襲變成一片焦土，想必也會跟關東大地震當時一樣，從零再次勇敢地站起來吧。

其中的理由有機會再敘，總之至少可以確認這一點。那就是在昭和二十年八月時，店鋪裡沒有什麼像樣的書，許多店主和員工都被徵召入伍、徵用進廠，所以也無法正常收購，每一間店都呈現開店休業的狀態。換句話說，即使遭遇空襲，也不會有大量珍貴書籍付之一炬。但是店鋪沒有燒毀這件事相當重要，如同後述，這確實讓戰後神田神保町得以迅速發展。

然而比起店鋪沒有燒毀，更重要的是八月十五日這一天之後，人心出現了劇變。我們來看看反町茂雄在《一介古書肆的回憶3 古典籍的奔流橫溢》（平凡社）的證詞。

正午開始跟我妻子一起緊貼在廣播前聽完了「玉音放送」，內容如同之前預期。不過我還是充滿感動。（中略）瞬間發生的各種複雜情感中，位於最底層的是一種彷彿肩頭卸下重擔的安心感。那應該是一種極不安定的安心感吧，但是又有一種「今天晚上開始可以安心睡覺了」的喜悅。

隔天，反町開始外出採購書籍。因為他在大學時學過第一次大戰後德國曾經有一波超級通貨膨脹，所以算準了總有一天會因為貨源不足導致古書價格高漲。

終戰隔天，也就是八月十六日起，我馬上重新展開業務活動。（中略）我來到神田神保町，在松村書店有兩百五十圓、在山本書店有兩百圓左右的收穫。雖然還看不清前景，但現在只能努力收購古書。無論如何，不久的將來日本經濟界一定會遭遇嚴重的通貨膨脹。手中擁有物品者終將得勝。我認為唯有精選自己最清楚品質優劣的商品古書、古典籍，窮盡所有資金買進才是上策。（同前書）

反町這樣的「預測」有多麼正確，半年後即見分曉，不過在這裡我們先來看看八月十六日當天日本人普遍有什麼反應。因為從這天立刻展開行動的古書從業人員，並不只反町一個人。長井勝一的《GARO總編》（筑摩文庫）就是一個好證據。不管任何時候，都一定會有洞察機先、敏銳行動的人。

從滿洲回來在內地做黑市買賣的長井，八月十六日在都內四處逛，目睹了淺草仲見世攤商蜂擁而來的購物顧客，他判斷不管任何東西只要是商品都馬上就能賣出，因為姐夫曾經經營古書店，他立刻起了經營古書店攤商的念頭，隔天馬上在仲見世開的攤商。

八月十七日。我們攤子開張這一天淺草聚集了相當多的人潮。這附近沒有都電也沒有地下鐵，真不知道人潮到底從哪裡、怎麼來，許多人都來敬拜觀音。（中略）短短五分鐘、十分鐘——至少我們是這麼感覺的——為了換取我們的書，從四面八方伸來緊握紙幣的手，我們手上的改造本就這樣消失了。

所謂改造本是指因為紙張不足無法推出新刊，舊書庫存也已經見底，所以將《少年俱樂部》、《講談俱樂部》等書解體重新裝訂，只換上新封面「改造」的假舊書。這些書一擺上攤位，立刻就會賣出。嚐到甜頭之後，三天後又帶了更多書來，這次也一樣瞬間賣光。但是一個月後就沒書能賣書了。於是，義兄大量買進的戰前單張鐵路地圖，推薦顧客拿著地圖去買糧食很方便，結果四萬張再次銷售一空。於是，「戰時的黑市在終戰兩天後迅速變成露天商販」。

不過並不是每個人都跟反町或長井一樣，在敗戰同時就展開活動。大部分日本人直到秋天都陷入了虛脫狀態。

神田神保町古書店街也一樣，前面也說過許多店主都接到徵召令，跟玉音放送前的狀況沒有兩樣。但是從長井勝一在仲見世擺的古書店攤商吸引大批顧客這個事實也可以想像，其實潛在需求出奇地大。反町大概也有這份確信，於是決定糾集同志重建古書業界。首先，他找來無需入伍入廠的淺倉屋店主，以及已經解除召集從溝口部隊回來的村口書店店主，舉辦了大市（大規模投標會）。

當時駿河台下的東京圖書俱樂部完全燒毀，所以租借了西神田俱樂部，但都內許多古書店都毀於空襲中，沒有能參展的古書。

於是反町搭上混亂的東海道線遠赴京都採購。京都沒有遭到空襲，也有戰時客人賣掉的書籍，庫存豐富，他砸下所有資金大量買入。

十月一日的大市從早上十一點左右開始。原本預計約有二十人左右出席，實際上來了四十二、三人，盛況空前。

依照時間開始投標後，景氣極好，價格也高，非常有活力。三點左右結束之前的營業額為三萬多圓。（中略）這是戰後東京，不、應該是全日本第一場大競標會。（《一介古書肆的回憶3》）

但是糟糕的在這之後。幾乎沒有客戶要賣書。房子既然免於祝融，之後也不用擔心失火，所以大家都不怎麼賣書。古書店是不收購就無從開始的業種。唯一的寄望就是從其他地方收購，但是當時鐵路混亂，外出也不方便。也有很多店鋪被燒毀，進退兩難的狀況大概持續了半年。

儘管如此，店鋪還在的店家不管放什麼書都能賣出去，還算幸運。由於出版社和裝訂所的燒毀導致新刊變少，顧客紛紛求購舊書。但庫存賣完之後無法收購貨源。然而比起反町的弘文莊這類靠目錄決勝負的無店鋪型古典籍商，有店鋪的古書店已經幸運很多。

其實當時的弘文莊已經陷入形同破產的窘境。由於時局劇烈變動，客源幾乎全斷。昭和七年秋天創業以來默默培養的得意主顧，大部分都在八月十五日這天之後頓時跌落為斜陽階級。（同前書）

昭和二十年到二十二年，GHQ兩度下令開除公職[78]和農地改革、財閥解體、資產凍結等民主化政策，使得弘文莊的老主顧愛書資產家陷入毀滅狀態。唯一的可能性就是製作目錄派發全國，可是因為紙張不足，過去有交情的印刷廠又在火災中全燒，也找不到顧客住址，幾乎是走投無路。

這時候他想到的點子就是自己還在一誠堂當店員時辦過的古書展售會。他邀集淺倉屋、山本書店、進省堂等店主，十二月二十六、二十七日兩天在西神田俱樂部舉辦新興古書展。這個嘗試相當成功。

> 過中午左右，狹窄的會場裡已經擠滿客人。（中略）傍晚時大家都笑得合不攏嘴。（同前書）

前景透出些許光明的希望，但是未來如何，此刻還完全一片茫然。就在這時候，昭和二十一年二月十七日發布了緊急敕令，不只古書業界，全日本都為之震撼。金融緊急措置令和日本銀行券預入令這兩項相當粗暴的命令。

內容大要如下。

二月十七日緊急敕令發布當天之後，封鎖所有存款。手上的紙幣只能流通到三月二日、三月三日起即失效。必須要在這一天之前交換成物品才行。但是舊鈔只能在二月二十五日到三月七日之間更換新鈔，每人限額百圓。舊鈔只要存入銀行依然有效，可是三月開始提款上限為戶主三百圓、家族每人百圓、每戶五百圓。上班族的月薪五百圓之內為新日圓，高於此金額則予以封鎖。

實施這項緊急措施後發生了什麼結果呢？

每戶只有五百圓新鈔的現金，連要購買日常必須品都不太夠。這時當然就需要賣東西換新日圓，大家的目光逐漸集中在變現性高、又有需求的古書和骨董上。反町在回顧古書業界的座談會〈昭和六十年代的古書業界〉（收錄於《蠹魚昔話 昭和篇》）上回答同業者的提問時這麼說：

齋藤：所以要賣古美術品和古書的人突然增加了是嗎？

反町：突然增加了，增加得相當多。這些東西可有可無。市面上長期以來新刊不足，問世的書籍紙張跟裝訂都很糟糕。昭和十二、三年之前出的書每一間古書店都會高興地買下。無視於公定價格，價格也不錯。所以三月三日之後市場忽然變大。當然不是隔天立刻見到變化，大概過了一兩個月後吧，客人拿來賣的東西愈來愈多。

八木（正）：那業者也得有資金收購啊。

反町：這個世界很大。雖然很多人煩惱沒有新日圓，但是也有不少人比較容易取得、手頭寬裕。比方說買賣食材，聰明地搞些地下交易之類的。這種人不管規模大小，在現實世界中人數都不少，所以好書一放在店面馬上就會賣出去。因為回轉快，也就不愁收購的資金。古書店忽然增加了庫存，店面自然而然聚集了許多渴求好書的讀書家、愛書人。有一陣子景況相當好。就這樣過了三個月、半年，新日圓也漸漸開始正常流通。

八木（壯）：不僅賣家多，買主也不遑多讓。生意相當繁盛呢。

八木（正）：好像古書店的理想國（烏托邦）忽然實現了一樣。

齋藤：確實會讓人笑到合不攏嘴。但是真的有過那樣的時代嗎？

反町：有一段時期真的是這種狀態。身在烏托邦的人不會意識到這是烏托邦，古書店在戰災後倖免於難的有神田神保町通和本鄉的帝大前。而新舊日圓切換這股熱潮帶來的恩惠，大部分都集中在神保町通。（後略）

78. 譯注：GHQ（駐日盟軍總司令）針對特定對象開除軍國主義指導者之公職。

如同這段問答所示，古書業界因為切換新日圓，需求和供給都同時復甦，其中倖免於空襲的神田神保町古書店街，正謳歌著業界暖春。尤其是專售洋古書的書店，進貨後都迅速賣出。其中從戰前開始專售洋古書的松村書店和進省堂，更是勢不可當。

反町（前略）：到了這個時期，大家都高呼美國萬能，很尊敬美國、親近美國人，也學習英文、讀原文書。不論內容軟硬，總之只要是寫洋文的書就能賣。（中略）畢竟新的東西都還沒有進來，市場上大家都在搶古書。行情也不斷攀升。

齋藤：原文書市的景氣特別好是嗎？

反町：可以說是原文書會歷史上的首次繁盛期吧。（中略）跟原文書正好相反，我們不合時宜的古典會再怎麼努力也拉不高業績，只能眼巴巴看著、無比羨慕。

八木（壯）：那可以說是原文書界龍頭松村書店、松村龍一先生的全盛時期呢。

反町：對，最引人注目的就是松村先生跟進省堂的鴨志田三郎先生了。我當時認真地想像過，松村或許不久之後會成為日本首屈一指的古書店。

時代流變，諸行無常。

現今全球化的浪潮下，政府嘗試從小學就開始實施英文教育，但也不知為什麼，日本人都變得內向，再也沒有人對原文書感興趣。不僅學習法文、德文的人口驟減，閱讀英文書的人口也顯著減少。AMAZON的興起威脅到新刊原文書店的生存，洋古書店完全成了「夕陽業種」。原文書會（原文書投標會）或許也無法單獨成立了。

反町以為「不久之後會成為日本首屈一指的古書店」的松村書店目前已經歇業，三樓高的大樓也從神田神保町消失，舊址現在成了停車場。松村的兒子繼承了松村書店，搬到神田神保町後巷二樓，但這裡也已經停止營業。在網路上可以看到小川町有店面，但不知是否在營業？

忍不住叫人惆悵：「嘆哉嘆哉，去年白雪今何在。」（《維榮全詩集》，鈴木信太郎譯，岩波文庫）

空前絕後的古典籍大移動

上回我們說到即使神田神保町古書店街在空襲中全毀，說不定也會跟關東大地震時一樣，令人意外地快速重新站起來，這個理由反町茂雄在上述座談會〈昭和六十年代的古書業界〉中做了如下說明。篇幅有點長，不過對於神保町古書店街歷史來說是一段極為重大的觀察，請容我引用：

反町：全日本的大型、中型都市都燒毀了。或許很多人都好奇，是不是大部分的古書類也都燒毀、沒留下太多。我從昭和二十一（一九四六）年起到昭和三十年這十年期間古書流入市場的龐大數量來推測，古書類、尤其是狀況中上以上的古書或許並沒有在戰災燒毀太多。

八木（壯）：喔，是嗎？

反町：因為在這之前就已經預料到遭遇空襲的可能，所以政府從昭和十九年左右就開始宣傳疏散的必要性。因此公共設施自然不用說，有很多家庭也都往鄉下避難，一點一點將重要美術品和逐漸難以取得的醫療用品移走。東京最早遭受嚴重災害是在昭和二十年三月十日的大空襲，主要受災區在江東區、本所深川這一帶，燒毀了二十三萬戶之多。緊接著十四日大阪也遭到襲擊，有十三萬戶受災。意料之外的嚴重損害讓大家又驚又怕，加快了物品疏散的腳步，很多人都覺得重要的東西再怎麼費事也得搬到安全之處，陸陸續續將物品遷往埼玉和信州等地。所以五月二十五日這場大空襲雖然燒毀了不少皇居等重要建築，可是重要物品，例如古美術品和古書的損害其實並不太多。跟完全無從預料、突如其來的大正大地震相比，我個人推測受災的程度應該少很多。

另外還有一點。東京上層階級以及知識階層很多都住在鎌倉、逗子、葉山附近，以及茅崎、大磯、小田原這一帶。也有很多知識階級住在中央沿線、東急沿線的住宅區。這些幾乎都毫髮無傷。（收錄於《蠹魚昔話 昭和篇》，八木書店）

由一個深知昭和二十年代神保町古書流通量到底有多龐大的人口中說出，這些話更有分量。神保町古書街因為這些沒有燒毀的潛在古書庫存，在戰後得以蓬勃發展。

然而，直到昭和二十一年三月更換新圓之前，儘管有如此龐大的潛在庫存，每一間古書店都曾經表示收購不易。在反町訪問巖南堂書店（當時）店主西塚定一〈法經關係與資料籍冊二三事〉裡，談到了因應這些困難所下的工夫。

西塚：當時想不到任何收集（舊書）的方法。客人手上沒什麼書。書沒有燒毀的也多半疏散到地方去了，大部分人手邊都沒有書。我想了很多方法，最後想到的是去買下堆在沒燒毀的出版社倉庫裡的書。

昭和二十年十二月左右，我先去拜訪了早稻田大學出版部，請求他們將剩下的書賣給我，對方答應了。我們談定用定價八折、一般的折扣率收購《大隈公八十五年史》一套三冊。我告訴對方希望能全數買下他們現在所有的部數，他們說要多少部儘管拿去，反正放在倉庫也沒有用，希望能快點清理掉。（中略）我把定價八圓的《大隈公八十五年史》約兩千多頁，標價大約十圓放在店裡，結果當天就賣了兩三套。（同前書）

總之，整個社會都瀰漫著對書籍的強烈渴望，說得誇張一點，只要放上書架，不管什麼書都賣得出去。西塚也看準了這股勢頭，前往有斐閣、東大史料編纂所、理工學書的培風館等沒有被燒毀的倉庫用八折價收購，大賣了一波。

聽了這個故事後，反町認為西塚能夠注意到出版社倉庫庫存這個可能的收購對象，應該是因為他出身於也經營出版業的巖松堂，來自單純古書店一誠堂的自己，怎麼也想不到這種方法。從古書店的思維確實無法衍生將出版社賣剩的庫存當作古書來賣的想法。

那麼在一般古書店是怎麼度過這個收購困難又缺錢的時代呢？

出乎意料的，其實是以物易物。西塚也證實了，尤其在新舊鈔交接之際、想收購手邊也沒有新日圓的時代，以物易物相當盛行。

舉個例子，像岩波書店發行的西田幾多郎博士《善的研究》，在當時年輕人之間就很受歡迎。想買這本書的人光用錢是買不到的，得拿阿部次郎的《人格主義》等等當時暢銷的書、然後再加上幾圓來交換。（同前書）

反町也說過，在切換至新鈔後的昭和二十一年後半，由於以物易物的流行，阿部次郎的《三太郎日記》和西田幾多郎的《善的研究》「跟金錢一樣通用」。

不過以物易物過於張揚，GHQ也無法視而不見，開始藉由警視廳進行指導，所以這種特殊收購形態不到一年就平息了。無論如何，戰後有一段時期在神保町《三太郎日記》和《善的研究》曾經是一種大為流通的「貨幣」，這些證詞相當珍貴。由此可以證明神保町是如何受到舊制高中式心理、精神所支撐。

開年之後，神田神保町迎來空前熱潮。GHQ倡導戰後民主化改革的結果，需求端和供給端都倏然活絡，古書開始以驚人氣勢從社會中某個地方流入神保町，再經由此地移動到其他地方。

首先來看看供給端，財閥解體、農地改革，停止對借款給軍方的企業之戰時補償、財產稅、華族世襲財產法廢止、開除公職等，接二連三地推動從根剷除戰前有產階級之資產的平等化政策，因此有產階級的書庫裡釋放出大量讓古書店垂涎的優良古書，開始流入市場。

供給端變得活絡不難理解，但是在這種混亂局勢中，為什麼需求端會有大幅度的改變呢？

昭和二十三年三月，文部省承認了十二所公私立新制大學，之後陸續在昭和二十三到二十四年新設了國立七十所、私立九十二所、公立十八所，共計一百八十所大學，隔年又新增了短期大學一百四十九所。這些學校都需要有自己的圖書館，但是當時新刊書店的體制還未完備，於是訂單紛紛往古書業界集中。

搭上這波大學新設熱潮的就是巖南堂。巖南堂的西塚定一考量到店鋪位於靖國通北側（面南），所以不容易拉高店面銷售的業績這項先天缺陷，再加上書籍不足，在競標會上的收購也很困難，於是開始著手挖掘潛在的需求。

最初我根據各種學會的名冊，發信給所有在明治到大正年間畢業的文科學生。信上表明如果有已經不用的書籍希望能賣給我們，附上店名宣傳。這件事做了很長一段時間，真的很辛苦。後來陸續收到貨品。剛好在終戰後的混亂局面當中，也是書籍和物品大規模移動的時代吧。我們收到了大量各種貨品，我開始思考，有沒有比製作目錄更好的方法。（中略）進入昭和二十四年，我做好準備，推出了號稱「巖南堂目錄復刊第一號」的新目錄。（中略）結果買得很好，大概有八成都賣光了。（同前書）

收到巖南堂的目錄後下訂單的當然就是那些新設大學的圖書館相關人士。基礎文獻會收到多張訂單，因此神田神保町的同業也都雨露均霑。反町接著西塚的說明，繼續分析。

您剛剛說到大概賣出八成，不過實際上應該不是單純的八成，在這八成當中還會有第二次、第三次重複的訂單。其中也有向神田其他同業訂貨，同樣的東西賣出兩三次的狀況。所以我想全部的銷售額應該有一點五甚至兩倍。尤其是西塚先生的這份復刊獲得相當出色的成果。最好的證據就是緊接著馬上又出了第二號。（中略）在西塚先生之後，東京的小宮山書店、一誠堂，關西的京都思文閣、臨川書店等，也都開始積極活用目錄、拓展銷售管道。（同前書）

西塚表示，大學圖書館這樣的大型需求始於昭和二十四年，在昭和三十年來到尖峰期，在這之後又因為增設科系、新設研究所的密集出現了第二次高峰期，盛況一直持續到昭和三十五年。

這陣子（昭和三十五年）應該是古書業界景況最好的時代了吧。到這時為止，戰後的舊書熱潮幾乎告一段落。（中略）書籍從神田村大量往地方大學移動的極盛期應該在昭和三十五年左右。（同前書）

對於這段話，反町特別強調神田神保町的古書店目前規模最大的巖南堂、小宮山書店、一誠堂這三間，都是曾經投注很大心力在目錄銷售上的店家。神保町古書街在戰前受惠於周邊的大學，戰後則因為來自全國新設大學的訂單，分成兩個階段各有大幅發展，但其中能維持大規模殘存至今的，只有製作目錄交貨給大學圖書館的上述三間。大學圖書館這種「法人投資者」資金龐大，換個角度來看，這也奠定了今日神田神保町的基礎。

那麼在這段期間中，像反町的弘文莊這種並非銷售舊書，而專售古書、特別是古典籍的和裝書店又是怎麼經營的？我們來聽聽反町自己在〈昭和六十年代的古書業界〉中的說法。

粗略地說，在新舊鈔交替之際，想要新鈔的上層市民們釋出了很多藏書。大批古典籍和貴重的重要美術、國寶類，多半晚了半年或一年才出現。戰敗之後收入銳減的華族和富豪，還得支付沈重的財產稅，所以在昭和二十二、三年左右需要大量現金。另外，突然間陷入窘迫，為了籌措生活費，不得不開始賣東西。於是市場上開始出現金額高的東西。再加上昭和二十二、三年左右開始有崇美、民主風潮，對本國歷史喪失自信，以及對古老傳統的輕率輕蔑等，都加速了古物的釋出。總之，在昭和二十二年一月九條公爵家、三月渡邊千秋伯爵家的藏書出售之後，大批古典籍開始奔湧到市中。（同前書）

大規模的財產移動確實可以用「奔湧」兩個字來形容。足以與此匹敵的只有法國革命和俄羅斯革命。不、如果從文化財產大移動這個面向來看，或許戰後的民主化改革已經凌駕上述兩個革命。古典籍數量的變動就是如此劇烈。

不過在這波古典籍的大移動中，類似弘文莊這樣的和裝書屋，也就專營古典籍的古書店都經營得相當吃力。這是因為收購時期和販賣時期的「落差」相隔很久，所以得費盡心思來週轉。

因為不是購自市場、而直接從賣家手中收購的「初品」交易，需要大量現金，可是因為有大量物件都屬於重要文化財、國寶等級，必須仔細評估。但這個時期雖然賣家多，卻幾乎沒有買主。

反町：（前略）昭和二十二、三年左右是古書店的理想時代，卻是我們和裝書店的受難時代。

齋藤：那就像剛剛所說，好的舊書無限量地出現也很頭痛吧。

反町：非常、非常困擾。想買的東西一個接一個出現、堆積如山，但是銷量卻零零星星，手頭根本沒多少錢。這些事不足為外人道，但是當初籌錢籌得很辛苦。（中略）我非常羨慕店裡的舊書迅速賣出、手頭寬裕的一誠堂他們。那是我一輩子最缺錢的時期。能換錢的東西，無論是動產或不動產我都賣了。

八木（壯）：不過您剛剛說到那時候的貨源很多，真難得每次都能恰好籌到收購資金呢。

反町：其實我當時在中野、練馬、東長崎和鵠沼共有四處不動產，我把那些不動產一一賣掉。只有鵠沼為了孩子們留下來，好不容易才撐過來，收購了不少。到了昭和二十四、五年，古典籍也漸漸有了銷路。（同前書）

原來是因為有不動產啊！反町關於自己狂買不動產，在《一介古書肆的回憶2 等待顧客》（平凡社）中誠實（但也相當驕傲）地坦白過。

當時空襲一直逼近到他位於西片的自家附近，反町首先讓家人帶著古典籍、藏書疏散到故鄉長岡，然後買下練馬番茄田中的獨棟房屋搬過去。之後等到在八月十日的報上得知蘇聯在八月九日參戰的消息，他分析新聞認為日本很可能投降，想起大學時代讀過恩師大內兵衛的論文裡提到第一次世界大戰後德國的嚴重通貨膨脹，於是決定在確定終戰之前這段期間用手頭十二、三萬的資金狂買不動產。

十一日開始我每天都拚命出去找空房。真要找時會發現很難找到理想的物件。好不容易在池袋再過去一點的東長崎找到一間附小院子的兩層樓房，用兩萬五千圓買下。另外聽說中野有間澡堂要出售，我想這也算是生活必需品，就用對方開的價兩萬圓買下。（同前書）

接著他又想到，比起東京，可能鎌倉、江之島一帶的待售物件較多，所以十三日去了鎌倉，在鵠沼海岸以五萬五千圓買了占地三百多坪、建築物五十五坪的房子。

我手邊剩下兩、三萬圓，剛剛好。加上原本本鄉和練馬的房子，名下總共有五間不動產。一片焦土的東京中，房屋成了重要的必須品。說不定在戰後可以預想的艱困局面中，這些不動產可以幫我度過危機。（同前書）

太厲害了！我在梅崎春生的小說中確實看過有人眼光精準，判斷日本會戰敗後迅速在空襲期間收購不動產，沒想到反町茂雄也是其中之一！

弘文莊能在戰後順利成長，都要歸功於反町茂雄從歷史中學習、並反映在自己生意上的決斷。靠著出售敗戰不久之前購買的不動產，反町以豐厚資金買下大量釋出的高級古典籍，昭和二十三年七月時他帶著充分的信心著手製作一份豪華版目錄。結果七百十六件商品賣出了兩百九十一件，業績差強人意，但是，以當時來說已經是超乎預期的成果。其中最驚人的是第二十號目錄、之後指定為重要文化財的九件，還有戰前已經指定為重要美術品的十一件，內容相當豪華。

這些重文、重美等級的品項都是什麼樣的買主買下呢？

昭和二十年代這善本價格相對低廉的時代，最大的四位買主就是霍雷、中山正善、岡田真、小

汀利得。（收錄於前述〈昭和六十年代的古書業界〉，《蠹魚昔話 昭和篇》）

法蘭克・霍雷（Frank Hawley）是昭和六年以東京外語學校教師身分來日的英國東洋語言學家。第二次大戰開始後回到英國，戰後再次來日，成為《泰晤士報》的特派員，同時熱衷於收集日本古典籍，是最大的買主。反町在一場以一誠堂第二代酒井宇吉為主角的座談會〈在終戰後的混亂中前進〉中如此提及霍雷：

總之，只要一寄目錄去，他就會專門挑選貴的、好的東西，成批訂購。但是我也不能什麼都賣給他，如果告訴他其中重要的兩三件已經賣出去了、沒有了，他就會大發雷霆（眾人大笑）。（同前書）

我可以了解為什麼參加座談會的人會笑。霍雷雖然是重要藏家，但是付款總是很慢。

反町：（前略）霍雷是個很熱衷購買的人，可是付款狀況很糟。

酒井：對，確實沒錯。他確實很有錢，可是花得更多。（同前書）

中山正善當然就是大家熟知的天理教管長，是日本規模最大、最優秀的藏家。

岡田真原本是東洋帆布股份公司的總經理，之後獨立創立纖維公司，搭上纖維產業的好景而致富。他是土屋文明的弟子、阿羅羅木派歌人。在戰後派中是最熱心收集古典籍的人之一。

小汀利得是中外商業新報（後來的日本經濟新聞）社長，戰前也是弘文莊的重要主顧。戰後雖然不幸遭開除公職，不過身為藏家的熱情並沒有減退，在解除開除公職前就已經是弘文莊目錄的重要買家。大概是驚訝於低廉的賣價，從四面八方設法籌錢來購買吧。我們這一代只覺得小汀利得是在電視的「時事放談」上閒聊些業餘政論的老爺爺，其實他也是位偉大的藏家呢。

霍雷、岡田真、小汀利得的藏品多半都在昭和三十、四十年代接連賣出，此時古典籍的價格已經暴漲，大部分得標的都是天理大圖書館等「法人投資人」。

> 三十年代概略來看是所謂貴書、善本重新洗牌的時代。局勢混亂時暫時安放在某處，等到社會終於恢復安定的時代，這些東西就會重新放到該放的位置上。當時就是這樣的時代。（同前書）

神田神保町來到昭和三十年代時，已經告別了個人藏家的時代，迎接法人投資家的時代。

記錄者．八木敏夫

特價書是古書店銷售的類別之一。

原則上舊書是指在新刊書店以實價購買（或者獲得作者贈送）的書，在讀過之後（或者從來未讀）賣給古書店（現在還有上網拍賣這個方法）的二手書，而特價書是指因為倒閉、庫存整理、瑕疵、髒污等理由，直接從出版社倉庫出貨給古書店的一手書。又被稱為清倉書，但正確來說特價書並不等於清倉書。在《東京古書業公會五十年史》的「古書店用語集」中定義，「清倉書也是特價書的一種，指庫存書的賠本處分品，但現在已經漸漸成為特價書的總稱。」因此可以說「清倉書包含在特價書之中」。

關於清倉書的日文「ぞっき」（發音為Zokki）這個說法，有人說起源是因特價書業者會刮除標示為清倉品的標記（通常為Ⓑ），因此稱為「削ぎ本」（「削ぎ」發音為 Sogi），也有人說這是表示「完全」、「整批」的俗語（《維基百科》），真正的語源不明。

姑且不管這一點，當我上大學後開始流連神保町古書店街時，最早買的清倉書是桃源社倒閉後大量流入特價書店的《世界異端文學》中於斯曼（Joris-Karl Huysmans）《逆流》（*À rebours*，澀澤龍彥譯）、《大教堂》（*La Cathédrale*，出口裕弘譯）、希爾巴特（Paul Karl Wilhelm Scheerbart）《小遊星物語》（*Lesabéndio*）（種村季弘譯），還有《沙特選集》。我就這樣成了澀澤龍彥、出口裕弘、種村季弘的書迷，看來清倉書還是多少具備了文學上的影響力。

但是當自己也成了作者，可以了解看到著作成了清倉書時會有多難受。

大概是十年左右前吧，我跟平時一樣來到神田神保町二丁目的「日本特價書籍 長島書店」，竟然發現我一九九七年出的《惡名昭彰——十九世紀巴黎怪人傳》（出版社名在此保密）堆在清倉書角落！「原來那本書賣得那麼糟！明明很有趣啊！」心裡湧起一陣哀戚，拿起來一看，價錢還不到定價的一半。突然覺得這些書好可憐，把剩下的七本全部買下。

沒想到，三天後我再次來到「日本特價書籍 長島書店」，這次竟堆了二十本！店家判斷銷路不錯，所以又從特價書經銷商那裡進了貨。這次我可沒買了。之前我因為《世界異端文學》清倉書成為澀澤龍彥、出口裕弘、種村季弘的書迷，我想，說不定《惡名昭彰》也能帶來我未來的書迷。

神田神保町除了前面提到的「日本特價書籍 長島書店」之外，還有「山田書店」、「東西堂書店」等好幾間特價書店，特別值得一提的就是「八木書店」。因為這裡除了經營零售，也是擁有規模遍及全國供應鏈的大型特價書經銷。研究「八木書店」的歷史，一定也能了解特價書的歷史。

「八木書店」本身對於被稱呼為「特價書經銷」一定會覺得相當不滿。因為他們網羅了國文學、國史、國語學相關初版本、珍罕本的古書部，可說是神保町最大規模，另外復刻出版《天理圖書館善本叢書》和《正倉院古文書影印集成》的出版部也是國史、國文出版界的大家，國文、國史相關的新刊部也很充實。所以被視為專售特價書店的書店或會覺得遺憾，但是不說到「八木書店」就無以論及特價書的歷史，在此還請見諒，先讓我們來看看「八木書店」的成立。

八木書店的創業者八木敏夫於明治四十一（一九〇八）年十二月生於兵庫縣二見町東二見（現在的明石市）。家裡經營米穀生意，父親磐太郎本來是個積極進軍鋼鐵業和不動產業的商人，不過在敏夫從神戶育英商業畢業時已經家道中落，他開始住進神戶福音舍這間新刊零售店當學徒。

但是這一年，敏夫看到岩波文庫創刊，判斷利潤微薄的新刊零售業前景堪憂，決心往出版業發展，而最好的學習就是到古書店工作。當時一位之前曾經任職於神保町稻垣書店的店員剛好進了福音舍，他告訴敏夫：「如果想去東京發展，一誠堂是最好的選擇。一誠堂裡有個帝國大學畢業的年輕人，幹得有聲有色，想學習的話那間店最理想。」（收錄於八木敏夫〈日本古書通訊、明治珍本、特價書〉，反町茂雄編《蠹魚昔話 昭和篇》，八木書店）。

於是他附上店主的介紹信，寫信給一誠堂，反町茂雄因公到神戶出差時來到福音舍面試，決定錄用他。時間是昭和四（一九二九）年五月。

在一誠堂中他負責騎自行車到大學和研究設施推銷，主要跑郊外的大正大學和駒澤大學，同時如果顧客有想賣書的需求也會出差去收購。當時的一誠堂如同前述（參照四〇四頁），有先讓店員對買回來的所有書一本一本自行定價、再由反町檢查（鑑價）的習慣。目的是為了統一價格。

我從那時候開始就有買貴傾向，被叫做「買貴的敏哥」，每次鑑價時都直冒冷汗。（同前書）

敏夫年紀輕，但是有豐富的創意跟點子，他向反町提的幾個點子都被採用。比方說到學校推銷之前，先收集官報、全國報、地方報的剪報，整理「各間學校有多少預算，誰死了、誰換工作了」，從類似調查部的情資活動開始，還有跑郊外和地方城市時覺得只帶一本一誠堂目錄太可惜，他提議去農校時製作動植物分類目錄、去新設圖書館時帶基本圖書的分類目錄。

在這段期間，大阪出現了《大阪舊書通訊》這份整理舊書行情的印刷小冊，發行人富樫榮治聯絡了一誠堂，表示希望一誠堂能協助提供東京的新聞，於是反町指派八木為聯絡窗口，負責提供東京的新聞。八木對這份工作很感興趣，反町開始考慮跟富樫共同創業的可能，他帶著八木前往大阪跟富樫討論後，讓事態往意外的方向發展。反町回想當時的狀況：

我把八木先生介紹給富樫先生，提議雙方攜手合作，交換東西兩地的新聞，共存共榮。富樫先生考慮了一陣子，最後回答，是嗎，我知道了，那我退出。老實說我當時聽了很驚訝。我對富樫先生說，您不用退出啊，這是您開拓的工作，現在突然退出怎麼行呢。沒想到他是出乎意料很個很爽快的人，他說，我想早晚會有這一天，八木先生比我年輕很多，如果你在東京發展，不久的將來顧客一定都會跑到八木先生那裡去。既然答案都這麼明顯了，我不如現在退出。我要養活自己沒什麼問題。他的做法給我留下很強烈的印象。（同前書）

富樫非但沒有收權利金或收購費，甚至還出讓了顧客名冊。於是昭和八年十二月，離開一誠堂的八木以自己的存款六百五十圓加上反町出資的三百五十圓、共計千圓的資本，創立了「日本古書通訊社」，隔年一月起發行《日本古書通訊》。發行後反應很好，但是他對編輯工作沒有自信，所以在反町介紹下進了明治大學新聞學院（夜校）。

進學校後打開了八木的視野。新聞學院的講師群中有曾經擔任大審院法官、同時也是明治文化研究會會長的尾佐竹猛，學識淵博的大學者木村毅，還有讀賣新聞論說委員、古書通井澤弘等人。八木除了在這些講師的課堂上吸收關於編輯的知識之外，也幸運打進了愛書人的網路。

這份幸運在發刊進入第三年、昭和十一年八月《日本古書通訊》遭受重大災厄時，發揮了出色的實力。所謂重大災厄是指東京古書公會幹部會議決議禁止公開古書行情，《日本古書通訊》因此不得不刪除東京行情的欄位，大幅改變編輯方針。反町認為外國古書業界公開行情是常識，他深信這才能打造一個光明正大的市場，因此努力遊說東京古書公會撤回決議，但是神田神保町的大型店家多半都贊同禁止公開行情，因此他也只好順從時勢。八木於是改變編輯方針，讓《日本古書通訊》成為一本以書籍報導為中心的雜誌，而這時明大的人脈就大大派上了用場。

當時尾佐竹猛只允許轉載已經發表過的報導，但木村毅不僅親自執筆，還幫忙介紹了齋藤昌三、柳田泉等明治文化研究會成員，還有渡邊紳一郎、高橋邦太郎等東京外語的朋友，《日本古書通訊》成功地改頭換面成為一本綜合性古書雜誌。

《日本古書通訊》漸漸上了軌道，但另一方面，八木則以自己出身地神戶六甲山為名，在鈴蘭通創立了古書店「六甲書房」，他將《日本古書通訊》的編輯工作交給弟弟八木福次郎，自己則專注於六甲書房的經營上。因為八木發現了新型態的古書店，也就是專售特價書的古書店這條礦脈。

六甲書房除了銷售舊書之外，不久之後也開始便宜買入出版社賣剩的的出版品「特價書」，批發給古書店。當時我認為特價書是舊書的一種，屬於大量的交易。陸陸續續跟許多家不同出版社交易，第一次大批購買的是內外書籍股份公司。他們擁有古事類苑、讀史備要，以及復古記、廣文庫、皇學叢書、日本文學叢書等非常適合古書店的出版品，當時我們大批收購，也都賣得很好，獲得不錯的利潤。另外那時候齋藤昌三先生書物展望社的事業遇到瓶頸來找我商量，於是我也把他的單行本全部買下，這些也賣得不錯。（同前書）

八木說完之後反町繼續補充：

當時大部分特價書店都以大眾小說和兒童讀物等二、三流的好賣字書為主，而八木先生在這方面值得特別一提的功績就是他將古事類苑、復古記這些學術價值高的正式書籍以特價書的形式銷售，而且大獲成功，同時也讓當時苦於貨源不足的古書業界享受了不錯的利潤。（同前書）

過去大家都將特價書當作廢書，不過八木卻站在古書的觀點重新檢視，經過篩選之後找到了新價值，將其放上古書流通網。這可以說是八木書店的偉大功績之一。

但是，本以為《日本古書通訊》和「六甲書房」都有不錯的起步，沒過多久，日本就進入日中戰爭，古書業界因為公定價格問題陷入動彈不得的窘境。八木自己也接到徵召，轉戰中國大陸，在華中迎接終戰。昭和二十一年三月復員後回到故鄉明石，因為希望在東京重啟事業，在這年夏天上京，前往本鄉井上書店打招呼時聽到了這樣的小道消息：

偶然到本鄉的井上書店去拜訪時，聽他們說上野的松坂屋想要開設古書部。我馬上去了松坂屋。營業部長叫飯田，總經理姓堤。飯田部長非常愛書，不太像百貨公司業界、比較像個文化人。飯田部長跟書物展望社的齋藤昌三先生很熟，之後齋藤先生也跟飯田部長打過招呼，聽說齋藤先生也向他推薦了我。另外在古書業界中本鄉的井上先生和古屋柏林社也都大力推薦，我順利進了松坂

屋。（同前書）

以現在的常識來思考，古書店進駐百貨公司實在很不可思議，但是昭和二十一年夏天物資極端不足，百貨公司裡沒有任何能賣的東西，所以才向古書店招商。不過為什麼會選擇古書店呢？

那是因為如同前述，昭和二十一年三月更換新鈔，每個家庭都因為急需現金而釋出了容易變現高的古書。

八木利用百貨公司的信用，在報上刊登大篇幅收購廣告。他的身分是進駐店家而非月薪制員工，所以廣告費得自己付，但是廣告一推出立刻獲得熱烈迴響，收購方面做好了萬全的準備。然而到開店還有一段時間，這期間不會有半毛錢收入。收購的錢從哪裡來？只能向百貨公司借了。

共計五萬圓，還沒賣出一本書就借了這麼多錢，當時在店裡也引起一番風波。松坂屋創業以來能夠在沒有半毛業績的狀況下借到錢的，只有八木一個人……。這筆錢約好了在十一月三十日還款，但是收購來的書一開店就飛也似地賣出去，十月三十一日之前就已經分成兩次清償完畢。（同前書）

有百貨公司做後盾來打廣告效果果然非常好。松坂屋也放大了膽子委託八木在銀座松坂屋也開設古書部，不過他表示光是上野店就已經忙不過來，實在無法接下銀座店。

我沒辦法只好去找反町先生商量，我告訴他現在有這樣的需求，有沒有什麼適當人選？他告訴我山田朝一（現在神田山田書店的店主）應該挺適合，當時山田正疏散回到故鄉山口縣，雖然本人很想回東京，但是苦於沒有工作，反町先生建議我去找他談談。我馬上寫了信給山田，他立刻到東京來，表示極高的意願。我們在一誠堂時代就彼此認識，所以我也很放心，決定請他過來。山田表示要先回趟老家籌錢後馬上再過來，不過當時大家的困境都差不多，他遲遲籌不到錢，從鄉下寫了信來要求我幫忙。朋友之間有困難本來就該互相幫忙，我回答他會幫他想辦法，他很高興地寫了封道謝信來，那封信我到現在還保存著。於是銀座松坂屋的古書部就在這一年的十一月開張了。（同前書）

除此之外松坂屋還委託八木負責名古屋本店、靜岡店的古書部，八木分別安排自己的熟人進駐，八木以自己的名義經營上野店、銀座店、名古屋店、靜岡店這四間店鋪。百貨公司古書部的經歷帶來了許多啟發，造就出今日八木書店的營業型態。

其一是多虧了在報上刊登廣告的效果，接連得以收購大批直接自客戶收購的初品，神奈川電氣社長松田福一郎的美術書、第一書房長谷川巳之吉的法國版美術雜誌和豪華皮製裝幀書、永井荷風相關人士提供的親筆信、正岡子規草稿本、久原財閥久原房之助的藏書、樋口一葉的日記、夏目漱石的《道草》原稿等等，雖不是全部，但多半都由八木經手。自此，累積起現在八木書店古書部的專門領域知識和經驗，例如國文學、國史、古典籍等珍罕本、初版本、親筆原稿、信件等。另外，既然是大規模的初品，當然也有豐富的書畫骨董，因此八木書店也開始著力於美術品，埋下日後開設美術部的種子。

同時八木也放了更多心力在戰前即已開始銷售的特價書上。百貨公司跟神田神保町不同，不特定多數顧客的比例很高，所以展售的書籍也必須符合不見得喜愛古書的顧客之需求。說得更具體一點，也就是並非舊書、盡量接近新書的書籍，而且愈便宜愈好，而特價書最能滿足這樣的需求。於是，八木從昭和二十四年四月起在松坂屋上野店別館設置特價書部，擴展這方面的業務。剛好戰後出版熱潮消褪，不少出版社都倒閉了，所以有多不勝數的收購對象。

然而時代終於漸漸趨向穩定，昭和二十六年締結舊金山和約、戰後時期結束，八木的生意型態也不得不轉換。隨著戰後的復興，物資漸漸氾濫，服裝等商品也逐步充實，百貨公司為了確保賣場面積，開始覺得古書部的存在很礙眼。

松坂屋先結束了銀座這邊，請山田到上野來，合併了兩間店。一開始能使用的地方是寬闊的二樓，但是漸漸被迫移到四樓、五樓，然後又降到中二樓，空間也漸漸縮小。到最後跟松坂屋約好，往後如果還要銷售古書務必互相幫忙，結束了營業。（同前書）

時間是昭和二十八年三月二十一日。八木很可能已經預料到這一天的來臨。昭和二十六年七月他在神田神保町一丁目四十五番地兼設特價書收購部，隔年將總公司搬遷到同址，在關閉松坂屋上野店古書部這一年夏天，改稱八木書店株式公司，開始新刊經銷業務。另外在昭和三十二年跟同業者一起設置了另一間獨立公司「第二出版販賣股份公司」作為百貨公司批發部門，之後同業退出，該公司納入八木書店旗下，主要負責向百貨公司批售特價書、直至今日。再看看年譜，可以發現昭和三十六年十月，八木書店在現在我們熟知的神田神保町一丁目一番地開設了古書部。

昭和三十八年，八木敏夫將《日本古書通訊》的編輯、發行、營業交給弟弟八木福次郎。昭和五十九年趁著創業五十週年這個時機，將八木書店社長之位讓給長男壯一，自己就任會長。平成十一（一九九九）年過世，享年九十一歲。反町簡潔地總結了靠著努力奮鬥、一手打造出神田神保町代表性書店的八木敏夫生涯。

八木先生從《古書通訊》出發，在戰後混亂期將重心轉移至古書，主要專精於明治書籍，之後又替特價書業界帶入一股新氣息，在事業上大獲成功，同時在出版方面也穩健成長，現在除了積極推廣明治文學，也分配若干餘力在美術品上，特別是文士、名士的書籍、書簡、繪畫。（同前書）

不僅如此。我們今天可以如此回顧神田神保町的歷史，也都要歸功於八木書店讓反町茂雄的許多業績成書。如果說反町是神田神保町歷史的「創造者」，那麼八木敏夫可以說是「記錄者」。如果沒有八木敏夫，我們或許也無從知道反町茂雄的偉功績。

折口信夫與《遠野物語》的邂逅

到昭和三十（一九五五）年左右之前，每個街區都有熱鬧的攤商。在我的老家橫濱，從戰前開始就有伊勢佐木町這個繁華鬧區，這裡在戰後松屋百貨公司和不二屋被美軍接收，市民都蜂擁到忽然誕生於災後焦土上的野毛攤商街。我的叔母曾經在這野毛攤商買了大日本雄辯會講談社的繪本《世界探險物語》、《世界奇妙故事》給我，這是我的「第一本書」。野毛有許多賣特價書的攤商古書店，展售著大日本雄辯會講談社賣剩下的繪本。

之後老家倉庫拆解時，我奇蹟似地發現了這兩本繪本，我再次體認到自己腦中許多意象的圖庫都來自這些繪本。尤其是鈴木御水筆下的「阿蒙森」（Roald Amundsen）、古賀亞十夫的「赫定」（Sven Anders Hedin）、鈴木登良次的「聖艾爾摩之火」（St. Elmo's fire），還有伊藤幾久造的「大影子」，這些畫都遠比我印象中精彩，充分證明了這個時代講談社的繪本都是由戰前「少年俱樂部」系列優秀的插畫、繪畫家所撐起。

諸如上述，戰後有一段時間像我一樣曾經在攤商古書店買過特價書、自此開始「購買舊書」的人一定不在少數。

神田神保町也不例外。戰後神保町甚至可以說是從攤商古書店開始的，不過神保町的攤商古書店從明治時代就已經存在，應該先從這裡來回溯歷史。

明治三十二年左右起，神保町的古書店夜市就是神田的知名風景。主要顧客都是學生，中高年紳士也很喜歡來逛這裡的夜市。知名的庫伯博士（Raphael von Koeber）曾經數度造訪，這裡甚至成為世界知名的景點。東洋電影院那條路是夜市的終點，以將棋店為中心，古道具店、蔬果店之間有兩間舊書雜誌、雜誌店，往鈴蘭通走古書店更是興盛，過期雜誌、廉貨店之間有許多五十錢、十錢、三十錢均一價的古書店，書店前一定會有幾個人佇足。（中略）光風館前開始一直到駿河台下是古書店的密集地帶，這裡還有賣美術版畫的店，二十七間廉貨專賣店、三十一間舊書專賣店、十六間雜誌店，夾雜其間的其他業種有二十七間。（《東京古書業公會五十年史》）

由此可以看出，同樣是攤商街，神保町的古書店也居壓倒性多數，其中許多都是稱之為「平日」型態的店，也就是每天都會出現在固定地點的攤商。順帶一提，只在祭典等日子出現的不定期店家稱為「高町」。

攤商規模分成「地攤」、「三寸」、「小店」這三階段。「地攤」就像巴黎旺夫跳蚤市場（Marché aux Puces de Vanves）周邊，現在還可以看到的形式，在地面上鋪了墊子、把商品擺上，是種最原始的買賣方法；接著「三寸」是指有台座的店，這種說法的來源是因為以前常說一間店的大小是六尺三寸。「小店」是台座比三寸更小的店家。

另外，會像江湖商人般叫賣的是「有話」，不叫賣的是「無聲」。古書店通常都是「三寸」的

「無聲」。

在這些攤商古書店裡賣的都是哪些類別的書呢？多半都是通俗的講談本，《太陽》、《文藝俱樂部》、《新小說》、《冒險世界》、《國王》這些過期雜誌，還有《少年世界》、《少年》、《日本少年》、《少年俱樂部》等少年雜誌。可能有專門將過期雜誌以特價書方式賣到攤商的管道存在吧。

不過其中也有些店家的珍罕本，比有店鋪的古書店更多，很多古書迷就是看準了這個而去。雖然不在神田神保町，但聽說在銀座有個傳說中的攤商古書店山崎老人，店開在尾張町一丁目的松坂屋前，柳田國男等許多知識分子都是他的顧客。

說到柳田國男，有個中學教師大正三（一九一四）年在鈴蘭通的攤商古書店發現了他的《遠野物語》，大為感動，於是將民俗學定為自己的研究方向。這位中學教師當然就是折口信夫。折口在收錄於《古代感愛集》一首題為〈遠野物語〉的詩中，戲劇性地講述了他跟柳田國男這本名著的邂逅。這首名詩除了讓人對大正年間鈴蘭通攤商的喧囂身歷其境，同時也是宣告日本民俗學誕生的「宣示」文本，篇幅雖長，以下還是容我全篇引用。

遠野物語

大正三年冬日／冬風蕭蕭的一天。／／於駿河台轉入神保町／走進的那一帶，／不如現今房舍整潔。／連綿屋簷低矮，／戶戶高聲叫賣／響遍滿街。／屋簷下，／攤商貨台成排連綿，直至街尾。／／暗紅色鋪毯上，／泛黃藍旗／木台組起。／古書堆疊其上。／／一疊高聳，／一疊低矮，／堆疊成塚。／／這本五錢那本拾錢／手邊這本拾五錢／各自疊起的書堆上／柔軟的陽光灑下，／過街的風揚起沙塵。／／沙風稍緩，／日頭西下，空氣清冷／角落一間店，／煤油燈光漸漸昏暗／油煙下微弱的光線下，／我終於發現。／這是世上的珍寶／決定我方向的一冊。／／握在手中的零錢

／交給商家，／商家想必覺得遇見了狂人，儘管不知他如何猜想／從書塚中／挑出帶有桃花鳥色之香者，／宛如奪走般奔逃，／來到街角時，／站在瓦斯燈下，平撫激動的胸口，／取出書冊，忘我地閱讀。／／美麗書封受損，書背刮痕處處。／然而我眼前所見，／是翻開後的頁面／深刻嚴謹的的活字。／文字姿態之美難以言喻。／文字與文字是如此清晰，／逐行清澈流動。／／究竟是何處何人／讀過的舊書。／何以放手在此出售。／後方幾頁似未曾翻讀過／指尖撥過，／站著唸了幾頁。／喜悅有如漩渦般翻湧，撼動著這世間的心靈。／風聲的遠野物語。／／（中略）／至今，我仍不知道／書寫故事者的長相，卻像是愛上了那個身影／這本書就是如此精彩，／置於膝上、蓋在桌上／我不知感動嘆息了多少回。／早池峰山雲湧，／飛濺於猿石的水花／我無法仰視、也無法俯瞰。／／點起三分燈芯的油燈，／閱讀至深夜，／屏息低聲，／正因年輕氣盛，我淚濕涔涔。為此遠野物語。（《現代日本文學全集之釋沼空集》，筑摩書房）

明治四十三（一九一〇）年六月，聚精堂出了初版《遠野物語》三百五十部，其中兩百部由柳田自己買下分贈親戚朋友。折口信夫在大正三（一九一四）年鈴蘭通攤商發現的應該就是饋贈本之一。柳田在大正三年當時身為貴族院書記官長，在新渡戶稻造的支持下發行了《鄉土研究》，但在社會上依然默默無名，折口信夫也只是讀了幾篇論文，暗自傾心。所以折口在攤商拿起《遠野物語》真的是純粹的巧合。無論如何，大正三年十二月的這個瞬間，鈴蘭通攤商這一本書決定了日本民俗學的未來。

如同折口信夫這段長詩中所描述，明治到大正年間的神田神保町攤商橫跨鈴蘭通和櫻通，在昭和五（一九三〇）年之後情況有了很大的改變。警視廳為了救濟昭和恐慌中湧到街上的失業者，擴大了攤商許可地域，只要取得警視廳的許可就可以開攤商。之前如果想開攤商，就得納入各地盤的攤販老大控制下，但僅限於部分地區開始進入這種「民主化」。

神田神保町的攤商許可區域也擴大了，範圍從駿河台下車站到靖國通南側往神田車站方面前進、第百銀行（今三菱東京ＵＦＪ銀行）附近的人行道。這段失業救濟攤商區域有十四間古書店、十二間廉貨店、七間雜誌店，數量直逼鈴蘭通。不過數量雖然增加、品質卻逐漸低落，導致攤商熱潮漸漸衰頹。

到了昭和九年左右，攤商數量增加，尤其是特價書店增加得更多，不過顧客似乎已經厭倦，業績始終拉抬不高。（《東京古書業公會五十年史》）

昭和二十年八月十五日戰敗之後，攤商再次回到神保町。

在《東京古書業公會五十年史》中，透過站在現在「伊呂波壽司」附近的芝浦工專學生藤波一虎（後世田谷太子堂、林書店店主）的眼睛，描述了八月十五日起幾天神田神保町的攤商情景。

上午十一點，身穿著底下肌膚若隱若現的破舊襤褸，他呆呆地望著悄然來往的人群，在那站了一會兒。（中略）

他就讀工專，但是在音樂書、哲學書的涉獵卻有著高於當時學生的水準，也曾數度造訪神保町購書。終戰那天晚上，他有意無意地聽著隔壁父母親的談話，一個聲音宛如天啓掠過他的腦中：「書本就是金錢」。

站在神保町步道上的藤波打開行李箱，慢慢取出一些書，擺好之後感覺到有兩、三人站在他眼前。之後的事他記不太清楚了。不到一小時，他手上的書賣得一本不剩，換來的是塞在他學生服口

袋中的幾百圓。(同前書)

就這樣好幾天前往神田神保町、打開行李箱，藤波發現手上的書愈來愈少，於是到自家太子堂附近的古書店去看看狀況。他發現在神保町賣得很好的哲學書、辭典、文學書，這裡的價錢只要神保町行情的一半，立刻掏出所有現金買下。

藤波開業幾天後，肥皂店、打火機店、傘店等攤商也在周圍開張，自然而然形成了一處攤商市場。地點在靖國通北側、現在麥當勞那個角落到藥妝店那一帶。這附近跟古書店林立的對面（南側）不同，空襲時受害很嚴重，或許因為如此開設攤商比較容易。

終戰這一年年底之前，古書店並沒有太多，但是進入隔年昭和二十一年，同樣靖國通北側隔著白山通的對面（神田神保町二丁目）接二連三地出現了古書店攤商，形成將近一百間的密集狀態。

> 進入二月、切換新鈔的一個月前，一天的業績開始超過千圓。來賣書的人也增加了，每天大約可以收購幾百圓。客人提供的東西賣得特別快，就算訂了比買價多一倍的價格也很快就能賣出。當時上班族月薪大約一千圓到一千五百圓左右，這樣的業績可以說相當可觀。來擺攤的多半是小、中學教師、上班族、復員軍人等業餘攤主，其中還有些特別的攤商，例如前憲兵中尉身穿將校制服，專門買自己當時押收的左翼相關書籍。(同前書)

《東京古書業公會五十年史》中刊載了昭和二十二年九月二十四日的攤商分布圖（神保町東部、錦町、小川町、駿河台下），在此轉載（參照下頁）。

不過一度如此熱鬧的神田神保町攤商古書店，卻在昭和二十五年年底左右幾乎消失。GHQ的

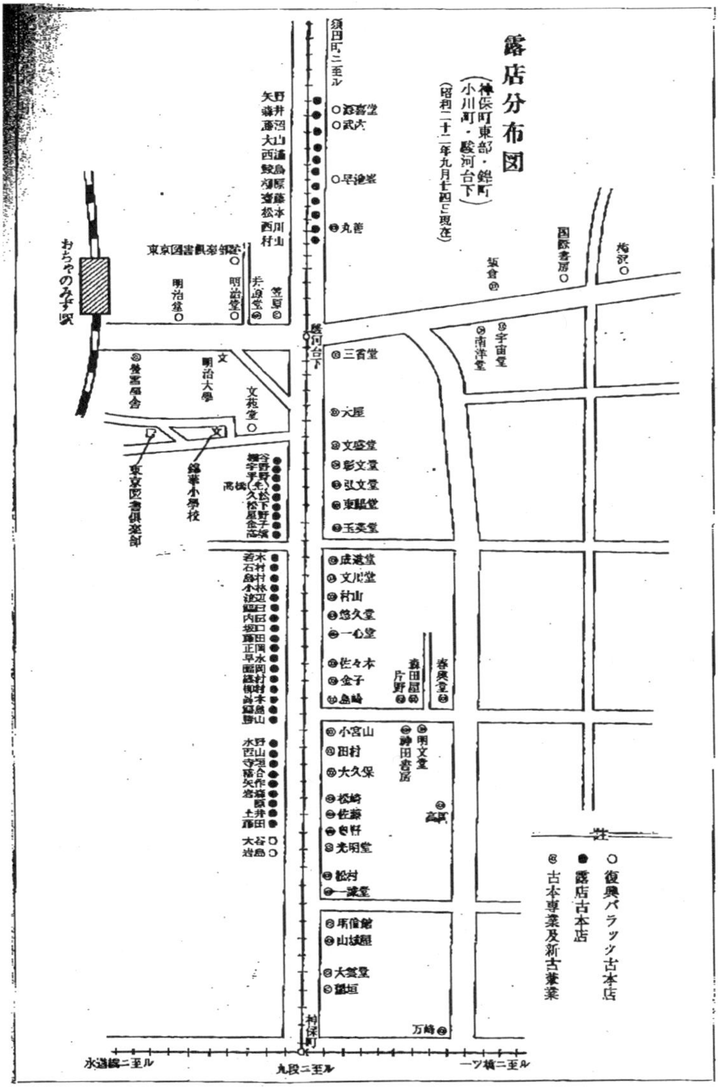

昭和 22 年 9 月 24 日的攤商分布圖（摘自《東京古書業公會五十年史》）

麥克阿瑟司令官在昭和二十四年八月下令，到昭和二十五年三月三十一日為止必須撤除都內公道上的攤商。自此，扮演戰後商業活動的一角的攤商盡數消失。有些攤商像新橋和新宿的黑市一樣，被急就章的市場吸收，但神田神保町周邊的攤商古書店並沒有這樣的空間。

不過昭和二十七年舊金山和約生效、GHQ軍政結束後，鈴蘭通周邊似乎又有部分攤商復活。古書店比重並不高，但攤商確實復活了。日本人留下的文獻中很少有關於舊金山和約後攤商狀況的記載，不過昭和三十年十二月造訪日本的瑞士背包客留下了一段證詞，在此引用。這是關於昭和三十年當時鈴蘭通情景的珍貴紀錄。

俄羅斯正教的教會開始就是下坡。坡道再加上疲勞讓我的雙腿僵硬，能夠置身於駿河台附近熱咖啡和烤雞串香味時，已經是晚上十一點。狹窄的街道上有抱著睏倦孩子的一家，點著燈籠、霓虹招牌、乙炔煤氣燈的攤商粗聲叫賣著劣質綿布和橡膠長靴還有竹製塑膠製玩具。道路兩邊擺著木板已經破損的垃圾箱，裡面的東西都傾翻在人行道上。街邊接連好幾間居酒屋，每一間都如此小巧，跟大馬路上其他店家相比，像是一夜就能搭建起的店面。我肚子餓了，推開一間寫著「咖啡酒吧・Shi」的店門。Shi是什麼意思？——我問了店家——原來是詩（poem）的意思。我並不覺得驚訝。散步途中我已經看見兩間名為里爾克（Rainer Maria Rilke）的茶館、一間叫做法蘭索瓦・維榮（Francois Villon）的酒館，還有名為韓波的撞球店以及取名為朱利安・索雷爾（Julien Sorel，小說《紅與黑》中的主角）的店（賣的是猥褻的女性內衣）。這裡的人們興趣相當高尚。進入大小還不及露營車的店內，先看到三張杜米埃（Honoré-Victorin Daumier）的版畫，聽著留聲機流瀉出來的拉威爾（Joseph-Maurice Ravel），我也不怎麼意外。這間酒吧的女老闆個子嬌小豐滿，從指尖到睫毛都妝點得極其完美，就像人造假玫瑰一樣。赤腳穿著木屐、一身黑色制服戴黑帽的學生客人埋頭在黑色教科書中，結結巴巴地唸著拼音、跟睡魔奮戰。我忽然想起契訶夫（Anton Chekhov）筆下的神學生，也沒點餐就這樣在小椅子上睡著了。（尼古拉．布維耶著，高橋啓譯，《布維耶的世界》，美鈴書房）

尼古拉．布維耶（Nicolas Bouvier）是一九二九年出生於瑞士知識階層家庭的旅行作家，一九五三年他背著背包到南斯拉夫、土耳其、伊朗、巴基斯坦、斯里蘭卡各地旅遊，一九五五年來到日本、停留了一年，期間到日本各地拍照、成為攝影師，之後出版了《日本書紀》（*Chronique japonaise*，日文書名為《日本の原像を求めて》）。上述內容引用自本書。

布維耶在日本的一年期間，住在荒木町的下宿，上文引用中的「咖啡酒吧．詩」受雇店長很照顧他。店長把睡著的布維耶留在店裡，留下一句「明天再見」就逕自離開了。

有時候會聽到深夜從澡堂回來的住客腳步聲。經度三度調音的 Fa、Re、Fa、Re，木屐歌聲在狹窄巷弄中忽大忽小。（中略）生活過得很辛苦，但是由於「奇蹟式的經濟復興」開始奏效，大家深信日本再次面臨了機會。

我研究著仔細排列在櫃台下方的香菸盒。「和平」（Peace）、「真珠」（Pearl）、「新生」（Shinsei）。我或許在一個最剛好的時間，來到了這個國家。（同前書）

這段時期或許確實是神保町「最好的時光」。布維耶在一個絕妙的時間點造訪了神保町。

18. 昭和四十至五十年代：轉捩點

中央大學遷址與滑雪用品店的進駐

神田神保町是隨著大學一起發展的街區，大學改變，神保町當然也會隨之改變。

我非常幸運，在大學和神田神保町來到決定性歷史轉捩點，也就是昭和四十年代後半到五十年代前半時，剛好任職於大學中，也因此頻繁造訪神田神保町，應該有資格成為見證時代的人之一。

我試著回想，神田神保町發生決定性變化的歷史轉捩點究竟在何時，我發現應該是昭和五十三（一九七八）年中央大學全面搬遷到八王子時。

這一年，中央大學的一、二年級學生開始在八王子由木的新建校舍上課。三年級以上的學生繼續留在駿河台校舍，不過等兩年後他們畢業，即將全面搬遷到八王子。從戶田伯爵家和西園寺家購買的駿河台土地，出售給大正海上火災（今三井住友海上火災），正式離開駿河台。

至於我，同樣在這一年一九七八年三月，我修完東京大學研究所的學分，開始到神田神保町三丁目的共立女子大學文藝學院任教，不過共立女子大學也從隔年一九七九年四月開始在與中央大學相對的高尾丘陵地興建新校舍，將教養部的一、二年級遷移到八王子校舍（並未稱呼為高尾校舍）上課。

這一年開始，我同時在八王子和神田神保町兩處校舍任教，增加了不少負擔。當時我住在板橋區的蓮根國宅，搭都營三田線在巢鴨下車，在國電（現在的ＪＲ）巢鴨車站購買前往高尾的車票，很驚訝地發現上面竟然寫著「兩天內有效」。同樣六百八十圓的車資從巢鴨出發的可到之處，南至茅崎、北達牛久。這讓我再次體認到高尾有多遠。我在八王子校舍讓新入學的一年級生自我介紹，印象很深刻的是有人說「在高尾車站下車後看到有人在賣紀念品，覺得自己來到一個不得了的地方。」現在的共立女子大學已經搬離八王子，將所有系所移轉到一橋校舍。

之後我從二〇〇八年起轉至明治大學任教，在懇親會時請教了明治的資深老師才知道，其實明治也和中央一樣，在同一個時期理事會曾經討論要不要搬遷到成田，也幾乎要定案，但是在全校教授會的投票上遭到否決，才繼續留在駿河台。假如當時明治也移轉到成田，那麼神田神保町的變化想必會更加劇烈吧。

這一點姑且不提，至於我為什麼覺得中央大學搬遷到八王子是神田神保町的歷史轉捩點，那是因為中央大學的搬遷，剛好與神田地區出現的戲劇性變化同步發生。

這一年四月，我參加了共立女子大學的入學典禮，當時我第一次聽說明年開始教養學院要搬到八王子，大為震驚，我的心情還沒有平復，穿過鈴蘭通走到駿河台下十字路口時，眼前出乎意料的光景更是讓我瞠目結舌。

那就是靖國通北側（神田小川町三丁目）成排林立的體育用品店（特別是滑雪用品專賣店）。當時我心想「咦？小川町什麼時候成了滑雪專賣店街？」同時也有種恐懼，「看來不久後靖國通南邊的古書街也會變成體育用品店吧。」

當時在我腦中立刻將一九七八年的中央大學（以及一年後的共立）遷址至八王子和小川町形成體育用品店街這兩件事相連結，不過還並不了解這樣的連結象徵什麼。但是現在一切都清晰地展現在眼前。這兩件事就像是底部相通的聯通容器般，是基於相同原因出現的兩個結果。

我們先來看看中央大學的全面遷址。

根據《中央大學百年史 通史篇下卷》，中央大學著手購買南多摩郡由木村東中野土地的時間其實出乎意料地早，可以回溯到一九五九年十二月。理事會決議後隔年三月評議會便決定購買校地。

值得注意的是一九五九年這個時期。因為購買校地是為了規避這一年三月於國會通過了「首都圈既有市區之工業等限制相關法律」、慣稱「工廠等限制法」的限制。換句話說，這項法律的目的在於限制既有市區新設或增設工廠和大學，位於都心的大學將無法新設、增建校舍，只好往郊外找土地來擴大校地整體面積，於此進行「體育實習」，好讓校地面積符合規定。

不過從一九六〇年代末期開始，由於大學紛爭愈來愈白熱化，文部省認為「大學紛爭的原因來自於大學生被侷限在狹窄校舍中接受量產教育產生的不滿。」因此在一九七二年六月修訂了工廠等限制法，讓該法律的適用更加嚴密。結果使得大學面臨抉擇，要往郊外尋找土地、離開都心，或者是做好接受校區狹窄的心理準備，不再增加招生人數、留在都心。

《中央大學百年史 通史篇下卷》中提到當時為了因應這個問題，於該年設置了教育問題檢討小組，研究搬遷校地的可能，並在一九七三年提出以下中間答申內容：

首先，雖說目的在於回應社會需求，但是自高度經濟成長期以後，大學過度招生，確實進入所謂量產的狀態。如此惡劣環境可能是學生紛爭之遠因，致力改善研究、教育條件乃當務之急。若持續處於駿河台校地，將未能符合校地、校舍設置基準，如果堅持留在該地，只能選擇縮大學規模。

第二，由於政府為了抑制既有市區的集中現象，施行了《首都圈既有市區之工業等限制相關法律》（昭和三十四年法律第七十七號），限制了駿河台周邊校舍的高層建築。因此駿河台這一帶不僅無法增建建築，改建時也無法超過現行教育設施的面積。香對於以學生人數為基準的校地、校舍面積設置基準，本校明顯不足，目前急需尋覓用地。

除此之外，當時八王子校舍向東京都申請的暫緩開工期限也迫在眉睫，必須在一九七五年之前動工，值得注意的是，此時還並未考慮過出售駿河台校舍。一九七四年在評議會上決定遷址時，也將駿河台校舍留做第二部（夜間部）使用，但是剛好遇上田中角榮內閣上台，興起一番日本列島改造熱潮，通貨膨脹使得建築費暴漲，另外如果將第二部保留為獨立學院，那麼依照大學設置基準就需要有專任教師，基於上述理由，不得不考慮出售駿河台校舍，最後在一九七六年八月決定將駿河台校舍出售給大正海上火災。

經過四十年後回顧上述中央大學全面遷址的來龍去脈，可以發現那些問題呢？

第一，完全沒有本於人口統計學的觀點。

做出這個決定的一九七四年，日本人口確實處於窒息狀態，再加上升學率提高，大家都以為今後大學生會無限增加。這麼一來大學紛爭這場惡夢可能會再三重演。一定得設法避免這種局面。中央大學就是基於這種想法做出決定。

然而只要我們參照人口統計就可以知道，在團塊二世的第二次嬰兒潮（一九七一—七四年）高峰後，一九七五年起出生人口明顯進入減少趨勢。不僅如此，如果再看看總和生育率，可以發現就連這第二次嬰兒潮時都不曾反轉上昇、而一貫處於下降趨勢。也就是說，其實中央大學當局只要看看該年出生的人數就可以簡單預測十八年後報考大學的學生人數，但他們卻沒有考慮到這層因素，單純陷入大學生會無限增加的幻想中來處理此事。

現在說這些當然是後見之明，沒有人有資格責怪中央大學和共立女子大學當局的決定。而明治大學其實也根據同樣的想法打算做出一樣的決定，只是就結果來說以失敗告終、因禍得福而已。畢竟用私學補助金這個誘餌來引導大學搬遷到郊外的，是受到大學紛爭威脅的文部省。

人人都共享著相同的幻想，這就是所謂的共同幻想。既然說到共同幻想，其實還有另一個更厲害的共同幻想。那就是大學紛爭起因對量產教育的不滿這種想法。

我自己也身為當事人之一，所以我可以明白地這麼說。大學紛爭並非起因於對量產教育的不滿。因為出現了「自己也不清楚到底對什麼感到不滿，總之就是不滿，對任何事都覺得不滿」的團塊世代，才會引發大學紛爭。對量產教育的不滿只是之後強加上去的理由。

假如有「量產教育」這樣明確的原因，那麼只要接受解決條件就能排除不滿。可是不滿的原因連當事人也不知道，這當然無從解決。所以紛爭才會陷入長期化。現在想想，人口學中所謂的青年膨脹（只有年輕人特別多的現象），處於性慾旺盛青春期的團塊世代，如同字面上以一整個「團塊」的形式進入大學中就讀，這才是大學紛爭的真正原因。

最好的證據就是團塊後發部隊、也就是生於昭和二十四（一九四九）年的這批人大學畢業後，一九七二、七三年左右大學紛爭已經漸漸式微。大學成了團塊世代這「魔群通過」的犧牲者。

所以就算中央大學繼續在駿河台校舍惡劣的教育環境中施教，一九七四年以後也不太可能發生大規模的紛爭。這一點從教育環境類似卻始終安處於駿河台的明治大學日後發展就可以清楚證明。不僅如此，日後無論任何一所大學，都再也沒有發生過大學紛爭。

而這些擁有近乎異常慾望的團塊世代，在大學紛爭收束之後怎麼了？

用現在的流行語來說，就是所謂的「爆買」。他們懷抱著不知為何不滿的不滿，自己也不知道自己到底想要什麼，某一天，有人拿出某個東西對他們說：「看，這不就是你想要的嗎？」這時他們彷彿忽然了悟：「對！就是這個，我想要的就是這個！」一股腦地撲上去。

這裡的「某個東西」究竟是什麼？竟然是滑雪用品。

一九七八年四月，站在駿河台下十字路口望向靖國通北側，在我眼中彷彿突然出現的滑雪用品專賣店街到底是如何形成，目前並沒有留下足以顯示充分證據的文獻。唯一可以確定的是，這條滑雪用品專賣店街的誕生，跟過去神田地區的傳統「完全無關」。也就是說，並不是神田地區原有的其他體育用品專賣店改頭換面變成滑雪用品店所出現的熱潮。

假如有人想談論神田地區的變遷，說不定會找到下面這本書中的這類記述，將其視為神田滑雪用品店街的起源。

> **金澤運動具店**（小川町）創業於明治三十五年，現在由第二代經營，為日本運動用品製造的先驅。第一代金澤助三郎在棒球傳入日本時，立刻看準商機開始製造啟動事業，這裡也是東京最早製造球棒的店家。現在金澤運動具店依然以棒球用品為主力，金澤球棒、金澤手套，還有球拍、雪橇等滑雪等不分職業或業餘運動員都廣泛愛用，也大量出口海外，戰後一手承攬下美軍中央購賣局的訂單。要找運動用具或登山用具，只要到這裡來樣樣齊全。店主陽之助是個熱愛運動好溝通的人。神田除了金澤之外還有很多其他銷售運動用品的店家，主要是因為各級學校聚集在神田，為了供應學生所需而提供，不過自從明治十一年設置了體操練習所、開始培養體操教師後，派遣到各學校的體操和運動競技蓬勃也是一大原因。神田同時也是運動的發祥地。（中略）△**運動用品**▽除了前述**金澤**之外，小川町的**美津濃**創業於明治三十九年，起源於大阪，銷售所有運動用品和進口貨。另外**南**創業於明治三十五年，以前說到鞋子就會想到南，直到現在滑雪鞋、登山鞋、釘鞋等各種運動用鞋依然是南的招牌商品。冬天每間店家都會同時陳列出滑雪用具。淡路町的**日本堂**主要產品是雪橇、雪板，還有桌球台。（岩動景爾編著，《東京風物名物誌》，東京系列刊行會〔昭和二十六年十二月二十日初版，昭和二十七年二月二十日再版〕）

在網上搜尋這些資訊後，可以進一步發現下列細節。

換句話說，「金澤運動具店」至少直到一九六〇年代為止都存在小川町三丁目二番的靖國通上（北側），但是至於它是否是一九七〇年代滑雪熱潮的推手，還有現在是否還在營業，都已經無法查證。

「美津濃」始於一九〇六（明治三十九）年水野利八和利三這對兄弟在大阪北區創業的「水野兄弟商會」，一九一〇年搬遷到大阪梅田新道，趁此更名為「美津濃商店」。兄弟兩人的故鄉美濃之間加了「津」這個字，發音剛好跟「水野」一樣。他們在一九一二（明治四十五、大正元）年進軍神田地區，戰後在跟目前一樣的小川町三丁目一番地開店。一九八七年起將社名標示統一為英文的「MIZUNO」。我記憶中一九六〇年代的運動用品店只有這間「美津濃」。

「南」在創業時叫「南洋鞋店」，店鋪位於明大通是，但是如同上述，戰後店面搬到小川町，為了跟競爭對手「美津濃」做出區隔，特別強調冬季運動的品項。二〇一二年為止都在小川町二丁目三番地陸續以「Minami Sports」、「Minami Spazio」之名營業，這一年九月起被關西地區滑雪板大廠「Moriyama Sports」併購，更名為「Spazio Moriyama Sports」。「Minami Spazio」的母公司「Minami股份公司」已於二〇〇二年倒閉，適用公司重整法。淡路町的「日本堂」現況不詳。

問題來了，《東京風物名物誌》中所稱運動用品店聚集的小川町一帶，是否就這樣在一九七〇年代變身為大家熟知的滑雪用品專賣店街，從結論上來說，並非如此。因為小川町變成滑雪用品店街是一九七二年十二月突如其來的現象。

整件事要追溯到一九七二年十月，現在經營「婚顧、飯店、餐廳、咖啡廳、企畫」的綜合商社「牛頓股份公司」集團經營者荻野勝朗，他就讀大學時就改裝早稻田自家車庫，跟哥哥一起開始經營滑雪用品中古商店「Victoria」。這個嘗試眼光精準，同年十二月他就進駐神田小川町三丁目六番地九、十番地。經銷商品從中古擴展到新品，大受歡迎。看看現在已經脫離荻野勝朗之手的 Victoria 股份公司網頁，可以看到一九七二年創業當時的照片。背後可以看到搬遷到千駄谷之前的河出書房，因此幾乎能夠確定出地點，就是現在「Victoria Wardrobe」的所在地。荻野在一九七四年以一千萬圓資本設立了「Victoria」股份公司。一九七六年在現在 Victoria 總店所在地開設「Victoria 滑雪流通中心」，一九七七年開了「Victoria Red 館（之後直到二〇一六年七月搬遷之前為 Victoria 高爾夫神田店）」。其他既有的運動用品店也都在同時期進軍小川町、淡路町，在我瞠目結舌的一九七八年，這裡已經成了滑雪專賣店林立的特殊商店街。

究竟為什麼一九七二年十二月「Victoria」進駐小川町，對神田地區的歷史來說是如此重要的事件呢？

因為這跟同年二月全日本都緊盯著電視關注的兩大事件有關。

一是這一年二月三日到十三日舉辦的札幌奧運。日本首次舉辦的這場冬季奧運，跳台滑雪七十公尺級中由「日之丸飛行隊」的笠谷幸生、金野昭次、青地清二分別奪得金、銀、銅，獨占了獎牌，過去被視為「皇族運動」的滑雪，一下子成為大家熟悉親近的冬季運動。

不過在這場札幌奧運中不能忽視的是玻璃纖維滑雪板的出現。奪得獎牌的主力選手都還使用木製滑雪板，不過越野項目等已經開始使用玻璃纖維滑雪板，這次奧運之後，木製滑雪板迅速被滑雪界淘汰。

另外一個事件就是在那之後大約一週間後的二月十九日到二十八日，再次讓全日本觀眾緊盯著電視機的「淺間山莊事件」。共產黨赤軍派和京濱安保共鬥從前一年年底開始嘗試整合組織，窩居在群馬縣的山岳據點中，但是經過以思想改造為目的的「總括」，引起了淒慘的凌遲整肅。最後發現警察找到了山岳據點，聯合赤軍剩餘成員從群馬縣翻山逃往長野縣躲進輕井澤湖畔新城的「五月山莊」，但是眼看警察進逼，又逃入附近的「淺間山莊」，將管理人之妻擄為人質，決心堅守在此。

由於每一間電視台都完全現場轉播著警察和聯合赤軍在「淺間山莊」的攻防，警察突擊山莊的二十八日這天創下五〇・八％的收視率。事件距今相隔四十三年，至今還沒有其他新聞節目能打破這項紀錄。

這次事件帶來的影響之一，就是大家對左翼和革命的幻影破滅。尤其是事件後發現的山岳據點凌遲事件，更是將革命的烏托邦幻想摧毀殆盡，學生們之間還留有餘溫的左翼狂熱自此完全冷卻。但左翼幻想、革命幻想雖然消失，團塊世代的青年膨脹慾望卻沒有消失，只是失去了對象罷了。換句話說，大家都期待有個新的慾望發洩對象出現，而且最好是能用自己賺來的錢購買的對象。

這時應運而生的稱就是販賣中古滑雪用品的「Victoria」。以下是我個人的想像，荻野勝朗可能是觀察到玻璃纖維製滑雪板出現後，先從銷售大量出現在中古市場中的木製滑雪板起家，之後再轉移到確立了量產體制、價格下滑的玻璃纖維新品，大獲成功。二十年後的秋葉原先從個人電腦中古品轉換到廉價新品銷售的型態，小川町已經早一步實現了。

但是我們不禁要問，為什麼非得在小川町不可呢？

回溯記憶，在「Victoria」一九七二年年底進駐當地之前，小川町三丁目這一代給人「黑」的印象。銷售中古學生制服的店家群聚在陰暗商店街下，但一九七二年穿學生服的大學生已經完全屬於少數。換句話說，中古學生制服店成為「結構性不景氣的業種」，被迫轉換銷售品項。

「Victoria」在這時出現，周邊的中古學生制服業者當然一窩蜂地跟進，企圖仿效「Victoria」經營中古滑雪用品，但是他們想必並不知道，滑雪板市場已經開始漸漸從中古品轉換到新品，因此這些店家很快就被淘汰，不是被「Victoria」收購就是被迫將空間讓給「Alpen」或「ＩＣＩ石井運動」等從其他區域進軍的業者。

中央大學的全面遷址和小川町形成滑雪用品專賣店街，這兩件事都充分地象徵了團塊世代從

「革命」到「消費」的轉換。

鈴木書店盛衰史

很久以前我出過《神田村通訊》這本書。標題「神田村」是指廣義的神田村，也就是包含古書店、新刊書店，以及相關餐飲店的「神田地區」，但「神田村」還有一個狹義的定義，那就是群聚在東京堂後方狹小巷弄的中小型經銷商（書籍批發商）集合體。狹義的「神田村」在鈴木書店倒閉之後雖然規模縮小，但目前依然健在，成為神田這個出版街區的象徵。因此，以綜合剖析神田地區為旨趣的本書，當然不能不提到這裡。

不過在此之前，讓我們先簡單談談明治時期以後神田地區經銷業的歷史。

神田地區的第一間經銷商是位於神田神保町一丁目、現在三省堂隔壁的上田屋。在這之前可以說幾乎沒有專精經銷業務的店鋪型專賣店，多半都是書店的人直接前往出版社進貨，或者是由背著行李買賣的仲介「競取」代為進貨。

然而隨著出版件數的增加，以及雜誌的蓬勃，開始誕生了以經銷為主要業務的專賣店。上田屋就是初期經銷商中歷史最古老的一間。關於上田屋，明治二十五（一八九二）年十二歲時進入這間店的小酒井五一郎（之後的研究社社長）在昭和三十三至三十四（一九五八—五九）年舉辦的「暢談出版品銷售發展座談會」上留下的珍貴的證詞。

當時上田屋（神保町一、現在三省堂隔壁）是一間批發零售兼營的小店，那時候雜誌還沒像現在這樣蓬勃，販賣系統也還不明確，只是因為地理上的方便，這裡距離了東京各角落前來收購的人，儼然形成一個群聚之地。（橋本求，《日本出版販賣史》，講談社）

那麼現在我們所知的正式經銷業，是在什麼時候形成的，如同在「東京堂書店」這一節（參照一二六頁）中所述，是在大橋佐平、新太郎的「博文館」在明治二十年之後陸續創辦雜誌之後。大橋佐平先整頓好經銷網路，讓地方的大型書店成為博文館的特約店，之後考慮要替博文館以外的出版社經銷，因而改變了東京堂的營業型態。

大橋佐平的預測很精準，東京堂成功地讓經銷成為一般業態。當時東京堂以外的經銷商，除了前述的上田屋之外，還有東海堂跟北隆館。

東海堂是出身靜岡縣的川合晉（平野晉）於明治十九年在京橋區尾張町開設以報業為主的經銷商，明治二十年代後半開始擴展業務範圍到雜誌。

為了方便信越線開通之前交通相當不便的北陸三縣（福井、石川、富山）販售報紙雜誌的業者進貨，北隆館在京橋區南紺屋町創立了北國組出張所，明治二十七年起將店鋪搬遷到京橋區南槍屋町十四番地，開始報紙、雜誌的經銷業務。除了以上四間經銷商，另外再加上至誠堂、良明堂、文林堂就是明治三、四十年代的龍頭，稱之為「七大經銷」，其中至誠堂、良明堂、文林堂、上田屋這四間店在大正十四年之間歷經一番迂迴曲折，最後統合為大東館。大東館的店鋪在神田淡路町二丁目九番地。

昭和時期如上確立起東京堂、東海堂、北隆館、大東館這四大經銷的體制，其主要業務為雜誌經銷。因為說到經銷，就像東京堂這個例子，原本是為了將雜誌批給零售店才成立的業種，所以創業時的主力商品就是雜誌。

而這四大經銷中東海堂和北隆館的店鋪之所以位於京橋區，是因為明治時代報社都聚集在尾張町這一帶，所以以報紙經銷起家的這兩者也勢必將店面設置在附近。

另一方面，東京堂和大東館位於神田地區，昭和時期東京堂在九段店鋪處理經銷業務，大東館位於神田淡路町，所以對於「神田村」的形成應該沒有直接的影響。

這麼看來，有助於日後「神田村」之形成的，其實是大正、昭和時期的新興經銷商，栗田書店（栗田出版販賣的前身）。

栗田書店是岐阜縣出身的栗田確也在大正七（一九一八）年創業的經銷商，跟四大經銷不同，以提供都內書店書籍經銷服務為主，逐漸擴大範圍。特別擅長左翼、進步派的人文、社會科學書籍，尤其是岩波書店的書籍。栗田確也在大正九年開設的獨立店鋪也位於神田神保町一丁目三十九番地，這間經銷商可說是「神田村」的原點。

關於栗田書店，小泉孝一長年在該書店系譜下的鈴木書店工作，寫過一本口述歷史《鈴木書店的成長與衰退》（論創社，採訪者為小田光雄），其中保留了許多重要見證。小泉從昭和二（一九二七）年進入栗田書店的鈴木真一（之後的鈴木書店社長）口中聽到了下面這段故事。

> 栗田和岩波的合作相當緊密，栗田店面擺滿了成排的岩波文庫旗幟，大家都穿著岩波的短袢，團結一致在推銷。兩間公司的關係之好，戰後的鈴木書店和岩波完全不能相比。另外栗田的經銷特色就是非常積極地引進當時岩波書店等左翼出版品。

實際上昭和初期的栗田書店聲勢如日中天，甚至發展到有人將之納入四大經銷的一角，稱之為五大經銷。

然而在昭和十一（一九三七）年日中戰爭爆發之後，政府日益強化戰時色彩，出版界也依循統制經濟推出各項方針，昭和十五年七月成立的第二次近衛內閣，不僅命令東京出版協會和日本雜誌協會這出版、經銷兩大團體解散組織，還令其統合至翼贊派社團法人、日本出版文化協會中。自此，各經銷公司皆解散，整合到日本出版配給股份公司（日配）。日配辦公室設置在大東館店鋪所在的神田淡路町。

於是栗田書店也跟東京堂、東海堂、北隆館、大東館這四大經銷一樣面臨解散的危機，栗田確也以常務董事的身分進入日配工作，但一聽到昭和二十年八月十五日的玉音放送，他眼見統制團體日配即將會因為戰敗的打擊陷入功能不全的窘境，於是再次展開業務活動，昭和二十二年二月在神田神保町一丁目重啟栗田書店的經銷業務。

假如「神田村」有自己的歷史，那麼栗田書店重新開業，應該可以視為「神田村」的成立。《日本出版販賣史》中如此描寫戰後混亂期中「神田村」的狀況：

終戰之後的狀況，只能用「混亂」來形容。唯一的大型經銷商「日配」在敗戰的同時也喪失了神通，成為單純一間經銷公司。（中略）

這時出現了背著背包的書店掃貨大隊這種稀奇風景。這些人衝到暢銷雜誌和書籍發行商處、爭相搶購。當然，一切都是現金交易，資本小但企畫能力優秀的出版社，因此有機會漸漸茁壯。

為了因應這種狀況，自然而然地出現了許多中小型經銷商。有一段時期神田附近竟然多達一百二十多間店，彷彿以前競取屋的時代重新到來，其中有些興起、有些消失，瞬息萬變。在這當中能穩紮穩打一路走到今天的也有幾十間。

另外不能不提到在這個時期最快重新出發、站穩腳步的，就是遠遠拋開栗田書店、日本出版貿易股份公司（中略）的新面孔，擁有優異運送能力和銷售網的交通公社和鐵道弘濟會（中略）進軍出版經銷業。

如同前述，栗田書店在戰後儼然「神田村」村長、擴展勢力的同時，也踏實地站穩腳步，昭和二十四年時組織分區分為書籍部門「栗田書店」（神田錦町三丁目二十四番地）和雜誌部門「栗田雜誌販賣」（神田小川町三丁目十一番地），繼後述的東販和日販，穩居業界第三的地位。

日配在昭和二十四年三月被GHQ指定為即日起停止業務的「閉鎖機關」，結果在昭和二十四年九月有東京出版販賣（東販、千代田區九段一丁目七番地）、日本出版販賣（日販、千代田區神田駿河台四丁目三番地）、中央社（台東區淺草藏前二丁目十二番地）、日教販（文京區小石川一丁目一番地）、大阪屋（大阪市西區新町南通三丁目一番地）這五間公司同時出現，跟栗田書店一起確立起戰後六大經銷體制。

在這之後，「神田村」又有什麼樣的演變呢？

要知道這個事實，最好的方就是釐清「神田村」的象徵、鈴木書店的歷史。

《鈴木書店的成長與衰退》裡提到，鈴木書店的創立者鈴木真一明治四十四（一九一一）年生於三河，昭和二（一九二七）年進入栗田書店。栗田書店被日配整合後，他擔任市內書籍出張所配給課長。戰後雖然復員，卻因為一些原因沒有重回栗田書店，跟朋友們一起創立了專門經銷社會科學的中央圖書，不過短短兩年就面臨經營危機，昭和二十二（一九四七）年十二月，他邀集了其他夥伴共九人創立了鈴木書店。店鋪租用駿河台杏雲堂醫院正面的明治書店一角，不過很快就因為空間過窄，在昭和二十三年一月搬到神田小川町三丁目二十四番地的「神田村」（之後將總公司搬到該町二十六番地）。

《鈴木書店的成長與衰退》中提到創業時，岩波書店營業部員工給予鈴木書店強大支援的感人故事。

創業時岩波書店的業務給了極大的支持。岩波的業務部長渡部良吉，之後成了早稻田大學出版部的幹部，站在最前線支援鈴木先生，鈴木先生成立鈴木書店時，還扛著快倒閉的中央圖書。所以就算承認鈴木書店的獨立，馬上與其交易也說不通，岩波高層也不會答應。於是渡部先生等岩波業務七人組決定無論如何都要幫助鈴木，暗地裡開始交易。他們很清楚，一旦公司發現就會被革職，是一條危險的不歸路，儘管如此還是結成了一支鈴木支援小隊。（中略）光是從這個故事就可以知道，鈴木先生個人的人望有多高，用現在的流行語來說就是所謂的領袖魅力，他的人品讓身邊的人無論如何都想助他一臂之力。

諸如上述，鈴木書店的創業者鈴木真一，具備了讓岩波業務員甘冒革職風險也要支持他的領袖魅力，具體來說他的領袖魅力來自身為經銷人能讓出版社和書店雙方都心服口服的卓越能力。小泉回憶起戰後混亂期曾經從日本橋的科學類書店分成好幾次用兩輪推車跟鈴木一起搬運三百本電子工學辭典的回憶，他這麼說：

足以成為賣點的高額商品和出版社庫存、書店書架上的庫存狀況，在鈴木先生腦中全都一清二楚。所以他可以抓出兩者庫存之間的均衡，在最好的時機點進貨。於是書店會到店裡來進貨，每天拜訪的書店如果斷貨也能補貨，貨馬上就能賣完。

現在以電腦處理的業務，鈴木真一都憑自己的頭腦完成，會誕生「經銷領袖」神話也不奇怪。不過他的領袖魅力，並不單純來自精通專業領域的資深老手展現的熟練技巧。鈴木真一的專業經銷魂中，有著「信念」這扎實一貫的骨幹。

> 有人問過我創立鈴木書店的信念，其實這當中具備著強大到難以言喻的迫力。我們身而為人，不能不做學問。所以與其相關的書，必須要讓好的出版社、有良心的出版社所出的書普及、暢銷才行。我深信這就是我的使命。鈴木先生有著源自於這番信念的迫力，而且比其他人更加突出。

確實，這份對書籍的信念現在已經很難看到。但是我們不能忘記，鈴木真一之所以能將這種信念化為現實，只侷限到戰後某一段時期為止，具體來說是到一九七〇年代中期為止。換句話說，知識是即使耗費鉅資也該取得的品牌，書籍則是獲得這種品牌性的「耐久消費財」，如果不是在這樣的時代，就不可能出現鈴木書店這樣的經銷商。

《鈴木書店的成長與衰退》如此描繪著這「古老美好時代」的鈴木書店和神田村：

> 當時曾經有四十多間經銷商，神田村的核心有鈴木書店、明文圖書、鍬谷書店、博文社等等，大家都各具特色。
>
> 其中鈴木書店有岩波、中公、筑摩這些常備商品和暢銷書，其他同業就算有些嫉妒，撇開利益問題，很多人都表示很羨慕鈴木書店。
>
> 因為鈴木書店這樣的地位，對書店來說，來到神田就要先來鈴木書店，在御茶水下了車也總是會先到鈴木書店。總之，除了鈴木先生的個人魅力，他經銷出版社書籍相當受歡迎也是一大主因。現在想想，之後成為體面經營者的這些都內書店從業者，隨時都能騎著自行車來到店裡進貨，最主要的原因還是來自鈴木書店經銷出版社的魅力吧。

鈴木書店等經銷商形成的「神田村」，對正派書店來說是很重要的存在，但是對「神田村」的經銷商來說，他們也同樣心懷感謝。因為神田村在店面的銷售原則上都採現金結算（以從出版社進貨價格再加上七％利潤），經銷商總是要為現金周轉費盡心神，而這些上門書店可以給他們帶來重要的現金收入。

可是對「神田村」來說，這種現金結算占比相當少。因為出版業界特有的轉售制度和寄賣等商業習慣，一般交易原則上是以經銷商所開設的帳號、用票據結算，這種票據交易的形態中，經銷商扮演著類似金融機構的角色。因為出版社急需要錢盡快付款給印刷廠、紙公司或者作者，經銷商只好將之後才提供給書店的貨先以票據結算款項給出版社，在這種預付的形態中，經銷商的角色類似金融機構。另外如果書店退貨，經銷商這時可以向出版社請款索取差額，這種也很類似代為執行金融機構的功能。換句話說，由於這種轉售制度和寄賣產生的結算時差，使得經銷商必然得扮演金融機構的角色。

但是從各大銀行的整併趨勢中也可發現，愈大型的金融機構愈能發揮規模經濟。所以就「經銷商的類金融機構功能」來說，位於「神田村」的中小型經銷商可說被迫進行一場相當不利的競爭。在一九七〇年代後半知識泡沫瓦解後，「經銷商的類金融機構功能」漸漸反過來掐住鈴木書店的脖子。因為鈴木書店在書籍的經銷業務上雖然不遜於大型企業，但說到金融機構功能卻是一場注定必敗的戰役。

儘管如此，直到知識品牌價值仍高的一九七〇年代中期為止，這種「經銷商的類金融機構功能」蘊藏的危機都還沒有浮上檯面、

不過隨著一九七〇年代中期開始知識泡沫瓦解、知識品牌價值降低，書籍這種「知識耐久消費財」就降格成為一種「消費財」，如果不是新的就沒有價值。支撐著鈴木書店的岩波、筑摩等再版和全集長銷書全都滯銷，取而代之的是新書和文庫這些廉價書的新刊如洪水般氾濫。

鈴木書店的經銷以前建立在出版社的再版上。他們交易對象的出版社也是如此。但是當這些再版或長銷商品銷路遲滯，為了彌補這個缺口，出版社開始推出大量新刊。（中略）結果新刊件數增加，單價低的書也增加了。重版和長銷書通常為客戶訂購或者接近一種店內常備商品，幾乎不會退貨，但新刊暢銷與否相當極端，因此退貨率也高。鈴木書店也完全被吞噬在這波新刊的狀況當中。（同前書）

於是鈴木書店從一九八〇年代後半開始走上慢性赤字路線，一九九五年九月創業者鈴木真一過世，享年八十四歲，之後又過了六年，二〇〇一年十二月因負債四十億圓面臨倒閉危機。又過了十四年，二〇一五年六月這次輪到「神田村」的原點栗田出版販賣申請適用民事再生法，等於實質上的倒閉。負債額一百三十億圓。栗田出版販賣二〇一二年將總公司從板橋區東坂下搬到神田神保町三丁目、試圖重起爐灶，在出版業界掀起一番巨大衝擊（二〇一六年四月與大阪屋整合，重新設立「大阪屋栗田 OaK 出版流通」）。

今日此時，我不禁想為「神田村」未知的命運放聲吶喊。

一橋集團的今昔

也不知為什麼，出版業界很喜歡以地名的換喻來指稱公司。比方說文藝春秋叫「紀尾井町」、新潮社叫「矢來町」、講談社叫「音羽」，那麼「一橋」是指哪些出版社呢？其中包含了「小學館」和「集英社」集團，因為這兩間都是總公司位於千代田區一橋二丁目的出版社，但是說到小學館和集英社的關係，很少有人能正確作答。我自己也不是很清楚，正好趁著這次機會研究了一番。

先說結論，這個集團的本體是創業於大正十一（一九二二）年、以推出不同學年學習雜誌大獲成功的小學館（創業者相賀武夫），大正十五年又創立了姐妹公司集英社，發行針對兒童的娛樂雜誌，現在小學館依然持有四七%的集英社的已發行股票，將這兩間公司統稱為「一橋集團」確實合理。

然而兩間公司的總公司一開始並不在一橋。小學館的創業之地在東京市神田區錦町三丁目一二番（現在的千代田區神田錦町三丁目二八番附近），集英社的創業地點也在同一個地方。之後輾轉神田神保町一帶各處，漸漸累積實力，最後發展為龐大出版社，買下搬遷到國立的東京高等商業學校（今一橋大學）舊址，希望綜合剖析神田地區的本書當然不能忽略這個部分。

小學館和集英社的創業者相賀武夫（之後改名為祥宏）明治三十（一八九七）年出生於岡山縣都窪郡加茂村（今岡山市加茂），是相賀虎右衛門的長男。相賀家代代都是村長，是地方上的名家，不過從祖父那一代起家道中落，武夫從尋常小學畢業的同時成為縣立高松農學校的見習書記，沒有時間唸書，於是在老師的介紹下進入販賣教科書的吉田書店就職，在這裡獲得店主吉田岩次郎的肯定，成為他人生的轉機。因為原本在岡山縣區域廣泛經營教科書和學習參考書銷售的岩次郎進軍大阪開始經營研文館出版社，當他打算進軍東京設置出張所時，提拔了當時十七歲的相賀武夫。

武夫在大正三（一九一四）年一個人住進神田錦町租屋處，開始負責商品管理和銷售實務。兩年後以吉田岩次郎為核心在大阪設立了小中學學習參考書的共同出版社時，武夫被任命為東京分店長。

擔任共同出版社東京分店長的時代，武夫在東京出版業界建立了不少人脈。搬遷到神田錦町三丁目十七番地的辦公室後，是發行熱門大眾雜誌《口袋講談》的口袋講談社。老闆原田繁一是出身大阪博多成象堂的幹練編輯，相賀武夫從原田身上學到了許多編輯實務、雜誌經營的知識。兩人共同出資為了對抗熱門雜誌《少年少女 譚海》（博文館），發行了《少年少女 談話界》，另外也推出了《少女物語》、《蠟筆畫報》等少年少女讀物。（《小學館的80年 1922～2002》，小學館）

武夫開始接觸學習參考書和學習雜誌編輯、出版、銷售的大正初期，是出版文化的興盛期，這番興盛榮景從人口統計學觀點來看很容易找到佐證。因為明治初期呈現停滯的出生率，從明治十年代開始反轉上昇，在明治三十年代達到第一次高峰。特別是以明治三十三年為中心的二十年間出生的世代，是日本現代第一波嬰兒潮世代，他們進入學齡期的明治末期、大正初期，學習參考書和學習雜誌出現了大量需求。可以說相賀武夫在最好的時間點進入了這個業界，搭上人口增加的順風，趁勢創刊了學習雜誌。

大正十年，相賀武夫的後盾吉田岩次郎因肝臟病倒下，共同出版的實權轉移到常務手上，武夫趁此機會決心獨立。他跟當初協助共同出版社編輯的同志們開始籌備，打算一起創刊新型態的學習雜誌。

當時他腦中浮現的是將《紅鳥》、《金星》這類童話雜誌和《複習與應考》、《五六年級小學生》這類中學應考雜誌相加後除以二，「擷取兩者優點」的學習雜誌，也就是「作為教科書的副讀本、補充讀物，可以愉快閱讀的美麗雜誌。在津津有味地閱讀過程中給學習帶來幫助，獲得廣泛知識雜誌。」（同前書）另一個概念是從研究社發行的分學年英文雜誌獲得靈感，打算企劃一本分學年針對小學生的雜誌。他判斷如果區分學年，因為對象清楚，讀者也容易挑選。

武夫決定先從《小學五年級》、《小學六年級》開始創刊。當時公私立中學、女校的入學考競爭

都已經很激烈，從小學五年級左右就進入應考準備的熱潮。（同前書）

大正十一年夏，武夫還任職於共同出版，在共同出版社吉田德太郎（岩次郎的女婿）資金援助下，簽訂了利益均分的契約，設立小學館創刊新雜誌，十月時創刊了《小學五年級》、《小學六年級》，定價均為三十五錢，發行冊數為兩萬本。其他先行雜誌定價都是三十錢當中，刻意定價為三十五錢，是因為確信「好東西當然賣得出去」，但是現實沒有那麼天真。眼看著消費者接連退貨，退貨率竟然高達八五%。武夫也臉色鐵青，不過雜誌上模擬考解答和詩歌欄的投稿每個月愈來愈多，他從中發現了希望，一方面將發行冊數減至七千、精算損益平衡線，同時也將退回的庫存送給全國小學校長，希望他們發給兒童推薦閱讀，四月號開始，損益終於達到平衡。

然而銷量依然稱不上爆發性成長，繼續這樣下去，很可能面臨停刊的危機。同時小學館也會像神田地區的中小出版社一樣，如同泡沫般消失。不過由於料想不到的巨大意外，《小學五年級》和《小學六年級》終於起死回生。

那就是大正十二年九月一日發生的關東大地震。位於錦町的小學館總公司全燒，但正在印刷中的《小學五年級》、《小學六年級》的印刷廠（前者是共同印刷的前身，位於小石川久堅町的博文館印刷廠。後者是大日本印刷的前身，位於市谷加賀町的秀英舍印刷廠）都倖免於火災，武夫才剛在本鄉區東方町開設了辦公室，馬上就發行了兩本雜誌的十月號，並沒有停刊。正當競爭雜誌因為印刷廠火災不得不停刊兩個月時，這兩本雜誌的銷量迅速攀升。

擅長掌握機會的武夫，在隔年一月看準了時機投入《小學四年級》的製作。隔年大正十四年，完成了《小學三年級》、《小學二年級》、《小學一年級》小學全學年的分學年學習雜誌體系。其中針對低學年的三本運用許多插畫，銷量特別好，打下了小學館的基礎。日本雜誌協會管理繪本的第一分科會提出抗議，認為這是繪本、不算雜誌，違反了協定，這項抗議被接受，幸好還能歸類到管理雜誌讀物的第二分科會。

大正十四年對武夫本人和對小學館而言都是成長飛快的一年。一是因為他辭去除了小學館之外兼任的共同出版社及共同前書籍股份公司（為了在東京銷售關西出版社書籍而成立的公司）董事，專注於小學館的經營。同時也搬離已顯窘迫的本鄉臨時辦公室，將小學館辦公室和社長住家都遷到神田區表神保町六番（今千代田區神田神保町一丁目二九番）。小學館於是再次成為神田地區的出版社。

小學館似乎也充分意識到身為神田地區出版社的這種屬性，《小學館的80年 1922～2002》中提到，「從此以後小學館再也沒有離開神田，從這個整個街區皆圖書館的環境中盡情地吸收養分。」關於這個區域聚集許多出版社的理由，我們在上一篇文章中也曾經提過。

> 主要原因是因為掌握出版流通關鍵的六大經銷商（東京堂、東海堂、北隆館、上田屋、至誠堂、良明堂）中，位居龍頭的東京堂跟上田屋都設店於神保町。錦町增加了不少分家出去的小型經銷商，展開活躍的銷售活動。在這之前以博文館（日本橋本石町）為中心，在日本橋、京橋發展的出版業界也漸漸將中心轉移到神田，在這裡形成了世界少有的大規模書城。

小學館確實是一間以雜誌為主的出版社，既然東京堂這類經銷商也以雜誌為主力獲得長足發展，那麼這兩人三腳誕生於神田地區這個彈丸之地，或許也是一種必然。隨著雜誌的興盛，「神田村」也逐漸擴大。

大正十四年到來的另一個轉機，是開始籌備小學館的姐妹公司集英社。武夫一直打算能推出一本跟學習性質高的分學年學習雜誌不同、娛樂性較強的男女別學年雜誌，他認為最好獨立於小學館另外設立一間姐妹公司。於是這一年十月，他以集英社之名創刊了《尋常小學一年級女生》，隔年大正十五年一月陸續推出了娛樂類型的《男子幼稚園》、《女子幼稚園》、《尋常小學一年級男生》、《尋常小學二年級男生》、《尋常小學二年級女生》，以及九月的《少年團》、《小公主》。

由此出現了「學習性強的歸小學館，興趣、娛樂性高的歸集英社」的分工，不過實際上「所有業務都由小學館兼任，推動新雜誌創刊的準備。」（以上引用自《小學館五十年史年表》，小學館）。事實上公司正面玄關便掛著寫有「小學館／集英社」兩行名稱的招牌。

不過戰前以集英社之名發行的娛樂雜誌都不長久，只有《男子幼稚園》、《女子幼稚園》持續到昭和十五（一九四〇）年，其他雜誌都在短短數年之內就面臨停刊命運。因為這個原因，集英社在戰前並沒有太活躍的活動。但是說到戰前的小學館，一般都覺得是學習雜誌的出版社，但是不能忘記小學館在出版方面也曾經推出不少特殊的企畫。

其中一個企畫就是搭上圓本熱潮在昭和三年推出的《現代幽默全集》全二十四卷。這是小學館跟主理雜誌《幽默大師》的生方敏郎和佐佐木邦共同編輯，在日本很罕見的幽默文學彙編，裝幀跟插畫都非常充實。全卷總共創造了二十萬圓左右的盈餘，賣得相當好，更讓幽默這兩個字正式在日本生根。

另外還有昭和四年的《小學生學習全集》全六十卷。這是武夫耗費心血的龐大企畫，「然而結果揭曉後卻相當遺憾。預約數少，而且又接到許多中途解約。」（《小學館五十年史年表》）

失敗的原因是這套書企圖反映教科書的大幅改訂，但是因為時間不夠，來不及在新學期發放。公司嚴重虧損，抵消了《現代幽默全集》的盈餘，但更大的打擊是武夫因為過勞導致結核發病，開始療養。

大概是從這次失敗學到了教訓，在這之後小學館重新修正軌道，讓雜誌的比重高於出版，這項轉變或許確實奏效，創業十週年的昭和七年，得以在東京高等商業學校舊址、神田區一橋通町三番地（今千代田區一橋二丁目）購買一千九百八十平方公尺的土地。這就是目前小學館正在建設新大樓（二〇一六年完工）的用地。在《小學館的80年 1922～2002》中解釋了為什麼創業十年時這個員工四十人的新興出版社會購買這片用地、再也沒有離開。

由於這片土地的附加條件是不得破壞建築物，所以始終沒有買方出現。小學館買下的是現在一橋二丁目五番總面積一千五百三十五平方公尺的土地，以及建造於一九二一年（大正十年）鋼筋水泥兩層樓高、總樓地板面積一千平方公尺左右的研究室用洋房。包含土地、建築，價格共十七萬圓。（同前書）

至於隔壁圖書館的建築則由岩波書店買下。這棟新辦公大樓對於只有四十人的出版社來說還太寬廣，只用了面對玄關的左半邊，右半邊是倉庫和年輕員工的宿舍。南邊空地是相撲土俵，北邊空地用做弓道場，讓員工鍛鍊身心，今昔實在不可同日而語。

小學館取得新辦公大樓後，病床上的武夫社長發號施令，穩健經營，業績逐步增長，昭和十二年已經成長為有八本分學年學習雜誌、八本教師用教育雜誌、兩本集英社名下雜誌，共計十八本、每月發行量超過百萬冊的大出版社，讀者也遍布滿洲、中國、東南亞、夏威夷、北美、南美，而武夫社長在隔年十三年八月十二日過世（享年四十一歲）。許多人材在此時離開小學館，其中甚至還有人自立門戶，發展為小學館強力競爭對手。

另外由於昭和十二年爆發日中戰爭，導致出版統制日益嚴格，戰時小學館也受到情報局嚴格的

「指導」，幸好並沒有承接發行軍部會刊的工作，不同於講談社，戰後開除公職時得以將犧牲抑制到最小限度。繼承小學館的相賀徹夫就讀東京帝國大學時，昭和二十年二十歲參加學徒動員，在北海道航空隊基地接受特別攻擊訓練，幸虧終戰之詔驚險免於一死，東大復學後為了專注於社長工作，不得不中輟。

戰後，小學館在這位退役特攻隊的年輕社長帶領下，轉換為股份公司期待重新出發，但有一段時間苦於極度缺紙，有舊社員陶山巖提供知識的二葉書店以及直銷方式上了軌道的學習研究社等競爭對手，都紛紛發行了分學年學習雜誌，當時的情況可為腹背受敵、進退兩難。《小學館五十年史年表》裡總結了這段危機時期：

> 總公司學習雜誌的學習報導從內容上來說都比這兩間公司單薄，充實內容成為當務之急。（中略）不過由於通貨膨脹導致收入追不上暴漲的經費，而且當時銀行不太願意提供出版社融資，除了社長之外，林麟四、野崎周一等幹部連日奔走籌措，終於獲得銀行融資，擺脫了困境。

帶來戰後復活機會的，竟然是徹夫社長自己在集英社出版的繪本故事《少年王者》。

戰前開始經營連環畫劇的全優社社長田邊正雄是相賀家的親戚，田邊在戰後借用小學館公司一角，成天忙於製作連環畫劇。一天，徹夫社長聽說山川惣治的連環畫劇「少年王者」很受歡迎，跟公司董事野崎周一一起在街頭親眼觀賞後，深受這個宛如泰山般的日本少年帶著野生動物大展身手的繪本故事所吸引，決定出版。

> 徹夫社長立刻決定去拜訪山川惣治，請求出版單行本的許可。跟社長同行的野崎進行了人生

中唯一一次版稅交涉，由於公司正處於資金困難的窘境，初版獲得了八%的折扣。這個關鍵性的邂逅，山川惣治日後表示「敗給特攻隊退伍社長的熱情」。（《小學館的80年1922～2002》）

徹夫社長戰時身為陸軍特別操縱見習士官，受過猛降爆擊（應該稱為猛降自爆）訓練，獲得山川惣治《少年王者》時所用的正是這種特攻隊式的脫離危機方法。在《小學館的80年1922～2002》中總結道：「無論如何，『退伍特攻隊』具備這種宛如激烈餘燼的色彩。」

實際上，以「趣味圖書」系列推出的《少年王者》第一集自從集英社在昭和二十二年十二月發售之後很快就再版，成為累計突破五十萬本的暢銷書，拯救了小學館＝集英社的危機。之所以成為暢銷書，是因為連環畫劇師發現《少年王者》跟賣零食相比利潤更高，一早就騎著自行車衝到經銷商的窗口。

在進行現金交易、經常為了周轉而煩惱的當時，這簡直是天降甘霖。（同前書）

徹夫社長注意到集英社出版的這意外暢銷書，企劃了包含《少年王者》在內、以少年為對象的月刊《趣味圖書》，由於小學館裡沒有適合的人材，暫時請任職於競爭對手二葉書店的前員工陶山巖回來，負責集英社的經營。就這樣，改組為股份公司的集英社在昭和二十四年七月正式成立，由陶山巖就任董事長。

不出所料，九月推出的《趣味圖書》因為《少年王者》的熱賣，創下九八%的驚人銷售紀錄，之後業績也順利持續成長，到了第三年達到三十一萬八千本的紀錄，穩居戰後創刊少年誌的頂點。

集英社自此士氣大增，創刊了《好孩子的朋友》、《少女圖書》，實現了前社長相賀徹夫「小學館是學習雜誌、集英社是娛樂兒童雜誌」的夢。至於在這之後兩間公司的發展我想也無需在此一一追蹤，不過身為活在戰後年代的一分子，在此想特別介紹的是當小學館還沒有出版少年漫畫雜誌時，在昭和三十四年下定決心大膽出版了少年漫畫週刊誌《少年 Sunday》背後的故事。

昭和三十四年二月，正在籌備《少年 Sunday》的小學館編輯天天拜訪傳說中的常盤莊，打算跟手塚治虫簽訂專屬合約。不過，每個月將近十部作品的手塚稿費，算起來遠遠超過徹夫社長的董事報酬。向社長報告了這件事之後，社長只是微微一笑表示了解，不過實際上這件事並沒有實現。

另一方面，編輯從同樣住在常盤莊的橫山光輝手中拿到了《伊賀的影丸》、以及寺田博雄《運動員金太郎》的連載，不過還缺一部作品。這時浮現在編輯腦中的是同樣住在常盤莊的藤子不二雄。編輯梶谷信男在二月十一日拜訪藤子不二雄，取得連載高垣葵原作《海王子》的許可，但是過了兩天，這次輪到講談社的編輯來訪，表示希望能在《少年 Magazine》上連載。藤子不二雄對講談社的提案非常心動，但他判斷不可能同時在兩本週刊上連載，於是拒絕了講談社。在《小學館的80年 1922 ~ 2002》中如此描述了這決定命運的分水嶺：

> 講談社和小學館的社風不同，編輯風格也不一樣。講談社編輯多為從基層鍛鍊起的專家，對漫畫家很嚴格，會提出許多要求；另一方面小學館以往沒有專業漫畫編輯，都是從學年誌和教育誌編輯部找來的編輯、對漫畫一無所知，多半都讓漫畫家自由發揮。當時藤子不二雄這些漫畫家，比起被資深編輯指點，更希望能自由自在地畫，因此更適合小學館的作風。

爭取到藤子不二雄的幸運，讓小學館在昭和四十二年能夠蓋起第三代新辦公大樓，俗稱「小鬼Q太郎大樓」，一九七〇年代又靠著《哆啦A夢》打下堅固基礎，兩天的差距爭取到藤子不二雄的契約，象徵的意義實在非常重大。

我在第三代小學館總公司隔壁的共立女子大學工作了三十年，每個月會有一次左右到地下室法式餐館「七條」，跟小學館員工一起排隊吃炸蝦或炸肉餅午餐，也在一樓JTB買過去巴黎的機票。搬到神田神保町後，完全成為鄰居的小學館，更讓我有強烈的親切感。

作為神田神保町的大地主，小學館現在正在增建新辦公大樓，計劃將來發展出租大樓事業，另外也在內容產業等資訊情報產業上都有多元發展，希望在老本行出版上，也能持續成為二十一世紀神田地區的中心，繼續活躍。

現代詩搖籃期

本書既然是神田神保町的專書，有一段名詩不能不引用。那就是岩田宏的「神田神保町」。以下引用本詩的開頭。

神保町
十字路口以北五百公尺
五十二階樓梯
二十五歲的失業者
被沉重的回憶拖著
慢慢往下走
風吹散香菸的火星

一下子燒上外套前襟
風和戀愛回憶讓人暈眩
失業者攤開雙手低語
就在這 在可以看見九段的石階
苦等著魔法 魔法失效
那人摔得粉碎
為了看清楚散滿整條街的碎片
我走下石階。

我吟著岩田宏收錄於代表作《厭歌》（昭和三十四年，書肆 Eureka）的這首詩，走下雅典娜法語學校旁的男坂，記得當時應該是昭和四十四（一九六九）年十二月。半調子參與的學生運動在這一年因為阻止佐藤榮作首相訪美抗爭而式微，不想到回到罷課結束的大學，除了去雅典娜法語學校之外，一整天都流連在神保町古書店的書架之間。完全是「就在這 在可以看見九段的石階／苦等著魔法 魔法失效」的心境。

我在思潮社的《現代詩文庫 岩田宏詩集》中讀到這首〈神田神保町〉，這套《現代詩文庫》中還有《鶴》的撰稿人吉岡實、大岡信、飯島耕一、清岡卓行等人的詩集，我一本一本購買來讀。從這些書的解說和年表中，我發現他們所有人的代表作都由書肆 Eureka 出版，發行同人誌《鶴》和小型雜誌《Eureka》的書肆 Eureka 伊達得夫，在昭和三十六年一月過世，書肆 Eureka 也自然地結束。

我已經是昭和四十四年七月復刊的《Eureka》定期訂閱讀者，身邊也有不少現代詩詩迷，因此曾經聽過第一期《Eureka》的傳說，但是過去我並不知道幾乎可以說一手「打造」出戰後詩的伊達得夫有多麼偉大。

日後在昭和四十六年七月，日本編輯學校出版部出版了伊達得夫的遺稿集《詩人們 Eureka抄》。這是他過世二週年時由伊達得夫遺稿刊行會發行的限量兩百部非賣品的復刻本。

讀完之後我深受感動。特別感興趣的是「老咖啡館 Ladrio」這篇散文。

神田有一條唯一沒有鋪柏油的道路。在神田神保町，儘管是只有倉庫和豆腐店的小巷，一般都會鋪裝。但只有這條小弄被遺忘了。區公所的土地清冊上可能忘了這個地方吧。而忘記這條小弄的不只區公所。就連太陽彷彿也忘了這條小弄、圍著地球轉。（中略）

喫茶 Ladrio 就在這小弄上。不只 Ladrio，還有名叫 Milonga、Grace 的店家，都位於這條寬一間、長一町左右的小弄上。每間店寫著英文的招牌燈光都醞釀著異國氣息，然而，已經沒有人會被這種異國風情所騙。

我每天會在 Ladrio 的椅子上坐三小時。每天對面坐的人都不一樣。我的辦公室也在這條小弄上，那裡實在太小，所以我當然把 Ladrio 當成會客室使用，出版這一行最重要的工作就是跟人見面。喝咖啡、抽煙，輪流去洗手間，我就這樣聽著對方說話。我的對象通常都是年輕詩人。（伊達得夫，《詩人們 Eureka 抄》，日本編輯學校出版部）

只要跟現代詩或者神保町稍有淵源的人，讀了這篇文章都一定會想去這小弄看看吧。隔天，我馬上去了這條小弄，接連去了 Ladrio 和 Milonga，當時的感想是「一模一樣、完全沒變」。更另人驚訝的是，到了二〇一六年現在，店裡的氣氛基本上也依然相同。道路自然是鋪了柏油，不過

Ladrio和Milonga進駐的木造建築物還維持當時的樣子。我甚至覺得日本政府應該將這片空地作為日本現代詩搖籃，申請登錄為聯合國的教科文文化遺產。

至於伊達得夫的書肆Eureka所在地，就在Ladrio對面，一樓是Milonga那棟建築的連棟二樓。

神田的後巷。玻璃門兩側都是老咖啡館，一打開就是一道通往二樓的陡急階梯。眼前是地板略往北邊傾斜，我、不我們的極小出版屋共同辦公室。一間房三間公司，擁擠地擺滿桌子。到了黃昏，沒有特別的理由，這三間公司偶爾會在房裡各自出錢飲酒作樂——就在這樣的日常中。（中略）某一天，我試著數了樓梯階數。有十三階。十三階！跟五年前一樣身為極小出版業者的我，明天、後日應該都會繼續像紐倫堡戰犯一樣，帶著陰沈的表情爬上這道不祥的階梯吧。（〈階梯〉，同前書）

伊達在散文中提過，我的恩師法國文學家菅野昭正老師跟詩人關根弘曾經從這十三階樓梯跌下來過，聽說這道傳說中的十三階樓梯，現在還存在Milonga旁。但是伊達曾經開開關關的那道玻璃門已經用木板封起，再也無法見證這文化遺產級的「現代詩證人」。

這棟位於神田神保町後巷「一間房擠著三間公司擺滿桌子」的建築俗稱「昭森社大樓」。當然這並不是什麼大樓，而是戰前蓋的木造建築，所有人是昭森社社長森谷均。而「擁擠地擺滿桌子」的三間公司是房東森谷均的昭森社、伊達的書肆Eureka，還有之後加入的小田久郎思潮社。關於這三間公司的共同辦公室，留下了許多紀錄，瀨木慎一投稿到《現代詩手帖二〇〇九年六月號——現代詩手帖創刊3週年》（思潮社）的〈創刊時情景〉這篇散文，在相關回想中寫得最詳細，段落有點長，不過還是容我在此引用。

原本在御茶水車站對面的小田久郎《文章俱樂部》搬到駿河台下，借用神田神保町一之三俗稱「昭森社大樓」內的一張辦公桌為辦公室，發行誌也改為《現代詩手帖》。這棟木造老屋稱為『大樓』當然是一種幽默，從樓下老咖啡館旁的階梯剛好爬上十三階，二樓各間公司的桌子並肩排著，大家共用一台電話一起工作。（中略）說到這中間的經過，在Eureka之前我們的《列島》也在這裡，還有荒正人等人的《近代文學》，筆和墨水都持續沿用之前的東西。

記得小田搬到這裡時，Eureka年前還有晶文社，已經坐滿，森谷特別為了他在這個位置放了新桌子。過了一陣子，思潮社和晶文社各有發展，轉移到其他地地方，Eureka一直待在這裡，伊達死後才結束。

因此，在這裡談論共用具備世界文化遺產級價值「昭森社大樓」的昭森社、書肆Eureka、思潮社，藉此向神田地區所有小出版社致敬，首先要介紹的的就是昭森社的森谷均。因為這個人因為髮型很像羅丹巴爾札克像而有了「神保町的巴爾札克」這個綽號的人，很可能就是岩田宏在〈神田神保町〉這首詩的後文中描述的這個人。

神保町
辦公室二樓
毛玻璃裡
四十五歲的社長
五十四歲的高利貸
正忙碌地在交談

每當電話濺出水花
番茶就更加清淡
兩人彼此試探
喝乾的不是茶，是黃色胃液（後略）。

森谷均明治三十（一八九七）年生於岡山縣小田郡大井村（今笠岡市）小平井四一一番。荒木瑞子在《兩個出版人——葵書房、志茂太郎與昭森社、森谷均的熱情》（西田書店）中提到，森谷是「祖先是士族、豪農之子」，畢業於岡山的金光中學後來到東京進入中央大學商學院，在這裡結識前衛詩人神原泰，開始對文學、美術感興趣，中央大學畢業後進入大阪的紡織公司東洋紡。可是他依然懷抱著對美術和文學的憧憬，舊識藏書家齋藤昌三向他開口請求對書物展望社的資金援助，於是他離開工作了十三年的代理商，「把退職金整整兩萬圓提供給書物展望社後，進了這間公司」。森谷在書物展望社學習編輯技術，「寶貴的退職金有一半違背我的意願、成為齋藤的喝酒錢立刻消失無蹤，半年左右（實際上為五個月）辭職，自行創立了昭森社」。時間是昭和十（一九三五）年。

昭森社第一本出版作品是森谷在大阪時結識的畫家小出楢重遺稿《重要的氣氛》（昭和十一年）。森谷在同一年發行了宣傳性質的藝術綜合雜誌《木香通訊》，自此推出了許多雜誌，也出版印量的詩集、歌集、句集、詩畫集等限定本、特裝本，但光是這樣還無法平衡損益，於是另外經營了太白書房這間大眾文藝的出版社來彌補虧損。創業時的昭森社位於京橋區銀座，經過數次搬遷，在戰敗後昭和二十一年三月搬到神田神保町一丁目三番。

搬到這裡後森谷在樓下開了老咖啡館兼酒館「韓波」，八月又在隔壁開了雅典娜畫廊。一樓

「韓波」不僅是森谷的會議室兼文學家的聚會場所之一（埴谷雄高，《鞭子與陀螺》），也是文化人經常聚集的地方，不過在一九四九年四月左右因為經營困難不得不結束營業。說個題外話，作家武田泰淳跟日後成為優秀散文家的百合子在一起，最早的相識就是在「韓波」。（荒木瑞子，同前書）

幾乎所有戰後文學家都會以某種形式提及這間「韓波」。就連跟戰後文學淵源算不上深的三島由紀夫都在〈我的遍歷時代〉中提到「韓波」的回憶，在書中如此描寫著上述引用中提到日後的武田泰淳夫人鈴木百合子。

（前略）有時也會受邀前往文士聚集的酒館，但我很不喜歡酒席間那些粗魯的爭論。我不太記得當時有哪些酒店，不過唯一別具特色的就是神田的咖啡館兼酒館「韓波」。戰後文學跟這間店有著難以切分的關係，凹凸紅磚地板上隨處擺著盆栽，白天昏暗的店內有位知名美少女。當時由尚．考克多（Jean Maurice Eugène Clément Cocteau）編劇的電影《悲戀》（*L'éternel retour*）剛上映，瑪德蓮．索洛尼（Madeleine Sologne）這位有著神祕氣息的女主角，雖然有金髮和黑髮的差異，但感覺跟「韓波」這位美少女很像。

戰後文學作家們的印象實在跟這間店密不可分，所以明明是在其他地方發生的事，現在回想起來也覺得都是在這裡發生的，真是不可思議。（蟲明亞呂無編，《三島由紀夫文學論集》，講談社）

三島由紀夫在「韓波」見到戰後文學文學家們，是因為戰後文學家都參加了《序曲》這本只出了創刊號就停刊的雜誌，而比《序曲》和《近代文學》的撰稿人小一輪的年輕東大和一高學生為核心創刊的《世代》撰稿成員們，也是「韓波」的常客。巧妙描寫了客層轉為《世代》撰稿成員這個時期之氣氛的，就是伊達得夫。

我透過橋本一明認識村松剛、中村稔、吉行淳之介、濱田新一等同人們，剛好是休刊時期，但他們以「世代之會」之名，一直聚在發行公司大樓的某間房間和神田神保町的老咖啡館韓波。韓波這間店很適合冠上文學老咖啡館這個稱號，這裡總是聚集了許多文學家，有羽毛光滑滑順的白色來亨雞和高傲的鬥雞，也有屁股還沾著蛋殼的小雞，他們在這裡喝著燒酒批評世事。即使其中有第一、第二或者第三個錯誤，大致上瀰漫著堪稱為青春的「狂飆與突進」。比方說滿臉通紅的草野心平突然唱起老黑爵，稻垣足穗巧妙地在中斷的地方跟著唱和，最後整間店裡都充滿了打拍子的頓足聲。（伊達得夫，同前書）

當《世代》撰稿成員在「韓波」聚會時，伊達還沒有創立書肆 Eureka，當時他在代官町一間小出版社、前田出版社工作。

根據長谷川郁夫《我發現了——書肆 Eureka、伊達得夫》（書肆山田），前田出版社是「戰後出現的典型春筍型出版社之一」，除了《Top》這本廉價大眾雜誌之外，也出過《文壇》這本文藝雜誌。伊達在昭和二十一年秋天進入前田出版社工作。然而出版社這種地方就算是中小規模也不會雇用沒經驗的人，所以伊達在進入前田出版社之前應該已經有過編輯實務的經驗。那麼進入前田出版社之前，伊達有過什麼經驗呢？

如果根據長谷川郁夫上述那本評傳，伊達得夫大正九（一九二〇）年九月十日生於朝鮮半島東南端的釜山。父親是朝鮮總督府的橋梁土木技師，他生後不久搬到京城（今首爾），從京城中學升上舊制福岡高中，結交了福田正次郎這位同學，他就是日後成為詩人的那珂太郎。伊達在福岡高中結識了萩原朔太郎和中原中也，同時也接受到波特萊爾和韓波等法國象徵派的洗禮。昭和十六（一九四一）年他進入京都帝國大學經濟學院就學，成為《京都帝國大學新聞》的編輯部員，以「河太郎」這個筆名負責報導跟專欄，另一方面也在《青青》這本同人誌上發表創作，這一年十二月太平洋戰爭爆發，昭和十九年秋天，他畢業同時進入滿洲航空公司就職，但馬上收到徵召，被派遣到內蒙古駐屯地。終戰時他人在岐阜的軍需品集貨所，昭和二十一年二月，他前往京都重回《京都大學新聞》的編輯工作。這一年伊達於秋天上京，在前田出版社找到工作後，從京都將妻子接過來。

當上編輯後不久，昭和二十一年十月底，他在《讀書新聞》上讀到原口統三這個一高生在逗子跳海自殺的報導，知道原口的朋友住在駒場宿舍的橋本一明想出版原口遺稿這件事。

> 我當時是M這間出版社的編輯，所以沒有錯過那篇報導。一高生、自殺、遺稿，這麼多條件齊備，不管內容如何，怎麼可能不賣！我在沒有任何人介紹的情況下拜訪了一高宿舍。我在入口找到一個學生，說想見橋本先生，走廊後方一個纖瘦青年穿著拖鞋趴答趴答走來。（同前書）

這個青年就是後來從書肆Eureka出版了處女詩集的詩人律師中村稔，中村問：「橋本出去了，有什麼事嗎？」邀他進了駒場寮的房間。伊達觀察著中村，對這個服裝骯髒但舉動端正的青年產生了好感。

於是原口統三的遺稿集《二十歲的練習曲》就在昭和二十二年六月由前田出版社發行。初版五千部銷售一空，在這一年秋天再版，不過當時開始出版陷入不景氣，前田出版社難以支付版稅。然而伊達因為這份歉疚，幫忙斡旋一高中友會《向陵時報》會刊的印刷，加深了橋本和中村的交情。

昭和二十二年年底，我工作的地方將大量退書賣給廢紙回收店後倒閉了。我嘗試個人繼續經營出版。在神保町老咖啡館韓波一角，我面前放著咖啡，跟橋本一明對坐。我向他提出，想要將我在出版界第一本書《二十歲的練習曲》改版重出。

這間茶館的女店員百合子，有一對帶著神祕氣息的黑眼睛，她站在店裡角落啃著花生。（同前書）

根據這裡所寫的內容，伊達應該在昭和二十二年十二月左右離開公司，不過從田中栞《書肆Eureka的書》（青土社）中判斷，前田出版社一直存留到昭和二十三年底，在未取得版權所有人橋本一明許可的情況下發行了《二十歲的練習曲》的三刷。這麼一來昭和二十二年年底前田出版社倒閉這段伊達的記憶似乎有誤，不過其實伊達真正的目的是掩蓋他從自己設立的書肆Eureka出版版權還在前田出版社手上的《二十歲的練習曲》改訂新版這個事實。看來伊達在散文中自稱的時間，多少經過些粉飾。

但無論如何，伊達都離開了前田出版社，昭和二十三年二月在柿之木坂暫居處成立了書肆Eureka，第一本出版的就是《二十歲的練習曲》改訂版也是不爭的事實。至於Eureka這個公司名稱，伊達曾經在〈上吊男〉這篇散文中提及。

作家稻垣足穗對於我即將用Eureka這個希臘文當作今後創立出版社的名稱，給了不少意見。（中略）聽到我說要用「Eureka」這個名字經營出版社，他沒多說，只是表示這真是個好名字，佩服！他說，我一直覺得你跟牧野信一很像，有上吊男的感覺。第一個將愛倫坡的《Eureka》翻譯成日文的是牧野信一，幾天前，他在一間酒館告訴我這個希臘文的意思是「我發現了」。（中

略）他強調「而且你跟牧野信一一樣有上吊的感覺……」（同前書）

總之，歷經一番曲折，書肆 Eureka 終於出發，《二十歲的練習曲》改訂版成為暢銷書，伊達在昭和二十三年夏天在新宿區上落合蓋了一棟小房子，把書肆 Eureka 辦公室搬過去。我大膽推測，伊達或許是模仿當時小出版社的慣例，「出了暢銷書就買不動產，周轉困難就可以用不動產當擔保。」前一回也提過，當時像小學館這種大出版社都不容易獲得銀行融資。

不過公司的暢銷書只有《二十歲的練習曲》這一本，稻垣足穗的《生命與機械》等其他書肆 Eureka 的書完全賣不出去。他費盡苦心製作的《牧野信一全集》因為印刷廠的火災而付之一炬。自家兼辦公室裡庫存堆積如山，伊達不得不考慮結束書肆 Eureka。這是昭和二十五年春天的事。

一天，我去拜訪高中時期的同學、在女校當教師的詩人那珂太郎。「我打算放棄出版。看來沒辦法持續下去了」「是嗎，終於要放棄了啊。那最後要不要替我出詩集？我的詩集學生應該會買。很好賣喔。」「好，出吧。」我這麼回答。放在深藍書盒裡的純白詩集《ETUDES》最後真的如他所說，因為學生的購買而銷售一空。（同前書）

對書肆 Eureka 來說，原本以告別作之姿出版的《ETUDES》成為一大轉機。因為當那珂太郎帶著自己的詩集處女作去找中村真一郎時，他也表示「我也想出這種詩集，幫幫我吧。」於是伊達幾乎在同時出了《中村真一郎詩集》和舊識中村稔的《無言歌》。這件事受到大眾媒體的報導，陸續接到許多發行詩集的委託。

可是就算出了幾本在詩壇上獲得認可的詩集，書肆 Eureka 的經營也並沒有因此而上軌道。甚至伊達在昭和二十七年起被捲入政治糾紛，成為安部公房等共產黨文學團體「現在之會」的出版商，出版了真鍋吳夫不合時宜的報導文學《內灘》，在經濟和精神上都造成重大打擊。伊達在〈汽油彈文學家〉這篇散文中寫道：「汽油彈沒丟到敵人身上，而在會的內部破裂了。而我或許只是被這汽油彈給輕微灼傷了。」實際上這嚴重的燒傷導致他無法重新翻身，書肆 Eureka 再也維持不下去。伊達做好撤退戰的心理準備，昭和二十八年在銀座松屋後開了另一間公司朝日書房，打算賣些順應潮流的暢銷書，但這條路也行不通。然而繼在這時候，黑暗中照進了一絲光線。長谷川郁夫在前面提到的評傳中這麼描述：

他對出版已經失去了年輕的熱情。出版並非可以實現自我的工作。《內灘》的慘痛失敗奪走了他對出版的幻想。

就在這樣的日子中，一個青年帶著想自費出版的詩稿，來到朝日書房。青年自稱叫做飯島耕一。（同前書）

青年等伊達讀完原稿後緊張地詢問出版的可能。伊達只簡單答了一句：「行吧。」他的態度讓青年覺得很傲慢。其實伊達拚命想隱藏被青年詩篇感動的自己。飯島耕一的處女詩集《他人的天空》在昭和二十八年十二月出版，為書肆 Eureka 帶來重大轉機。長谷川郁夫如此分析：

《他人的天空》跟過去拿到原口統三遺稿時，可以說再次帶給他莫大的興奮，同樣給出版這份工作帶來希望。並非帶著單純興趣、清高的態度，或者基於政治目的從事出版，而是循著新希望所指示的方向，他開始一個生活人的姿態面對出版。（同前書）

或許是因為下定了這份決心，伊達在隔年昭和二十九年夏天重回神田神保町。地點是從前「韓波」所在的建築物二樓，也就是森谷均經營詩集出版社的同時，也將公司一角借給新進弱小出版社的這棟「昭森社大樓」二樓。終於找到「歸屬」的書肆 Eureka，在昭和三十一年十月創辦了《Eureka》雜誌，將戰後詩帶向黃金時代，不過身為神保町的史家，在這裡必須強調一下事實。

換句話說，伊達的書肆 Eureka 並不是一開始就順利進駐「昭森社大樓」二樓一角。在伊達之前有《列島》（撰稿成員有野間宏、安部公房、關根弘、木島始、瀨木慎一、木原啓允等）無給編輯助手，一邊幫助《列島》雜務，一邊編輯書肆 Eureka 的《戰後詩人全集》和《現代詩全集》，但其實在開始營業之前，並沒有獲得房東森谷均的許可。森谷本來對伊達這樣順勢占據「昭森社大樓」一角相當生氣，但最後也承認了由書肆 Eureka 來代替昭和三十年推出終刊號的《列島》。

在伊達的建議之下進入「昭森社大樓」的思潮社小田久郎，在戰後詩巨大的紀念碑《戰後詩壇私史》（新潮社）中如此描述。

> 伊達已經有心理準備會有摩擦，還是想立腳在方便工作的神保町。事實上書肆 Eureka 的出版活動在進駐神保町之後正式展開。我也試著將辦公室設置在神保町，發現在這裡從事出版相當方便。（中略）
>
> 儘管一度亢奮，最後森谷均還是同意租借辦公室，實在是位心胸寬厚、深具歷經風霜後生命深度與風格的人。我在他身上看到了明治道德家的風範，感受到像我這種年輕人也能親近的包容。

獻上對伊達和森谷的致敬後，小田久郎繼續引用清岡卓行供稿給《現代詩手帖》三十週年紀念戰後詩〈歷史性的現在〉的〈戰後詩的坩堝空間〉中下面這一節，寫道：「所以我一想到森谷和伊達，直到現在都還會滿心激動。」

在這個幾乎能感受到彼此氣息的狹窄房間裡，兩位前輩把手把腳地教會小田久郎出版詩書工作的具體細節。當然，也在無言之中受到了深厚精神上的影響，還有出版詩書或許無法大獲成功，這種虛幻夢想的殘影。（同前書）

最後，與其以編年方式紀錄之後的「昭森社大樓」的發展，在這裡我將再度引用小田久郎所引用的木原孝一〈戰後詩物語〉最後一節，獻給神保町後巷的出版社，作為本文的結尾。

Eureka 伊達得夫死了，昭森社的森谷均也死了。小田久郎帶著思潮社搬到水道橋。現在神田村的詩壇王國應該已經什麼也沒留下。但我似乎可以看見，直到現在還在為了無名詩人們一一數算著原稿字句、埋首製作詩集的神田村村長，還有日本版巴爾札克森谷均那清晰的背影。（同前書）

古書漫畫熱潮的到來

戰後的日本在GHQ指導下，企圖同時達到有產階級解體和社會平準化的目的，也獲得了一定的效果。

這波強制性的財富移動，導致有產階級持有的知識資本出現拋售狀態，古書業界受惠良多，但是這波熱潮在戰後十年後告一段落，接著輪到平準化政策的一環所推動的廣設大學，圖書館的進貨量大增，這些訂單也都流入了古書業界。

不過當平準化需求告一段落，昭和四十年代起平準化的弊害時差讓古書業界重創，業界本身也出現了結構性的不景氣。

關於這種戲劇性變化，反町茂雄在收錄於《蠹魚昔話 昭和篇》（八木書店）的座談會〈昭和六十年代的古書業界〉中，如此概觀昭和四十一年到五十年間戰後的第三個十年。

反町：儘管期間歷經數度起伏，大約二十年來，舊書界都維持著榮景，大約從這時起開始走向終焉。

新制大學的龐大需求大致已經充足。學生漸漸不閱讀。再加上這二十年來日本產業成長快速，國民總生產膨脹，都市和農村的生活都更加寬裕，生活水準提高。產業快速發展的結果導致勞動人口不足，出現許多打工族。這也使得不管中年人或年輕人手頭都有足夠零花錢，大家或許覺得只為了一兩成折扣去找舊書很麻煩，乾脆買新書。雖然幅度不大，但舊書銷路漸漸往下掉。另外出版界則呈現生產過剩的現象，漫無止境地印製大量新刊。這些書最後都湧入古書業界。店裡塞滿了書，連放的空間都不夠。這種狀況持續了大約十年。

不愧是反町，這段總結相當精要。不過我們希望從另一個角度來分析反町在此提到的狀況。因為我們有一個假設，認為面對社會上出現的決定性變化時，神田古書店街或許是能以最明顯形式做出敏感反應的場所之一。現在回想起來，神田古書店街或許正是礦坑裡的金絲雀。

GHQ為了讓日本成為再也無法發動戰爭的國家，採用了平準化政策，其內容可以簡單定義為「實現一個民眾也能廉價取得耐久消費財的社會」。換句話說，一個社會光是能讓民眾吃得飽還不夠，從電視、洗衣機、電冰箱這「三種神器」到汽車等耐久消費財，都能變成民眾能夠消費的「消費財」，這樣的社會才是最終的實現目標，而日本在戰後短短二十年就實現了這個目標。所以昭和四十年代可以說是一切都化為消費財的第一個十年。

那麼書籍呢？昭和二十年代時，書籍還算是耐久消費財。不、就連在昭和三十年代也被視為一種耐久消費財。昭和二十四（一九四九）年出生、身為橫濱郊外窮酒館之子的我再清楚也不過了。我家裡稱得上是書的東西一本也沒有，勉強只有雜誌。進入昭和三十年代，洗衣機、電冰箱、電視這些耐久消費財依序走進家庭，然而我家卻依然連一本書都沒有。上高中生之後，家裡的生活水準終於提升到自己有能力買書，不過書籍依然被視為一種耐久消費財，屬於下層中產階級的家庭購買時需要慎重決定的商品。這時期最盛行的就是全集熱潮和百科事典熱潮，巧妙利用民眾認為書籍屬於耐久消費財的既定觀念，主張「這不是消費財，是可以長久使用的耐久消費財」來大大肆推銷。

但是在昭和四十年代前半的全集、百科事典熱潮之後，書籍為耐久消費財的時代也正式結束，書籍開始跟衣服還有其他家電產品一樣，漸漸變成消費財。這麼一來舊書店將難以生存。一旦書籍成為消費財就不容易回收，買賣自然也無法成立。

不過古書業界的上游神田古書店街，一開始並沒有察覺這種結構性的變化。相對之下位於下游的老街區舊書店就相當切實地感受到變化。

敏感察覺到這些變化的，是昭和二十八年起在葛飾區堀切經營舊書店的青木正美。反町茂雄在《蠹魚昔話 昭和篇》結尾，邀請青木正美作為來賓，盡情討論了〈老街區古書店的生活和興衰〉，讀了之後我發現日本古書業界的結構性變化，是從這些老街區舊書店開始出現的。

青木在昭和二十年代後半到三十年代前半開始進入業界，當時老街區舊書店的暢銷商品多半是黃色雜誌和電影雜誌。青木很煩惱，不知該去哪裡便宜收購這類書籍，她發現市場上流通的大部分都來自「建場」。建場是什麼樣的地方呢？簡單地說就是廢物回收業的上游，類似大盤商。

根據我的了解，其中有許多業者不是批發商，性質更接近金主，生意愈好的建場（當然是個人營業）跟各個廢紙回收店的關係愈密切，廢紙回收店們就像定時來上班一樣，總是一早就三三五五來到建場。建場老闆、經營者都稱呼廢紙回收店為「買仔」，除了做生意的工具兩輪推車之外，還會借給他們秤子，甚至是當天的資金。（中略）到了傍晚店裡擠滿了陸續回來的「買仔」，擁擠吵雜猶如戰場。放眼一看，眼前有舊衣、舊金屬，之後需要分解的舊時鐘和收音機，還有包含書籍跟雜誌的成山紙類。（〈老街區古書店的生活和興衰〉，《蠹魚昔話 昭和篇》，以下引用皆同前書）

在青木眼中，起初建場是個可以「秤重」購買舊雜誌和舊書的「天堂」。但是這個「天堂」裡已經先有來客。那就是過去就一直以此為漁場的舊書業者。他們主張自己的既有權利，不允許新面孔輕易加入。然而青木查出這些業者也有得去市場擔任競賣師的日子，刻意選在這天奔往建場。

聽了青木這番話，主持對談的反町提出疑問，假如真是一個美好如天堂的地方，那舊書業者理應積極地去跑建場，為什麼不去的反而比較多？對此青木這麼回答：

畢竟要從如山的垃圾中篩選分類，工作環境又髒、滿是塵埃。打散成山的垃圾找出需要的東西後，還得再恢復原狀，不好好整理就會被建場老闆討厭。總之是體力負擔很重的工作，不做好心理準備幹不了這個工作。

不過青木還是跑建場跑了十五年以上。也因為她的持續，得以在現場見證社會的劇變。剛開始跑建場時，也就是昭和二十年代末期到昭和三十年代初的「高度成長開始之前」這段時期，別說書籍了，就連雜誌都算是耐久消費財，所以會進入建場的多半都是已經過了「耐久」年限的東西，完完全全變成垃圾的書籍雜誌。但可不能因此放過。就像家具這種耐久消費財可以藉由「修理」重生，書籍雜誌一樣也可以「修理」。

老街區有些雜誌總是供不應求。那就是一冊完結的讀物和黃色雜誌。為了彌補這些不足，老街區的舊書業界有自古流傳下來的「改造本」。當時我們從建場秤重買回來的雜誌類要放到市場上之前，許多都需要大幅修理，這些修理對於跑建場的人來說是每天的例行工作。主要工作內容有熨燙折疊的頁緣、破損封面的裱裝、書背補修等等。賣價遠比一冊完結的讀物高的黃色雜誌，就算是沒有封面也會先買來內頁，再套用上其他內頁不堪用但封面完整的雜誌封面來賣。

這簡直就像羅伯特・阿德力區導演（Robert Aldrich）在電影《鳳凰劫》（*The Flight of the Phoenix*）中將墜落雙發機改造為單發機一樣。可見這個時代的老街區，就連黃色雜誌都是一種耐久消費財。

但是這樣的狀況在昭和三十五（一九六〇）年安保鬥爭結束、進入高度成長期後，開始發生戲劇性變化。雜誌從《平凡》、《明星》等大眾取向類型開始依序轉為消費財，主力從月刊變成週刊，中古商品商品壽命也變短。

女性喜愛的《平凡》、《明星》除了原本的月刊之外也同時發行《週刊平凡》、《週刊明星》。（中略）少年雜誌、少女雜誌也走上相同的道路。以少年少女為客層的週刊雜誌陸續發行之後，月刊接連廢刊或者減少發行冊數、減少頁數，只有定價拉高。再加上作為舊書的流通期間變短，從建場買來上架後，能當作商品的少年少女雜誌壽命只有短短兩三個月。

加快這種「從耐久消費財轉為消費財」趨勢的，是一九七三年石油危機前後出現的衛生紙交換車登場。由於投機客從戰時經驗聯想，認為原油價格高漲可能帶動紙價攀升，衛生紙從超市中消失，開始出現收購再生紙用回收原料的衛生紙交換車，但這麼一來就打壞了建場的交易行情。

昭和四十五年為止，市場上出現的雜誌大概都有以十冊為單位的穩定行情。隨著社會的多樣化，行情漸漸瓦解。昭和四十五年左右開始橫行的衛生紙交換車，加快了瓦解的速度。老街區古書店以某種形式與交換車買下的舊雜誌類最後流通去處建立起連結。以往跑建場的業者要對抗這些與衛生紙交換車聯手的業者是不可能的。因為兩者買的量差距太大。（中略）

另一方面，社會變動的激烈程度也直接反映在老街區的舊書行情上，在這樣的時代中市場或許有當天的交易行情，卻判斷不了隔天的行情。書籍雜誌在短時間內大量生產，陸續進入古書業界，供需平衡漸漸失調，供給永遠高於需求。（中略）電影跟書籍同為三〇年代老街區居民的重要娛樂，而舊書經過四〇年代、來到五〇年代後，由於物資和娛樂的多樣化，僅成為眾多娛樂裡的一個小小分類。年輕人不閱讀的趨勢發展快速，以往店門前總是擠滿客人的老街區古書店，現在也成天門可羅雀。舉個例子，我自己的店最熱鬧的時候一天會打兩百多次收銀機，平均起來一天大概有一百五十次左右，但現在只有三十到五十次左右。

也就是說，「從耐久消費財到消費財」這種改變最先受到影響的是雜誌，但馬上就波及到書籍。先是出版冊數增加，接著是因為過度競爭出現出版品項的增加，導致大量書籍根本沒有時間透過建場重新放上再流通系統，就這樣被銷毀。然而儘管如此，供給依然總是超過需求，老街區舊書店以往的方式再也行不通。

不過，老街區的舊書店並沒有就這樣走向消滅，反而上演了一場深具舊書店精神的大逆轉。因為成為消費財遭到大量廢棄的廢書、廢雜誌，正因為如此成為稀有品，反而起死回生變成有價值的舊書。

第一波是因昭和四十五（一九七〇）年三島由紀夫事件後瞬間引爆熱潮的戰後作家初版本。發生於中央線沿線和早稻田一帶舊書店的戰後作家初版本風潮，先行地區的舊書店紛紛來到老街區市場購買，因此也波及到老街區，不過真正源自老街區的熱潮則是漫畫書。

青木：過去只在我們老街區出現的兒童漫畫書，掀起一陣不尋常的熱潮。這股熱潮也迅速波及到中央神田那一帶。不管是戰後版初版本或者是漫畫書，都因為稀少價值創下高價，想要挖寶、撿便宜，最理想的還是老街區。

接著青木又繼續說明為什麼在老街區的漫畫適合來「挖寶、撿便宜」。因為戰後老街區很流行租書店，幾乎每個街區都有租書店，但是後來漫畫也從能靠出租來循環的耐久消費財，轉變為消費財，因此租書店再也經營不下去，不是倒閉就是結束營業。而承接這大量庫存的就是老街區的舊書店，隨著舊漫畫熱潮的到來，老街區古書店也迎來了暖春。

有一陣子老街區各店家過了一段美好時光，每每望向自家書架，發現幾本初版本或者雖然老舊但能賣出高價的兒童雜誌、流行漫畫，這些都能成為意想不到的收入。早已被遺忘的庫存商品開始受到矚目。中央和山手同業還有半職業級的書迷，也都連日來拜訪老街區的舊書店。

不過，老街區終究也耗盡了這些初版本和漫畫。無論何時、任何內容的書，只要行情高，中央的同業就會開始銷售，中央的市場價錢更好，老街區不是敵手，自然能賣的貨就愈來愈少。

然而從老街區古書店開始延燒的這波漫畫熱潮，包含著與戰後文學初版本熱潮具備根本差異的某種劃時代性質。

那就是從耐久消費財變成消費財的書籍雜誌因為大量消費性而暫時消失後，反而重現價值這種悖論。而這樣的悖論同時也告訴我們，促使價值重現的「買主」跟過去購買舊書的人，是完全不同類類型的人。

簡單地說，這是御宅族首次在古書世界中以「價值創造者」的角色出現。

自此，古書世界開始以御宅族為主軸運轉。神田神保町也因為這些御宅族的出現，有了很大的轉變。

次文化、御宅族化的神保町

連載終於來到第七十次，即將畫下句點。這一次筆者將試圖討論給日本社會帶來決定性轉變的御宅族文化，總結神田古書街的近過去和現在，同時展望未來。

神田古書街在明治時期成立，當時書籍是價錢高於其他生活必需品的「耐久消費財」。不過戰後，各領域的產業都有能力大量生產，首先，服裝成為一種可以用完就丟的消費財，緊接著書籍也是，成為讀完就丟的「消費財」。昭和四十年代後半接連出現文庫、新書熱潮，書籍消費財的腳步加速，神田古書街也失去了往年的光彩。

但隨著書籍變成一種消費財，卻出現了意料之外的逆轉現象。那就是因為成為消費財而變成一現曇花，稍縱即逝的書籍中壽命最短的漫畫，竟然因為其短暫性，反躋身高價古書之列。曇花一現的東西被過剩消費反而產生價值的逆轉現象，過去古書業界從古騰堡時代就經歷過。高級古書店可以說就是因為這些「曾經曇花一現的書籍」而得以成立。

所以一九七〇年代後半到一九八〇年代前半發生的重大轉換，光用「曾經曇花一現的書籍」因其短暫性而產生價值，還不算完整的說明。其實這些「曇花一現的書籍」是「漫畫」的事實，具備更大的意義。

那麼為什麼「曇花一現的書籍」＝「漫畫」的價值一夕高漲，會給神田神保町的古書店街帶來重大轉變呢？

那是因為《少年時代》這本漫畫首次出現在神保町古書店街。儘管物色的對象不斷改變，神保町古書店街卻也從來沒有離開過「成人世界」。在此共有的前提是，讀書的都是大學生以上的「成人」。

但是一九七〇年代後半，《少年時代》忽然入侵神田古書街。其背景是因為「上了大學之後還繼續看漫畫」的團塊世代幾乎都進入社會，有些人開始踏上旅程尋找「失落的少年時代」。這些團塊世代重新尋找少年時代的旅程之後一直持續到團塊世代完全退休，一九七〇年代後半可說是這趟重拾之旅的第一期。

在這裡且讓我提出另一個疑問。為什麼團塊世代會將漫畫書視為「失落的少年時代」。乍看之下似乎理所當然，其實不然。因為在團塊世代之前的世代理應也有其少年時代、也會進行同樣的重拾之旅，但漫畫卻沒有成為他們的對象。

團塊世代之所以將漫畫視為失落少年時代企圖重拾回憶，其中一個原因是因為漫畫是最初期的消費財，作為月刊（其次是週刊）或者出租書的消費速度極快，不太會留在手邊。不過這只是漫畫曇花一現、成為重拾回憶對象的原因，並不是特殊的理由。

特殊之處並不在於漫畫的消費速度，而在於其消費形態。換句話說，漫畫本身並非紀錄現實的產物，而只是一種記號，因此產生了「記號消費」這種新領域的消費。不過說是記號消費，也並不是布西亞（Jean Baudrillard）所指的意義（並非基於使用價值、而是基於品牌等附加價值的消費），而是指在漫畫這個虛擬現實內部，持續消費記號的「差異」。

但是這樣說來，或許會有人反駁，漫畫在誕生時就是一種記號表現、針對兒童的產物，要說團塊世代是第一批記號消費者也太不合理，關於這一點，戰後的代表性漫畫家手塚治虫寫下的這段文字，或許是最有力的反駁。

> 在我的畫裡，驚訝的時候眼睛會變圓，生氣時一定會像鬍子爺爺一樣眼睛附近出現皺紋、臉特別突出，對，這是有模式的。也就是一種記號。組合這種模式、這種模式還有那種模式，就能呈現出一張完整的畫作。但那並不是純粹的繪畫，而是一種省略到極致的記號。（中略）對我來說漫畫只是一種表現手法的暗碼，實際上我並不是在作畫，更像是用一種特殊的文字在寫故事。（再引用自《Puff》一九七九年十月號，大塚英志，《「御宅族」精神史——一九八〇年代論》，講談社現代新書）

這段文字充分地說明了進入社會後有了可處分所得的團塊世代，之所以想要追求手塚治虫絕版漫畫這種失落少年時代的祕密。原因不僅僅是因為小時候迷過手塚漫畫。真正的理由是團塊世代在多愁善感的少年時代讀到的手塚漫畫是一種以「特殊文字」來描述的劃時代記號漫畫。換個說法，正因為記號漫畫並非現實模寫，所以這些記號每次都下足工夫、以期達到微妙的區隔。因此讀者也不得不一個接一個地去消費這些經過區隔後的記號，而這種記號消費在記憶中都成了快樂的體驗。經過區隔化的單一記號無限反覆。這就是手塚漫畫的特徵。

那麼在記號消費中，腦髓裡是不是什麼也沒留下？事實上剛好相反，就算差異消失，原本的記號也會由於大量的反覆形成記憶痕跡，所以即使記號本身消失在現實的視野中、或者說正因為記號消失，才產生了強烈的懷舊之情。

手塚的元祖記號漫畫就這樣牢牢烙印在團塊世代的腦髓中，在某一個時間點受到懷舊風潮的推波助瀾，以絕版漫畫之姿復活。這麼看來，隨著團塊世代的成長，日本在一九七〇年代後半漸漸進入記號消費社會，其中的遠因甚至可以說就是手塚漫畫。

現在我們終於可以回到這次的主題，「漫畫＝少年時代」在神田古書街的入侵。

依照一般說法，神田地區絕版漫畫專賣店始於昭和五十三（一九七八）年一月神田古書中心開業同時進駐五樓的中野書店在隔年於二樓設置了中野書店漫畫部。設立中野書店漫畫部的是畢業於明治大學文學院戲劇系的中野書店店主中野智之。中野之後離開古書中心，將據點轉移到西荻窪，經營網路書店「中野書店、舊書俱樂部」（中野於二〇一四年十二月病逝），他生前的部落格提到他在明治同期入學的有田中裕子，之後講到書店開業的始末。

（同學換穿求職套裝開始找工作）這個時期前後，神保町開設了神田古書中心，我父親也在進駐其中。莫名沒搭上這波潮流的我，雖然有許多原因，但因為沒有其他事做，不知不覺在店裡幫忙，漸漸地完全埋頭在古書業界中。

從這段文字可判斷，中野應該是一九五六年或五七年出生，屬於比團塊世代年輕的「新人類」世代。所以跟團塊世代相比，這個世代的人已經把記號消費視為理所當然。

無論如何，中野書店漫畫部是神田地區首位以古書店專家的身分，企圖找出因為消費速度驚人所以雖能留在人類腦中、卻無法留在現實世界中的漫畫這種記號，特別是手塚漫畫，並且賦予其「價值」。

當然，中野書店漫畫部一九七九年誕生時，神田神保町一定出現過強烈反彈。但沒想到結果卻是個出人意表的大驚喜，神田神保町久違地挖到了大礦脈。這裡從銷售古書這種耐久消費財的街區，搖身一變，成為將次文化視為消費財、進行記號消費的街區。

說道神田神保町的蛻變，也不能不提到在中野書店漫畫部進駐幾乎同時期的一九七八年（也有一說是一九七九年）進駐神田古書中心八樓的芳賀書店大量販售袋書（避免現場翻看裝在塑膠袋裡的黃色書刊），成為袋書聖地這件事。

芳賀書店的根源可以追溯到昭和十一（一九三六）年，在巢鴨現在的地藏通這裡開了古書店，跟前文提到大正九（一九二〇）年擔任東京古書公會會長、對神田古書街貢獻良多的芳賀大三郎所開設的芳賀書店，似乎並沒有直接關係。戰後於昭和二十三（一九四八）年搬到現在總店所在的神田神保町二丁目，主力為特價書。我記得當時的芳賀書店位於古書街較外圍，橫長的店內隨意堆疊著特價書，另外也有一些自家出版的反史達林書籍和無名作家的書，也標示了特價混在其他特價書中。我就是在這自家書籍的特價區買了三浦勉的《從列寧開始懷疑》和《田中英光全集》。不過從昭和四十三（一九六八）年左右起，黃色書刊的特價書開始成為主力，出版品也特別強推團鬼六監修的綑綁SM，以業績來說這方面占比變得較高。

忽然有這麼大的轉變，是因為第二代社長（現任會長）芳賀英明開始接手經營。他開始利用得以不透過經銷商進貨的特價書流通管道，強化袋書的銷售，並且不稱為黃色書刊，命名為「成人圖集」，並且在神田古書中心八樓設置專賣店，一時聲名大噪。「成人圖集」的爆賣相當驚人，原本一年不到一億日圓的營業額，既然在短短數年之內翻成十倍、二十倍。一九八〇年完工竣工的芳賀書店大樓，所有的建設資金都是自有資金。之後芳賀書店總店由於網際網路的普及，年營業額減少為極盛期的七分之一，但至今被稱之為「色情殿堂」。

一九七〇年代後半流入神田古書中心的漫畫和成人圖集這些「新風」，讓神田神保町改頭換面，而這兩種元素之間又有什麼關係呢？

關鍵字依然是記號消費。

年輕女孩不成體統地張開雙腿，關鍵部位有輕薄內褲遮住，這若隱若現的「記號」伴隨著一個接一個出現又消失的模特兒這種「差異」，無限重複，在男性的慾望下被快速消費。芳賀書店的興盛正要拜這快速記號消費之賜，消費主體一樣是團塊世代。袋書一本要價一千至三千日圓，只有擁有可處分所得的團塊世代才買得起，為可處分所得少的年輕世代開發的就是所謂的「自動販賣機本」。然而在這裡我們不打算詳細研究流通問題，主要希望探討絕版漫畫和袋書如何藉由記號消費這個媒介連結。

首先我必須強調一個事實，那就是兩種記號消費最早的主體「團塊世代」，並沒有意識到這兩者之間的關係。我自己也是當事人之一，可以很肯定地說，尋求絕版漫畫跟尋求袋書的完全是腦髓中的不同部位。這個道理也可以套用在團塊世代消費者一度相當流行的色情劇畫上。接近現實模寫的色情劇畫是一種「用畫的袋書」，這跟手塚治虫的絕版漫畫再怎麼看都無法找出連結。

隨著團塊世代漸漸成熟，開始購買名牌服飾、汽車、華廈美寓，提高記號消費的等級，袋書和色情劇畫以及絕版漫畫，除了手塚部分作品之外，都迎來熱潮的終焉，不再是記號消費的對象。而神田神保町古書街是否自此不再受到記號消費的影響？事實上正好相反。神田神保町跟鄰區秋葉原一樣，都進一步成為記號消費的聖地。

原因就在御宅族這種呈現全新消費行動的群體，在一九八〇年代前半忽然出現。關於御宅族的出現時期有許多不同說法，命名為「御宅族」的時期與出現在媒體上的時間基本上是一致的。由大塚英志負責編輯的《漫畫 Burikko》（Self 出版）從一九八三年六月號開始連續三集連載了中森明夫的〈「御宅族」研究〉。大塚英志一邊提到這份報導，一邊這麼說：

> 這些頁面由中森擔任發行人的迷你漫畫雜誌《東京成人俱樂部》的客座版，我是從前面提過的Self 出版和仲介我們認識的編輯手中買下這些頁面。所以這時候我還沒見過中森。連載中，中森將聚集在漫畫市場的粉絲稱呼為「Otaku」[79]。因為中森揶揄的這些粉絲之間都會這樣稱呼彼此。（大塚英志，同前書）

中森明夫屬於比他命名為「御宅族」的新世代特殊年輕人年紀稍長，算是「新人類」世代，但他在漫畫市場中很驚訝除了聚集在這裡的年輕人竟然會禮貌地稱呼彼此，讓他感到十分意外，另外他也對這些人在服裝上的不講究覺得吃驚。

79. 譯注：日文原文「お宅」，原為具敬意的第二人稱。

該怎麼說呢，就是那種每一班都會有的人啊，運動神經很差，休息時間都窩在教室裡，躲在暗處偷偷摸摸玩將棋之類的。大概就像那樣。髮型不是七三分的蓬亂長髮，就是前後齊短的馬桶蓋。整齊地穿著媽媽從伊藤洋華堂或西友買給他的980圓或1980圓均一價襯衫和長褲，腳上是幾年前流行過有R商標的盜版REGAL休閒鞋，肩包塞得滿滿，搖搖晃晃走來的那種人。（同前書）

中森驚訝的是這些「御宅族」鮮少企圖用服裝或者身邊的物品來「表現自己」。中森這些「新人類」世代認為服裝和隨身物品的記號消費，是一種可以區隔出他我的自我表現，在他們看來，「御宅族」在這個領域的自我表現實在水準太低、令人不耐。

關於中森這些「新人類」和「御宅族」之間橫亙的差異，大塚英志清楚地整理如下。首先是新人類：

「新人類」的本質其實在於身為消費者的主體性以及商品選擇能力的優勢。也就是可以由自己來挑選表現自我時穿的服裝，是較具主體的消費者，這就是「新人類」的根據。（同前書）

那麼「御宅族」又如何？

如同漫畫市場，他們扮演「消費者」的市場與既有商品和既有市場都有極大的脫節。因此他們需要自己建立商品、自己建立市場。「新人類」想要的商品不管是思想、時尚、雜誌、音樂，都已經齊備，但「御宅族」想要的商品（多半都是漫畫周邊）當時還位於經濟系統的外側。（同前書）

十分精闢的分析。為什麼大塚英志能做出如此犀利的分析，因為他曾經見證「御宅族」誕生的現場。大塚接下面臨休刊危機的色情劇畫雜誌《漫畫 Burikko》編輯工作，為了爭取新讀者，他必須在從現有商品中尋求自我表現的中森這些「新人類」，和對象雖然模糊、但還是將自我表現寄託在某些商品上的「御宅族」之間進行取捨，這時他選擇了「御宅族」。

對二十多歲的黃色雜誌編輯來說，能成為自己「市場」的是「御宅族」而不是「新人類」。所以我才認為必須要讓中森從雜誌中消失。（同前書）

大塚驅逐了新人類中森後，《漫畫 Burikko》如何搖身一變成為面向「御宅族」的雜誌？他從雜誌中排除了現實的色情，也就是色情劇畫和裸體彩頁，改弦易轍往蘿莉控漫畫的方向發展。蘿莉控漫畫又是什麼樣的存在呢？

從「色情劇畫」到「蘿莉控漫畫」，這性愛漫畫市場上商品的更迭背後，是欠缺「肉慾」的手塚治虫式性慾的發現。那是一種被隱蔽的性慾，不過這個時期再次被發掘為一種性商品。手塚曾經自嘲，「記號」的性表現只是一種暗碼，這就是「蘿莉控漫畫」的本質，也是新性慾的形態。正因為如此，我才認為必須從我的雜誌中排除掉包含少女裸體在內的裸體彩頁，還有本於「寫實」思維描繪的劇畫。（同前書）

這麼一來我們終於了解「御宅族」渴望的蘿莉控漫畫真正的面貌，也得以了解御宅族的本質，讓我們再把話題拉回神田神保町。問題在於，神田神保町為什麼會成為御宅族們喜愛的街區。

當御宅族這新人種出現時，很明顯，他們最早前往神田神保町並不是為了中野書店漫畫部，也不是去找芳賀書店。因為他們不喜歡寫實的色情，照理來說也不知道古書店的存在。

那他們憑藉自己的嗅覺，究竟在神田神保町發現了哪些店？答案就是這時期開始加強銷售新刊漫畫的高岡書店和書泉書市場（二〇一五年九月結束營業）。

其中高岡書店在神田神保町也屬於歷史悠久的老店，明治十八（一八八五）年於麴町開業，明治二十四年搬到裏神保町（現在高岡書店所在的靖國通），最後將總店搬到表神保町（鈴蘭通），第一間店鋪成為高岡分店，算是在較早時期就從古書店轉換為新刊書店，從現存文獻中無法得知其古書店的相關活動。無論如何，高岡書店都是神田地區新刊書店中開始銷售漫畫的先驅。

另一方面，書泉書市場是昭和二十三（一九四八）年，由一誠堂書店創業者酒井宇吉次男酒井正敏所創立的新刊書店，最早的店鋪位於現在的書泉Grande，昭和四十年代後半為了擴展為大型店鋪，開始興建書泉書市場大樓。原本打著店員皆具備專業知識作為賣點，或許是這些專業知識豐富的店員中存在所謂御宅族的人，漸漸地，書泉書市場開始成為御宅族的殿堂。而御宅族是否就此流連在新刊書店中，並沒有。很快地，大家就群聚至諸如中野書店漫畫部等陸續誕生的專賣漫畫古書店中。

因為御宅族除了是一群對記號的差異相當敏感的消費者，同時也十分愛好「顯微鏡式擴大的差異」，他們有一種傾注熱情於發現微細差異的自我彰顯性質。不過這種發現差異的自我彰顯僅限於在這記號循環迴圈中，絕不會跟「外部」產生連結。由此看來，他們跟希望藉由自己選擇的不同記號與「外部」連結、藉此表現自我的新人類，自我彰顯的方向正好相反。新人類和御宅族都「追求」記號的差異，但御宅族自我彰顯的並非新人類指向的「外部」，而在記號不斷循環的「內部」。御宅族的自我彰顯只針對在這內部循環迴圈中的其他御宅族。因此漫畫專門古書店就成為這些在內在迴圈中藉由顯微鏡式發現差異來自我彰顯的御宅族不約而同造訪之處。

漫畫專門古書店吸引御宅族的理由還有一個。對於藉由確認差異來表現自我的他們而言，非常需要收集參照對象的文獻。御宅族毫無例外、都是收藏家。但在他們收集的藏品中其實反而看不太出個性、或者思想「主軸」。這些藏品只是他們為了唯有自己能發現的微細差異而自我彰顯才收集，並沒有一般說來希望藏品整體來表現自我的藏家特質。

不過御宅族和古書店確實一拍即合，從初期漫畫專賣的古書店成為御宅族的巢穴，到現在甚至擴大到神田神保町這整個古書街區。每間古書店都發展到極為專業化，這很明顯地忠實反映了最大主顧御宅族的慾望。

「揮別學者，迎接御宅族。」

我跟田村書店原文書部的奧平禎男於二〇〇一年曾經在月刊《東京人》上有篇對談，記得當時的標題應該是這麼寫的。這樣的趨勢究竟會讓神田神保町的未來獲得開展或者走向封閉，我至今依然無法判斷，不過中野書店漫畫部和書泉書市場的關門（之後中野書店的老員工在二〇一五年三月開了「夢野書店」），實在讓我感受到一種不祥的徵兆。

當政府興致勃勃地大談 Cool Japan 的輸出時，御宅族的堡壘神田神保町可能正在日漸瓦解。希望這只是我的杞人憂天。

＊本書係將原刊載於《筑摩》（ちくま）二〇一〇年七月號到二〇一六年四月號之連載〈神田神保町書肆街考〉共七十回，增添部分內容重構後修潤而成。

【Eureka】ME2098X
神保町書肆街考：世界第一古書聖地誕生至今的歷史風華
神田神保町書肆街考：世界遺産的“本の街”の誕生から現在まで

作　　者❖鹿島茂
譯　　者❖周若珍、詹慕如
封面設計❖陳文德
內頁排版❖極翔企業有限公司
總 編 輯❖郭寶秀
責任編輯❖黃怡寧
行　　銷❖力宏勳

事業群總經理❖謝至平
發 行 人❖何飛鵬
出　　版❖馬可孛羅文化
台北市南港區昆陽街16號4樓
電話：886-2-2500-0888　傳真：886-2-2500-1951
發　　行❖英屬蓋曼群島商家庭傳媒股份有限公司城邦分公司
台北市南港區昆陽街16號8樓
客服專線：02-25007718；02-25007719
24小時傳真專線：02-25001990；02-25001991
服務時間：週一至週五上午09:30-12:00；下午13:30-17:00
劃撥帳號：19863813　戶名：書虫股份有限公司
讀者服務信箱：service@readingclub.com.tw
城邦網址：http://www.cite.com.tw
香港發行所❖城邦（香港）出版集團有限公司
香港九龍土瓜灣土瓜灣道86號順聯工業大廈6樓A室
電話：852-25086231　傳真：852-25789337
電子信箱：hkcite@biznetvigator.com
馬新發行所❖城邦（馬新）出版集團
Cite（M）Sdn. Bhd.（458372U）
41, Jalan Radin Anum, Bandar Baru Seri Petaling, 57000 Kuala Lumpur, Malaysia.
電話：+6(03)-90563833　傳真：+6(03)-90576622
電子信箱：services@cite.my
製版印刷❖中原造像股份有限公司
二版一刷❖2025年6月
定　　價❖820元（紙書）
定　　價❖574元（電子書）

ISBN：978-626-7520-91-8（平裝）
ISBN：978-626-7520-90-1（EPUB）

國家圖書館出版品預行編目資料

神保町書肆街考：世界第一古書聖地誕生至今的歷史風華／鹿島茂作；周若珍、詹慕如譯. -- 二版. -- 臺北市：馬可孛羅文化出版：英屬蓋曼群島商家庭傳媒股份有限公司城邦分公司發行, 2025.06
面；　公分. --（Eureka；ME2098X）
譯自：神田神保町書肆街考：世界遺産的“本の街”の誕生から現在まで
ISBN 978-626-7520-91-8（平裝）

1. CST：書業　2. CST：歷史　3. CST：人文地理
4. CST：日本東京都

487.631　　114005576